QUÍMICA INTEGRADA 3

2ª edição

CB014706

Caro leitor:

Visite o site **harbradigital.com.br** e tenha acesso aos **gabaritos e resoluções** especialmente desenvolvidos para esta obra, além de informação sobre o livro digital. Para isso, siga os passos abaixo:

▶▶ acesse o endereço eletrônico www.harbradigital.com.br
▶▶ clique em **Cadastre-se** e preencha os **dados** solicitados
▶▶ inclua seu **código de acesso**:

54B9FD33B1CEEABAE34E

Pronto! Seu cadastro já está feito! Agora, você poderá desfrutar dos conteúdos especialmente desenvolvidos para tornar seu estudo ainda mais agradável.

Requisitos do sistema

- O Portal é multiplataforma e foi desenvolvido para ser acessível em *tablets*, celulares, *laptops* e PCs (existentes até jan. 2021).
- Resolução de vídeo mais adequada: 1024 x 768.
- É necessário ter acesso à internet, bem como saídas de áudio.
- Navegadores: Google Chrome, Mozilla Firefox, Internet Explorer 9+, Safari ou Edge.

Acesso

Seu código de acesso é válido por 1 ano a partir da data de seu cadastro no portal HARBRADIGITAL.

Editora **HARBRA**

QUÍMICA 3
INTEGRADA

2ª edição

JOSÉ RICARDO L. ALMEIDA
NELSON BERGMANN
FRANCO A. L. RAMUNNO

Editora HARBRA

Direção Geral:
  Julio E. Emöd
Supervisão Editorial:
  Maria Pia Castiglia
Programação Visual e Capa:
  Mônica Roberta Suguiyama

Editoração Eletrônica:
  Neusa Sayuri Shinya
Fotografias da Capa:
  Chepko Danil Vitalevich/Shutterstock
Impressão e Acabamento:
  Log&Print Gráfica e Logística

CIP-BRASIL. CATALOGAÇÃO NA PUBLICAÇÃO
SINDICATO NACIONAL DOS EDITORES DE LIVROS, RJ

A448q
2. ed.

Almeida, José Ricardo L.
  Química Integrada 3 / José Ricardo L. Almeida, Nelson Bergmann, Franco A. L. Ramunno. - 2. ed. - São Paulo : HARBRA, 2021.
  312 p. : il. ; 28 cm.

  ISBN 978-85-294-0553-7

  1. Química (Ensino médio) - Estudo e ensino. I. Bergmann, Nelson. II. Ramunno, Franco A. L. III. Título.

21-69076
CDD: 540.712
CDU: 373.5.016:54

Camila Donis Hartmann - Bibliotecária CRB-7/6472

QUÍMICA INTEGRADA 3 – 2ª edição
Copyright © 2021 por editora HARBRA ltda.
Rua Joaquim Távora, 629
04015-001 – São Paulo – SP
Tel.: (0.xx.11) 5084-2482. Site: www.harbra.com.br

Todos os direitos reservados. Nenhuma parte desta edição pode ser utilizada ou reproduzida – em qualquer meio ou forma, seja mecânico ou eletrônico, fotocópia, gravação etc. – nem apropriada ou estocada em sistema de banco de dados, sem a expressa autorização da editora.

ISBN 978-85-294-0553-7

Impresso no Brasil   *Printed in Brazil*

APRESENTAÇÃO

A Humanidade encontra-se... diante de um grande problema de buscar novas matérias-primas e novas fontes de energia que nunca se esgotarão. Enquanto isso, não devemos desperdiçar o que temos, mas devemos deixar o máximo que for possível para as próximas gerações.

Svante Arrhenius
Químico sueco, prêmio Nobel de Química (1903)

Aproximadamente um século depois de proferidas as palavras acima, hoje a Humanidade se preocupa cada vez mais com a necessidade de poupar recursos e desenvolver processos não só eficazes como também sustentáveis.

E a ciência Química, que já chegou a ser vista como um tipo de "mágica", tem papel fundamental nessa busca da Humanidade, visto que, hoje, a Química está presente em todas as relações humanas, desde as reações que ocorrem dentro do nosso próprio corpo até aquelas ocorridas no interior de pilhas e baterias, que fornecem energia para uma diversidade de equipamentos eletroeletrônicos que utilizamos atualmente!

A amplitude e a abrangência da ciência Química podem até mesmo nos amedrontar, mas não podem nos paralisar. Para que isso não ocorra, precisamos conhecer essa Ciência. Não só o que ela foi ou o que ela é, mas também o que ela pode vir a ser. Precisamos, ao longo de nossa jornada no estudo da Química, aprender a integrar os conceitos, possibilitando a interpretação dos acontecimentos no nosso cotidiano à luz dos conhecimentos desenvolvidos dentro da Química.

Assim, sabendo que *Química é transformação e conexão*, desejamos (de forma nada modesta) que todos que nos acompanharem na jornada do estudo da Química transformem a visão que possuem dessa Ciência e a insiram em um mundo que faça jus às particularidades contemporâneas, sem, contudo, esvaziar sua grandeza. Almejamos, com essa coleção, apresentar de forma descontraída, precisa e integrada não só os preceitos básicos, mas também discussões mais aprofundadas sobre a Química.

Nesta **segunda edição** do livro **Química Integrada 3**, os conteúdos estão organizados em três Unidades (Equilíbrio Iônico, Química Orgânica e Eletroquímica), nas quais os capítulos presentes aproximam a Química de temáticas como desastres ambientais, melhora da nossa qualidade de vida e a procura por fontes alternativas de energia.

Buscamos, em cada capítulo, relacionar os conteúdos de Química a diversos aspectos (sociais, históricos e tecnológicos) vinculados ao nosso próprio desenvolvimento na seção **Você sabia?**. Os conteúdos da seção **Fique ligado!** trazem aprofundamentos ou conexões da temática apresentada com aplicações no nosso cotidiano. Cada capítulo apresenta exercícios agrupados em séries em ordem crescente de dificuldade (Séries Bronze, Prata, Ouro e Platina), de modo a guiar os estudantes nessa escala de conhecimento. A presença de **Exercícios Resolvidos** também auxilia o estudante no processo de aprendizagem.

Desde já, deixamos nosso agradecimento especial aos alunos por nos acompanharem na procura por uma visão integrada e transformadora da Química, ressaltando sua importância no século XXI, de forma sustentável e limpa.

Um abraço,
Os autores.

CONTEÚDO

Unidade 1 — EQUILÍBRIO IÔNICO ... 7

▶▶ **CAPÍTULO 1 – Solubilidade e Curva de Solubilidade** ... 8
   1.1 Solubilidade ... 10
   1.2 Curva de solubilidade ... 11
   Série Bronze ... 14
   Série Prata ... 15
   Série Ouro ... 17
   Série Platina ... 21

▶▶ **CAPÍTULO 2 – Equilíbrio de Solubilidade** ... 23
   2.1 Equilíbrio de solubilidade ... 24
   2.2 Efeito do íon comum ... 25
   2.3 Solubilidade de gases ... 28

   Série Bronze ... 29
   Série Prata ... 30
   Série Ouro ... 32
   Série Platina ... 35

▶▶ **CAPÍTULO 3 – Equilíbrio de Hidrólise** ... 38
   3.1 Equilíbrio de hidrólise ... 38
   3.2 Caráter ácido-base de uma solução aquosa salina ... 40
   Série Bronze ... 42
   Série Prata ... 42
   Série Ouro ... 43
   Série Platina ... 47

Unidade 2 — QUÍMICA ORGÂNICA ... 49

▶▶ **CAPÍTULO 4 – Principais Reações Orgânicas** ... 41
   4.1 Reação de Substituição em Alcanos ... 51
      4.1.1 Halogenação de alcanos ... 51
      4.1.2 Substituição em alcanos com três ou mais átomos de carbono ... 52
   4.2 Reação de Substituição em Aromáticos ... 54
      4.2.1 Cloreto de etanoíla (cloreto de acetila) ... 55

4.3 Reação de Adição em Alcenos e Alcinos..... 57
    4.3.1 Quebra da dupla e da tripla ligação... 57
    4.3.2 Regra de Markovnikov..................... 58
4.4 Reações Envolvendo Ésteres...................... 59
4.5 Reação de Desidratação de Álcoois 62
Série Bronze 63
Série Prata 65
Série Ouro.. 69
Série Platina 76

CAPÍTULO 5 – Polímeros.................... 81
5.1 Reação de Polimerização 82
5.2 Polímeros de Adição 82
5.3 Polímeros de Condensação 88
Série Bronze 95
Série Prata 95
Série Ouro.. 100
Série Platina 104

CAPÍTULO 6 – Bioquímica 111
6.1 Carboidratos... 111
    6.1.1 Classificação dos carboidratos 112
6.2 Proteínas... 117
    6.2.1 Estrutura das proteínas 119
    6.2.2 Hidrólise de proteínas....................... 120
6.3 Lipídios 121
    6.3.1 Propriedades físicas dos ácidos graxos 122
    6.3.2 Óleos e gorduras 123
    6.3.3 Reação de saponificação 126
    6.3.4 Reação de transesterificação 128
Série Bronze 130
Série Prata 132
Série Ouro.. 137
Série Platina 147

CAPÍTULO 7 – Reações de Oxirredução em Compostos Orgânicos ... 154
7.1 Oxidação de alcenos 156
7.2 Oxidação de compostos oxigenados.......... 158
Série Bronze 163
Série Prata 164
Série Ouro.. 166
Série Platina 173
Complemento: Reações do Tipo "Siga o Modelo" 176
Série Ouro.. 176
Série Platina 180

unidade 3 — ELETROQUÍMICA — 185

CAPÍTULO 8 – Reações de Oxirredução 186
8.1 Número de oxidação (Nox) 189
8.2 Nox e conceitos de oxidação, redução, agente oxidante e redutor 191
8.3 Balanceamento de reações de oxirredução.... 193
Série Bronze 196
Série Prata 199
Série Ouro.. 202
Série Platina 207

▶▶ CAPÍTULO 9 – Células voltaicas **209**

    9.1 Pilha de Daniell 210

    9.2 Convenções nas células voltaicas 212

    Série Bronze 214

    Série Prata 215

    Série Ouro 216

    Série Platina 218

▶▶ CAPÍTULO 10 – Potencial de Redução **219**

    10.1 Diferença de potencial (ddp) 220

    10.2 Eletrodo-padrão de hidrogênio 221

        10.2.1 Determinação do
potencial de eletrodo do zinco. 222

        10.2.2 Determinação do
potencial de eletrodo do cobre. 222

    10.3 Tabela de potencial-padrão
de eletrodo 223

    Série Bronze 228

    Série Prata 229

    Série Ouro 231

    Série Platina 236

▶▶ CAPÍTULO 11 – Pilhas Comerciais e Células Combustíveis **238**

    11.1 Pilha seca 238

    11.2 Pilha alcalina 240

    11.3 Bateria chumbo-ácido 240

    11.4 Pilha de lítio 242

    11.5 Células a combustível 246

    Série Bronze 249

    Série Prata 250

    Série Ouro 253

    Série Platina 259

▶▶ CAPÍTULO 12 – Corrosão **261**

    12.1 Corrosão do ferro 261

    12.2 Proteção contra corrosão 263

    Série Bronze 266

    Série Prata 267

    Série Ouro 268

    Série Platina 273

▶▶ CAPÍTULO 13 – Eletrólise **276**

    13.1 Mecanismo da eletrólise 277

    13.2 Eletrólise ígnea 278

    13.3 Eletrólise aquosa 280

    13.4 Galvanoplastia 284

    Série Bronze 286

    Série Prata 286

    Série Ouro 289

    Série Platina 297

▶▶ CAPÍTULO 14 – Eletroquímica Quantitativa **298**

    14.1 Proporções estequiométricas
em semirreações 299

    14.2 Relação entre quantidade em
mols de elétrons e carga elétrica 300

    Série Bronze 301

    Série Prata 302

    Série Ouro 303

    Série Platina 308

UNIDADE 1
EQUILÍBRIO IÔNICO

Na extração do minério de ferro, terceiro produto mais exportado pelo Brasil em 2019, estima-se que, para 1 tonelada de minério de ferro produzido, é gerada 1,8 tonelada de rejeitos. Esses rejeitos de mineração são armazenados em barragens, reservatórios criados justamente para conter esses resíduos. O grande problema associado a essas barragens é que, com o tempo e devido a problemas no monitoramento e na manutenção, elas podem romper e lançar no ambiente milhões de m³ de lama de rejeitos. Dois rompimentos recentes de barragens colocaram o Brasil nas primeiras posições no *ranking* de piores desastres naturais do mundo: em 2015, na cidade de Mariana e, em 2019, na cidade de Brumadinho, ambas no estado de Minas Gerais. Para entender os impactos desses desastres, precisamos estudar os processos de dissolução e de precipitação e como os íons podem interferir, por exemplo, na acidez e na basicidade da água, temas desta Unidade.

Na foto, a lama liberada após a destruição da barragem em Mariana atingiu o rio Doce, interferindo no meio ambiente a centenas de quilômetros do local do incidente.

LEONARDO MERCON/SHUTTERSTOCK

capítulo 1

Solubilidade e Curva de Solubilidade

> **Lembre-se!**
> Alguns autores sugerem substituir o termo "metais pesados" por "metais tóxicos". Entretanto, o termo "metal pesado" já está bastante difundido em diversas áreas fora da Química, razão pela qual optamos pela sua utilização neste livro.

Na exploração de minério de ferro na região de Minas Gerais, é utilizada uma grande quantidade de água para lavar e separar o minério de ferro (Fe_2O_3) das impurezas presentes (principalmente SiO_2 e outros minerais), sendo os rejeitos – na forma de uma lama, que contém de 50% a 70% de sólidos (e de 30% a 50% de líquidos) – desse processo armazenados em **barragens**.

Com o rompimento de barragem, como o ocorrido em 2015 na cidade de Mariana, essa lama é liberada para o meio ambiente, contaminando extensas áreas pela incorporação de **íons de metais pesados**.

Segundo dados do IGAM (Instituto Mineiro de Gestão das Águas), após o rompimento da barragem em Mariana, a cerca de 30 km de distância do local do incidente, em novembro de 2015, foram determinadas as concentrações de alguns íons desses metais, com destaque para mercúrio (0,16 mg/L) e chumbo (25 mg/L).

Se ingeridos, esses íons podem se acumular nos organismos vivos e interferir em seu metabolismo, razão pela qual os processos de remoção desses íons são muito importantes para a remediação dos danos ambientais causados por esse tipo de desastre.

Vista aérea de Bento Rodrigues, distrito mais afetado de Mariana (MG) com o rompimento da barragem de rejeitos da mineração de ferro.

Esses processos são bastante complexos e pautados na **solubilidade** dessas substâncias em solução aquosa, tema de estudo deste capítulo!

Você sabia?

Metais pesados

Os íons de metais pesados, como Cd^{2+}, Hg^{2+} e Pb^{2+}, podem ser absorvidos pelo nosso organismo e interagir com nosso corpo de diversas formas.

O Pb^{2+}, por exemplo, pode levar a problemas de hipertensão, declínio cognitivo e até mudança de personalidade, com aumento da irritabilidade das pessoas. Os efeitos da contaminação por chumbo são inclusive associados à queda do Império Romano, que utilizava tubulações feitas de chumbo para distribuição de água.

Já a contaminação por mercúrio está associada à "doença do chapeleiro maluco", personagem descrito no famoso livro de Lewis Caroll, *Alice no país das maravilhas*. Na confecção de chapéus à base de peles, o mercúrio era utilizado para acelerar o processo de adesão dos pelos entre si, tornando os chapéus mais resistentes e atendendo aos requisitos de elegância exigidos pela época. A exposição prolongada ao mercúrio pode levar a distúrbios característicos do movimento, como tremores de pequena amplitude e dificuldade de coordenação motora.

Em linhas gerais, uma possibilidade de interação é de esses íons se ligarem às proteínas de nosso corpo, fazendo com que elas não funcionem normalmente. Diz-se que as proteínas são desnaturadas (isto é, perdem sua estrutura tridimensional e também sua funcionalidade no corpo humano) por esses íons.

Outra possibilidade pode ser de esses íons substituírem íons que apresentam função importante no nosso corpo: por exemplo, o Cd^{2+} pode substituir o Ca^{2+} na composição dos ossos, tornando-os mais frágeis.

Escultura em homenagem à obra *Alice no país das maravilhas* no Central Park, Nova York, em que à direita se vê o "chapeleiro maluco".

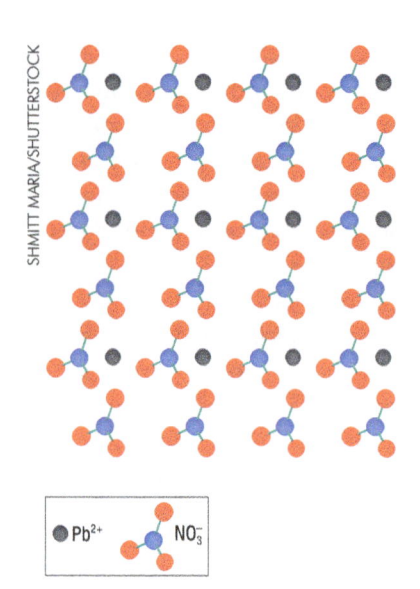

Estrutura cristalina do $Pb(NO_3)_2$: a atração entre cátions e ânions ocorre em todas as direções, formando uma estrutura tridimensional.

A molécula de água (H_2O) é um dipolo elétrico, com o oxigênio, mais eletronegativo, apresentando uma carga parcial negativa (δ^-) e os hidrogênios, menos eletronegativos, apresentando carga parcial positiva (δ^+). Por esse motivo, enquanto o nitrato (NO_3^-) atrai o polo positivo da água, o Pb^{2+} atrai o polo negativo.

Solubilidade é uma propriedade quantitativa, mas é frequente dividirmos os sais em duas categorias: solúveis e pouco solúveis.

1.1 Solubilidade

Já vimos no curso de Química que, para caracterizar as substâncias, é importante conhecer suas propriedades físico-químicas, que também podem ser utilizadas para estudar o impacto delas no meio ambiente. Entre essas propriedades, destaca-se a **solubilidade** ou **coeficiente de solubilidade**, que indica a *quantidade máxima de soluto que pode ser dissolvida em determinada quantidade de água a dada temperatura*.

Para ilustrarmos melhor como essa propriedade está relacionada à contaminação das águas do rio Doce, contaminadas com a lama de rejeitos pelo rompimento da barragem em Mariana, MG, vamos analisar a solubilidade do **nitrato de chumbo (II)**, $Pb(NO_3)_2$.

O $Pb(NO_3)_2$ é um composto iônico que, à temperatura ambiente, é um sólido branco. Como vimos quando estudamos ligações químicas, a ligação iônica corresponde à atração eletrostática entre cátions (íons positivos) e ânions (íons negativos), que formam uma estrutura cristalina.

Quando dissolvemos certa quantidade de $Pb(NO_3)_2$ em água a uma temperatura constante, ocorre o processo de dissolução que, para compostos iônicos, está relacionado com a liberação de íons, como podemos ver na seguinte equação química:

$$Pb(NO_3)_2(s) \longrightarrow Pb(NO_3)_2(aq) \longrightarrow Pb^{2+}(aq) + 2\,NO_3^-(aq)$$

Os íons liberados (Pb^{2+} e NO_3^-) são estabilizados pelas moléculas de água por meio de interações íon-dipolo, que mantêm os íons separados e dissolvidos.

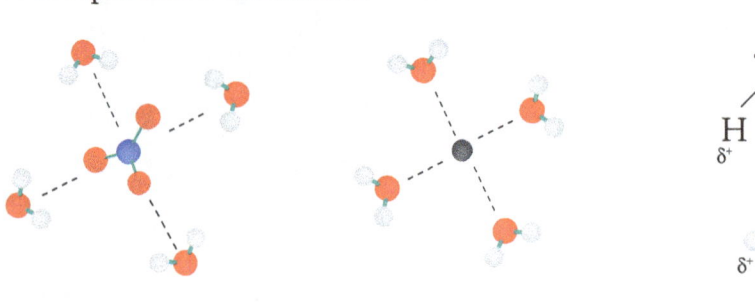

Tabela de solubilidade.

ÍON	SOLÚVEL	EXCEÇÃO
grupo 1 (Li^+, Na^+, K^+) e NH_4^+	sim	———
NO_3^-	sim	———
Cl^-, Br^-, I^-	sim	Ag^+, Pb^{2+}, Hg^{2+}
SO_4^{2-}	sim	Pb^{2+}, Sr^{2+}, Ca^{2+}, Ba^{2+}
CO_3^{2-}, PO_4^{3-}	não	grupo 1 e NH_4^+

Entretanto, há uma quantidade máxima que pode ser dissolvida em determinado volume a uma dada temperatura, chamada, como já mencionamos, de **solubilidade** ou **coeficiente de solubilidade**. Para o $Pb(NO_3)_2$, experimentalmente, determina-se que, a 20 °C, a solubilidade desse composto é igual a 54 g $Pb(NO_3)_2$/100 g H_2O.

Isso significa que podemos dissolver, no máximo, 54 g de $Pb(NO_3)_2$ em 100 g de água a 20 °C obtendo uma mistura homogênea ou solução, que denominamos de **solução saturada.**

> **Lembre-se!**
>
> Quando a quantidade dissolvida for menor do que a solubilidade em determinada temperatura, a solução (mistura homogênea) resultante é chamada de *solução insaturada*.

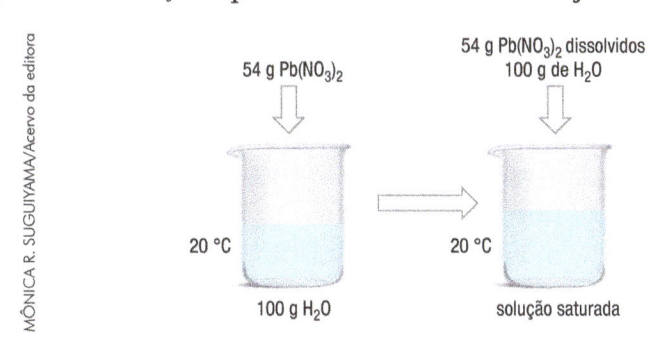

Agora, se na temperatura de 20 °C tivéssemos adicionado 64 g de $Pb(NO_3)_2$ em 100 g de água, toda a massa adicionada além do valor da solubilidade (64 g − 54 g = 10 g) não se dissolveria, depositando-se diretamente no fundo do béquer (pois a densidade do $Pb(NO_3)_2$ é maior do que a da solução aquosa nesse sistema), formando o que chamamos de **corpo de fundo** ou **corpo de chão**.

Nesse caso, temos a formação de uma **mistura heterogênea**, formada pela solução saturada de $Pb(NO_3)_2$ (54 g de $Pb(NO_3)_2$ dissolvidos em 100 g de H_2O) e por uma fase sólida (10 g de $Pb(NO_3)_2(s)$).

> **Lembre-se!**
>
> Uma solução é uma mistura homogênea composta por um ou mais solutos completamente dissolvidos no solvente, apresentando uma única fase. Já uma solução saturada mantém sempre uma proporção constante entre as quantidades de soluto (no caso, $Pb(NO_3)_2$) e de solvente (no caso, H_2O). Portanto, mantendo-se a temperatura constante, se reduzirmos à metade a quantidade de água (de 100 g para 50 g), a solubilidade também se reduzirá à metade (de 54 g de $Pb(NO_3)_2$ para 27 g de $Pb(NO_3)_2$).

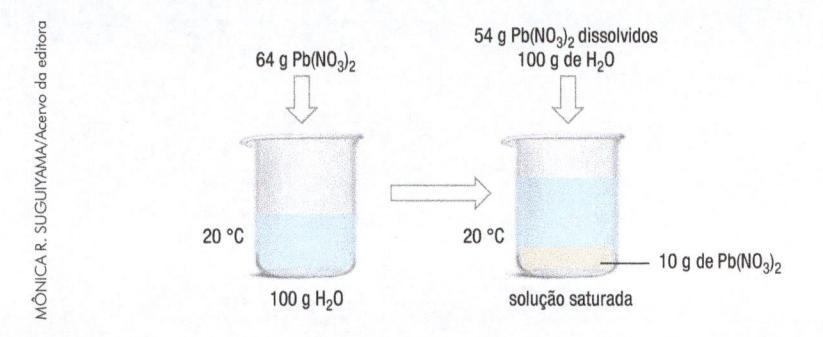

1.2 Curva de solubilidade

No exemplo anterior, vimos que a solubilidade do $Pb(NO_3)_2$ a 20 °C vale 54 g/100 g H_2O. Você deve ter percebido que sempre tomamos o cuidado de indicar a **temperatura** na qual estávamos

Variação da solubilidade em água de $Pb(NO_3)_2$ em função da temperatura.

TEMPERATURA (°C)	SOLUBILIDADE (g de $Pb(NO_3)_2$/100 g H_2O)
20	54
40	72
60	92
80	111

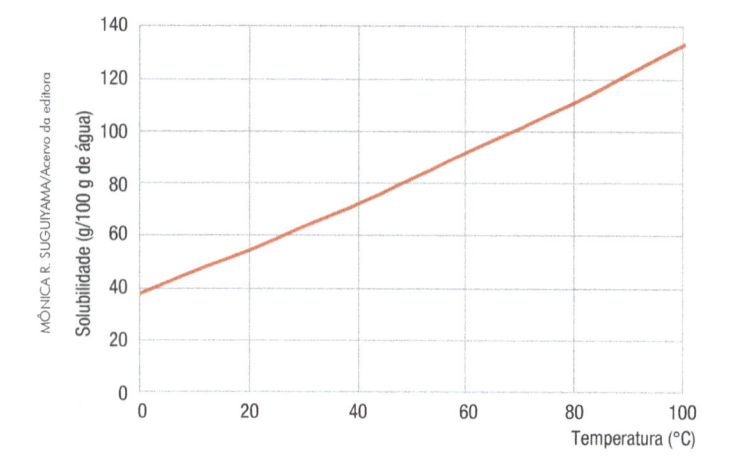

realizando os experimentos. Esse cuidado é necessário porque a temperatura influencia no valor da solubilidade. Para o sal que estamos analisando, a tabela ao lado indica como a solubilidade varia com a alteração da temperatura.

Esses dados, determinados experimentalmente, podem ser utilizados para construir a **curva de solubilidade**, que corresponde a um gráfico no qual o eixo da ordenadas (vertical) indica os valores de solubilidade e o eixo das abscissas (horizontal) indica valores de temperatura.

No caso do $Pb(NO_3)_2$, a curva de solubilidade é **ascendente**, o que significa que um aumento da temperatura implica o aumento da solubilidade desse composto. Isso ocorre porque o processo de dissolução do $Pb(NO_3)_2$ é **endotérmico**, ou seja, o aumento de temperatura favorece o processo de dissolução, aumentando a solubilidade.

$$Pb(NO_3)_2(s) \longrightarrow Pb^{+2}(aq) + NO_3^-(aq) \qquad \Delta H = +34 \text{ kJ/mol}$$

Fique ligado!

A maioria dos sais apresenta **dissolução endotérmica**, porém, para alguns sais, a solubilidade diminui com o aumento da temperatura da água. Nesse caso, a curva de solubilidade é **descendente** e o processo de dissolução é **exotérmico**.

É comum apresentar várias curvas de solubilidade de sais diferentes em um mesmo gráfico, como pode ser visto ao lado. É importante destacar, nessas curvas, que os pontos sobre elas representam soluções saturadas. Já um ponto localizado abaixo de determinada curva indica que temos uma solução insaturada, uma vez que temos dissolvido uma quantidade de soluto inferior à solubilidade em determinada temperatura.

Entre as curvas apresentadas no gráfico acima, observe a **curva de solubilidade do NaCl**, um dos principais sais estudados na Química e a principal substância dissolvida na água do mar. Essa curva é **levemente ascendente**, o que significa que o aumento de temperatura pouco influencia o valor da solubilidade desse sal. Isso ocorre porque a variação de entalpia associada ao processo de dissolução é próxima de zero:

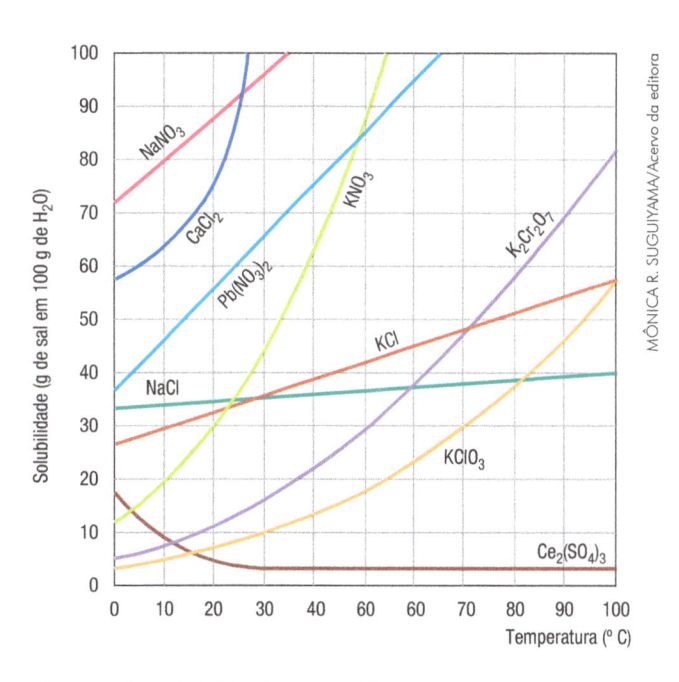

$$NaCl(s) \longrightarrow Na^+(aq) + Cl^-(aq) \quad \Delta H = +6 \text{ kJ/mol}$$

Curvas de solubilidade para diferentes sais. De todos os sais apresentados no gráfico, apenas o sulfato de cério (III), $Ce_2(SO_4)_3$ apresenta dissolução exotérmica. Todos os demais apresentam dissolução endotérmica, o que significa que o aumento da temperatura implica o aumento da solubilidade do sal.

As águas do oceano Atlântico também foram contaminadas com os rejeitos de mineração liberados com o rompimento da barragem em Mariana. Depois de percorrer mais de 800 km, passando pelos estados de Minas Gerais e Espírito Santo, as águas do rio Doce desaguaram no oceano Atlântico, interferindo também no ecossistema marinho.

SÉRIE BRONZE

1. Complete o texto a seguir com os conceitos corretos.

Na dissolução de compostos iônicos, como sais, a ligação a. _____
é rompida pela ação da água, liberando os íons em solução aquosa, que são estabilizados por meio de interações do tipo b. _____

$$Pb(NO_3)_2 \text{ (s)} \longrightarrow Pb^{2+}\text{(aq)} + 2\ NO_3^-\text{(aq)}$$

2. Complete o diagrama a seguir com as informações corretas.

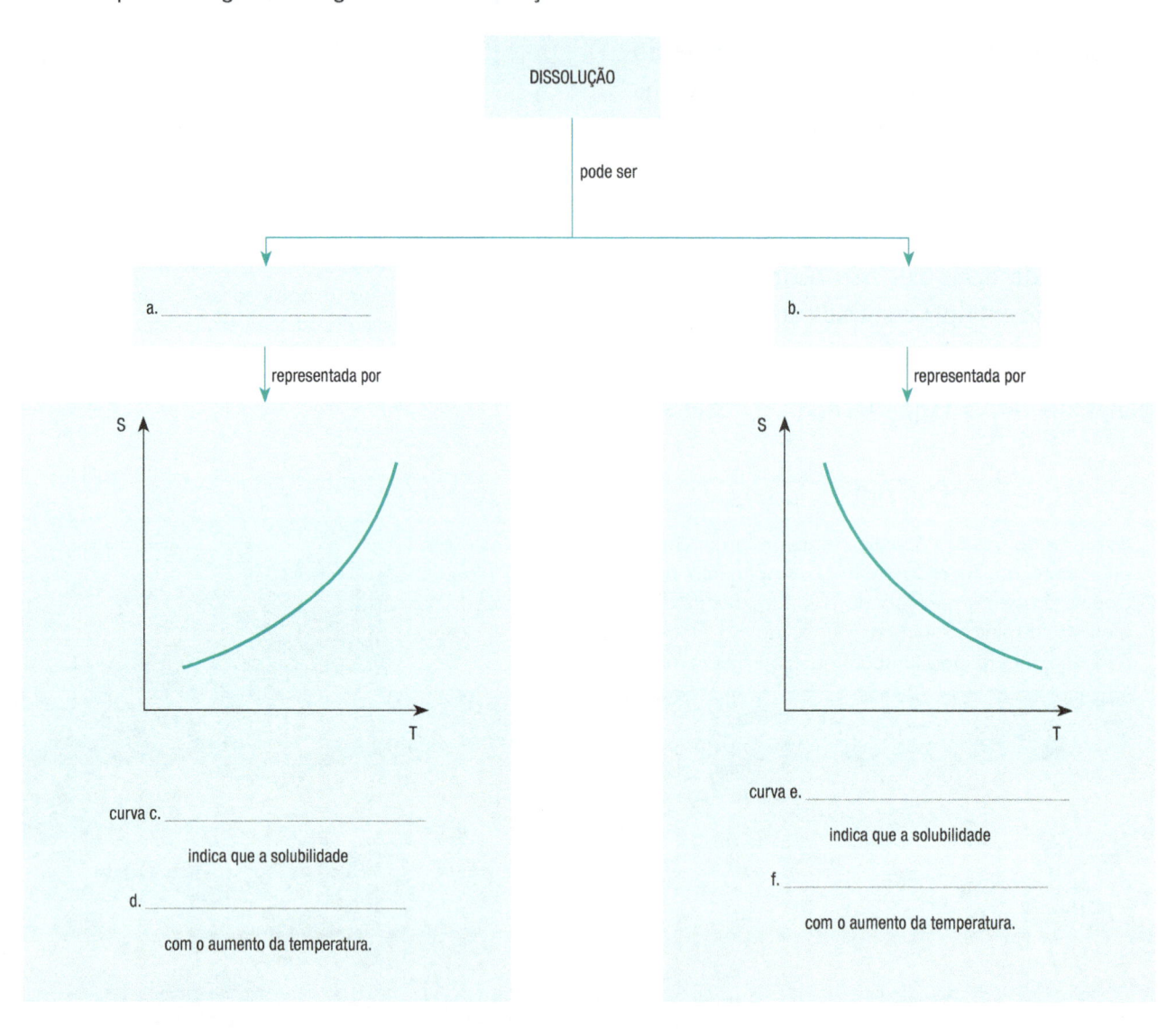

DISSOLUÇÃO

pode ser

a. _____

b. _____

representada por

representada por

curva c. _____

indica que a solubilidade

d. _____

com o aumento da temperatura.

curva e. _____

indica que a solubilidade

f. _____

com o aumento da temperatura.

SÉRIE PRATA

1. (FAMERP – SP) Considere a tabela que apresenta propriedades físicas das substâncias I, II, III e IV.

SUBSTÂNCIA	I	II	III	IV
Solubilidade em água	imiscível	miscível	miscível	miscível
Condução de eletricidade em solução aquosa	não	sim	sim	não
Condução de eletricidade no estado líquido	sim	sim	não	não

A natureza iônica é observada somente
a) na substância II.
b) nas substâncias III e IV.
c) na substância I.
d) nas substâncias I e II.
e) nas substâncias II e III.

2. Dadas as curvas de solubilidade dos sais hipotéticos **A** e **B**:

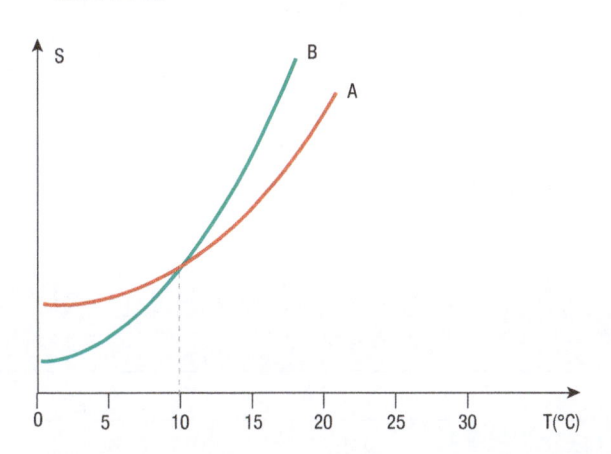

a) Indique o sal mais solúvel a 5 °C.
b) Indique o sal mais solúvel a 15 °C.
c) Indique a temperatura em que as solubilidades dos sais são iguais.

3. (CESGRANRIO – RJ) A curva de solubilidade de um sal hipotético é:

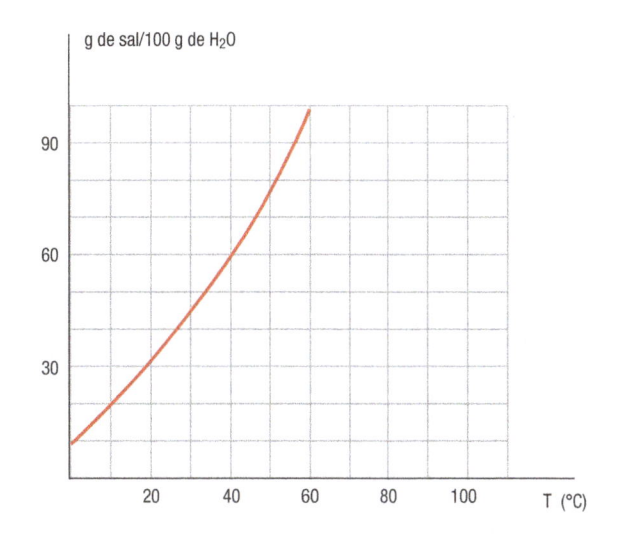

a) Indique a solubilidade do sal a 20 °C.
b) Calcule a quantidade de água necessária para dissolver 30 g do sal a 35 °C.

4. (UNIP – SP) Considere as curvas de solubilidade do cloreto de sódio (NaCl) e do nitrato de potássio (KNO_3).

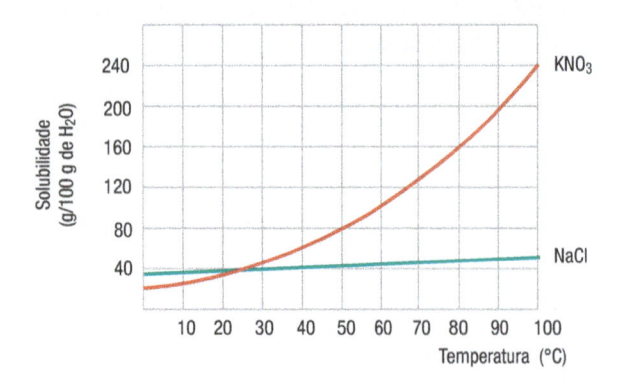

Pode-se afirmar que:

a) uma solução aquosa de NaCl que contém 25 g de NaCl dissolvidos em 100 g de água, a 20 °C, é saturada.
b) o nitrato de potássio é mais solúvel que o cloreto de sódio, a 10 °C.
c) o nitrato de potássio é aproximadamente seis vezes mais solúvel em água a 100°C do que a 25 °C.
d) a dissolução do nitrato de potássio em água é um processo exotérmico.
e) a 100 °C, 240 gramas de água dissolvem 100 gramas de nitrato de potássio formando solução saturada.

5. (PUC – MG) O diagrama representa curvas de solubilidade de alguns sais em água.

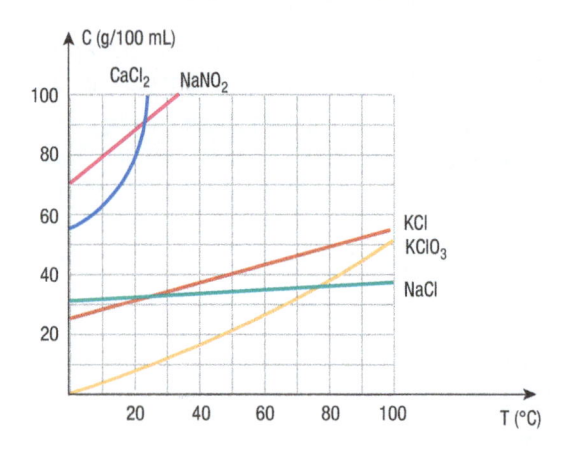

Com relação ao diagrama anterior, é correto afirmar:

a) O NaCl é insolúvel em água.
b) O $KClO_3$ é mais solúvel do que o NaCl à temperatura ambiente.
c) A substância mais solúvel em água, a uma temperatura de 10 °C, é $KClO_3$.
d) O KCl e o NaCl apresentam sempre a mesma solubilidade.
e) A 25 °C, a solubilidade do $CaCl_2$ e a do $NaNO_2$ são praticamente iguais.

6. (UFRN – adaptada) Analisando a tabela ao lado de solubilidade de K_2SO_4 a seguir, indique a massa de K_2SO_4 que precipitará quando a solução saturada (ver tabela) for devidamente resfriada de 80 °C até atingir a temperatura de 20 °C.
a) 28 g   b) 18 g   c) 10 g   d) 8 g

DADO: Considere que a solução foi preparada com 100 g de solvente.

TEMPERATURA (°C)	0	20	40	60	80	90
K_2SO_4 (g/100 g de H_2O)	7,1	10,0	13,0	15,5	18,0	19,3

SÉRIE OURO

1. (ENEM) Em meados de 2003, mais de 20 pessoas morreram no Brasil após terem ingerido uma suspensão de sulfato de bário utilizada como contraste em exames radiológicos. O sulfato de bário é um sólido pouquíssimo solúvel em água, que não se dissolve mesmo na presença de ácidos. As mortes ocorreram porque um laboratório farmacêutico forneceu o produto contaminado com carbonato de bário, que é solúvel em meio ácido. Um simples teste para verificar a existência de íons bário solúveis poderia ter evitado a tragédia. Esse teste consiste em tratar a amostra com solução aquosa de HCl e, após filtrar para separar os compostos insolúveis de bário, adiciona-se solução aquosa de H_2SO_4 sobre o filtrado e observa-se por 30 min.

TUBINO, M.; SIMONI, J. A.
Refletindo sobre o caso Celobar®.
Química Nova. n. 2, 2007. Adaptado.

A presença de íons bário solúveis na amostra é indicada pela

a) liberação de calor.
b) alteração da cor para rosa.
c) precipitação de um sólido branco.
d) formação de gás hidrogênio.
e) volatilização de gás cloro.

2. (FUVEST – SP) Em Xangai, uma loja especializada em café oferece uma opção diferente para adoçar a bebida. A chamada *sweet little rain* consiste em uma xícara de café sobre a qual é pendurado um algodão-doce, material rico em sacarose, o que passa a impressão de existir uma nuvem pairando sobre o café, conforme ilustrado na imagem.

Disponível em: <https://www.boredpanda.com/>.

O café quente é então adicionado na xícara e, passado um tempo, gotículas começam a pingar sobre a bebida, simulando uma chuva doce e reconfortante. A adição de café quente inicia o processo descrito, pois

a) a temperatura do café é suficiente para liquefazer a sacarose do algodão-doce, fazendo com que este goteje na forma de sacarose líquida.
b) o vapor-d'água que sai do café quente irá condensar na superfície do algodão-doce, gotejando na forma de água pura.
c) a sacarose que evapora do café quente condensa na superfície do algodão-doce e goteja na forma de uma solução de sacarose em água.
d) o vapor-d'água encontra o algodão-doce e solubiliza a sacarose, que goteja na forma de uma solução de sacarose em água,
e) o vapor-d'água encontra o algodão-doce e vaporiza a sacarose, que goteja na forma de uma solução de sacarose em água.

DADOS: temperatura de fusão da sacarose à pressão ambiente = 186 °C; solubilidade da sacarose a 20°C = 1,97 kg/L de água.

3. (UNESP) Os coeficientes de solubilidade do hidróxido de cálcio ($Ca(OH)_2$), medidos experimentalmente com o aumento regular da temperatura, são mostrados na tabela.

TEMPERATURA (°C)	COEFICIENTE DE SOLUBILIDADE (g de $Ca(OH)_2$ por 100 g de H_2O)
0	0,185
10	0,176
20	0,165
30	0,153
40	0,141
50	0,128
60	0,116
70	0,106
80	0,094
90	0,085
100	0,077

a) Com os dados de solubilidade do $Ca(OH)_2$ apresentados na tabela, faça um esboço do gráfico do coeficiente de solubilidade desse composto em função da temperatura e indique os pontos onde as soluções desse composto estão saturadas e os pontos onde essas soluções não estão saturadas.

b) Indique, com justificativa, se a dissolução do $Ca(OH)_2$ é exotérmica ou endotérmica.

4. (FUVEST – SP) Uma mistura constituída de 45 g de cloreto de sódio e 100 mL de água, contida em um balão e inicialmente a 20 °C, foi submetida à destilação simples, sob pressão de 700 mmHg, até que fossem recolhidos 50 mL de destilado. O esquema a seguir representa o conteúdo do balão de destilação, antes do aquecimento:

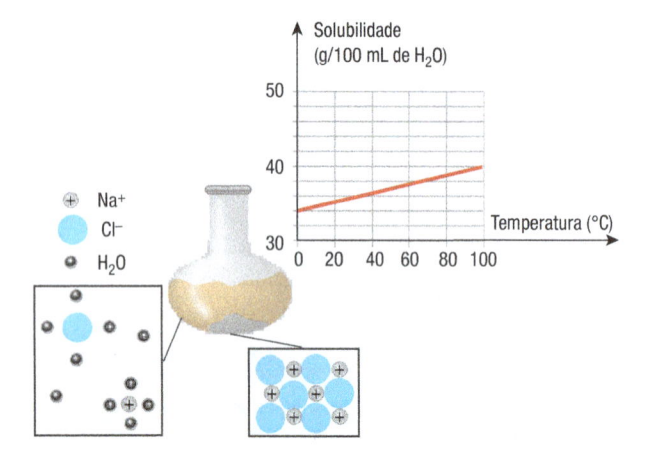

a) De forma análoga à mostrada acima, represente a fase do vapor, durante a ebulição.
b) Qual a massa de cloreto de sódio que está dissolvida, a 20 °C, após terem sido recolhidos 50 mL de destilado? Justifique.

5. (FUVEST – SP) Industrialmente, o clorato de sódio é produzido pela eletrólise de salmoura* aquecida, em uma cuba eletrolítica, de tal maneira que o cloro formado no ânodo se mistura e reage com o hidróxido de sódio formado no cátodo. A solução resultante contém cloreto de sódio e clorato de sódio.

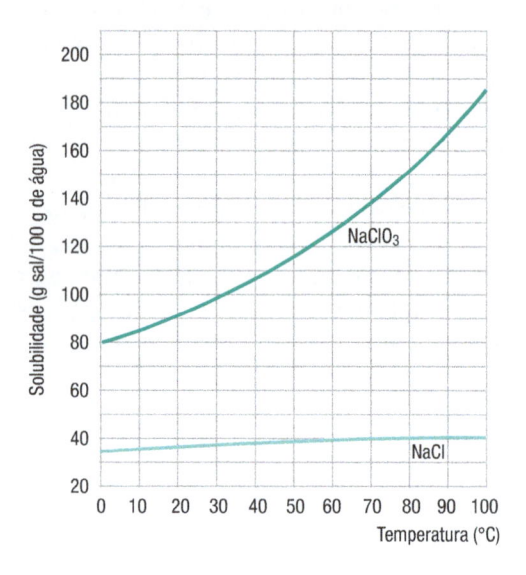

Ao final de uma eletrólise de salmoura, retiraram-se da cuba eletrolítica, a 90 °C, 310 g de solução aquosa saturada tanto de cloreto de sódio quanto de clorato de sódio. Essa amostra foi resfriada a 25 °C, ocorrendo a separação de material sólido.

a) Quais as massas de cloreto de sódio e de clorato de sódio presentes nos 310 g da amostra retirada a 90 °C? Explique.
b) No sólido formado pelo resfriamento da amostra a 25 °C, qual é o grau de pureza (% em massa) do composto presente em maior quantidade?
c) A dissolução, em água, do clorato de sódio libera ou absorve calor? Explique.

* salmoura = solução aquosa saturada de cloreto de sódio.

6. (FGV) Foram preparadas quatro soluções aquosas saturadas a 60 °C, contendo cada uma delas 100 g de água e um dos sais: iodeto de potássio, KI; nitrato de potássio, KNO_3; nitrato de sódio, $NaNO_3$; e cloreto de sódio, NaCl.

Na figura, são representadas as curvas de solubilidade desses sais:

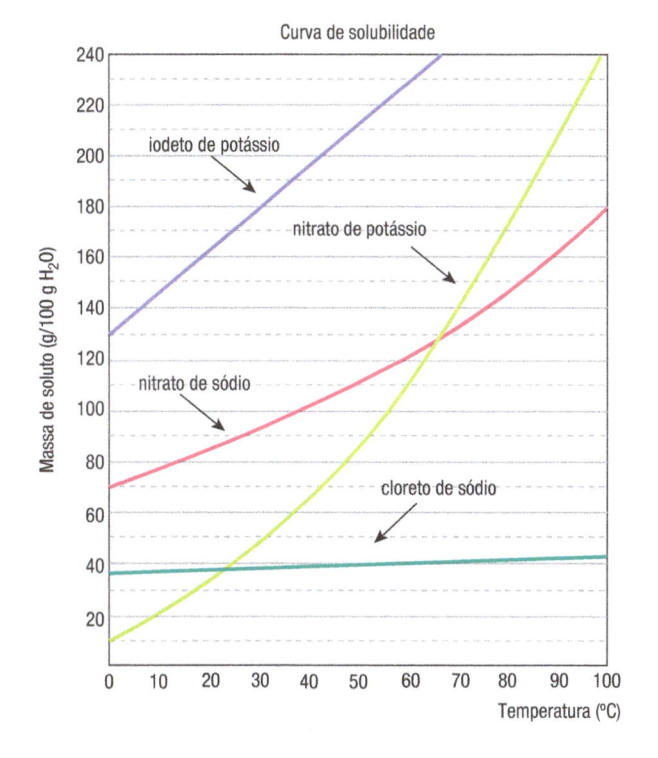

Em seguida, essas soluções foram resfriadas até 20 °C, e o sal cristalizado depositou-se no fundo de cada recipiente.

Considerando-se que a cristalização foi completa, a maior e a menor massa de sal cristalizado correspondem, respectivamente, aos sais

a) KI e NaCl.
b) KI e KNO_3.
c) $NaNO_3$ e NaCl.
d) KNO_3 e $NaNO_3$.
e) KNO_3 e NaCl.

7. (SANTA CASA – SP) Algumas pesquisas estudam o uso do cloreto de amônio na medicina veterinária para a prevenção da urolitíase em ovinos, doença associada à formação de cálculos no sistema urinário.

O cloreto de amônio (massa molar = 53,5 g/mol) é um sólido cristalino que apresenta a seguinte curva de solubilidade:

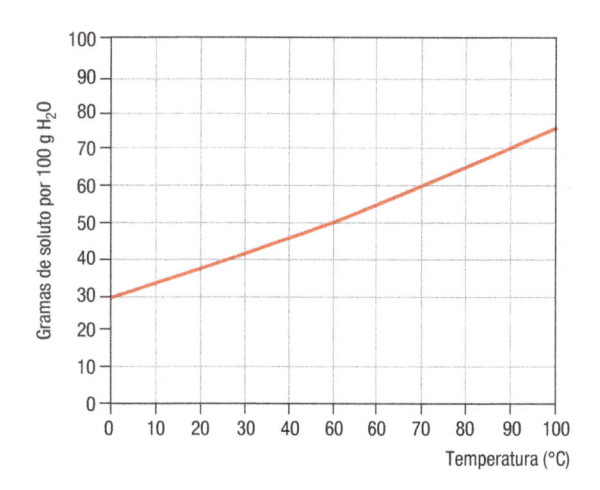

Uma solução aquosa saturada de cloreto de amônio a 90 °C, com massa total de 1.360 g, foi resfriada para 50 °C. Uma segunda solução aquosa com volume total de 1.000 mL foi preparada com o sódio obtido da cristalização da primeira solução.

Considerando que a cristalização foi completa no resfriamento realizado, a segunda solução aquosa de cloreto de amônio tem concentração próxima de

a) 1,5 mol/L.
b) 2,0 mol/L.
c) 1,0 mol/L.
d) 2,5 mol/L.
e) 3,0 mol/L.

8. (FGV) O nitrito de sódio, $NaNO_2$, é um conservante de alimentos processados a partir de carnes e peixes. Os dados de solubilidade desse sal em água são apresentados na tabela.

TEMPERATURA	20 °C	50 °C
MASSA DE $NaNO_2$ (em 100 g de H_2O)	84 g	104 g

Em um frigorifico, preparou-se uma solução saturada de $NaNO_2$ em um tanque contendo 0,5 m³ de água a 50 °C. Em seguida, a solução foi resfriada para 20 °C e mantida nessa temperatura. A massa de $NaNO_2$, em kg, cristalizada após o resfriamento da solução, é (considere a densidade da água = 1 g/mL)

a) 10.   b) 20.   c) 50.   d) 100.   e) 200.

9. (MACKENZIE – SP) A tabela abaixo mostra a solubilidade do sal X, em 100 g de água, em função da temperatura.

TEMPERATURA (°C)	0	10	20	30	40	50	60	70	80	90
MASSA (g sal X/100 g de água)	16	18	21	24	28	32	37	43	50	58

Com base nos resultados obtidos, foram feitas as seguintes afirmativas:

I. A solubilização do sal X, em água, é exotérmica.
II. Ao preparar-se uma solução saturada do sal X, a 60 °C, em 200 g de água e resfriá-la, sob agitação até 10 °C, serão precipitados 19 g desse sal.
III. Uma solução contendo 90 g de sal e 300 g de água, a 50 °C, apresentará precipitado.

Assim, analisando-se as afirmativas acima, é correto dizer que

a) nenhuma das afirmativas está certa.
b) apenas a afirmativa II está certa.
c) apenas as afirmativas II e III estão certas.
d) apenas as afirmativas I e III estão certas.
e) todas as afirmativas estão certas.

10. (UNIMONTES – MG) A solubilidade dos açúcares é um fator importante para a elaboração de determinado tipo de alimento industrializado. A figura abaixo relaciona a solubilidade de mono e dissacarídeos com a temperatura.

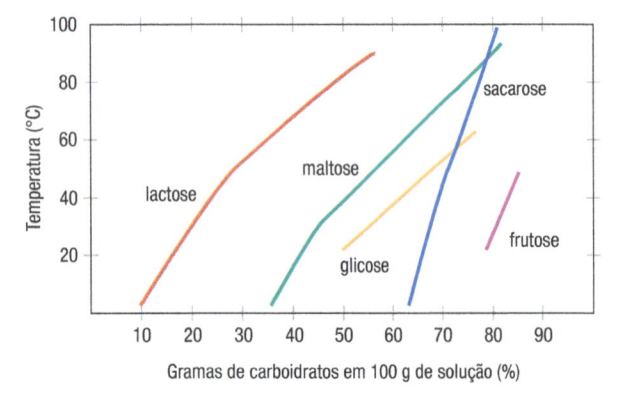

Em relação à solubilidade dos açúcares, a alternativa que **contradiz** as informações da figura é

a) A frutose constitui o açúcar menos solúvel em água, e a lactose, a mais solúvel.
b) Em temperatura ambiente, a maior solubilidade é da frutose, seguida da sacarose.
c) A solubilidade dos dissacarídeos em água aumenta com a elevação da temperatura.
d) A 56 °C, cerca de 73 g de glicose ou de sacarose dissolvem-se em 100 g de solução.

11. (UFMG) Analise estes dois equilíbrios que envolvem as espécies provenientes do PbS, um mineral depositado no fundo de certo lago:

$$PbS(s) \rightleftharpoons Pb^{2+}(aq) + S^{2-}(aq)$$
$$S^{2-}(aq) + 2 H^+(aq) \rightleftharpoons H_2S(aq)$$

No gráfico, estão representadas as concentrações de Pb^{2+} e S^{2-}, originadas exclusivamente do PbS, em função do pH da água:

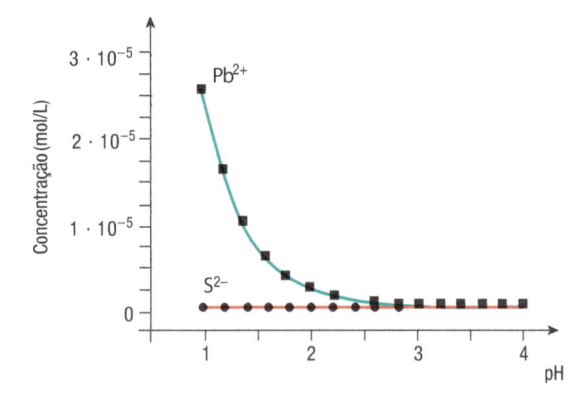

Considere que a incidência de chuva ácida sobre o mesmo lago altera a concentração das espécies envolvidas nos dois equilíbrios.

Com base nessas informações, é **CORRETO** afirmar que, na situação descrita,

a) a concentração de íons Pb^{2+} e a de S^{2-}, em pH igual a 2, são iguais.
b) a contaminação por íons Pb^{2+} aumenta com a acidificação do meio.
c) a quantidade de H_2S é menor com a acidificação do meio.
d) a solubilidade do PbS é menor com a acidificação do meio.

SÉRIE PLATINA

1. (PUC – RJ) As curvas de solubilidade das substâncias KNO_3 e $Ca(OH)_2$ (em gramas da substância em 100 g de água) em função da temperatura são mostradas a seguir.

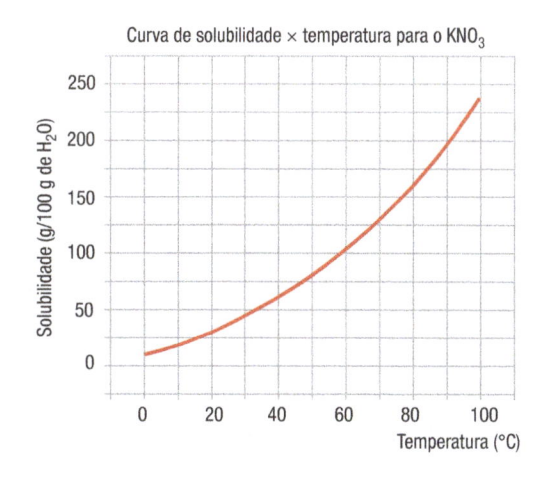

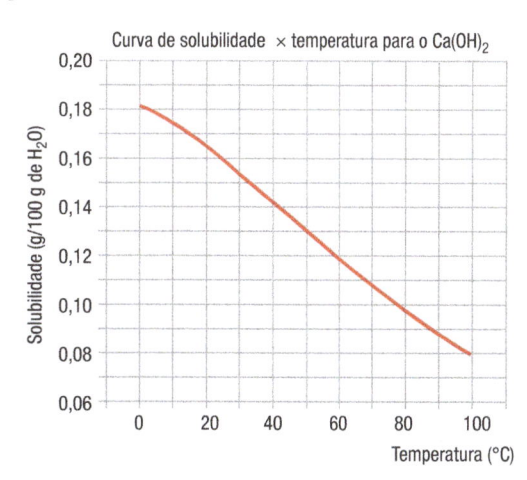

a) 240 g de solução saturada de KNO_3 foi preparada a 90 °C. Posteriormente, esta solução sofreu um resfriamento sob agitação até atingir 50 °C. Determine a massa de sal depositada neste processo. Justifique sua resposta com cálculos.

b) Qual das soluções, de KNO_3 ou de $Ca(OH)_2$, poderia ser utilizada como um sistema de aquecimento (como, por exemplo, uma bolsa térmica)? Justifique sua resposta.

2. (UFSCar – SP) Um frasco contém 40 g de um pó branco que pode ser cloreto de potássio (KCl) ou brometo de potássio (KBr).

a) Sabenha que os sais são compostos iônicos e que a intensidade das forças elétricas que mantém a estrutura de sua rede cristalina pode ser calculada pela Lei de Coulomb, $F = k \cdot (q_1^+ \cdot q_2^-)/d^2$, qual dos sais apresenta maior força elétrica? Justifique sua resposta.

DADOS: número atômico: $_{17}Cl$; $_{19}K$; $_{35}Br$.

b) Supondo que 100 g de água foram adicionados ao frasco, sob agitação, a 40 °C. A partir dos dados da tabela abaixo, responda:

TEMPERATURA (°C)	SOLUBILIDADE/100 g DE H_2O	
	KCl	KBr
10	31	55
20	34	65
30	37	70
40	40	76

I. Identifique para qual dos sais, KCl ou KBr, a mistura água + pó branco resultará em uma solução insaturada.
II. Para o sal identificado no item anterior, escreva a sua equação de dissociação em água.

3. O iodo (I_2) pode ser obtido a partir de iodatos encontrados em depósitos de nitratos. Após realizar a separação dos nitratos e iodatos, submete-se o iodato (IO_3^-) a um processo de oxirredução, conforme a equação a seguir:

$$IO_3^-(aq) + 5\ I^-(aq) + 6\ H^+(aq) \longrightarrow 3\ I_2(s) + 3\ H_2O(l)$$

A solubilidade do iodo em água varia com a temperatura, conforme a tabela a seguir

TEMPERATURA	VOLUME DE ÁGUA NECESSÁRIO PARA DISSOLVER 1 g DE I_2
20°C	3.450 mL
50°C	1.250 mL

Ao ser adicionado a solventes orgânicos, o iodo forma soluções de coloração marrom em solventes oxigenados e soluções de coloração violeta em solventes não oxigenados.

a) Indique a cor de uma solução preparada pela adição de iodo em etanol. Classifique a dissolução do iodo em água em relação ao calor envolvido.

b) Considere que todo o IO_3^- dissolvido em 1 L de solução aquosa 0,1 mol/L desse íon, à temperatura de 50 °C, seja convertido em I_2. Calcule a massa de iodo que precipitará.

DADOS: massa molar (g/mol): I = 127.

Equilíbrio de Solubilidade

capítulo 2

No Capítulo 1, vimos que, com o rompimento da barragem em Mariana, ocorreu liberação para o meio ambiente de substâncias nocivas, como íons de metais pesados (Hg^{2+} e Pb^{2+}), que interferiram tanto em locais próximos ao incidente quanto a 800 km dele, já no oceano Atlântico.

Os locais demarcados ao longo do rio Doce indicam pontos de monitoramento da qualidade da água, gerenciados por diversas agências reguladoras: IGAM (Instituto Mineiro de Gestão das Águas), IEMA (Instituto de Meio Ambiente e Recursos Hídricos) e ANA/CPRM (Agência Nacional das Águas/Companhia de Pesquisa de Recursos Minerais).

AGÊNCIA NACIONAL DE ÁGUAS (ANA). **Encarte Especial sobre a Bacia do Rio Doce** – Rompimento da Barragem em Mariana/MG. *Disponível em:* <http://arquivos.ana.gov.br/RioDoce/EncarteRioDoce_22_03_2016v2.pdf>. *Acesso em:* 19 out. 2020. Adaptado.

Ao longo do rio Doce, diversas estações de coleta e análise das águas passaram a monitorar parâmetros relacionados à qualidade da água, entre eles a concentração de sólidos dissolvidos, como pode ser verificado no gráfico ao lado.

Além de identificar, infelizmente e como esperado, valores superiores à média histórica, a curva presente no gráfico acima mostra que mesmo meses após o incidente, há **oscilações** na concentração das substâncias dissolvidas, que dependem, por exemplo, de novos aportes de sólidos e do índice pluviométrico na região. Para explicarmos essas variações, precisamos estudar a solubilidade sob a ótica de um **equilíbrio químico**, que será o tema de estudo deste capítulo!

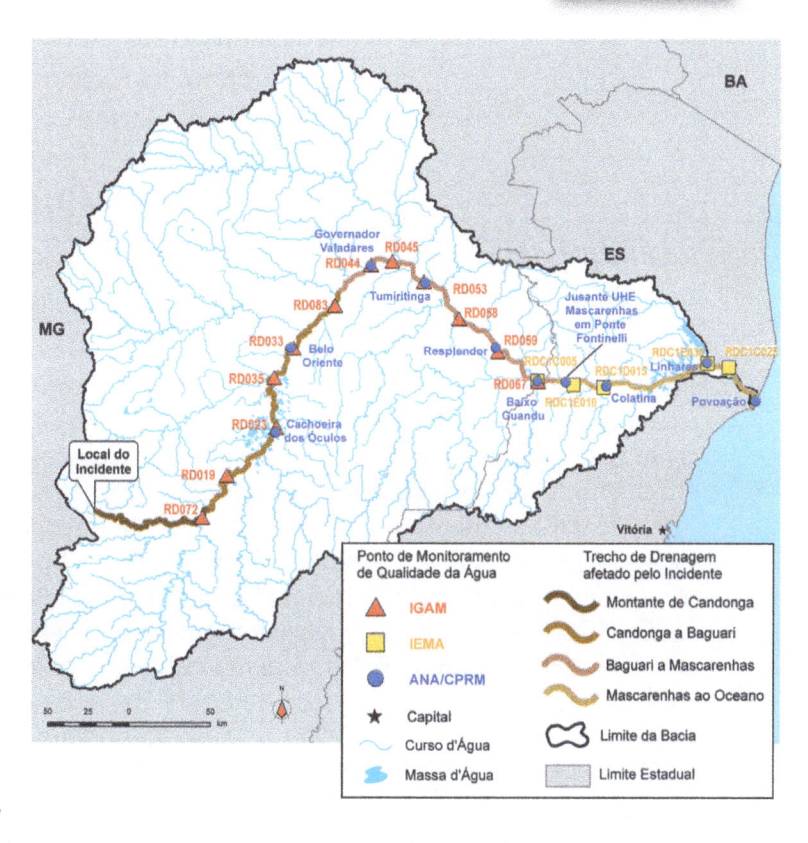

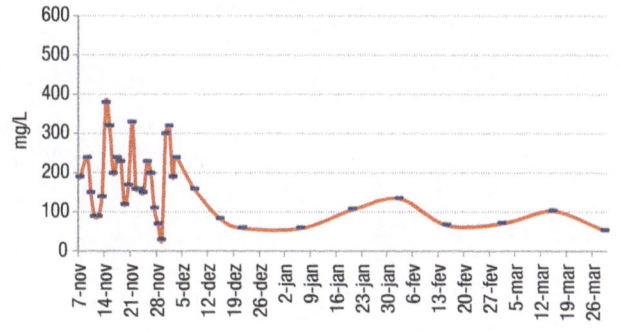

Concentração, em mg/L, de sólidos dissolvidos na água coletada na estação de análise RD072, localizada a cerca de 110 km do local do incidente, nos 5 meses após o rompimento da barragem, que ocorreu em 5 de novembro de 2015.

INSTITUTO MINEIRO DE GESTÃO DAS ÁGUAS (IGAM). **Relatório Técnico**. Acompanhamento da qualidade das águas do rio Doce após o rompimento da barragem da Samarco no distrito de Bento Rodrigues – Mariana/MG. *Disponível em:* <http://www.igam.mg.gov.br/images/stories/2016/QUALIDADE/Relatorio_Qualidade_20mai2016.pdf>. *Acesso em:* 19 out. 2020. Adaptado.

2.1 Equilíbrio de solubilidade

As oscilações identificadas no gráfico anterior significam que provavelmente os processos de dissolução e precipitação alternam-se, interferindo tanto na concentração de sólidos dissolvidos, quanto na quantidade de sólido precipitado. Essas oscilações podem ser provocadas, por exemplo, por variação nas quantidades de sólidos e da própria água, em função dos rios afluentes que deságuam no rio Doce, e também por alterações na temperatura, que interfere na solubilidade.

Para analisarmos em detalhes como os fenômenos de dissolução e precipitação estão relacionados, vamos estudar o caso do **sulfato de chumbo (II), $PbSO_4$**.

Lembre-se!

Neste capítulo, trocamos o $Pb(NO_3)_2$ (analisado no capítulo anterior) pelo $PbSO_4$ para simplificar nossa análise. O principal minério de chumbo presente em Minas Gerais é o sulfeto de chumbo (II) (galena – PbS), que, em contato com o oxigênio, pode dar origem ao $PbSO_4$.

O $Pb(NO_3)_2$ apresenta solubilidade muito superior à do $PbSO_4$: a 25 °C, as solubilidades são iguais a 59 g $Pb(NO_3)_2$/100 g H_2O e 0,4 g $PbSO_4$/100 g H_2O. Portanto, comparativamente, uma solução saturada de $Pb(NO_3)_2$ é muito mais concentrada do que uma solução saturada de $PbSO_4$.

O fato de a solução saturada de $PbSO_4$ ser mais diluída simplifica a análise do equilíbrio que vamos discutir neste capítulo, uma vez que, em so-luções *diluídas*, podemos considerar que os íons dissolvidos não interagem entre si. Já *em soluções concentradas*, como na solução saturada de $Pb(NO_3)_2$, para que a análise seja precisa, seria necessário considerar as interações que ocorrem entre esses íons dissolvidos, o que está além do escopo da Química estudada no Ensino Médio.

Apesar disso, vale destacar que são justamente as intensidades das interações estabelecidas entre as espécies relacionadas ao processo de dissolução (entre os íons no estado sólido, entre os íons e as moléculas de água, entre as moléculas de água, por exemplo) que interferem no fato de um composto ser mais ou menos solúvel que outro; porém, mais uma vez, essa discussão somente é aprofundada em cursos superiores de Química.

Vamos preparar uma solução saturada de sulfato de chumbo (II) a 25 °C e analisar o processo de dissolução.

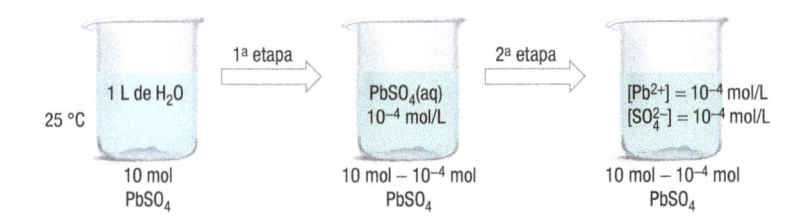

25 °C | 1 L de H_2O | 10 mol $PbSO_4$ — 1ª etapa → $PbSO_4$(aq) 10^{-4} mol/L | 10 mol – 10^{-4} mol $PbSO_4$ — 2ª etapa → [Pb^{2+}] = 10^{-4} mol/L; [SO_4^{2-}] = 10^{-4} mol/L | 10 mol – 10^{-4} mol $PbSO_4$

Na 1ª etapa, adicionamos 10 mol de $PbSO_4$ em água, porém dissolvem-se somente 10^{-4} mol/L, que é a solubilidade em mol/L do $PbSO_4$ na temperatura do nosso experimento (25 °C). Na 2ª etapa, ocorre a dissociação do $PbSO_4$, produzindo 10^{-4} mol/L de íons Pb^{2+} e 10^{-4} mol/L de íons SO_4^{2-}. Uma vez que as concentrações dos íons atingem o valor de 10^{-4} mol/L, não passamos a identificar variações nessas concentrações, o que significa que o sistema atingiu um **equilíbrio químico**.

$$PbSO_4(s) \rightleftharpoons PbSO_4(aq) \rightleftharpoons Pb^{2+}(aq) + SO_4^{2-}(aq)$$
$$10 \text{ mol} - 10^{-4} \text{ mol/L} \quad 10^{-4} \text{ mol/L} \quad 10^{-4} \text{ mol/L} \quad 10^{-4} \text{ mol/L}$$

Como a primeira etapa é muito rápida, não é costume escrevê-la.

$$PbSO_4(s) \rightleftharpoons Pb^{2+}(aq) + SO_4^{2-}(aq)$$
$$10 \text{ mol} - 10^{-4} \text{ mol/L} \quad 10^{-4} \text{ mol/L} \quad 10^{-4} \text{ mol/L}$$

Essa equação química representa o equilíbrio do corpo de fundo com os íons da solução saturada. E, sendo um equilíbrio químico, podemos escrever uma **constante de equilíbrio**, chamada de **produto de solubilidade**, representada por K_s ou K_{ps}:

$$K_s = [Pb^{2+}] \cdot [SO_4^{2-}]$$

Com base nas informações anteriores, podemos determinar o valor de K_s acima:

$K_s = 10^{-4} \cdot 10^{-4}$

$K_s = 10^{-8}$ (a 25 °C)

> **Lembre-se!**
> Cuidado para não confundir os dois conceitos que acabamos de relacionar: **solubilidade** e **produto de solubilidade**. A **solubilidade** de um composto é a quantidade de soluto dissolvida em determinado volume de solução, geralmente medida em mol/L (ou g/L). O **produto de solubilidade** é a constante de um **equilíbrio** estabelecido entre um **sólido não dissolvido e seus íons**.

2.2 Efeito do íon comum

Acabamos de analisar que se estabelece um equilíbrio entre os íons dissolvidos e o sólido, o que impede que todos os íons em solução do metal sejam precipitados. Por exemplo, no caso do $PbSO_4$, a 25 °C, uma solução saturada terá $[Pb^{2+}] = 10^{-4}$ mol/L, o que é equivalente a cerca de 0,02 g/L de Pb^{2+}. Esse valor é, por exemplo, 2.000 vezes superior ao **valor máximo permitido** pela legislação brasileira em águas para consumo humano, que é igual a 0,00001 g/L (0,01 mg/L).

Como podemos então reduzir a concentração de íons Pb^{2+} nessa solução saturada? Uma técnica bastante comum no tratamento de águas para remover substâncias tóxicas e íons de metais pesados, como os de chumbo, consiste em precipitarmos esses íons na forma de um sal pouco solúvel, por meio do deslocamento do equilíbrio de solubilidade.

E como fazemos isso?

Primeiro, considere uma solução saturada de $PbSO_4$ em água a 25 °C e seu corpo de fundo.

$$PbSO_4(s) \rightleftharpoons Pb^{2+}(aq) + SO_4^{2-}(aq)$$
$$K_s = 10^{-8}, S = 10^{-4} \text{ mol/L}$$

Se adicionarmos $Na_2SO_4(s)$ à solução, a concentração de íons SO_4^{2-} aumentará. Entretanto, mantida a temperatura constante, o valor de K_s do equilíbrio de solubilidade acima não sofre alteração e, para que o K_s permaneça constante, a concentração de íons Pb^{2+} deve decrescer (conforme o princípio de Le Chatelier, o equilíbrio foi deslocado no sentido de $PbSO_4(s)$).

Como existe, agora, menos Pb^{2+} em solução, a solubilidade de $PbSO_4$ é menor em uma solução que tem Na_2SO_4 do que em água pura. Chamamos esse deslocamento de equilíbrio, promovido pela adição de íon presente no equilíbrio, de **efeito íon comum**.

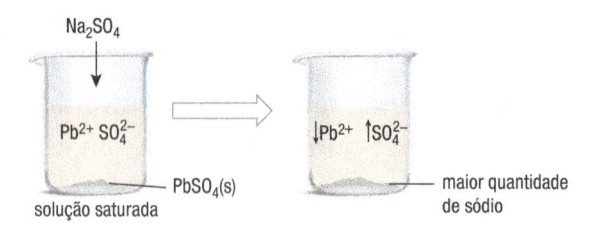

Lembre-se!

O produto de solubilidade (K_s) corresponde a uma constante de equilíbrio. Portanto, K_s está relacionado com a situação em que temos a solução saturada em equilíbrio com o corpo de fundo. Fora da situação de equilíbrio, temos o **produto das concentrações dos íons**, representado por Q_s, que apresenta a mesma expressão do K_s. Para o $PbSO_4$, por exemplo, temos

$Q_s = [Pb^{2+}] \cdot [SO_4^{2-}]$,

que pode ser calculado estando o sistema em equilíbrio ou não. Por exemplo, em dada temperatura, se $Q_s < K_s$, teremos um sistema sem precipitado e com uma solução insaturada. Por outro lado, se $Q_s > K_s$, isso indica que ocorrerá precipitação do sólido.

Considere que tenhamos adicionado 1 mol de Na_2SO_4. Para determinar a nova concentração de Pb^{2+} e, portanto, a nova solubilidade do $PbSO_4$ na solução contendo Na_2SO_4, é usual considerar que, no equilíbrio, $[SO_4^{2-}] \approx 1$ mol/L, pois 1 mol/L (a quantidade adicionada de SO_4^{2-} pela dissolução do Na_2SO_4) é muito superior à concentração inicialmente presente (10^{-4} mol/L).

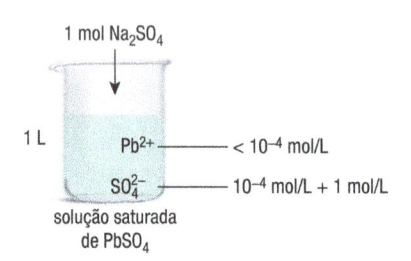

Considerando esse valor para $[SO_4^{2-}]$, podemos determinar o novo valor de $[Pb^{2+}]$ a partir da expressão de K_s:

$K_s = [Pb^{2+}] \cdot [SO_4^{2-}]$

$10^{-8} = [Pb^{2+}] \cdot 1$

$[Pb^{2+}] = 10^{-8}$ mol/L

Portanto, a nova solubilidade do $PbSO_4$ será 10^{-8} mol/L na presença de 1 mol/L de Na_2SO_4, que é um valor 10.000 vezes menor do que a solubilidade de $PbSO_4$ em água pura (10^{-4} mol/L). Vale destacar que, na presença dessa quantidade de Na_2SO_4, teremos 10^{-8} mol/L de Pb^{2+}, que é equivalente a 0,002 mg/L, cinco vezes menor do que o valor máximo permitido para o Pb^{2+} (0,01 mg/L).

Fique ligado!

Precipitação seletiva

Vimos que a **constante de solubilidade** (K_s) pode nos ajudar a estimar a solubilidade das substâncias em diversas situações, na presença ou na ausência de íons comuns ao equilíbrio de solubilidade. Essas estimativas podem ser aplicadas em uma *técnica de separação de mistura* chamada de **precipitação seletiva**, que consiste na separação de íons com base na diferença de solubilidade.

Vamos ilustrar a aplicação dessa técnica a partir de uma solução que contém 0,030 mol/L de Pb^{2+} e 0,01 mol/L de Ba^{2+}, ambos íons considerados tóxicos para os seres vivos. Esses cátions formam com o SO_4^{2-} compostos pouco solúveis, razão pela qual podemos adicionar Na_2SO_4 para forçar a precipitação de $PbSO_4$ ($K_s = [Pb^{2+}] \cdot [SO_4^{2-}] = 10^{-8}$) e $BaSO_4$ ($K_s = [Ba^{2+}] \cdot [SO_4^{2-}] = 10^{-10}$). Resta agora determinarmos qual é a ordem em que cada íon precipita pela adição progressiva de Na_2SO_4.

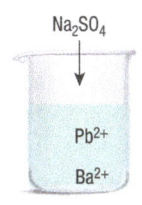

A partir das expressões de K_s para os dois sais é possível determinar a quantidade mínima de SO_4^{2-} necessária para precipitar cada íon (como fizemos na seção 2.2): $3,3 \cdot 10^{-7}$ mol/L de SO_4^{2-} para precipitar $PbSO_4$ e 10^{-8} mol/L para precipitar $BaSO_4$. Assim, se mantivermos 10^{-8} mol/L $< [SO_4^{2-}] < 3,3 \cdot 10^{-7}$ mol/L, teremos apenas a **precipitação seletiva** do $BaSO_4$, enquanto o $PbSO_4$ ainda continuará em solução.

Você sabia?

Biorremediação

Acabamos de ver uma técnica que pode ser utilizada para reduzir a concentração de íons de metais pesados nas águas contaminadas após o rompimento da barragem em Mariana: a partir da precipitação desses íons em compostos pouco solúveis. Entretanto, esse tipo de processo geralmente envolve consumo de reagentes, o que pode elevar o custo, perturbar a microflora do solo e alterar as suas propriedades.

Uma solução alternativa que está sendo estudada para esses processos de remediação é a biorremediação. Nesse processo, as raízes de algumas plantas, como a *Brassica juncea*, que contêm microrganismos que interagem, durante seu metabolismo, com íons de metais pesados, reduzem o impacto ambiental desses íons.

A mostarda-chinesa (*Brassica juncea*) é uma das plantas utilizadas em técnicas de biorremediação.

2.3 Solubilidade de gases

Não somente os sais (e outros compostos iônicos), mas os gases também apresentam solubilidade em água. Entre os gases, o gás oxigênio (O_2) talvez seja o exemplo mais importante, uma vez que diversos organismos aquáticos dependem dele para respiração.

Ainda que as moléculas de O_2 sejam apolares, pequenas quantidades desse gás se dissolvem em água, cerca de 10 mg/kg H_2O (equivalente a 0,001 g/100 g H_2O). Ao se dissolver em água, é estabelecida uma interação do tipo dipolo-dipolo induzido entre a molécula de H_2O e a molécula de O_2.

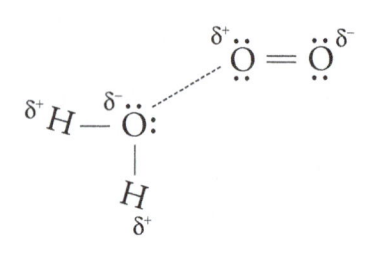

Diferentemente da maioria dos sais, que apresentam dissolução endotérmica, para os gases temos o inverso: o processo de dissolução é sempre **exotérmico** (não havendo reação química). Por exemplo, para o caso do O_2, temos:

$$O_2(g) \rightleftharpoons O_2(aq) \qquad \Delta H = -12 \text{ kJ/mol}$$

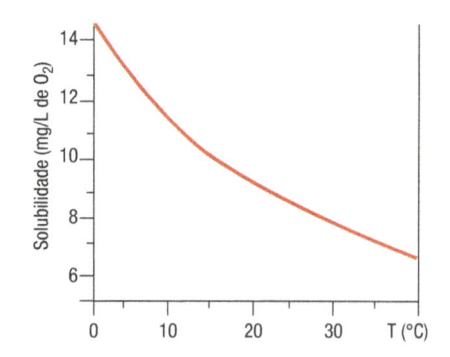

É por esse motivo que, para gases, um aumento de temperatura provoca a redução da solubilidade, o que significa que a **curva de solubilidade** para gases é **descendente**. Isso ocorre porque, como a interação dipolo-dipolo induzido é fraca, uma pequena quantidade de energia adicional (decorrente do aumento de temperatura) é suficiente para romper essa interação e liberar o gás, reduzindo a sua solubilidade.

Além da temperatura, a pressão também influencia a solubilidade das substâncias gasosas. Esse efeito foi estudado pelo químico inglês **William Henry** (1775-1836) que verificou experimentalmente que quanto maior a concentração de um gás no ar (maior pressão parcial), maior é a penetração na água e, como consequência, maior é a quantidade de gás dissolvido na água.

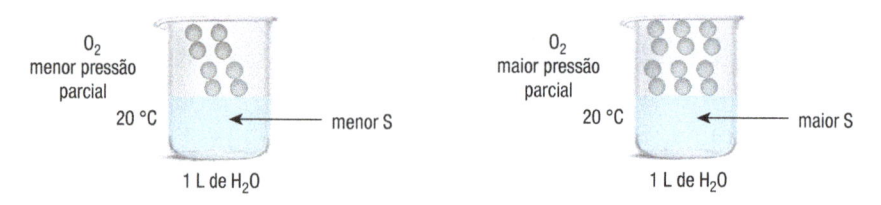

Henry identificou que a solubilidade de um gás é diretamente proporcional à pressão parcial do gás, o que é expresso matematicamente pela **Lei de Henry**:

$$S = k_H \cdot P$$

em que k_H é chamada constante de Henry, cujo valor depende do gás, do solvente e da temperatura. Para o O_2 em água, por exemplo, a 25 °C, k_H vale $1,3 \times 10^{-3}$ mol·L^{-1}·atm^{-1}.

Quando uma molécula de H_2O aproxima-se de uma molécula de O_2, o polo negativo da H_2O repele a maioria dos elétrons da molécula de O_2, induzindo uma polarização na molécula de O_2 e criando um dipolo induzido.

SÉRIE BRONZE

1. Sobre os processos de diluição e precipitação do PbSO₄, complete o texto a seguir com as informações corretas.

Em uma solução a. _____ com b. _____, os processos de diluição e de precipitação ocorrem em velocidades c. _____, de modo que se estabelece um d. _____, que pode ser equacionado por e. _____ e que apresenta uma constante de equilíbrio igual a f. _____ (chamada de g. _____).

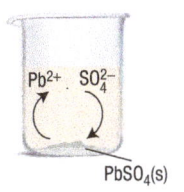

2. Considere uma solução saturada com corpo de fundo de PbSO₄. Complete o texto a seguir com as informações corretas sobre o efeito da adição de Na₂SO₄ a essa solução.

O Na₂SO₄ é um sal solúvel que se dissocia segundo a equação:

a. _____.

Essa dissociação promove um b. _____ da concentração do íon c. _____, que desloca o equilíbrio de solubilidade, representado pela equação d. _____, para e. _____.

Isso significa que a solubilidade do PbSO₄ f. _____, sendo esse fenômeno conhecido como g. _____.

3. Complete com =, < ou >.

$BaSO_4(s) \rightleftharpoons Ba^{2+}(aq) + SO_4^{2-}(aq)$

a) $[Ba^{2+}][SO_4^{2-}]$ _____ K_s. A solução fica insaturada, não se formando o precipitado.
b) $[Ba^{2+}][SO_4^{2-}]$ _____ K_s. A solução fica saturada sem corpo de fundo.
c) $[Ba^{2+}][SO_4^{2-}]$ _____ K_s. A solução fica saturada com corpo de fundo (ocorre a precipitação).

4. Sobre a solubilidade dos gases, complete o diagrama a seguir com as informações corretas.

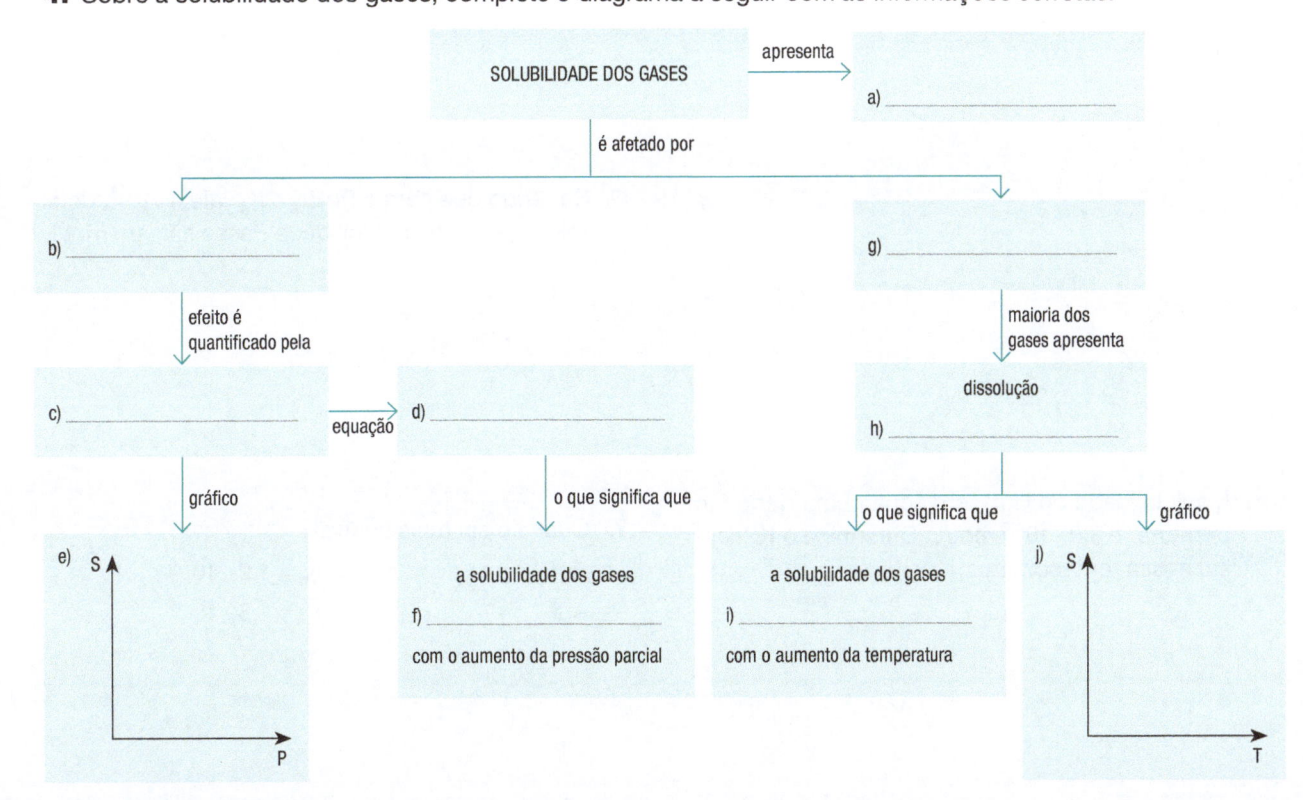

SOLUBILIDADE DOS GASES — apresenta → a) _____

é afetado por

b) _____

efeito é quantificado pela

c) _____ — equação → d) _____

gráfico ↓

e) S / P (gráfico)

o que significa que ↓

a solubilidade dos gases f) _____ com o aumento da pressão parcial

g) _____

maioria dos gases apresenta dissolução

h) _____

o que significa que ↓

a solubilidade dos gases i) _____ com o aumento da temperatura

gráfico ↓

j) S / T (gráfico)

SÉRIE PRATA

1. Escreva a equação química que representa o equilíbrio de solubilidade e a expressão da constante de solubilidade (K_s) para os compostos abaixo.

   a) $BaSO_4$

   b) $AgCl$

   c) Ag_2SO_4

   d) $Ca_3(PO_4)_2$

   e) $CaSO_4$

   f) $PbSO_4$

   g) PbI_2

2. A solubilidade do HgS, em água numa dada temperatura, é $3,0 \cdot 10^{-26}$ mol/L. Determine o K_s desse sal nessa temperatura.

3. (FUVEST – SP) Em determinada temperatura, a solubilidade do Ag_2SO_4 em água é $2 \cdot 10^{-2}$ mol/L. Qual é o valor do produto de solubilidade desse sal, à mesma temperatura?

4. A solubilidade do cloreto de chumbo (II) em água é $1,6 \cdot 10^{-2}$ mol/L. O K_s nessa temperatura será aproximadamente igual a:
   a) $1,64 \cdot 10^{-6}$
   b) $2,24 \cdot 10^{-6}$
   c) $1,60 \cdot 10^{-2}$
   d) $3,28 \cdot 10^{-4}$
   e) $1,64 \cdot 10^{-5}$

5. O produto de solubilidade do sulfato de chumbo (II) é $2,25 \cdot 10^{-8}$, a 25 °C. Calcule a solubilidade do sal, em mol/L e g/L nessa temperatura.
   DADO: massa molar $PbSO_4$ = 303 g/mol.

6. Sabendo que para o $PbBr_2$ o K_s vale $4 \cdot 10^{-6}$, determine o valor da solubilidade desse sal, em mol/L.

7. Qual é o sal mais solúvel?
   AgCl $\qquad K_s = 1,2 \cdot 10^{-10}$
   AgI $\qquad K_s = 1,5 \cdot 10^{-16}$

8. (Exercício resolvido) Qual sal é o mais solúvel $BaCO_3$ ($K_s = 4{,}9 \cdot 10^{-9}$) ou CaF_2 ($K_s = 4 \cdot 10^{-12}$)?

Resolução:

Nesse caso, os sais não apresentam mesma proporção entre cátions e ânions. Assim é necessário calcular a solubilidade, a partir do valor de K_s, para os dois sais.

$$BaCO_3(s) \rightleftarrows Ba^{2+}(aq) + CO_3^{2-}(aq)$$
$$ S S$$

$K_s = [Ba^{2+}] \cdot [CO_3^{2-}] = 4{,}9 \cdot 10^{-9} = 49 \cdot 10^{-10}$

$S \cdot S = S^2 = 49 \cdot 10^{-10}$

$S = 7 \cdot 10^{-5}$ mol/L

$$CaF_2(s) \rightleftarrows Ca^{2+}(aq) + 2\, F^{-2}(aq)$$
$$ S 2S$$

$K_s = [Ca^{2+}] \cdot [F^-]^2 = 4 \cdot 10^{-12}$

$S \cdot (2S)^2 = 4S^3 = 4 \cdot 10^{-12}$

$S = 10^{-3}$ mol/L

Portanto, o CaF_2 **é mais solúvel do que o** $BaCO_3$.

9. Considere uma solução saturada de cloreto de prata contendo corpo de fundo. Adicionando-se pequena quantidade de cloreto de sódio sólido, qual é a modificação observada na quantidade de corpo de fundo?

a) Aumentará.
b) Diminuirá.
c) Permanecerá constante.
d) Diminuirá e depois aumentará.
e) Aumentará e depois diminuirá.

10. Sabendo que o K_s do AgCl vale $2 \cdot 10^{-10}$, a 25 °C, calcule a solubilidade do AgCl em:

a) água pura, a 25 °C;
b) uma solução contendo 0,1 mol/L de íons Ag^+, a 25 °C.

DADO: $\sqrt{2} = 1{,}4$.

11. (FATEC – SP) Considere a seguinte informação: "Quando um mergulhador sobe rapidamente de águas profundas para a superfície, bolhas de ar dissolvido no sangue e outros fluidos do corpo borbulham para fora da solução. Estas bolhas impedem a circulação do sangue e afetam os impulsos nervosos, podendo levar o indivíduo à morte".

Dentre os gráficos esboçados a seguir, relativos à variação da solubilidade do O_2 no sangue em função da pressão, o que melhor se relaciona com o fato descrito é:

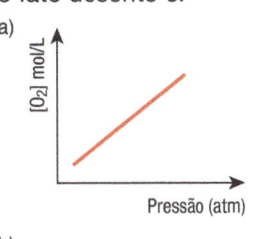

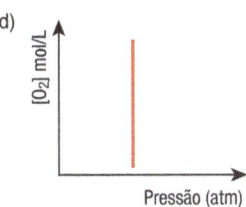

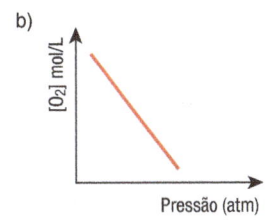

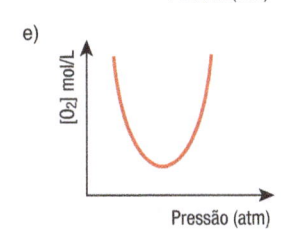

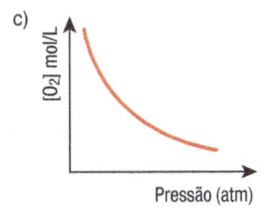

12. (UNICAMP – SP) Quando borbulha o ar atmosférico, que contém cerca de 20% de oxigênio, em um aquário mantido a 20 °C, resulta uma solução que contém certa quantidade de O_2 dissolvido. Explique que expectativa se pode ter acerca da concentração de oxigênio na água do aquário em cada uma das seguintes hipóteses:

a) aumento da temperatura da água para 40 °C.
b) aumento da concentração atmosférica de O_2 para 40%.

13. Um refrigerante está contido em uma garrafa fechada, a 25 °C, com gás carbônico exercendo pressão de 5 atm sobre o líquido. Determine a solubilidade do CO_2. Considere desprezível a reação do CO_2 com a água.

DADO: constante de Henry do CO_2 a 25 °C = $= \dfrac{1}{32}$ mol $\cdot$ L^{-1} $\cdot$ atm^{-1}.

(FAMERP – SP) Considere a tabela para responder às questões de números **1** e **2**.

SUBSTÂNCIA	FÓRMULA	PRODUTO DE SOLUBILIDADE (K_{ps})
I	$BaCO_3$	$5,0 \times 10^{-9}$
II	$CaCO_3$	$4,9 \times 10^{-9}$
III	$CaSO_4$	$2,4 \times 10^{-5}$
IV	$BaSO_4$	$1,1 \times 10^{-10}$
V	$PbSO_4$	$6,3 \times 10^{-7}$

HARRIS, D. C. **Análise Química Quantitativa**, 2001. Adaptado.

1. Uma das substâncias da tabela é muito utilizada como meio de contraste em exames radiológicos, pois funciona como um marcador tecidual que permite verificar a integridade da mucosa de todo o trato gastrintestinal, delineando cada segmento. Uma característica necessária ao meio de contraste é que seja o mais insolúvel possível, para evitar que seja absorvido pelos tecidos, tornando-o um marcador seguro, que não será metabolizado no organismo e, portanto, excretado na sua forma intacta.

Disponível em: <http://qnint.sbq.org.br>. Adaptado.

Dentre as substâncias da tabela, aquela que atende às características necessárias para o uso seguro como meio de contraste em exames radiológicos é a substância

a) IV.   b) III.   c) II.   d) V.   e) I.

2. Uma solução saturada de carbonato de cálcio tem concentração de íons cálcio, em mol/L, próximo a

a) $2,5 \times 10^{-8}$.   c) $7,0 \times 10^{-4}$.   e) $7,0 \times 10^{-5}$.
b) $2,5 \times 10^{-9}$.   d) $9,8 \times 10^{-9}$.

3. (FUVEST – SP) Preparam-se duas soluções saturadas, uma de oxalato de prata ($Ag_2C_2O_4$) e outra de tiocianato de prata (AgSCN). Esses dois sais têm, aproximadamente, o mesmo produto de solubilidade (da ordem de 10^{-12}). Na primeira, a concentração de íons prata é $[Ag^+]_1$ e, na segunda, $[Ag^+]_2$; as concentrações de oxalato e tiocianato são, respectivamente, $[C_2O_4^{2-}]$ e $[SCN^-]$.

Nesse caso, é correto afirmar que:

a) $[Ag^+]_1 = [Ag^+]_2$ e $[C_2O_4^{2-}] \leqslant [SCN^-]$.
b) $[Ag^+]_1 \geqslant [Ag^+]_2$ e $[C_2O_4^{2-}] \geqslant [SCN^-]$.
c) $[Ag^+]_1 \geqslant [Ag^+]_2$ e $[C_2O_4^{2-}] = [SCN^-]$.
d) $[Ag^+]_1 \leqslant [Ag^+]_2$ e $[C_2O_4^{2-}] \leqslant [SCN^-]$.
e) $[Ag^+]_1 = [Ag^+]_2$ e $[C_2O_4^{2-}] \geqslant [SCN^-]$.

4. (UNESP) Segundo a Portaria do Ministério da Saúde MS nº 1.469 de 29 de dezembro de 2000, o valor máximo permitido (VMP) da concentração do íon sulfato (SO_4^{2-}), para que a água esteja em conformidade com o padrão para consumo humano, é de 250 mg · L^{-1}. A análise da água de uma fonte revelou a existência de íons sulfato numa concentração de $5 \cdot 10^{-3}$ mol · L^{-1}.

a) Verifique se a água analisada está em conformidade com o padrão para consumo humano, de acordo com o VMP pelo Ministério da Saúde para a concentração do íon sulfato. Apresente seus cálculos.

b) Um lote de água com excesso de íons sulfato foi tratado pela adição de íons cálcio até que a concentração de íons SO_4^{2-} atingisse o VMP. Considerando que o K_{ps} para o $CaSO_4$ é $2,6 \cdot 10^{-5}$, determine o valor para a concentração final dos íons Ca^{2+} na água tratada. Apresente seus cálculos.

DADO: massas molares: $Ca = 40,0 \text{ g} \cdot \text{mol}^{-1}$; $O = 16,0 \text{ g} \cdot \text{mol}^{-1}$; $S = 32,0 \text{ g} \cdot \text{mol}^{-1}$.

6. (UNICAMP – SP) Uma indústria foi autuada pelas autoridades por poluir um rio com efluentes contendo íons Pb^{2+}. O chumbo provoca no ser humano graves efeitos toxicológicos. Para retirar o chumbo, ele poderia ser precipitado na forma de um sal pouco solúvel e, a seguir, separado por filtração.

a) Considerando apenas a constante de solubilidade dos compostos a seguir, escreva a fórmula do ânion mais indicado para a precipitação do Pb^{2+}. Justifique.

b) Se num certo efluente aquoso há $1 \cdot 10^{-3}$ mol/L de Pb^{2+} e se a ele for adicionada a quantidade estequiométrica do ânion escolhido no item **a**, qual é a concentração final de íons Pb^{2+} que sobra neste efluente? Admita que não ocorra diluição significativa ao efluente.

DADO: sulfato de chumbo $K_s = 2 \cdot 10^{-8}$; carbonato de chumbo $K_s = 2 \cdot 10^{-13}$; sulfeto de chumbo $K_s = 4 \cdot 10^{-28}$.

5. (UNICAMP – SP) Para fazer exames de estômago usando a técnica de raios X, os pacientes devem ingerir, em jejum, uma suspensão aquosa de sulfato de bário, $BaSO_4$, que é pouco solúvel em água. Essa suspensão é preparada em uma solução de sulfato de potássio, K_2SO_4, que está totalmente dissolvido e dissociado na água. Os íons bário, Ba^{2+}, são prejudiciais à saúde humana. A constante do produto de solubilidade do sulfato de bário em água, a 25 °C, é igual a $1,6 \cdot 10^{-9}$.

a) Calcule a concentração de íons bário dissolvidos em uma suspensão de $BaSO_4$ em água.

b) Por que, para a saúde humana, é melhor fazer a suspensão de sulfato de bário em uma solução de sulfato de potássio do que em água apenas? Considere que o K_2SO_4 não é prejudicial à saúde.

7. (PUC – SP) Em relação à solubilidade de substâncias gasosas e sólidas em líquidos, foram feitas as seguintes afirmações:

I. Com o aumento da pressão de um gás sobre o líquido, a solubilidade do gás aumenta.
II. Quanto menor a temperatura, menor a solubilidade da maioria dos gases.
III. Todos os sólidos possuem maior solubilidade com o aumento da temperatura.
IV. Uma solução insaturada possui quantidade de soluto inferior ao coeficiente de solubilidade.

Assinale as afirmativas CORRETAS.

a) I e II.   b) II e III.   c) I e IV.   d) I, II e IV.

8. (UNICAMP – SP) A atividade humana tem grande impacto na biosfera; um exemplo é o que vem ocorrendo na água dos oceanos nas últimas décadas. Assinale a alternativa que corretamente evidencia a influência da atividade humana no pH da água dos oceanos e como ela se acentua em função da região do planeta.

a) 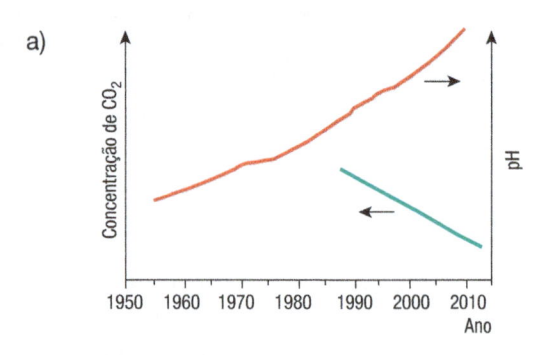 [gráfico: Concentração de CO_2 crescente (→), pH decrescente (←), 1950-2010]
Essa influência se acentua na região dos polos, em razão da temperatura da água do mar.

c) [gráfico: Concentração de CO_2 crescente (←), pH decrescente (→), 1950-2010]
Essa influência se acentua na região dos polos, em razão da temperatura da água do mar.

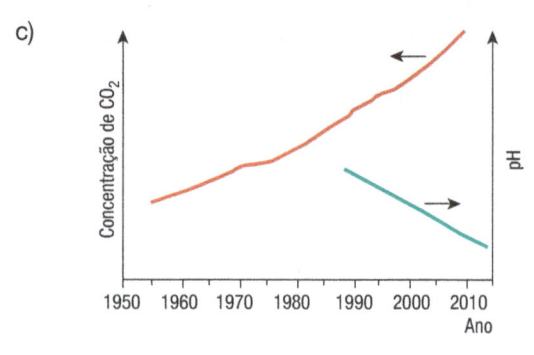

b) 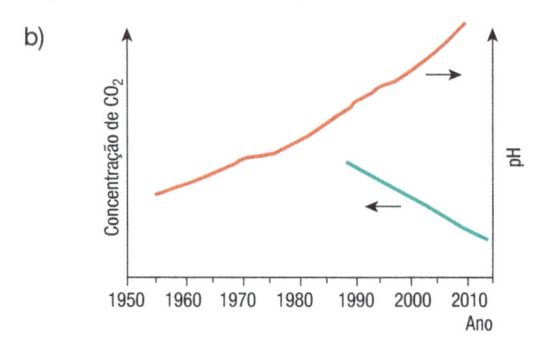 [gráfico: Concentração de CO_2 crescente (→), pH decrescente (←), 1950-2010]
Essa influência se acentua na região dos trópicos, em razão da temperatura da água do mar.

d) 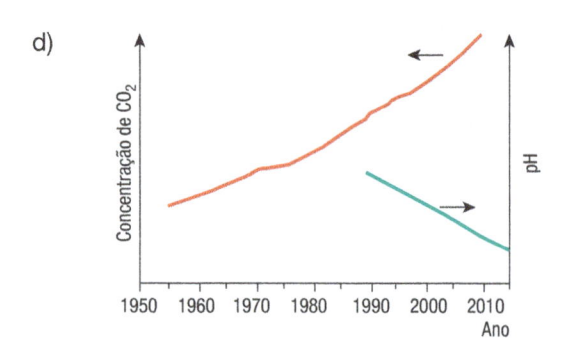 [gráfico: Concentração de CO_2 crescente (←), pH decrescente (→), 1950-2010]
Essa influência se acentua na região dos trópicos, em razão da temperatura da água do mar.

---

9. (UNICAMP – SP) A questão do aquecimento global está intimamente ligada à atividade humana e também ao funcionamento da natureza. A emissão de metano na produção de carnes e a emissão de dióxido de carbono em processos de combustão de carvão e derivados do petróleo são as mais importantes fontes de gases de origem antrópica. O aquecimento global tem vários efeitos, sendo um deles o aquecimento da água dos oceanos, o que, consequentemente, altera a solubilidade do CO_2 nela dissolvido. Este processo torna-se cíclico e, por isso mesmo, preocupante. A figura a seguir, preenchida de forma adequada, dá informações quantitativas da dependência da solubilidade do CO_2 na água do mar, em relação à pressão e à temperatura.

a) De acordo com o conhecimento químico, escolha adequadamente e escreva em cada quadrado da figura o valor correto, de modo que a figura fique completa e correta: *solubilidade em gramas de CO_2 /100 g água:* 2, 3, 4, 5, 6, 7; *temperatura (°C):* 20, 40, 60, 80, 100 e 120; *pressão/atm:* 50, 100, 150, 200, 300, 400.
Justifique sua resposta.

b) Determine a solubilidade molar do CO_2 na água (em mol/1 L de água) a 40 °C e 100 atm. Mostre na figura como ela foi determinada.
DADO: massa molar do CO_2 = 44 g/mol; d = 1 g/mL.

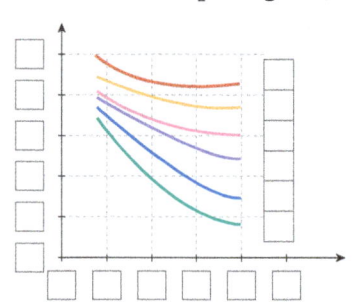

10. (UNICAMP – SP) Bebidas gaseificadas apresentam o inconveniente de perderem a graça depois de abertas. A pressão do CO_2 no interior de uma garrafa de refrigerante, antes de ser aberta, gira em torno de 3,5 atm, e é sabido que, depois de aberta, ele não apresenta as mesmas características iniciais.

Considere uma garrafa de refrigerante de 2 litros sendo aberta e fechada a cada 4 horas, retirando-se de seu interior 250 mL de refrigerante de cada vez. Nessas condições, pode-se afirmar corretamente que, dos gráficos a seguir, o que mais se aproxima do comportamento da pressão dentro da garrafa, em função do tempo é o

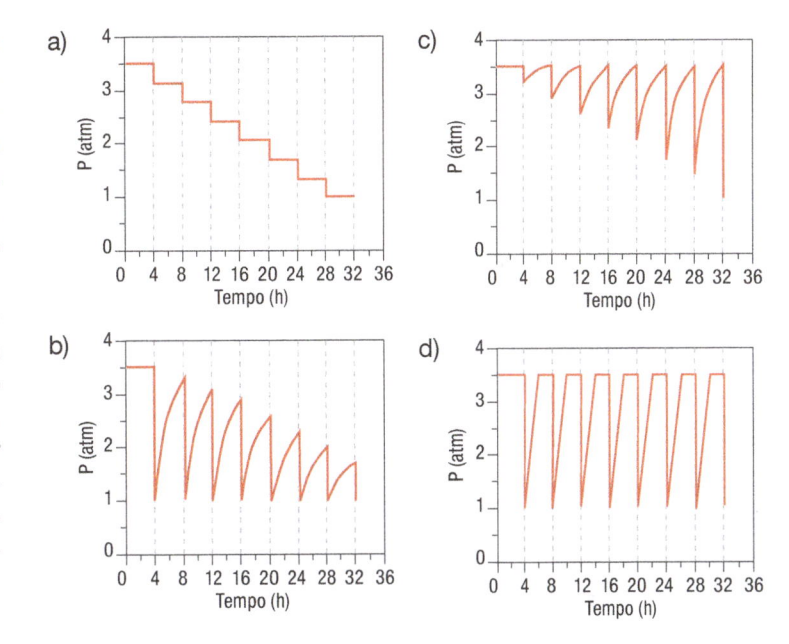

a)
b)
c)
d)

SÉRIE PLATINA

1. (UNICAMP – SP) A fermentação de alimentos ricos em açúcares é um processo prejudicial à saúde bucal, pois promove um ataque químico ao esmalte dos dentes. A parte inorgânica dos dentes é formada por uma substância chamada hidroxiapatita, que, em um ambiente bucal saudável, apresenta baixa solubilidade. Essa solubilidade pode ser equacionada da seguinte forma:

$Ca_5(PO_4)_3OH(s) + aq \rightleftharpoons 5\ Ca^{2+}(aq) + 3\ PO_4^{3-}(aq) + OH^-(aq);\ K_{ps} = 1,8 \times 10^{-58}$

a) Algumas características da saliva se alteram na presença de alimentos. Considerando que o prejuízo aos dentes causado pela ingestão de diferentes fontes de açúcar obedece à ordem cana > frutas > mel, preencha com as palavras <u>cana</u>, <u>frutas</u> e <u>mel</u> a tabela ao lado e explique em que se baseou a sua escolha.

CURVA	ALIMENTO
X	
Y	
Z	

b) O uso de água fluoretada e de produtos com flúor é recomendado para saúde bucal. Explique a vantagem do uso do fluoreto levando em conta a equação informada e a equação de dissolução da fluoroapatita abaixo; indique também possíveis correlações entre essas equações.

$$Ca_5(PO_4)_3F(s) + aq = 5\ Ca^{2+}(aq) + 3\ PO_4^{3-}(aq) + F^-(aq);\ K_{ps} = 8 \times 10^{-60}$$

2. (FUVEST – SP) O experimento conhecido como "chuva de ouro" consiste na recristalização, à temperatura ambiente, de iodeto de chumbo (PbI$_2$). A formação desse sal pode ocorrer a partir da mistura entre nitrato de chumbo (Pb(NO$_3$)$_2$) e iodeto de potássio (KI). Outro produto dessa reação é o nitrato de potássio (KNO$_3$) em solução aquosa.

Tanto o Pb(NO$_3$) quanto o KI são sais brancos solúveis em água à temperatura ambiente, enquanto o PbI$_2$ é um sal amarelo intenso e pouco solúvel nessa temperatura, precipitando como uma chuva dourada.

Em um laboratório, o mesmo experimento foi realizado em dois frascos. Em ambos, 100 mL de solução 0,1 mol · L^{-1} de Pb(NO$_3$)$_2$ e 100 mL de solução 0,2 mol · L^{-1} de KI foram misturados. Ao primeiro frasco foi também adicionado 20 mL de água destilada, enquanto ao segundo frasco foi adicionado 20 mL de solução 0,1 mol · L^{-1} de iodeto de sódio (NaI).

A tabela a seguir apresenta os dados de solubilidade dos produtos da reação em diferentes temperaturas.

Responda aos itens a seguir considerando os dados do enunciado e o equilíbrio químico de solubilidade do iodeto de chumbo:

$$PbI_2(s) \rightleftarrows Pb^{2+}(aq) + 2\ I^-(aq)$$

a) Indique se o procedimento do segundo frasco favorece ou inibe a formação de mais sólido amarelo.
b) Para separar o precipitado da solução do primeiro frasco e obter o PbI$_2$ sólido e seco, foi recomendado que, após a precipitação, fosse realizada uma filtração em funil com papel de filtro, seguida de lavagem do precipitado com água para se retirar o KNO$_3$ formado e, na sequência, esse precipitado fosse colocado para secar. Nesse caso, para se obter a maior quantidade do PbI$_2$, é mais recomendado o uso de água fria (4 °C) ou quente (80 °C)? Justifique.
c) Encontre a constante do produto de solubilidade (K$_{ps}$) do iodeto de chumbo a 32 °C.

	MASSA MOLAR (g · mol^{-1})	SOLUBILIDADE EM ÁGUA EM DIFERENTES TEMPERATURAS (g · L^{-1})		
		4 °C	32 °C	80 °C
PbI$_2$	461,0	0,410	0,922	3,151
KNO$_3$	101,1	135	315	1.700

3. (FUVEST – SP) A vida dos peixes em um aquário depende, entre outros fatores, da quantidade de oxigênio (O_2) dissolvido, do pH e da temperatura da água. A concentração de oxigênio dissolvido deve ser mantida ao redor de 7 ppm (1 ppm de O_2 = 1 mg de O_2 em 1.000 g de água) e o pH deve permanecer entre 6,5 e 8,5.

Um aquário de paredes retangulares possui as seguintes dimensões: 40 × 50 × 60 cm (largura × comprimento × altura) e possui água até a altura de 50 cm. O gráfico abaixo apresenta a solubilidade do O_2 em água, em diferentes temperaturas (a 1 atm).

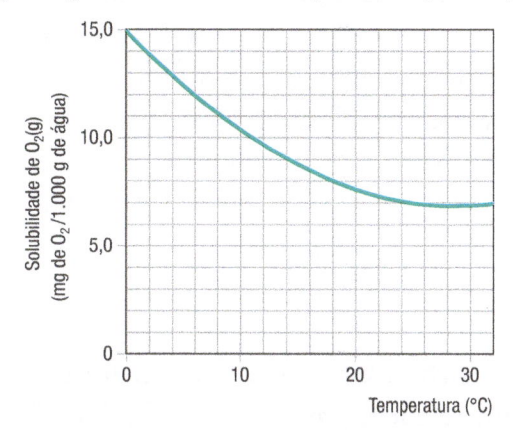

a) A água do aquário mencionado contém 500 mg de oxigênio dissolvidos a 25 °C. Nessa condição, a água do aquário está saturada em oxigênio? Justifique.
DADO: densidade da água do aquário = 1,0 g/cm³.

b) Deseja-se verificar se a água do aquário tem um pH adequado para a vida dos peixes. Com esse objetivo, o pH de uma amostra de água do aquário foi testado, utilizando-se o indicador azul de bromotimol, e se observou que ela ficou azul. Em outro teste, com uma nova amostra de água, qual dos outros dois indicadores da tabela dada deveria ser utilizado para verificar se o pH está adequado? Explique.

pH															Indicador
4,0	4,5	5,0	5,5	6,0	6,5	7,0	7,5	8,0	8,5	9,0	9,5	10,0	10,5	11,0	
vermelho		laranja			amarelo										vermelho de metila
		amarelo				verde			azul						azul de bromotimol
							incolor			rosa claro			rosa intenso		fenolftaleína

4. (VUNESP) Para se criar truta...
A água é o principal fator para a instalação de uma truticultura. Para a truta arco-íris, entre as principais características da água, estão:

1. Temperatura: os valores compreendidos entre 10 °C e 20 °C são indicados para o cultivo, sendo 0 °C e 25 °C os limites de sobrevivência.
2. Teor de oxigênio dissolvido (OD): o teor de OD na água deve ser o de saturação. A solubilidade do oxigênio na água varia com a temperatura e a pressão atmosférica, conforme a tabela.

Solubilidade do oxigênio na água (mg/L)

TEMPERATURA (°C)	PRESSÃO ATMOSFÉRICA (mm de Hg)				
	680	700	720	740	760
10	9,8	10,0	10,5	10,5	11,0
12	9,4	9,6	9,9	10,0	10,5
14	8,9	9,2	9,5	9,7	10,0
16	8,6	8,8	9,1	9,3	9,6
18	8,2	8,5	8,7	8,9	9,2
20	7,9	8,1	8,4	8,8	8,8

TABATA. A. **Para se Criar Truta**. Disponível em: <www.aquicultura.br>. Adaptado.

a) O que acontece com o teor de OD em uma dada estação de truticultura à medida que a temperatura da água aumenta? Mantida a temperatura constante, o que acontece com o teor de OD à medida que a altitude em que as trutas são criadas aumenta?

b) A constante da Lei de Henry (k_H) para o equilíbrio da solubilidade do oxigênio em água é dada pela expressão $k_H = \dfrac{[O_2(aq)]}{P_{O_2}}$, em que [$O_2$(aq)] corresponde à concentração de oxigênio no ar atmosférico em atm. Sabendo que a participação em volume de oxigênio no ar atmosférico é 21%, calcule o valor da constante k_H, a 16 °C e pressão de 1 atm.

capítulo 3

Equilíbrio de Hidrólise

Vimos, nos capítulos anteriores, que a dissolução dos compostos pode ser analisada a partir do equilíbrio entre o corpo de fundo e os íons dissolvidos em solução aquosa.

Entretanto, os íons liberados com o rompimento da barragem de Fundão, em Mariana, e a barragem de Córrego do Feijão, em Brumadinho, ambas em MG, participam não só de processos de precipitação e de dissolução, mas também podem interferir em outras características do meio em que se encontram.

Entre essas características, um dos parâmetros mais importantes na análise de soluções aquosas é o pH, que está relacionado com a acidez e a basicidade da solução. Para explicarmos essa interferência, precisamos, mais uma vez, estudar esse processo sob a ótica de um equilíbrio químico, chamado de **equilíbrio de hidrólise**, que será o tema de estudo deste capítulo!

Rio Paraopeba poluído pelos rejeitos de mineração liberados pelo rompimento da barragem de Córrego do Feijão, em Brumadinho (MG), ocorrido em janeiro de 2019.

3.1 Equilíbrio de hidrólise

Já vimos que quando um sal se dissolve em água ocorre a liberação de íons em solução aquosa, que podem reagir ou não com a própria água e liberar íons H_3O^+ (H^+) ou OH^-, interferindo na acidez e na basicidade da solução.

Alguns **ânions**, como o cianeto (CN^-) e o hidrogenocarbonato (ou bicarbonato, HCO_3^-) podem apresentar afinidade por prótons provenientes de moléculas de água:

$$CN^-(aq) + H_2O(l) \rightleftharpoons HCN(aq) + OH^-(aq)$$

$$HCO_3^-(aq) + H_2O(l) \rightleftharpoons H_2CO_3(aq) + OH^-(aq)$$

Nos equilíbrios citados, ocorre a liberação de íons OH⁻(aq), responsáveis por aumentar o pH do meio. Como esses íons foram formados a partir da "quebra" da molécula de água, os fenômenos representados são chamados de **hidrólise básica**.

Entretanto, não são somente os ânions que podem reagir com a água. **Cátions**, como o amônio (NH_4^+), também podem reagir com a água. Nesse caso, contudo, temos o fenômeno da **hidrólise ácida**, uma vez que é o cátion que doa próton para a água, formando H_3O^+ (H^+) e contribuindo para o abaixamento do pH do meio:

$$NH_4^+(aq) + H_2O(l) \rightleftharpoons NH_3(aq) + H_3O^+(aq)$$

Fique ligado!

Quando um íon sofre hidrólise?

Para responder a essa pergunta, precisamos nos basear no conceito de ácido e base de **Brönsted-Lowry**: ácido é uma substância doadora de prótons e base é uma substância receptora de prótons.

Se aplicarmos esse conceito para o equilíbrio de ionização do ácido cianídrico (HCN), por exemplo, poderemos identificar o que chamamos de **pares conjugados** (pares de substâncias que diferem entre si por um H^+):

$$HCN(aq) + H_2O(l) \rightleftharpoons H_3O^+(aq) + CN^-(aq)$$
ácido — base — ácido — base
par conjugado
par conjugado

$K_a = 4,9 \times 10^{-10}$ (a 25 °C)

De acordo com a constante de acidez, K_a, do equilíbrio acima, o ácido cianídrico é um ácido fraco, isto é, tem dificuldade em doar H^+ para a água, o que significa que o equilíbrio de ionização do HCN está bastante deslocado para a esquerda. O fato de o HCN ser um ácido fraco também pode ser justificado pela força de sua base conjugada (CN^-): o CN^- é uma base conjugada forte, isto é, tem facilidade em receber o H^+ do H_3O^+, deslocando o equilíbrio para a esquerda.

Essa facilidade do H_3O^+ em receber próton do CN^- é o que justifica o fato de o CN^- também receber próton da água no equilíbrio de hidrólise básica do CN^-:

$$CN^-(aq) + H_2O(l) \rightleftharpoons HCN(aq) + OH^-(aq)$$

Esse mesmo raciocínio (força do par conjugado) pode ser utilizado para explicar a hidrólise ácida do NH_4^+. No equilíbrio de ionização da amônia (NH_3), também podemos identificar os pares conjugados:

$$NH_3(aq) + H_2O(l) \rightleftharpoons NH_4^+(aq) + OH^-(aq)$$
base — ácido — ácido — base
par conjugado
par conjugado

$K_b = 1,8 \times 10^{-5}$ (a 25 °C)

De acordo com a constante de basicidade, K_b, do equilíbrio acima, a amônia é uma base fraca e o cátion amônio é um ácido conjugado forte, o que faz com que o equilíbrio esteja bastante deslocado para a esquerda. Isso significa que o cátion NH_4^+ tem facilidade em doar H^+ para o OH^-, o que justifica também porque o NH_4^+ pode doar H^+ para H_2O no equilíbrio de hidrólise ácida do NH_4^+:

$$NH_4^+(aq) + H_2O(l) \rightleftharpoons NH_3(aq) + H_3O^+(aq)$$

Assim, somente íons (ânions ou cátions) provenientes de ácidos e bases fracos podem reagir com a água e participar de equilíbrios de hidrólise.

3.2 Caráter ácido-base de uma solução aquosa salina

Os íons, cujas reações com a água analisamos no item 3.1, podem ser provenientes da dissociação de sais, o que significa que, dependendo da interação dos íons com a água, a solução resultante pode adquirir caráter ácido, básico ou neutro.

Observe os exemplos a seguir, em que são apresentados o pH de soluções aquosas preparadas dos sais cloreto de sódio (NaCl), cianeto de potássio (KCN), cloreto de amônio (NH_4Cl) e cianeto de sódio (NH_4CN).

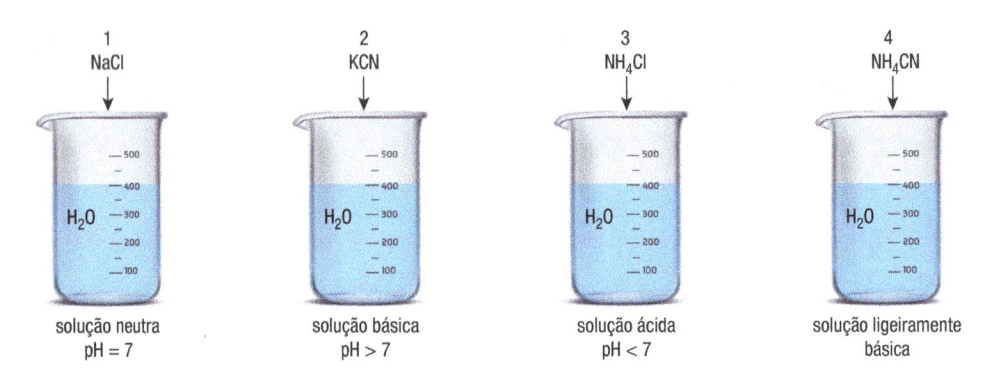

1 NaCl	2 KCN	3 NH_4Cl	4 NH_4CN
solução neutra pH = 7	solução básica pH > 7	solução ácida pH < 7	solução ligeiramente básica

Na primeira solução (de NaCl), ambos os íons são provenientes de ácidos e bases fortes (HCl e NaOH) e, portanto, nenhum dos íons sofre hidrólise. É por esse motivo que a solução apresenta caráter neutro.

Na segunda solução (de KCN), o K^+ é proveniente de uma base forte (KOH), não sofrendo hidrólise. Já o CN^-, como vimos anteriormente, sofre hidrólise básica, razão pela qual o pH dessa solução fica maior do que 7.

Na terceira solução (de NH_4Cl), o Cl^- é proveniente de um ácido forte (HCl), não sofrendo hidrólise. Já o NH_4^+, como vimos anteriormente, sofre hidrólise ácida, razão pela qual o pH dessa solução fica menor do que 7.

Por fim, na quarta solução (NH_4CN), os dois íons (NH_4^+ e CN^-) sofrem hidrólise. Entretanto, como o CN^- é uma base conjugada (do HCN) mais forte do que o NH_4^+ (ácido conjugado do NH_3), a hidrólise básica do CN^- é mais intensa, o que justifica o caráter ligeiramente básico dessa solução.

Lembre-se!

Vamos resumir os resultados:
- sal de ácido forte e base forte – solução neutra (não ocorre hidrólise);
- sal de ácido fraco e base forte – solução básica (ocorre hidrólise básica do ânion);
- sal de ácido forte e base fraca – solução ácida (ocorre hidrólise ácida do cátion);
- sal de ácido fraco e base fraca (ocorre hidrólise de ambos os íons). Então,
  - se $K_a > K_b$: solução ácida;
  - se $K_b > K_a$: solução básica;
  - se $K_b = K_a$: solução neutra.

Fique ligado!

Força de ácidos e bases

No item 3.2, vimos que para identificar o caráter de uma solução aquosa salina, podemos nos basear na **força do ácido e da base** que deram origem, por meio de uma reação de neutralização, ao sal analisado.

Essa força pode ser determinada de forma detalhada a partir das constantes de acidez e basicidade, porém é possível dividir qualitativamente os ácidos e bases em fortes e fracos, o que facilita bastante a identificação da ocorrência ou não do processo de hidrólise.

▶▶ Ácidos fortes: HCl, HBr, HI, HNO_3, $HClO_4$, H_2SO_4 (cedendo apenas o primeiro H^+).
▶▶ Ácidos fracos: os demais.

▶▶ Bases fortes: grupo 1 (LiOH, NaOH, KOH); grupo 2 ($Ca(OH)_2$, $Sr(OH)_2$, $Ba(OH)_2$).
▶▶ Bases fracas: as demais, com destaque para NH_3 (ou NH_4OH).

Você sabia?

Solubilidade e pH

Compreender como os íons dissolvidos podem afetar o ecossistema contaminado é extremamente importante para lidar com as consequências do rompimento das barragens em Mariana e Brumadinho.

Vimos que a lama de rejeitos liberada com o rompimento da barragem em Mariana, por exemplo, continha íons de metais pesados como Hg^{2+} e Pb^{2+} e estudamos em detalhes a dissolução do $PbSO_4$ a partir do equilíbrio de solubilidade:

$$PbSO_4(s) \rightleftharpoons Pb^{2+}(aq) + SO_4^{2-}(aq)$$
$$K_s = 10^{-8} \text{ (a 25 °C)}$$

Entretanto, não é apenas a temperatura ou a presença de íons comuns que pode interferir nesse equilíbrio, mas também o pH do meio. Na presença de excesso de íons H^+ (isto é, em pH baixo), o SO_4^{2-} pode reagir com o H^+ para formar HSO_4^-:

$$SO_4^{2-}(aq) + H^+(aq) \rightleftharpoons HSO_4^-(aq)$$
$$K = 10^2 \text{ (a 25 °C)}$$

O consumo de SO_4^{2-} desloca o equilíbrio de solubilidade do $PbSO_4$ no sentido da sua dissolução e do aumento da concentração de Pb^{2+}.

Com esse exemplo, vemos como o pH pode interferir na solubilidade dos compostos e na concentração de íons prejudiciais para o ecossistema da região afetada. Portanto, após esses desastres é imprescindível monitorar diversos parâmetros, entre eles o pH, para estimar e possivelmente remediar os impactos causados pelo desastre ecológico!

Lama de rejeitos liberada após o rompimento da barragem em Brumadinho (MG).

SÉRIE BRONZE

1. Sobre uma solução aquosa de NaCN, complete com as informações pedidas.

O NaCN é um sal solúvel, que, ao ser dissolvido em água, dissocia-se segundo a equação a. _____.

O b. _____ é um ânion que corresponde à c. _____ do HCN, um ácido fraco ($K_a = 4{,}9 \cdot 10^{-10}$), e, portanto, reage com a água, estabelecendo o seguinte equilíbrio de hidrólise: d. _____.

Como ocorre formação de íons e. _____ nesse equilíbrio, trata-se de uma hidrólise f. _____ e a solução adquire pH g. _____ 7.

2. Sobre uma solução aquosa de NH$_4$Cl, complete com as informações pedidas.

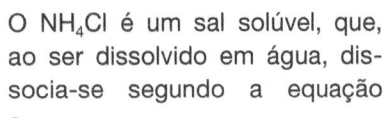

O NH$_4$Cl é um sal solúvel, que, ao ser dissolvido em água, dissocia-se segundo a equação a. _____.

O b. _____ é um cátion que corresponde ao c. _____ da NH$_3$, uma base fraca ($K_b = 1{,}8 \cdot 10^{-5}$), e portanto, reage com a água, estabelecendo o seguinte equilíbrio de hidrólise d. _____.

Como ocorre formação de íons e. _____ nesse equilíbrio, trata-se de uma hidrólise f. _____ e a solução adquire pH g. _____ 7.

3. Sobre equilíbrios de hidrólise, complete:

- ânions provenientes de ácidos a. _____ sofrem hidrólise, liberando íons b. _____, que tornam a solução c. _____.

- cátions provenientes de bases d. _____ sofrem hidrólise, liberando íons e. _____, que tornam a solução f. _____.

4. Complete com **neutra**, **básica** ou **ácida**.

a) Sal de ácido fraco e base forte: solução _____.

b) Sal de ácido forte e base fraca: solução _____.

c) Sal de ácido forte e base forte: solução _____.

d) Sal de ácido fraco e base fraca:
  1) $K_a > K_b$ solução _____.
  2) $K_a < K_b$ solução _____.
  3) $K_a = K_b$ solução _____.

SÉRIE PRATA

1. Escreva o equilíbrio de hidrólise dos íons a seguir e indique se a hidrólise é ácida ou básica.

a) CN^-

b) CH_3COO^-

c) HCO_3^-

d) CO_3^{2-}

e) NH_4^+

2. Indique o pH (< 7, $= 7$ ou > 7) das seguintes soluções aquosas salinas e, em caso de ocorrência de hidrólise, escreva o(s) equilíbrio(s) estabelecido(s).

a) KCN

b) NH_4Cl

c) K_2SO_4

d) CH_3COONa

e) NH_4CN
K_b (NH_3) = 1,8 . 10^{-5}; K_a (HCN) = 4,9 . 10^{-10}

f) CH_3COONH_4
K_b (NH_3) = 1,8 . 10^{-5}; K_a (CH_3COOH) = 1,8 . 10^{-5}

SÉRIE OURO

1. (UFMG) Considere os sais NH_4Br, $NaCH_3COO$, Na_2CO_3, K_2SO_4 e NaCN. Soluções aquosas desses sais, de mesma concentração, têm diferentes valores de pH. Indique, entre esses sais, um que produza uma solução ácida, um que produza uma solução neutra e um que produza uma solução básica. Justifique as escolhas feitas, escrevendo as equações de hidrólise dos sais escolhidos que sofram esse processo.

2. (VUNESP) Quando se adiciona o indicador fenolftaleína a uma solução aquosa incolor de uma base de Arrhenius, a solução fica vermelha. Se a fenolftaleína for adicionada a uma solução aquosa de um ácido de Arrhenius, a solução continua incolor. Quando se dissolve cianeto de sódio em água, a solução fica vermelha após adição de fenolftaleína. Se a fenolftaleína for adicionada a uma solução aquosa de cloreto de amônio, a solução continua incolor.

a) Explique o que acontece no caso do cianeto de sódio, utilizando equações químicas.
b) Explique o que acontece no caso do cloreto de amônio, utilizando equações químicas.

3. (FAMERP – SP) Considere duas soluções aquosas, uma preparada com o sal NH_4Cl e outra com o sal $NaHCO_3$. Ambas têm a mesma concentração em mol/L. Uma delas apresenta pH igual a 4 e a outra, pH igual a 8.

a) Escreva as equações que representam a hidrólise desses sais.
b) Calcule o valor da concentração de íons $H^+(aq)$ na solução alcalina.

4. (FAMEMA – SP) A figura representa uma estação de tratamento de água para abastecimento da população, onde ocorrem os processos de coagulação, floculação, filtração e desinfecção.

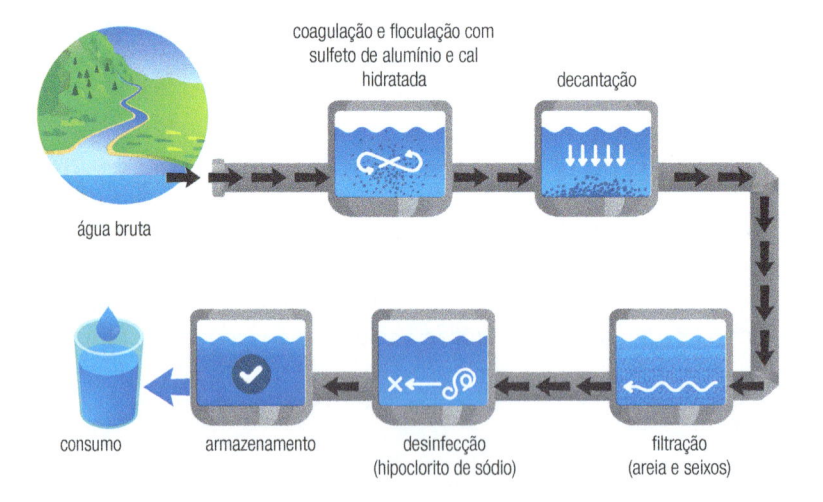

Para a realização da coagulação, são adicionadas à água a ser tratada as substâncias sulfato de alumínio ($Al_2(SO_4)_3$) e cal hidratada ($Ca(OH)_2$), que produzem flocos de densidade mais elevada que sedimentam na etapa de decantação. Os flocos que não sedimentam são retidos na etapa de filtração e, ao final, adiciona-se à água hipoclorito de sódio (NaClO) para desinfecção.

a) A que funções inorgânicas pertencem as substâncias utilizadas na coagulação?
b) Uma solução de NaClO apresenta caráter ácido, básico ou neutro? Justifique sua resposta com base no conceito de hidrólise salina.

5. (ENEM) A formação frequente de grandes volumes de pirita (FeS_2) em uma variedade de depósitos minerais favorece a formação de soluções ácidas ferruginosas, conhecidas como "drenagem ácida de minas". Esse fenômeno tem sido bastante pesquisado pelos cientistas e representa uma grande preocupação entre os impactos da mineração no ambiente. Em contato com oxigênio, a 25 °C, a pirita sofre reação, de acordo com a equação química:

$$4\ FeS_2(s) + 15\ O_2(g) + 2\ H_2O(l) \longrightarrow 2\ Fe_2(SO_4)_3(aq) + 2\ H_2SO_4(aq)$$

FIGUEIREDO, B. R. **Minérios e Ambientes**.
Campinas: Unicamp, 2000.

Para corrigir os problemas ambientais causados por essa drenagem, a substância mais recomendada a ser adicionada ao meio é o

a) sulfeto de sódio.
b) cloreto de amônio.
c) dióxido de enxofre.
d) dióxido de carbono.
e) carbonato de cálcio.

6. (ENEM) Visando minimizar impactos ambientais, a legislação brasileira determina que resíduos químicos lançados diretamente no corpo receptor tenham pH entre 5,0 e 9,0.

Um resíduo líquido aquoso gerado em um processo industrial tem concentração de íons hidroxila igual a $1,0 \times 10^{-10}$ mol/L. Para atender à legislação, um químico separou as seguintes substâncias, disponibilizadas no almoxarifado da empresa: CH_3COOH, Na_2SO_4, CH_3OH, K_2CO_3 e NH_4Cl.

Para que o resíduo possa ser lançado diretamente no corpo receptor, qual substância poderia ser empregada no ajuste do pH?

a) CH_3COOH
b) Na_2SO_4
c) CH_3OH
d) K_2CO_3
e) NH_4Cl

7. (FUVEST – SP) Um botânico observou que uma mesma espécie de planta podia gerar flores azuis ou rosadas. Decidiu então estudar se a natureza do solo poderia influenciar na cor das flores. Para isso, fez alguns experimentos e anotou as seguintes observações:

I. Transplantada para um solo cujo pH era 5,6, uma planta com flores rosadas passou a gerar flores azuis.
II. Ao se adicionar um pouco de nitrato de sódio ao solo em que estava a planta com flores azuis, a cor das flores permaneceu a mesma.
III. Ao se adicionar calcário moído ($CaCO_3$) ao solo em que estava a planta com flores azuis, ela passou a gerar flores rosadas.

Considerando essas observações, o botânico pôde concluir:

a) em um solo mais ácido do que aquele de pH 5,6, as flores da planta seriam azuis.
b) a adição de solução diluída de NaCl ao solo, de pH 5,6, faria a planta gerar flores rosadas.
c) a adição de solução diluída de $NaHCO_3$ ao solo, em que está a planta com flores rosadas, faria com que ela gerasse flores azuis.
d) em um solo de pH 5,0, a planta com flores azuis geraria flores rosadas.
e) a adição de solução diluída de $Al(NO_3)_3$ ao solo, em que está uma planta com flores azuis, faria com que ela gerasse flores rosadas.

8. (MACKENZIE – SP) A aragonita e a dolomita são minerais que possuem composição química muito semelhante, pois ambas são compostas por carbonatos. A aragonita é composta de carbonato de cálcio ($CaCO_3$); enquanto a dolomita, de carbonato de cálcio e magnésio ($CaCO_3 \cdot MgCO_3$). Assim, ao fazer a análise da qualidade da água mineral de uma fonte que está localizada numa região, cujo solo possui elevada composição de dolomita e aragonita, um químico fez as seguintes afirmações:

I. trata-se de uma água alcalina;
II. há elevada concentração de íons trivalentes, devido à presença do cálcio;
III. trata-se de uma água dura, devido ao excesso de íons cálcio e magnésio.

Das informações acima, somente

a) a afirmação I é verdadeira.
b) a afirmação II é verdadeira.
c) as afirmações II e III são verdadeiras.
d) as afirmações I e II são verdadeiras.
e) as afirmações I e III são verdadeiras.

9. (ENEM) O manejo adequado do solo possibilita a manutenção de sua fertilidade à medida que as trocas de nutrientes entre matéria orgânica, água, solo e e o ar são mantidas para garantir a produção. Algumas espécies iônicas de alumínio são tóxicas, não só para a planta, mas para muitos organismos como as bactérias responsáveis pelas transformações no ciclo do nitrogênio. O alumínio danifica as membranas das células das raízes e restringe a expansão de suas paredes, com isso, a planta não cresce adequadamente. Para promover benefícios para a produção agrícola é recomendada a remediação do solo utilizando calcário ($CaCO_3$).

BRADY, N. C.; WEIL, R.R. **Elementos da Natureza e Propriedades dos Solos**. Porto Alegre: Bookman, 2013. Adaptado..

Essa remediação promove no solo o(a)

a) diminuição do pH, deixando-o fértil.
b) solubilização do alumínio, ocorrendo sua lixiviação pela chuva.
c) interação do carbonato de cálcio com os íons alumínio, formando alumínio metálico.
d) reação do carbonato de cálcio com os íons alumínio, formando alumínio metálico.
e) aumento da sua alcalinidade, tornando os íons alumínio menos disponíveis.

10. (UNICAMP – SP) Na formulação da calda bordalesa fornecida pela EMATER, recomenda-se um teste para verificar se a calda ficou ácida: coloca-se uma faca de aço carbono na solução por três minutos. Se a lâmina da faca adquirir uma coloração marrom ao ser retirada da calda, deve-se adicionar mais cal à mistura. Se não ficar marrom, a calda está pronta para o uso. De acordo com esse teste, conclui-se que a cal deve promover

a) uma diminuição do pH, e o sulfato de cobre (II), por sua vez, um aumento do pH da água devido à reação $SO_4^{2-} + H_2O \longrightarrow HSO_4^- + OH^-$
b) um aumento do pH, e o sulfato de cobre (II), por sua vez, uma diminuição do pH da água devido à reação $Cu^{2+} + H_2O \longrightarrow Cu(OH)^+ + H^+$
c) uma diminuição do pH, e o sulfato de cobre (II), por sua vez, um aumento do pH da água devido à reação $Cu^{2+} + H_2O \longrightarrow Cu(OH)^+ + H^+$
d) um aumento do pH, e o sulfato de cobre (II), por sua vez, uma diminuição do pH da água devido à reação $SO_4^{2-} + H_2O \longrightarrow HSO_4^- + OH^-$

SÉRIE PLATINA

1. (UNICAMP – SP) Fertilizantes são empregados na agricultura para melhorar a produtividade agrícola e atender à demanda crescente por alimentos, decorrente do aumento populacional. Porém, o uso de fertilizantes leva a alterações nas características do solo, que passa a necessitar de correções constantes. No Brasil, o nitrogênio é adicionado ao solo principalmente na forma de ureia, $(NH_2)_2CO$, um fertilizante sólido que, em condições ambiente, apresenta um cheiro muito forte, semelhante ao da urina humana. No solo, a ureia se dissolve e reage com a água conforme a equação

$(NH_2)_2CO(s) + 2\,H_2O(aq) \longrightarrow 2\,NH_4^+(aq) + CO_3^{2-}(aq)$

Parte do nitrogênio, na forma de íon amônio, se transforma em amônia, conforme a equação

$NH_4^+(aq) + H_2O(aq) \rightleftarrows NH_3(aq) + H_3O^+(aq)$

Parte do nitrogênio permanece no solo, sendo absorvido através do ciclo do nitrogênio.

a) Na primeira semana após adubação, o solo, nas proximidades dos grânulos de ureia, torna-se mais básico. Considerando que isso se deve essencialmente à solubilização inicial da ureia e à sua reação com a água, explique como as características dos produtos formados explicam esse resultado.

b) Na aplicação da ureia como fertilizante, ocorrem muitos processos que levam à perda e ao não aproveitamento do nitrogênio pelas plantas. Considerando as informações dadas, explique a influência da acidez do solo e da temperatura ambiente na perda do nitrogênio na fertilização por ureia.

2. (FGV) O hipoclorito de sódio, NaOCl, é o principal constituinte da água sanitária. Soluções diluídas de água sanitária são recomendadas para lavagem de frutas e verduras. A equação a seguir representa o equilíbrio químico do íon hipoclorito em solução aquosa a 25 °C:

$OCl^-(aq) + H_2O(l) \rightleftarrows HOCl(aq) + OH^-(aq)$

$K = 1,0 \cdot 10^{-6}$

Considerando a equação fornecida, o pH de uma solução aquosa de NaOCl de concentração 0,01 mol/L, a 25 °C é

DADOS: $pOH = -\log [OH^-]$ e $pH + pOH = 14$.

a) 10.   b) 8.   c) 7.   d) 5.   e) 4.

3. (VUNESP) Quando se dissolvem sais em água, nem sempre a solução se apresenta neutra. Alguns sais podem reagir com a água e, como consequência, íons hidrogênio ou íons hidroxila ficam em excesso na solução, tornando-a ácida ou básica. Essa reação entre a água e pelo menos um dos íons formados na dissociação do sal denomina-se hidrólise.

a) Na reação de neutralização do vinagre comercial (solução de ácido acético) com solução de hidróxido de sódio obtém-se acetato de sódio (CH_3COONa) aquoso como produto da reação. Escreva a reação de hidrólise do íon acetato, indicando se a hidrólise é ácida ou básica.

b) Considerando que a constante de hidrólise para o íon acetato é $K_h = 10^{-10}$ e a constante de autoprotólise da água é $K_w = 10^{-14}$, qual será o valor do pH de uma solução 0,01 mol/L de acetato de sódio?

4. (FUVEST – SP) Em uma experiência, realizada a 25 °C, misturam-se **volumes iguais** de soluções aquosas de hidróxido de sódio e de acetato de metila, ambas de concentração 0,020 mol/L. Observou-se que, durante a hidrólise alcalina do acetato de metila, ocorreu variação de pH.

a) Calcule o pH da mistura de acetato de metila e hidróxido de sódio no instante em que as soluções são misturadas (antes de a reação começar).

b) Calcule a concentração de OH^- na mistura, ao final da reação. A equação que representa o equilíbrio de hidrólise do íon acetato é:

$$CH_3COO^-(aq) + H_2O(l) \rightleftarrows CH_3COOH(aq) + OH^-(aq)$$

A constante desse equilíbrio, em termos de concentrações em mol/L, a 25 °C, é igual a $5,6 \cdot 10^{-10}$.

DADOS: produto iônico da água: $K_w = 10^{-14}$ (a 25 °C); $\sqrt{5,6} = 2,37$.

5. (UNESP)

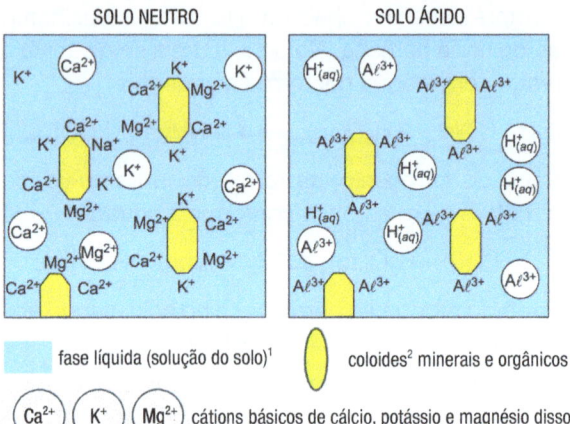

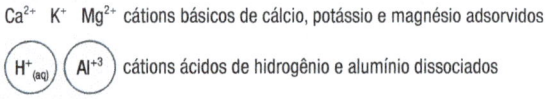

SOLO NEUTRO   SOLO ÁCIDO

fase líquida (solução do solo)[1]   coloides[2] minerais e orgânicos

Ca^{2+} K^+ Mg^{2+} cátions básicos de cálcio, potássio e magnésio dissociados

Ca^{2+} K^+ Mg^{2+} cátions básicos de cálcio, potássio e magnésio adsorvidos

$H^+_{(aq)}$ Al^{+3} cátions ácidos de hidrogênio e alumínio dissociados

Al^{+3} cátions de alumínio adsorvidos

[1]Solução do solo: água do solo associada a pequenas e variáveis quantidades de sais minerais, oxigênio e dióxido de carbono.

[2]Coloide: partícula com tamanho médio entre 1 e 100 nanômetros.

Se nos coloides do solo predominarem os cátions básicos, a solução do solo terá um pH próximo ao neutro. Se, ao contrário, ali predominarem o hidrogênio e o alumínio, na solução do solo também predominarão esses cátions, tornando-a ácida.

LEPSCH, I. F. **Formação e Conservação dos Solos**, 2002. Adaptado.

O processo de acidificação do solo é predominante em áreas de

a) clima árido, em que ocorre maior intemperismo físico.
b) clima intertropical, em que os cátions ácidos são absorvidos pelas plantas.
c) clima polar, em que ocorre menor intemperismo físico.
d) clima temperado, em que ocorre o processo de mineralização, formando húmus.
e) clima equatorial, em que ocorre a lixiviação dos cátions básicos.

2 QUÍMICA ORGÂNICA

O ser humano se distingue dos outros animais pela sua capacidade de raciocínio e de manipular os materiais ao seu redor. Com base no desenvolvimento da ciência, descobrimos uma série de substâncias orgânicas que alteraram nossa qualidade de vida, tratando doenças antes incuráveis e ampliando nossa expectativa de vida. Nesta Unidade, focaremos justamente o estudo das reações químicas em que essas substâncias podem participar. Vamos lá?

A descoberta dos antibióticos, entre eles a penicilina, foi um marco na história da Medicina, levando a novos tratamentos que evitaram incontável número de mortes. Na década de 1920, a expectativa de vida do brasileiro era cerca de 35 anos. Devido aos avanços da Medicina e da Saúde Pública, em 2020 essa expectativa de vida havia aumentado para 77 anos.

capítulo 4
Principais Reações Orgânicas

Transformar substâncias em outras por meio de reações que envolvem substâncias orgânicas é frequente no nosso dia a dia, tanto em processos realizados em laboratórios farmacêuticos de última geração, quanto na cozinha de nossas casas. Lembre-se, por exemplo, da obtenção do iogurte a partir da lactose, açúcar presente no leite. Nesse caso, bactérias transformam o açúcar em ácido (ácido lático ou láctico), que coagula o leite.

Essa transformação ocorre por meio de uma reação orgânica chamada fermentação.

Neste capítulo, vamos estudar alguns tipos de reações orgânicas, como as de **substituição**, **adição**, **esterificação**, **hidrólise**, **transesterificação** e **eliminação**.

Na fermentação do leite em iogurte ocorrem várias transformações químicas. Fazem parte desse processo diferentes bactérias do gênero *Lactobacillus*, além de *Streptococcus thermophilus*. Sabores são adicionados artificialmente ou por meio de frutas.

4.1 Reação de Substituição em Alcanos

Como os alcanos têm apenas ligações σ fortes e as ligações C — H e C — C são apolares, os alcanos são substâncias orgânicas pouco reativas e, por isso, foram chamadas **parafinas** (*parum* = pouca; *afinis* = reatividade).

A reação de substituição em alcanos ocorre em altas temperaturas ou na presença de luz.

4.1.1 Halogenação de alcanos

Os alcanos reagem com halogênios, como cloro (Cl_2) ou bromo (Br_2), para formarem cloretos de alquila ou brometos de alquila.

$$R-H + X_2 \longrightarrow R-X + HX$$
alcano —— Cl_2 ou Br_2 —— haleto de alquila

Haletos de alquila são moléculas orgânicas nas quais há a presença de halogênio (principalmente F, Cl, Br ou I) ligado a um carbono saturado.

Essas reações de halogenação ocorrem somente em altas temperaturas ou na presença de luz. Elas são as únicas reações que os alcanos sofrem – com exceção da combustão, uma reação com oxigênio que ocorre em altas temperaturas e converte alcanos em dióxido de carbono e água (no caso da combustão completa).

Nas reações de halogenação, um átomo de hidrogênio é substituído por um átomo de halogênio. Veja os exemplos a seguir.

$$CH_4 + Cl_2 \xrightarrow{\Delta \text{ ou luz}} CH_3Cl + HCl$$
clorometano ou cloreto de metila

$$CH_3CH_3 + Br_2 \xrightarrow{\Delta \text{ ou luz}} CH_3CH_2Br + HBr$$
bromoetano ou brometo de etila

Vamos analisar o caso de uma molécula de metano (CH_4) em presença de excesso de cloro. Com o auxílio de calor ou de luz ultravioleta, o metano poderá sofrer a substituição dos demais hidrogênios, de modo a obtermos, sucessivamente:

$$CH_4 \longrightarrow CH_3Cl \longrightarrow CH_2Cl_2 \longrightarrow CHCl_3 \longrightarrow CCl_4$$
clorometano —— diclorometano —— triclorometano ou clorofórmio —— tetraclorometano ou tetracloreto de carbono

4.1.2 Substituição em alcanos com três ou mais átomos de carbono

Na halogenação de um alcano que tenha mais de um tipo de carbono (primário, secundário ou terciário) teremos a formação de mais de um produto halogenado. Observe, por exemplo, o que acontece com o butano (um dos alcanos presentes no gás de botijão, como vimos) em reação com o cloro.

$$2\ CH_3CH_2CH_2CH_3 + 2\ Cl_2 \xrightarrow{\text{luz}} CH_3CH_2CH_2CH_2Cl + CH_3CH_2CHClCH_3 + 2\ HCl$$

butano — 1-clorobutano — 2-clorobutano

Dois haletos de alquila diferentes são obtidos da monocloração do butano. A substituição de um hidrogênio ligado a um carbono primário produz o 1-clorobutano, enquanto a substituição de um hidrogênio ligado a um dos carbonos secundários forma o 2-clorobutano.

O gás de botijão é uma mistura principalmente de propano e butano, alcanos com três e quatro átomos de carbono, respectivamente, na cadeia.

Ao analisar a estrutura do butano, observamos que temos 6 hidrogênios ligados a carbonos primários e 4 hidrogênios ligados a carbonos secundários, ou seja, temos 10 hidrogênios que poderiam ser substituídos para formar o 1-clorobutano ou o 2-clorobutano. Assim, seria esperado que a proporção entre esses produtos fosse, respectivamente, 60% e 40%.

$$\begin{array}{c} H\ \ \ H\ \ \ H\ \ \ H \\ |\ \ \ \ |\ \ \ \ |\ \ \ \ | \\ H-C-C-C-C-H \\ |\ \ \ \ |\ \ \ \ |\ \ \ \ | \\ H\ \ \ H\ \ \ H\ \ \ H \end{array}$$

Entretanto, verifica-se experimentalmente que as porcentagens obtidas de 1-clorobutano e 2-clorobutano são iguais a 28% e 72%, respectivamente, o que pode ser explicado pela diferença de reatividade entre os carbonos primários e secundários. Como obtemos mais 2-clorobutano do que o previsto, é esperado que o carbono secundário seja mais reativo que o carbono primário, isto é, é mais fácil substituir um hidrogênio de um carbono secundário do que de um carbono primário.

Com base em valores experimentais como os indicados acima (dessa e de outras reações de cloração), os químicos concluíram que à temperatura ambiente é 5,0 vezes mais fácil a substituição ocorrer no carbono terciário do que em um carbono primário, e a substituição é 3,8 vezes mais fácil de ocorrer no carbono secundário do que em um carbono primário. A ordem de reatividade dos carbonos (para reação de cloração) obtida experimentalmente é:

terciário > secundário > primário
5,0   3,8   1,0

Fique ligado!

Reatividade de carbonos e previsão das porcentagens obtidas dos produtos

A ordem de reatividade indicada pode nos ajudar a prever quanto obteremos de cada produto em uma reação de substituição de um alcano. Vamos utilizar esses valores para prever justamente as porcentagens obtidas de 1-clorobutano e 2-clorobutano na monocloração do butano?

No total, temos 10 hidrogênios, sendo 6 deles ligados a carbonos primários e 4 deles ligados a carbonos secundários. Contudo, esses 4 hidrogênios são mais facilmente substituídos, portanto, são equivalentes a $4 \times 3,8 = 15,2$ hidrogênios. Logo, temos, no total, o equivalente a 21,2 hidrogênios. Com base nesses valores, podemos prever a porcentagem de cada produto obtido:

% 1-clorobutano

21,2 ——— 100%
6 ——— x   ∴ x = 28,3%

% 2-clorobutano

21,2 ——— 100%
15,2 ——— y   ∴ y = 71,7%

Por fim, ainda é importante destacar que essa ordem de reatividade

5,0 (C $3^{ário}$) > 3,8 (C $2^{ário}$) > 1,0 (C $1^{ário}$)

é específica para a cloração à temperatura ambiente. Por exemplo, na reação de bromação realizada a 125 °C, foi determinado experimentalmente que um carbono terciário é 1.600 vezes mais reativo do que um carbono primário e que um carbono secundário é 82 vezes mais reativo do que um carbono primário.

4.2 Reação de Substituição em Aromáticos

Devido à ressonância do anel benzênico, essa estrutura também é bastante estável, assim como os compostos saturados; portanto, a principal reação em aromáticos será a de substituição do átomo de hidrogênio do anel por outro átomo:

▶▶ **halogenação (Cl_2 ou Br_2)** – um cloro (Cl) ou um bromo (Br) substitui um dos hidrogênios do anel aromático:

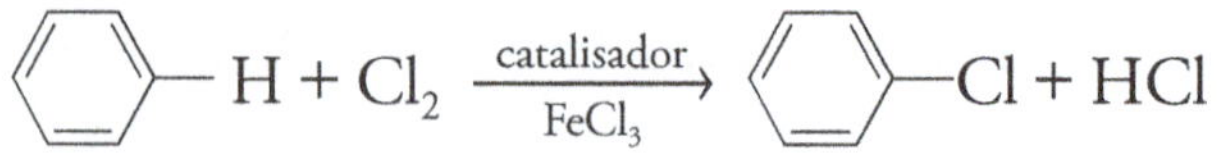

$$C_6H_5\text{—}H + Cl_2 \xrightarrow[\text{FeCl}_3]{\text{catalisador}} C_6H_5\text{—}Cl + HCl$$

benzeno → clorobenzeno

▶▶ **nitração ($HNO_3 = HONO_2$)** – um grupo nitro (NO_2) substitui um dos hidrogênios ligados ao anel aromático:

$$C_6H_5\text{—}H + HONO_2 \xrightarrow[\text{conc.}]{H_2SO_4} C_6H_5\text{—}NO_2 + H_2O$$

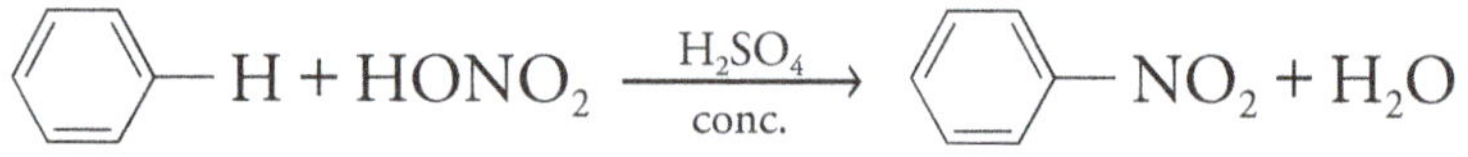

benzeno + ácido nítrico → nitrobenzeno

▶▶ **sulfonação ($H_2SO_4 = HOSO_3H$)** – um grupo sulfônico (SO_3H) substitui um dos hidrogênios ligados ao anel aromático:

$$C_6H_5\text{—}H + HOSO_3H \longrightarrow C_6H_5\text{—}SO_3H + H_2O$$

benzeno + ácido sulfúrico → ácido benzenossulfônico

▶▶ **alquilação de Friedel-Crafts** – um grupo alquila (CH_3, CH_2CH_3) substitui um dos hidrogênios ligados ao anel aromático:

$$C_6H_5\text{—}H + CH_3\text{—}Cl \xrightarrow{AlCl_3} C_6H_5\text{—}CH_3 + HCl$$

benzeno + cloreto de metila → tolueno ou metilbenzeno

▶▶ **acilação de Friedel-Crafts** – na acilação de Friedel-Crafts, um grupo acila $\left(R-C\overset{\displaystyle O}{\underset{\displaystyle }{\parallel}}\right)$ substitui um dos hidrogênios ligados ao anel aromático.

benzeno + cloreto de etanoíla (cloreto de acetila) $\xrightarrow{AlCl_3}$ fenilmetilcetona + HCl

> **Lembre-se!**
> Um grupo acila é proveniente de um ácido carboxílico com retirada do grupo OH.
>
> ácido carboxílico → grupo acila

4.2.1 Cloreto de etanoíla (cloreto de acetila)

Quando um benzeno substituído sofre uma reação, o produto de reação será um isômero *orto*, um isômero *meta* ou um isômero *para*?

(X)benzeno $\xrightarrow{Cl_2}$ orto ou meta ou para

O grupo X comanda a entrada do cloro. Há duas possibilidades: o grupo X orientará a entrada tanto nas posições *orto* e *para*, ou orientará a entrada do cloro na posição *meta*.

4.2.1.1 Grupos orto e para-dirigentes

São grupos pequenos e com ligações simples. O grupo substituinte entrará no anel benzênico tanto na posição *orto* como na *para*.

> grupos orto e para-dirigentes:
> —Cl, —Br, —NH_2, —OH, —CH_3

Por exemplo,

2 benzenol (fenol) + 2 Cl_2 → ortoclorobenzenol (ortoclorofenol) + paraclorobenzenol (paraclorofenol) + 2 HCl

Esses grupos orto e para-dirigentes tornam a reação mais rápida (exceto no caso de halogênios) em relação ao benzeno, por isso são chamados **grupos ativantes**.

4.2.1.2 Grupos meta-dirigentes

São grupos que possuem pelo menos uma ligação dupla ou tripla.

grupos meta-dirigentes:
— NO_2, — $COOH$, — SO_3H, — CHO, — CN

Lembre-se!

Grupos orto e para-dirigente *versus* grupos meta-dirigente

Os grupos orto e para-dirigentes (ativantes, em geral) prevalecem sobre os grupos meta-dirigentes (desativantes) nas reações de substituição do anel benzênico.

paranitro-benzenol + BrBr → 2-bromo-4--nitrobenzenol + HBr

Por exemplo,

nitrobenzeno —H + BrBr $\xrightarrow{meta}$ metabromo-nitrobenzeno —Br + HBr

Os grupos meta-dirigentes tornam a reação menos rápida em relação ao benzeno, por isso são chamados **grupos desativantes**.

Fique ligado!

TNT

O trinitrotolueno (2,4,6-trinitrotolueno), mais conhecido como TNT, é uma substância altamente explosiva. É formado a partir da reação do tolueno (ou metilbenzeno) com o ácido nítrico, em proporções adequadas (1 : 3) e na presença de H_2SO_4 como catalisador, o que faz com que três grupos (NO_2) substituam hidrogênios na molécula do tolueno:

metilbenzeno + $HONO_2$ + $HONO_2$ + $HONO_2$ $\xrightarrow{H_2SO_4}$ 2,4,6-trinitrotolueno + 3 H_2O

> O grupo CH_3 do metilbenzeno é um grupo orto-para-dirigente, que orienta as substituições dos grupos NO_2 para as posições orto (vizinhas do CH_3) e para (oposta ao CH_3) da molécula.
> O TNT foi desenvolvido no século XIX, mas muito utilizado no período da Primeira Guerra Mundial (1914-1918) no preparo de bombas e granadas. Menos instável do que a dinamite (TNG ou nitroglicerina), descoberta em 1846 pelo químico italiano Ascanio Sobrero, o trinitrotolueno ainda hoje é usado para fins pacíficos como na construção de túneis em rochas, em pedreiras, em minas ou mesmo para a implosão de edifícios, por exemplo.

4.3 Reação de Adição em Alcenos e Alcinos

Quando um reagente é adicionado a uma ligação dupla ou tripla de uma substância orgânica, temos uma **reação de adição**. Veja o exemplo a seguir.

$$H_2C=CH_2 + Cl_2 \longrightarrow H_2\overset{\underset{|}{Cl}}{C}-\overset{\underset{|}{Cl}}{C}H_2$$

Adição de cloro a uma molécula de eteno.

Essas reações ocorrem, principalmente, com **alcenos** e **alcinos**, sendo que os reagentes mais usados nas reações de adição são: halogênios (Cl_2 ou Br_2), haletos de hidrogênio (HCl ou HBr) e água.

4.3.1 Quebra da dupla e da tripla ligação

Nas reações de adição, a ligação dupla é quebrada originando ligações simples. Em relação à ligação dupla, é importante frisar que as duas ligações não são equivalentes entre si. De fato, comprova-se experimentalmente que:

▶▶ uma das ligações – chamada de ligação σ (sigma) – é mais forte, uma vez que exige 348 kJ/mol para ser quebrada (no caso do eteno);

▶▶ a outra ligação – chamada de ligação π (pi) – é mais fraca, pois exige apenas 267 kJ/mol para ser rompida (no caso do eteno). É exatamente essa ligação π que será quebrada nas reações de adição:

$$\diagup\!\!\!C \overset{\pi}{\underset{\sigma}{=\!=}} C\!\!\diagdown$$

Assim, como acontece com as ligações duplas, é importante salientar que, nas ligações triplas, as três ligações também não são equivalentes entre si: há **uma ligação σ**, mais forte, e **duas ligações π**, mais fracas; estas últimas é que serão quebradas nas reações de adição.

$$-C \overset{\pi}{\underset{\pi}{\sigma\!\equiv\!\equiv}} C-$$

4.3.2 Regra de Markovnikov

Na reação de adição de Cl_2 ao eteno ($H_2C = CH_2$), temos a adição de dois átomos iguais (cloro) aos carbonos.

E quando estamos realizando uma reação de adição com HX (HCl, HBr ou HI) ou H_2O a um alceno (ou alcino) com três ou mais carbonos? Em qual carbono será adicionado o hidrogênio e em qual carbono será adicionado o outro grupo (Cl, Br, I ou OH)?

No século XIX, o químico russo Vladimir **Markovnikov** (1838-1904) verificou experimentalmente que há uma maior tendência de o hidrogênio se ligar ao carbono da ligação dupla (ou tripla) que está ligado a maior quantidade de hidrogênios. Essa observação experimental ficou conhecida como **regra de Markovnikov**:

> Quando uma substância hidrogenada (HCl, HBr, HI ou H_2O) é adicionada a uma ligação dupla ou tripla, o hidrogênio adiciona-se, preferencialmente, ao carbono da ligação dupla ou tripla mais hidrogenado.

Observe agora o exemplo da adição de HCl ao propeno:

$$H_3C - \overset{2}{C}H = \overset{1}{C}H_2 + HCl \longrightarrow H_3C - \underset{\underset{\text{produto majoritário}}{\text{(haleto orgânico)}}}{\underset{\text{2-cloropropano}}{CH}} - CH_3$$

propeno

↑ mais hidrogenado

O hidrogênio adiciona-se preferencialmente ao C1, porque o C1 está ligado a dois hidrogênios, enquanto o C2 está ligado a apenas um hidrogênio.

Fique ligado!

Regra de Kharasch

No caso específico da reação de adição de HBr a alcenos, se a reação ocorrer na presença de peróxidos orgânicos, o átomo de hidrogênio do HBr será adicionado preferencialmente ao carbono menos hidrogenado.

Assim, a presença de um peróxido provoca uma adição anti-Markovnikov, também conhecida como **regra de Kharasch**.

Observe, a seguir, as possibilidades de adição de HBr ao but-1-eno:

$$CH_3CH_2CH = CH_2 + HBr \longrightarrow \underset{\text{2-bromobutano}}{CH_3CH_2\overset{\overset{Br}{|}}{C}H - CH_3} \quad \text{(Markovnikov)}$$

but-1-eno

$$CH_3CH_2CH = CH_2 + HBr \xrightarrow{\text{peróxido}} \underset{\text{1-bromobutano}}{CH_3CH_2CH_2 - \overset{\overset{Br}{|}}{C}H_2} \quad \text{(anti-Markovnikov)}$$

4.4 Reações Envolvendo Ésteres

Um éster pode ser formado a partir de uma **reação de esterificação**, uma reação reversível que ocorre entre um ácido orgânico e um álcool, produzindo éster e água.

$$R-C{\overset{O}{\underset{OH}{\diagup\diagdown}}} + H-O-R_1 \underset{}{\overset{H^+}{\rightleftarrows}} R-C{\overset{O}{\underset{O-R_1}{\diagup\diagdown}}} + H_2O$$

ácido orgânico — álcool — éster — água

Na maioria das esterificações, o grupo OH da carboxila se liga ao H do grupo hidroxila para formar água.

Como exemplo de reação de esterificação, observe a seguir a reação entre o ácido etanoico (ácido acético) e o metanol, resultando em um éster (etanoato de metila) mais água.

$$H_3C-C{\overset{O}{\underset{OH}{\diagup\diagdown}}} + HO-CH_3 \overset{H^+}{\rightleftarrows} H_3C-C{\overset{O}{\underset{O-CH_3}{\diagup\diagdown}}} + H_2O$$

ácido etanoico — metanol — etanoato de metila
(ácido acético)

A reação inversa da reação acima, que produz a partir do éster e da água um ácido carboxílico e um álcool, é chamada de **hidrólise ácida do éster**, sendo catalisada por um ácido forte.

$$\text{éster + água} \rightleftarrows \text{ácido + álcool}$$

Por exemplo,

$$H_3C-C{\overset{O}{\underset{O-CH_3}{\diagup\diagdown}}} + H_2O \overset{H^+}{\rightleftarrows} H_3C-C{\overset{O}{\underset{OH}{\diagup\diagdown}}} + CH_3-OH$$

etanoato de metila — ácido etanoico — metanol
(ácido acético)

Agora, se a reação de hidrólise for realizada em meio básico (NaOH ou KOH, por exemplo), o ácido formado reage com a base produzindo um sal de ácido carboxílico. Esse processo é conhecido como **hidrólise básica do éster** (ou **saponificação**), cuja equação global é representada por:

$$\text{éster + base} \rightleftarrows \text{sal + álcool}$$

Acompanhe a seguir as etapas de uma hidrólise básica de éster:

$$R-C(=O)(O-R_1) + H_2O \rightleftharpoons R-C(=O)(OH) + R_1OH$$

$$R-C(=O)(OH) + NaOH \rightleftharpoons R-C(=O)(O^-Na^+) + H_2O$$

———————————————————————

$$R-C(=O)(O-R_1) + NaOH \rightleftharpoons R-C(=O)(O^-Na^+) + R_1OH$$

Observe agora a equação global da hidrólise básica do etanoato de metila a partir de NaOH:

$$H_3C-C(=O)(O-CH_3) + NaOH \rightleftharpoons H_3C-C(=O)(O^-Na^+) + H_3C-OH$$

etanoato de metila   hidróxido   etanoato de sódio   metanol
ou acetato de metila   de sódio   ou acetato de sódio

Os ésteres podem ainda, em presença de um catalisador adequado, reagir com um álcool, resultando em outro éster e um outro álcool. Esse processo é conhecido como **transesterificação**, sendo representado pela seguinte equação global:

$$\text{éster (1) + álcool (1)} \xrightleftharpoons{cat.} \text{éster (2) + álcool (2)}$$

Veja, por exemplo, a reação entre o etanoato de metila (um éster) e o etanol (um álcool), resultando em etanoato de etila (outro éster) e metanol (outro álcool):

$$H_3C-C(=O)(O-CH_3) + CH_3CH_2OH \xrightleftharpoons{cat.} H_3C-C(=O)(O-CH_2-CH_3) + CH_3-OH$$

etanoato de metila   etanol   etanoato de etila   metanol

O grupo CH_3 do ácido carboxílico é trocado com o grupo CH_3CH_2 do álcool.

Você sabia?

Ácido acetilsalicílico (AAS): da Terra à Lua – a história do medicamento mais vendido do mundo!

Na Antiguidade, os egípcios já utilizavam casca de salgueiro (*Salix* sp) como remédio para dores. O grego Hipócrates (460-377 a.C.), considerado o "pai da medicina", também usava folhas e cascas de salgueiros para aliviar dores e febre.

Eles não sabiam, mas a substância responsável por esses efeitos terapêuticos era a **salicina**.

Salix sp, o conhecido salgueiro.

salicina

Entretanto, somente milhares de anos depois, por volta de 1760, é que se começou a isolar as substâncias que seriam utilizadas para produzir a aspirina. O reverendo inglês Edward Stone "redescobriu" a aspirina ao testar pó de casca de salgueiro para alívio de dores e febres de 50 pessoas. Em 1829, o farmacêutico francês Henri Leroux isolou o **ácido salicílico**, derivado da salicina, cujas propriedades anti-inflamatórias passaram a atrair a atenção de diversos pesquisadores ao longo do século XIX.

ácido salicílico

Contudo, a ingestão de grandes quantidades de ácido salicílico provocava irritações estomacais, causando náuseas e vômitos e até mesmo levando alguns pacientes a entrarem em coma. Esses problemas foram resolvidos pelo químico alemão Felix Hoffmann (1868-1946), que alterou a estrutura do ácido salicílico e produziu o ácido acetilsalicílico, que utilizou para aliviar o reumatismo de seu pai.

ácido acetilsalicílico

Uma possibilidade de se produzir o ácido acetilsalicílico é a partir da reação entre o ácido salicílico e e ácido acético (ácido etanoico).

ácido salicílico + ácido acético ⇌ ácido acetilsalicílico + água

Esse processo é um pouco distinto da reação de esterificação que estudamos, pois o éster é formado a partir da reação de um ácido e um fenol.

Na realidade, Hoffmann optou pela reação entre o ácido salicílico e anidrido acético (ao invés de ácido acético):

ácido salicílico + anidrido acético ⇌ ácido acetilsalicílico + ácido acético

A utilização do anidrido acético por Hoffmann aumentava o rendimento na obtenção de ácido acetilsalicílico.

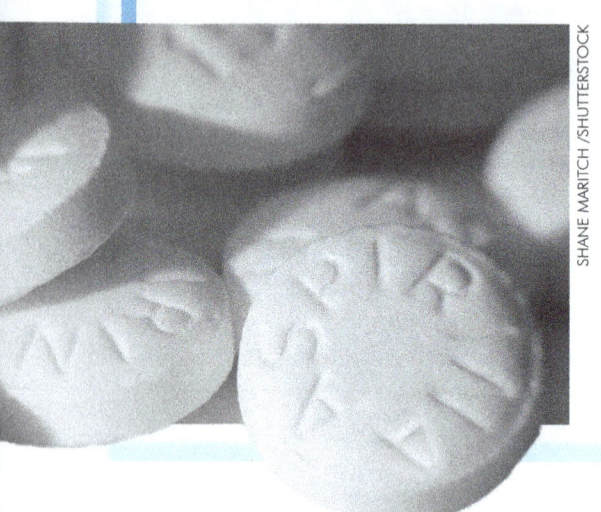

Em 1899, a farmacêutica alemã Bayer passou a comercializar o **á**cido **a**cetil**s**alicílico (AAS) sob o nome de Aspirina®, atualmente o medicamento mais comercializado no mundo e tendo sido inclusive enviado à Lua em 1969 a bordo da Apollo 11.

Posteriormente, descobriu-se que, além de eficaz contra inflamação, dor e febre, o medicamento também inibe a produção de hormônios chamados prostaglandinas, que são responsáveis pela formação de coágulos que levam a ataques cardíacos e derrames. O entendimento desse mecanismo de ação rendeu a Sune Bergström, Begnt Samuelsson e John Vane o Prêmio Nobel de Medicina de 1982.

4.5 Reação de Desidratação de Álcoois

Álcoois podem sofrer reações de **desidratação**, que consistem na perda de uma molécula de água, devido a aquecimento na presença de um agente desidratante (H_2SO_4 concentrado, por exemplo).

Quando a molécula de água é retirada de uma única molécula de álcool, temos uma **desidratação intramolecular**, na qual há a formação de um alceno.

$$\text{álcool} \xrightarrow{\text{agente desidratante}} \text{alceno} + \text{água}$$

Observe o exemplo da desidratação intramolecular do etanol:

$$\underset{\substack{\text{etanol}\\ \text{(álcool etílico)}}}{H_3C-CH_2-OH} \xrightarrow[170\,°C]{H_2SO_4\text{ conc.}} \underset{\substack{\text{eteno}\\ \text{(alceno)}}}{H_2C=CH_2} + \underset{\text{água}}{H_2O}$$

Por outro lado, quando a molécula de água é retirada de duas moléculas de álcoois, temos uma **desidratação intermolecular**, em que há a formação de um éter.

$$2 \text{ álcoois} \xrightarrow{\text{agente desidratante}} \text{éter + água}$$

Observe agora o exemplo da desidratação intermolecular do etanol:

$$H_3C-CH_2-\boxed{OH + HO}-CH_2-CH_3 \xrightarrow[140\,°C]{H_2SO_4 \text{ conc.}} H_3C-CH_2-O-CH_2-CH_3 + H_2O$$

etanol (álcool etílico)   etoxietano (éter dietílico)

SÉRIE BRONZE

1. Sobre as reações de substituição em hidrocarbonetos, complete o diagrama a seguir com as informações corretas.

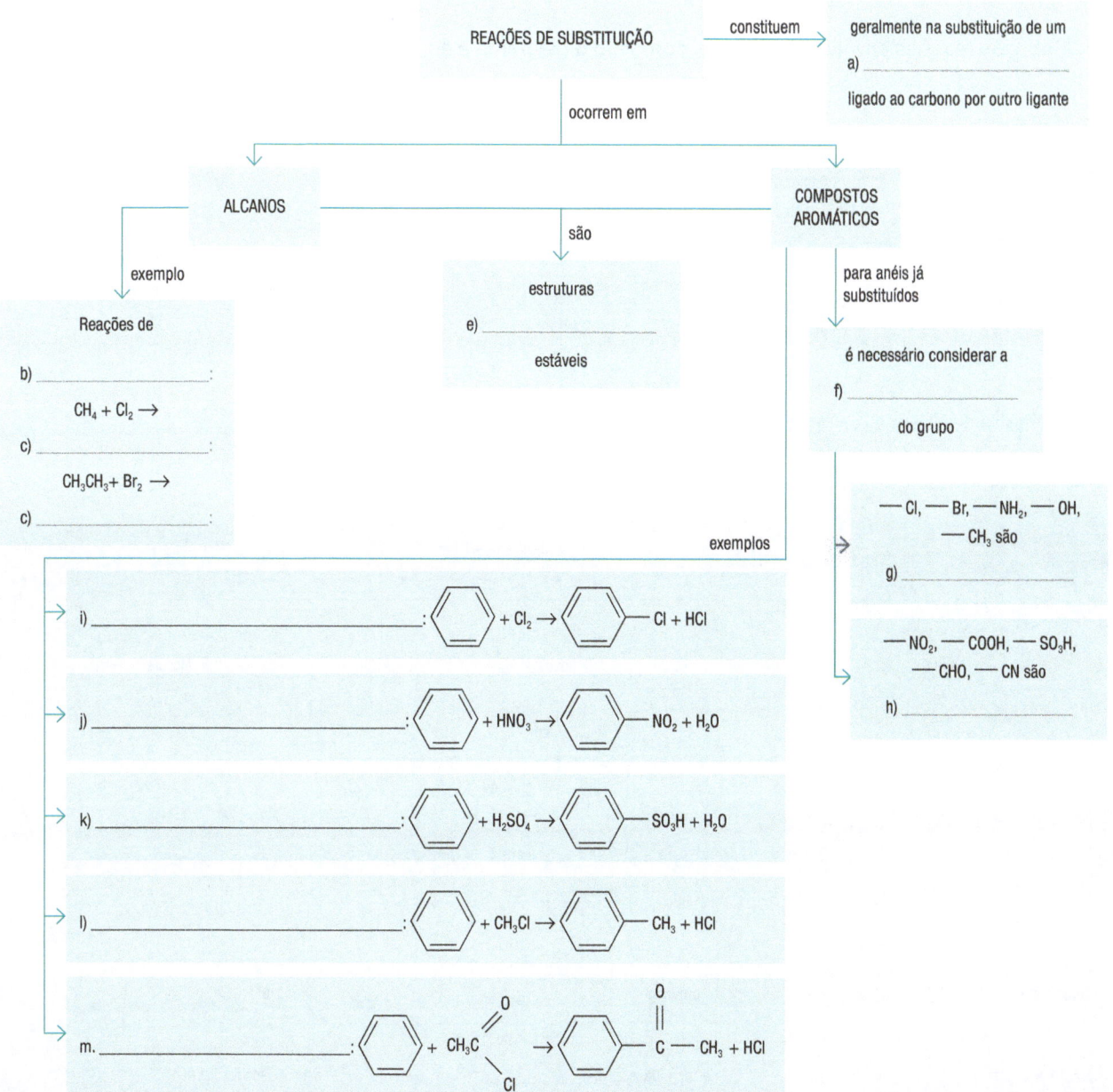

REAÇÕES DE SUBSTITUIÇÃO — constituem → geralmente na substituição de um
a) _____
ligado ao carbono por outro ligante

ocorrem em

ALCANOS   são   COMPOSTOS AROMÁTICOS

exemplo   estruturas   para anéis já substituídos

Reações de   e) _____   é necessário considerar a

b) _____ :   estáveis   f) _____

$CH_4 + Cl_2 \rightarrow$ do grupo

c) _____ :

$CH_3CH_3 + Br_2 \rightarrow$

c) _____ :

                                           exemplos

—Cl, —Br, —NH₂, —OH, —CH₃ são

g) _____

i) _____ : ⌬ + Cl_2 → ⌬—Cl + HCl

—NO₂, —COOH, —SO₃H, —CHO, —CN são

h) _____

j) _____ : ⌬ + HNO_3 → ⌬—NO_2 + H_2O

k) _____ : ⌬ + H_2SO_4 → ⌬—SO_3H + H_2O

l) _____ : ⌬ + CH_3Cl → ⌬—CH_3 + HCl

m. _____ : ⌬ + $CH_3C\overset{O}{\underset{Cl}{\diagdown}}$ → ⌬—$\overset{O}{\overset{\|}{C}}$—$CH_3$ + HCl

2. Sobre as reações de adição em hidrocarbonetos insaturados, complete o diagrama a seguir com as informações corretas.

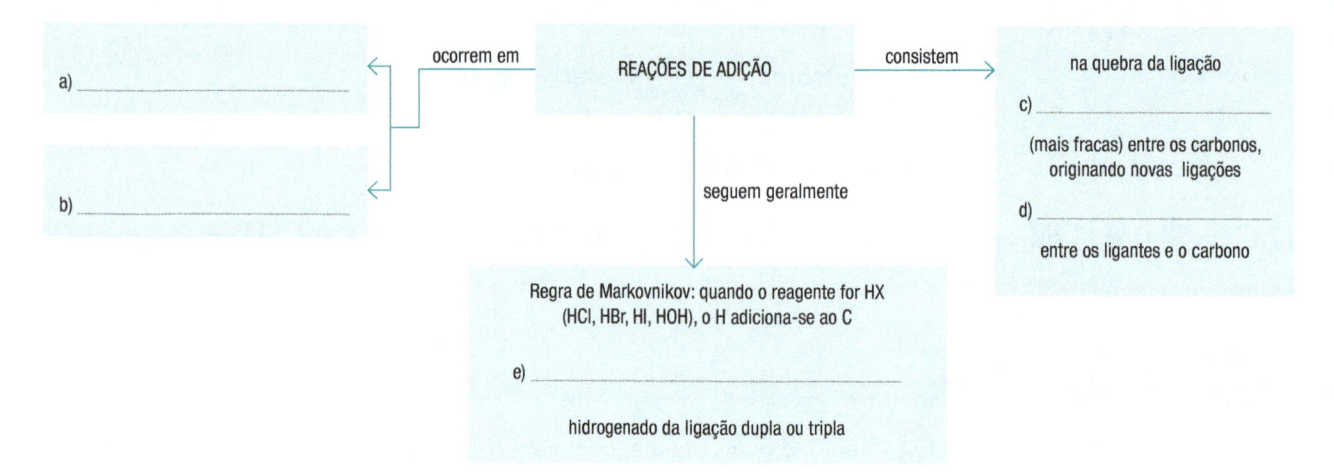

```
                        ocorrem em          REAÇÕES DE ADIÇÃO         consistem      na quebra da ligação
a) _____  ←——                                              ——→    c) _____
                                                                            (mais fracas) entre os carbonos,
                                                                            originando novas ligações
b) _____  ←——              seguem geralmente                       d) _____
                                            ↓                                entre os ligantes e o carbono
                                Regra de Markovnikov: quando o reagente for HX
                                (HCl, HBr, HI, HOH), o H adiciona-se ao C
                                e) _____
                                hidrogenado da ligação dupla ou tripla
```

3. Sobre as reações envolvendo ésteres, complete o diagrama a seguir com as informações corretas.

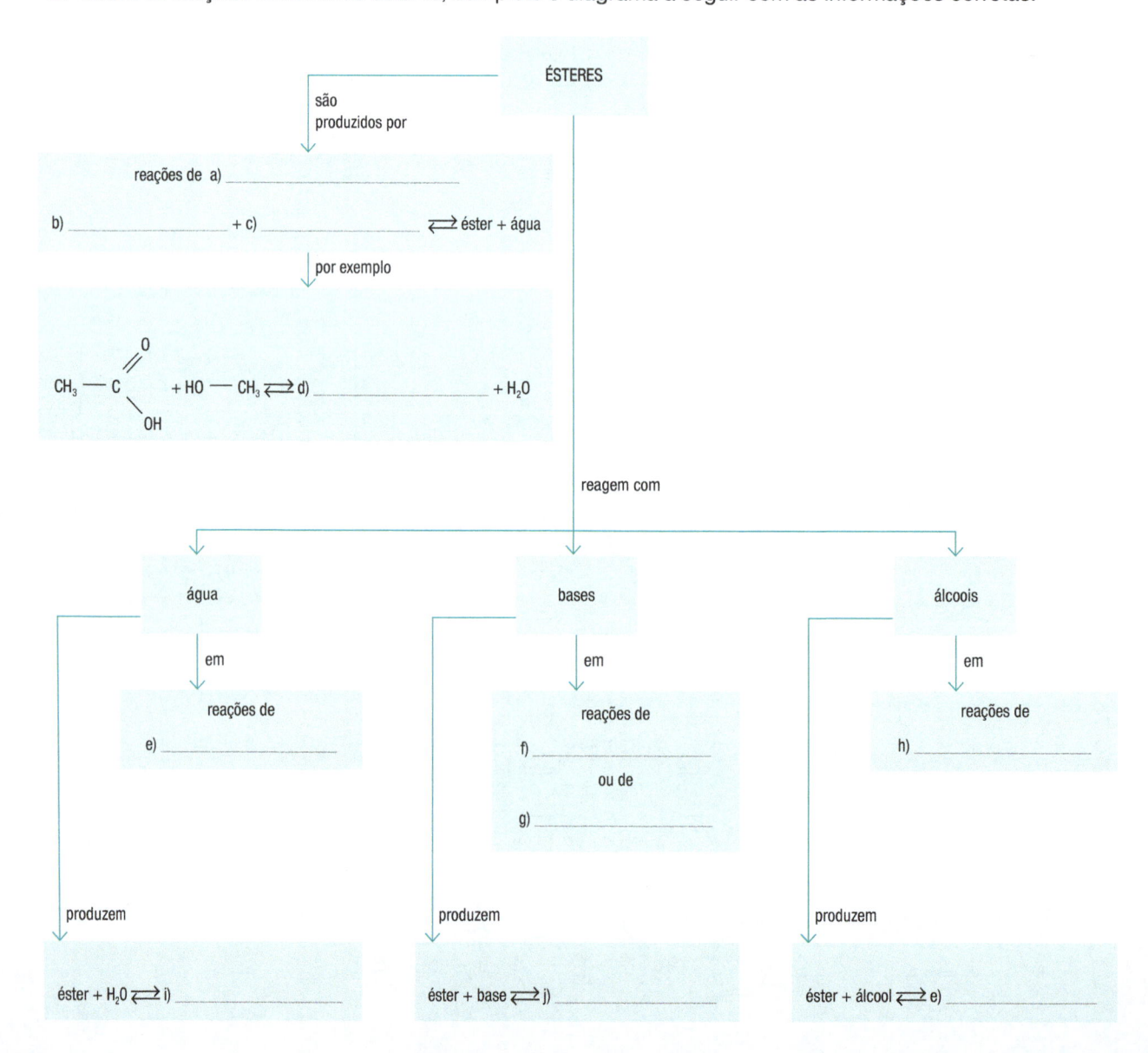

```
                                        ÉSTERES
                            são
                         produzidos por
                                ↓
                         reações de a) _____
b) _____ + c) _____ ⇌ éster + água
                        por exemplo
                                ↓
        O
        ‖
CH₃ — C          + HO — CH₃ ⇌ d) _____ + H₂O
        \
         OH

                                    reagem com
          ┌─────────────────────────────┼─────────────────────────────┐
          ↓                             ↓                             ↓
        água                          bases                         álcoois
          ↓ em                          ↓ em                          ↓ em
       reações de                   reações de                    reações de
       e) _____                   f) _____                    h) _____
                                      ou de
                                    g) _____
       ↓ produzem                    ↓ produzem                   ↓ produzem
   éster + H₂O ⇌ i) ___         éster + base ⇌ j) ___         éster + álcool ⇌ e) ___
```

4. Sobre as reações de desidratação de álcoois, complete o texto a seguir com as informações corretas.

A desidratação consiste na perda de a) _____ de um álcool, devido ao aquecimento na presença de um agente b) _____ (H_2SO_4 concentrado, por exemplo). Essa desidratatação pode ocorrer de duas formas:

▶▶ na desidratação c) _____, a d) _____ é retirada de uma única molécula de álcool, ocorrendo a formação de um e) _____;

▶▶ na desidratação f) _____, a g) _____ é retirada de duas moléculas de álcoois, ocorrendo a formação de um h) _____.

SÉRIE PRATA

1. Complete as equações a seguir, que representam reações de substituição em alcanos.

a) $H_3C-CH_3 + Cl_2 \xrightarrow{\Delta}$

b) $H_3C-CH_3 + Br_2 \xrightarrow{\Delta}$

c) $H_3C-\underset{\underset{CH_3}{|}}{CH}-CH_3 + Cl_2 \xrightarrow{\Delta}$

d) $H_3C-CH_2-CH_2-CH_3 + Cl_2 \xrightarrow{\Delta}$

2. Complete as equações a seguir, que representam reações de substituição em compostos aromáticos.

a)  ⌬ + $Br_2 \longrightarrow$

b)  ⌬ + $HONO_2 \longrightarrow$

c) 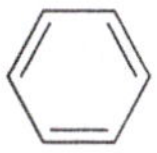 ⌬ + $HOSO_3H \longrightarrow$

d)  ⌬ + $ClCH_2CH_3 \longrightarrow$

e) 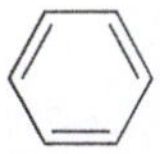 ⌬ + $Br-\overset{\overset{O}{\|}}{C}-CH_3 \longrightarrow$

f) 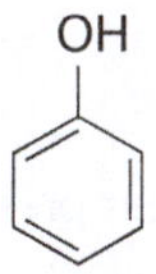 ⌬-OH + $Cl_2 \longrightarrow$

g) 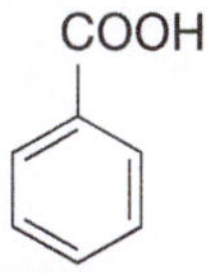 ⌬-COOH + $Cl_2 \longrightarrow$

3. (FUVEST – SP) Fenol (C_6H_5OH) é encontrado na urina de pessoas expostas a ambientes poluídos por benzeno (C_6H_6).

Na transformação do benzeno em fenol ocorre:

a) substituição no anel aromático.
b) quebra na cadeia carbônica.
c) rearranjo no anel aromático.
d) formação de cicloalceno.
e) polimerização.

4. (MACKENZIE – SP) Em relação aos grupos —NO_2 e —Cl, quando ligados ao anel aromático, sabe-se que:

▶▶ o grupo cloro é *orto-para*-dirigente
▶▶ o grupo nitro é *meta*-dirigente

Assim, no composto [1-cloro-3-nitrobenzeno] possivelmente ocorreu

a) nitração de clorobenzeno.
b) redução de 1-cloro-3-aminobenzeno.
c) cloração do nitrobenzeno.
d) halogenação do ortonitrobenzeno.
e) nitração do cloreto de benzina.

5. Complete as equações a seguir, que representam reações de adição em hidrocarbonetos insaturados.

a) propeno + Cl_2 $\xrightarrow{CCl_4}$

b) propeno + HCl $\longrightarrow$

c) propeno + H_2O $\xrightarrow{H^+}$

d) but-1-eno + HBr $\longrightarrow$

e) but-1-eno + HBr $\xrightarrow{peróxido}$

6. (PUC – SP) As reações de adição na ausência de peróxidos ocorrem seguindo a regra de Markovnikov, como mostra o exemplo.

$$H_3C-CH=CH_2 + HBr \longrightarrow H_3C-\underset{\underset{Br}{|}}{CH}-CH_3$$

Considere as seguintes reações:

$$H_3C-\underset{\underset{CH_3}{|}}{C}=CH-CH_3 + HCl \longrightarrow X$$

$$H_2C=CH-CH_3 + H_2O \xrightarrow{H^+} Y$$

Os produtos principais, **X** e **Y**, são, respectivamente,
a) 3-cloro-2-metilbutano e propan-1-ol.
b) 3-cloro-2-metilbutano e propan-2-ol.
c) 2-cloro-2-metilbutano e propan-1-ol.
d) 2-cloro-2-metilbutano e propan-2-ol.
e) 2-cloro-2-metilbutano e propanal.

8. Equacione, utilizando fórmulas estruturais, a reação entre um ácido caboxílico e um álcool que permite obter:
a) etanoato de butila, flavorizante de framboesa.
b) metanoato de etila, flavorizante de rum.
c) etanoato de pentila, flavorizante de banana.
d) propanoato de metila.

7. (UECE) O cloro ficou muito conhecido devido a sua utilização em uma substânca indispensável a nossa sobrevivência: a água potável. A água encontrada em rios não é recomendável para o consumo sem antes passar por um tratamento prévio. Graças à adição de cloro, é possível eliminar todos os microrganismos patogênicos e tornar a água potável, ou seja, própria para o consumo. Em um laboratório de química, nas condições adequadas, fez-se a adição do gás cloro em um determinado hidrocarboneto, que produz o 2,3-diclorobutano. Assinale a opção que corresponde à fórmula estrutural desse hidrocarboneto.

a) $H_3C = CH - CH_2 - CH_3$
b) $H_3C - CH_2 - CH_2 - CH_3$
c) $H_3C - CH = CH - CH_3$
d) $H_2C - CH_2$
$\ | \ |$
$H_2C - CH_2$
e) $H_2C = C(CH_3) - CH_3$

9. (FUVEST – SP) O cheiro das frutas deve-se, principalmente, à presença de ésteres que podem ser sintetizados no laboratório, pela reação entre álcool e um ácido carboxílico, gerando essências artificiais utilizadas em sorvetes e bolos. A seguir estão as fórmulas estruturais de alguns ésteres e a indicação de suas respectivas fontes.

$CH_3-C(=O)-OCH_2CH_2CH(CH_3)CH_3$
banana

$C_6H_5-C(=O)-OCH_3$
kiwi

$CH_3CH_2CH_2-C(=O)-OCH_3$
maçã

$CH_3-C(=O)-OCH_2(CH_2)_6CH_3$
laranja

$CH_3CH_2CH_2-C(=O)-OCH_2(CH_2)_3CH_3$
morango

A essência, sintetizada a partir do ácido butanoico e do metanol, terá cheiro de
a) banana.
b) kiwi.
c) maçã.
d) laranja.
e) morango.

10. (FUVEST – SP) O sabor artificial de laranja é conseguido usando acetato de octila.
a) Equacione a reação de esterificação que permite obter esse composto.
b) Dê o nome dos reagentes empregados.

11. Equacione, utilizando fórmulas estruturais, a reação de hidrólise ácida do:
a) etanoato de butila;   b) propanoato de metila.

12. Equacione, utilizando fórmulas estruturais, a reação de hidrólise básica do:
a) etanoato de butila, usando KOH;
b) propanoato de metila, usando NaOH.

13. (FUVEST – SP) Na reação da saponificação

$$CH_3COOCH_2CH_2CH_3 + NaOH \longrightarrow X + Y$$

os produtos X e Y são:
a) álcool etílico e propionato de sódio.
b) ácido acético e propóxido de sódio.
c) acetato de sódio e álcool propílico.
d) etóxido de sódio e ácido propanoico.
e) ácido acético e álcool propílico.

14. Complete a equação de transesterificação.

$$H_3C-C\overset{O}{\underset{O-CH_3}{\diagdown}} + CH_3CH_2CH_2OH \rightleftarrows$$

15. Complete as equações a seguir, que representam reações de eliminação de álcoois.

a) $H_3C-CH_2-\underset{\underset{}{|}}{\overset{\overset{OH}{|}}{C}}H_2 \xrightarrow[H_2SO_4]{\Delta}$

b) $H_3C-CH_2-OH + HO-CH_2-CH_3 \xrightarrow[H_2SO_4]{\Delta}$

SÉRIE OURO

1. (MACKENZIE – SP) A reação de halogenação de alcanos é uma reação radicalar, sendo utilizado aquecimento ou uma luz de frequência adequada para promover a formação de radicais livres, isto é, espécies que apresentam elétrons isolados e com alta reatividade, que estão presentes no mecanismo das reações de halogenação de alcanos. O exemplo abaixo ilustra uma reação de monocloração de um alcano, em presença de luz, formando compostos isoméricos.

$$H_3C-CH_2-CH_3 + Cl_2 \longrightarrow \begin{cases} H_2C(Cl)-CH_2-CH_3 + HCl \\ H_3C-CH(Cl)-CH_3 + HCl \end{cases}$$

Assim, ao realizar a monocloração do 3,3-dimetil-hexano, em condições adequadas, é correto afirmar que o número de isômeros planos formados nessa reação é

a) 3.   b) 4.   c) 5.   d) 6.   e) 7.

2. (FUVEST – SP) A reação do propano com cloro gasoso, em presença de luz, produz dois compostos monoclorados.

$$2\ CH_3CH_2CH_3 + 2\ Cl_2 \xrightarrow{luz} CH_3CH_2CH_2-Cl + CH_3-CH(Cl)-CH_3 + 2\ HCl$$

Na reação do cloro gasoso com 2,2-dimetilbutano, em presença de luz, o número de compostos monoclorados que podem ser formados e que não possuem, em sua molécula, carbono assimétrico é

a) 1.   b) 2.   c) 3.   d) 4.   e) 5.

3. (MACKENZIE – SP) Os alcanos, sob condições adequadas de reação, reagem com o gás cloro (halogenação) formando uma mistura de isômeros de posição monoclorados.

Assim, o número de isômeros de posição, com carbono quiral, obtidos a partir da monocloração do 2,5-dimetilhexano, em condições adequadas é

a) 1.   b) 2.   c) 3.   d) 4.   e) 5.

4. (FUVEST – SP) Quando se efetua a reação de nitração do bromobenzeno, são produzidos três compostos isoméricos mononitrados:

Efetuando-se a nitração do para-dibromobenzeno, em reação análoga, o número de compostos **mononitrados** sintetizados é igual a

a) 1.   b) 2.   c) 3.   d) 4.   e) 5.

5. (UFJF – MG) A 4-isopropilacetofenona é amplamente utilizada na indústria como odorizante devido ao seu cheiro característico de violeta. Em pequena escala, a molécula em questão pode ser preparada por duas reações características de compostos aromáticos: a alquilação de Friedel-Crafts e a acilação.

Marque a alternativa que descreve os reagentes A e B usados na produção de 4-isopropilacetofenona.

a) 1-cloropropano e cloreto de propanoíla.
b) cloreto de propanoíla e 1-cloroetano.
c) propano e propanona.
d) 2-cloropropano e cloreto de etanoíla.
e) 2-cloropropano e propanona.

6. (ITA – SP) Considere o composto aromátido do tipo C_6H_5Y, em que Y representa um grupo funcional ligado ao anel.

Assinale a opção errada com relação ao(s) produto(s) preferencialmente formado(s) durante a reação de nitração deste tipo de composto nas condições experimentais apropriadas.

a) Se **Y** representar o grupo — CH_3, o produto formado será o m-nitrotolueno.
b) Se **Y** representar o grupo — COOH, o produto formado será o ácido m-nitrobenzenoico.
c) Se **Y** representar o grupo — NH_2, os produtos formados serão o-nitroanilina e p-nitroanilina.
d) Se **Y** representar o grupo — NO_2, o produto formado será o 1,3-dinitrobenzeno.
e) Se **Y** representar o grupo — OH, os produtos formados serão o-nitrofenol e p-nitrofenol.

7. (PUC – SP) Grupos ligados ao anel benzênico interferem na sua reatividade. Alguns grupos tornam as posições orto e para mais reativas para reações de substituição e são chamados *orto* e *para*-dirigentes, enquanto outros grupos tornam a posição meta mais reativa, sendo chamados de *meta*-dirigentes.

▶▶ Grupos *orto* e *para*-dirigentes: — Cl, — Br, — NH$_2$, — OH, — CH$_3$
▶▶ Grupos *meta*-dirigentes: — NO$_2$, — COOH, — SO$_3$H

As rotas sintéticas I, II e III foram realizadas com o objetivo de sintetizar as substâncias **X**, **Y** e **Z**, respectivamente.

I. $\bigcirc \xrightarrow[H_2SO_4 \text{ (conc.)}]{HNO_3 \text{ (conc.)}}$ produto intermediário $\xrightarrow[AlCl_3]{Cl_2}$ **X**

II. $\bigcirc \xrightarrow[AlCl_3]{Cl_2}$ produto intermediário $\xrightarrow[AlCl_3]{Cl_2}$ **Y**

III. $\bigcirc \xrightarrow[AlCl_3]{CH_3Cl}$ produto intermediário $\xrightarrow[H_2SO_4 \text{ (conc.)}]{HNO_3 \text{ (conc.)}}$ **Z**

Após o isolamento adequado do meio reacional e de produtos secundários, os benzenos dissubstituídos **X**, **Y** e **Z** obtidos são, respectivamente,

a) orto-cloronitrobenzeno, meta-diclorobenzeno e para-nitrotolueno.
b) meta-cloronitrobenzeno, orto-diclorobenzeno e para-nitrotolueno.
c) meta-cloronitrobenzeno, meta-diclorobenzeno e meta-nitrotolueno.
d) para-cloronitrobenzeno, para-diclorobenzeno e orto-nitrotolueno.
e) orto-cloronitrobenzeno, orto-diclorobenzeno e para-cloronitrotolueno.

8. (MACKENZIE – SP) Os detergentes são substâncias orgânicas sintéticas que possuem como principal característica a capacidade de promover limpeza por meio de sua ação emulsificante, isto é, a capacidade de promover a dissolução de uma substância. Abaixo, estão representadas uma série de equações químicas, envolvidas nas diversas etapas de síntese de um detergente, a partir do benzeno, realizadas em condições ideais de reação.

1. $\bigcirc + C_{12}H_{25}Cl \xrightarrow{AlCl_3} H_{25}C_{12}\text{—}\bigcirc + HCl$

2. $H_{25}C_{12}\text{—}\bigcirc\text{—} + H_2SO_4 \xrightarrow{\Delta} H_{25}C_{12}\text{—}\bigcirc\text{—}SO_3H + H_2O$

3. $H_{25}C_{12}\text{—}\bigcirc\text{—}SO_3H + NaOH \longrightarrow H_{25}C_{12}\text{—}\bigcirc\text{—}SO_3^-Na^+ + H_2O$

A respeito das equações acima, são feitas as seguintes afirmações:

I. A equação 1 representa uma alquilação de Friedel-Crafts.
II. A equação 2 é uma reação de substituição, que produz um ácido meta substituído.
III. A equação 3 trata-se de uma reação de neutralização com a formação de uma substância orgânica de característica anfifílica.

Sendo assim,
a) apenas a afirmação I está correta.
b) apenas a afirmação II está correta.
c) apenas a afirmação III está correta.
d) apenas as afirmações I e III estão corretas.
e) todas a afirmações estão corretas.

9. (UNESP) Álcoois podem ser obtidos pela hidratação de alcenos, catalisada por ácido sulfúrico. A reação de adição segue a regra de Markovnikov, que prevê a adição do átomo de hidrogênio da água ao átomo de carbono mais hidrogenado do alceno.

Escreva:

a) a equação química balanceada da reação de hidratação catalisada do but-1-eno;
b) o nome oficial do produto formado na reação indicada no item "a".

10. (UNICAMP – SP) A reação que ocorre entre o propino, $HC \equiv C - CH_3$, e o bromo, Br_2, pode produzir dois isômeros cis-trans que contêm uma ligação dupla e dois átomos de bromo nas respectivas moléculas.

a) Escreva a equação dessa reação química entre propino e bromo.
b) Escreva a fórmula estrutural de cada um dos isômeros cis-trans.

---

11. (PUC – adaptada) A reação entre ácido etanoico e propan-2-ol, na presença de ácido sulfúrico, produz

a) propanoato de etila.
b) ácido etanoico de propila.
c) ácido pentanoico.
d) etanoato de isopropila.
e) metanoato de butila.

12. (FUVEST – SP) Deseja-se obter a partir do geraniol (estrutura A) o aromatizante que tem o odor de rosas (estrutura B).

$$H_3C - \underset{\underset{CH_3}{|}}{C} = CH - CH_2 - CH_2 - \underset{\underset{CH_3}{|}}{C} = CH - CH_2OH$$

A (geraniol)

$$H_3C - \underset{\underset{CH_3}{|}}{C} = CH - CH_2 - CH_2 - \underset{\underset{CH_3}{|}}{C} = CH - CH_2O - \underset{\underset{O}{\|}}{C} - H$$

B (aromatizante com odor de rosas)

Para isso, faz-se reagir o geraniol com:

a) álcool metílico (metanol).
b) aldeído fórmico (metanal).
c) ácido fórmico (ácido metanoico).
d) formiato de metila (metanoato de metila).
e) dióxido de carbono.

13. (UNESP) Um composto orgânico tem as seguintes características:

▶▶ fórmula mínima CH₂O;
▶▶ pode formar-se pela ação de bactérias no leite;
▶▶ apresenta isomeria óptica;
▶▶ reage com álcoois para formar ésteres.

Esse composto é:

a) glicose, $C_6H_{12}O_6$

b) sacarose, $C_{12}H_{22}O_{11}$

c) ácido acético, $H_3C-C\overset{O}{\underset{OH}{}}$

d) ácido láctico, $H_3C-\overset{H}{\underset{OH}{C}}-C\overset{O}{\underset{OH}{}}$

e) ácido oxálico, $\underset{HO}{\overset{O}{}}C-C\underset{OH}{\overset{O}{}}$

14. (FGV) Na sequência de reações químicas representadas pelas equações não balanceadas

$H_2C=CH_2 + HBr \longrightarrow X$

$Y \xrightarrow{\Delta}_{H_2SO_4} Z$

$X + NaOH \xrightarrow{\Delta} Y$

$Y + CH_3COOH \xrightarrow{H^+} W$

X, Y, Z e W são compostos orgânicos; Z é um líquido de baixo ponto de ebulição e bastante inflamável; W é um líquido de odor agradável.

Os compostos orgânicos X, Y, Z e W são, respectivamente:

a) 1,2-dibromoetano; éter dimetílico; etanal; ácido etanoico.
b) 1,1-dibromoetano; etanodiol; propanona; propanoato de propila.
c) etano; 1-propanol; etilmetil éter; propanona.
d) bromoetano; etanol; eteno; propanoato de etila.
e) bromoetano; etanol; éter dietílico; etanoato de etila.

15. (FUVEST – SP) O ácido gama-hidroxibutírico é utilizado no tratamento do alcoolismo. Esse ácido pode ser obtido a partir da gamabutirolactona, conforme a representação a seguir:

Assinale a alternativa que identifica corretamente **X** (de modo que a representação respeite a conservação da matéria) e o tipo de transformação que ocorre quando a gamabutirolactona é convertida no ácido gama-hidroxibutírico.

	X	TIPO DE TRANSFORMAÇÃO
a)	CH₃OH	esterificação
b)	H₂	hidrogenação
c)	H₂O	hidrólise
d)	luz	isomerização
e)	calor	decomposição

16. (A. EINSTEIN – SP) Os álcoois sofrem desidratação em meio de ácido sulfúrico concentrado. A desidratação pode ser intermolecular ou intramolecular dependendo da temperatura. As reações de desidratação do etanol na presença de ácido sulfúrico concentrado podem ser representadas pelas seguintes equações:

$$CH_3-CH_2-OH \xrightarrow{H_2SO_4 \text{ (conc.)}} CH_2=CH_2 + H_2O \quad \Delta H > 0$$

$$H_3C-CH_2-OH + HO-CH_2-CH_3 \xrightarrow{H_2SO_4 \text{ (conc.)}} H_3C-CH_2-O-CH_2-CH_3 + H_2O \quad \Delta H < 0$$

Sobre a desidratação em ácido sulfúrico concentrado do propan-1-ol foram feitas algumas afirmações.

I. A desidratação intramolecular forma o propeno.
II. Em ambas as desidratações, o ácido sulfúrico concentrado age como desidratante.
III. A formação do éter é favorecida em temperaturas mais altas, já o alceno é formado, preferencialmente, em temperaturas mais baixas.

Estão corretas apenas as afirmações:

a) I. b) I e II. c) I e III. d) II e III. e) I, II e III.

17. (FATEC – SP) As reações de eliminação são reações orgânicas em que alguns átomos ou grupos de átomos são retirados de compostos orgânicos produzindo moléculas com cadeias carbônicas insaturadas, que são muito usadas em diversos ramos da indústria.

A dehidrohalogenação é um exemplo de reação de eliminação que ocorre entre um composto orgânico e uma base forte. Nesse processo químico, retira-se um átomo de halogênio ligado a um dos átomos de carbono. O átomo de carbono adjacente ao átomo de carbono halogenado "perde" um átomo de hidrogênio, estabelecendo entre os dois átomos de carbono considerados uma ligação dupla.

A reação entre o hidróxido de sódio e o cloroetano ilustrada é um exemplo de dehidrohalogenação.

$$\underset{\text{cloroetano}}{CH_3-CH_2Cl} + \underset{\text{hidróxido de sódio}}{NaOH} \longrightarrow CH_2=CH_2 + NaCl + H_2O$$

Agora, considere a reação entre o 1-clorobutano e o hidróxido de potássio.

$$\underset{\text{1-clorobutano}}{CH_3-CH_2-CH_2-CH_2Cl} + \underset{\text{hidróxido de potássio}}{KOH} \longrightarrow ?$$

Assinale a alternativa que apresenta a fórmula estrutural correta do composto orgânico obtido na reação entre o 1-clorobutano e o hidróxido de potássio, representada na figura.

a) H—C(H)(H)—C(H)=C—H
   with H on right C

a) $H-\underset{\underset{H}{|}}{\overset{\overset{H}{|}}{C}}-\underset{\underset{H}{|}}{C}=\underset{}{C}-H$

b) $H-\underset{\underset{H}{|}}{\overset{\overset{H}{|}}{C}}-\underset{}{C}=\underset{}{\overset{\overset{H}{|}}{C}}-\underset{\underset{H}{|}}{C}-H$

c) $H-\underset{\underset{H}{|}}{\overset{\overset{H}{|}}{C}}-\underset{\underset{H}{|}}{\overset{\overset{H}{|}}{C}}-\underset{}{C}=\underset{}{\overset{}{C}}-H$

d) $H-\underset{\underset{H}{|}}{\overset{\overset{H}{|}}{C}}-\underset{\underset{H}{|}}{C}=\underset{\underset{H}{|}}{\overset{\overset{H}{|}}{C}}-\underset{\underset{H}{|}}{\overset{\overset{H}{|}}{C}}-H$

e) $H-\underset{\underset{H}{|}}{\overset{\overset{H}{|}}{C}}-\underset{\underset{H}{|}}{\overset{\overset{H}{|}}{C}}-\underset{\underset{H}{|}}{\overset{\overset{H}{|}}{C}}-\underset{}{C}=\underset{}{C}-H$

18. (UNIFESP) Um composto de fórmula molecular C_4H_9Br, que apresenta isomeria óptica, quando submetido a uma reação de eliminação (com KOH alcoólico a quente), forma como produto principal um composto que apresenta isomeria geométrica (cis e trans).

a) Escreva as fórmulas estruturais dos compostos orgânicos envolvidos na reação.
b) Que outros tipos de isomeria pode apresentar o composto de partida C_4H_9Br? Escreva as fórmulas estruturais de dois dos isômeros.

19. (FUVEST – SP) Um químico, pensando sobre quais produtos poderiam ser gerados pela desidratação do ácido 5-hidroxipentanoico.

$$H_2C-CH_2-CH_2-CH_2-C=O$$
$$\;|\qquad\qquad\qquad\qquad\qquad\qquad\;|$$
$$HO\qquad\qquad\qquad\qquad\qquad\;OH$$

imaginou que

a) a desidratação **intermolecular** desse composto poderia gerar um éter ou um éster, ambos de cadeia aberta. Escreva as fórmulas estruturais desses dois compostos.
b) a desidratação **intramolecular** desse composto poderia gerar um éster cíclico ou um ácido com cadeia carbônica insaturada. Escreva as fórmulas estruturais desses dois compostos.

SÉRIE PLATINA

1. (ENEM) Nucleófilos (Nu⁻) são bases de Lewis (estruturas com pares de elétrons não ligantes que podem estabelecer ligações covalentes, isto é, estruturas doadoras de pares de elétrons) que reagem com haletos de alquila, por meio de uma reação chamada substituição nucleófila (S_N) como mostrado no esquema:

$$R - X + Nu^- \longrightarrow R - Nu + X^- \quad (R = \text{grupo alquila e } X = \text{halogênio})$$

A reação de S_N entre metóxido de sódio (Nu⁻ = CH_3O^-) e brometo de metila fornece um composto orgânico pertencente à função

a) éter.   b) éster.   c) álcool.   d) haleto.   e) hidrocarboneto.

2. (FUVEST – SP) Alcanos reagem com cloro, em condições apropriadas, produzindo alcanos monoclorados, por substituição de átomos de hidrogênio por átomos de cloro, como esquematizado:

$$Cl_2 + CH_3CH_2CH_3 \xrightarrow[25\,°C]{luz} \underset{43\%}{Cl-CH_2CH_2CH_3} + \underset{57\%}{CH_3CHCH_3} \atop {|\atop Cl}$$

$$Cl_2 + CH_3-\underset{\underset{CH_3}{|}}{\overset{\overset{CH_3}{|}}{C}}-H \xrightarrow[25\,°C]{luz} \underset{64\%}{Cl-CH_2-\underset{\underset{CH_3}{|}}{\overset{\overset{CH_3}{|}}{C}}-H} + \underset{36\%}{CH_3-\underset{\underset{CH_3}{|}}{\overset{\overset{CH_3}{|}}{C}}-Cl}$$

Considerando os rendimentos percentuais de cada produto e o número de átomos de hidrogênio de mesmo tipo (primário, secundário ou terciário), presentes nos alcanos acima, pode-se afirmar que, na reação de cloração, efetuada a 25 °C,

▶▶ um átomo de hidrogênio terciário é cinco vezes mais reativo do que um átomo de hidrogênio primário;

▶▶ um átomo de hidrogênio secundário é 3,8 vezes mais reativo do que um átomo de hidrogênio primário.

Observação: hidrogênios primário, secundário e terciário são os que se ligam, respectivamente, a carbonos primário, secundário e terciário.

A monocloração do 3-metilpentano, a 25 °C, na presença de luz, resulta em quatro produtos, um dos quais é o 3-cloro-3-metilpentano, obtido com 17% de rendimento.

a) Escreva a fórmula estrutural de cada um dos quatro produtos formados.
b) Com base na porcentagem de 3-cloro-3-metilpentano formado, calcule a porcentagem de cada um dos outros três produtos.

3. (A. EINSTEIN – SP) Os cicloalcanos reagem com bromo líquido (Br$_2$) em reações de substituição ou de adição. Anéis cíclicos com grande tensão angular entre os átomos de carbono tendem a sofrer reação de adição, com abertura de anel. Já compostos cíclicos com maior estabilidade, devido à baixa tensão nos ângulos, tendem a sofrer reações de substituição.

Considere as substâncias ciclobutano e cicloexano, representadas a seguir:

Em condições adequadas para a reação, pode-se afirmar que os produtos principais da reação do ciclobutano e do cicloexano com o bromo são, respectivamente,

a) bromociclobutano e bromocicloexano.
b) 1,4-dibromobutano e bromocicloexano.
c) bromociclobutano e 1,6-dibromoexano
d) 1,4-dibromobutano e 1,6-dibromoexano.
e) 1,2-dibromobutano e 1,2-dibromoexano.

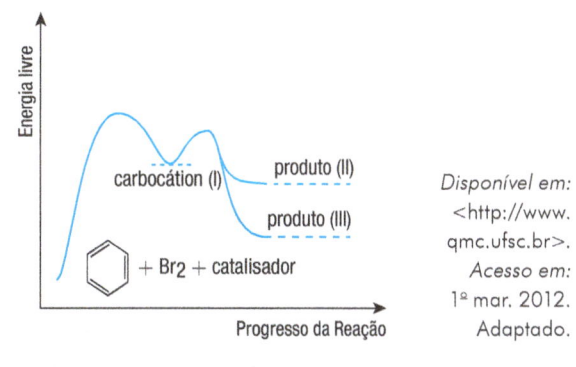

Disponível em: <http://www.qmc.ufsc.br>. Acesso em: 1º mar. 2012. Adaptado.

Com base no texto e no gráfico do progresso da reação apresentada, as estruturas químicas encontradas em I, II e III são, respectivamente:

4. (ENEM) O benzeno é um hidrocarboneto aromático presente no petróleo, no carvão e em condensados de gás natural. Seus metabólitos são altamente tóxicos e se depositam na medula óssea e nos tecidos gordurosos. O limite de exposição pode causar anemia, câncer (leucemia) e distúrbios do comportamento. Em termos de reatividade química, quando um eletrófilo se liga ao benzeno, ocorre a formação de um intermediário, o carbocátion. Por fim, ocorre a adição ou substituição eletrofílica.

Disponível em: <http://www.sindipetro.org.br>. Acesso em: 1º mar. 2012. Adaptado.

5. (UNESP) O que ocorreu com a seringueira, no final do século XIX e início do XX, quando o látex era retirado das árvores nativas sem preocupação com o seu cultivo, ocorre hoje com o pau-rosa, árvore típica da Amazônia, de cuja casca se extrai um óleo rico em linalol, fixador de perfumes cobiçado pela indústria de cosméticos. Diferente da seringueira, que explorada racionalmente pode produzir látex por décadas, a árvore do pau-rosa precisa ser abatida para a extração do óleo da casca. Para se obter 180 litros de essência de pau-rosa, são necessárias de quinze a vinte toneladas dessa madeira, o que equivale a derrubar cerca de mil árvores. Além do linalol, outras substâncias constituem o óleo essencial do pau-rosa, entre elas:

1,8-cineol (I)   linalol (II)   alfaterpineol (III)

Considerando as fórmulas estruturais das substâncias I, II e III, classifique cada uma quanto à classe funcional a que pertencem. Represente a estrutura do produto da adição de 1 mol de água, em meio ácido, também conhecida como reação de hidratação, à substância alfaterpineol.

6. (UNIFESP) O lactato de mentila é um éster utilizado em cremes cosméticos para a pele, com finalidade de dar sensação de refrescância após a aplicação. Esse éster é obtido pela reação entre mentol e ácido láctico, cujas fórmulas estruturais estão representadas a seguir.

mentol   ácido láctico

a) Cite o nome da função orgânica comum ao mentol e ao ácido láctico. Indique, na estrutura do ácido láctico reproduzida abaixo, o átomo de carbono assimétrico.

ácido láctico

b) Utilizando fórmulas estruturais, escreva a equação química que representa a formação do lactato de mentila a partir do mentol e ácido láctico. Analisando a estrutura do lactato de mentila, justifique por que esse éster apresenta baixa solubilidade em água.

7. (FUVEST – SP – adaptada) Pequenas mudanças na estrutura molecular das substâncias podem produzir grandes mudanças em seu odor. São apresentadas as fórmulas estruturais de dois compostos utilizados para preparar aromatizantes empregados na indústria de alimentos.

álcool isoamílico   ácido butírico

Esses compostos podem sofrer as seguintes transformações:

I. O álcool isoamílico pode ser transformado em um éster que apresenta odor de banana. Esse éster pode ser hidrolisado com uma solução aquosa de ácido sulfúrico, liberando odor de vinagre.

II. O ácido butírico tem odor de manteiga rançosa. Porém, ao reagir com etanol, transforma-se em um composto que apresenta odor de abacaxi.

a) Escreva a fórmula estrutural do composto que tem odor de banana.
b) Escreva a fórmula do composto com odor de abacaxi e dê o seu nome.
c) Escreva a equação química que representa a transformação em que houve liberação de odor de vinagre.

8. (UFJF – MG) O ácido acetilsalicílico (AAS) e o salicilato de metila são fármacos muito consumidos no mundo. O primeiro possui ação analgésica, antitérmica, anticoagulante, entre outras, enquanto o segundo possui ação analgésica. Estes dois princípios ativos podem ser preparados facilmente em laboratório através de uma reação conhecida como esterificação de Fisher.

ácido acetilsalicílico   salicilato de metila

a) Escreva a reação química de esterificação em meio ácido do ácido 2-hidroxibenzoico com metanol. Qual dos dois fármacos citados acima foi produzido nesta síntese?
b) Escreva a reação de hidrólise em meio ácido do AAS.

9. A benzocaína (para-aminobenzoato de etila) é geralmente utilizada como anestésico local para exames de endoscopia. Esse composto é obtido pela reação do ácido para-aminobenzoico (PABA) com o etanol, em meio ácido, segundo a reação:

ácido p-aminobenzoico + C_2H_5OH ⇌ p-aminobenzoato de etila ou benzocaína + H_2O

a) O PABA ou ácido para-aminobenzoico é um composto essencial para o metabolismo de algumas bactérias e é utilizado na síntese de vitamina B_{10}. O ácido aromático pode ser obtido juntamente com outro produto orgânico, através de duas reações de substituição, como indicado na sequência a seguir:

Reação I:

benzeno + Cl—NH_2 cloroamina ⇌ produto I

Reação II:

[produto I] + Br—COOH (ácido bromoacético) ⇌H⁺ H₂N—C₆H₄—C(=O)OH (PABA) + [produto II]

a) Dê as fórmulas estruturais e os nomes dos dois produtos formados (produto I e produto II).
b) Justifique porque, para a formação do PABA, é necessário seguir a ordem de, primeiramente reagir o anel benzênico com a cloroamina e, na sequência, com o ácido bromoacético.
c) O PABA e o produto II apresentam, entre si, qual tipo de isomeria plana?
d) Ao reagir com o etanol, o PABA forma a benzocaína e água, como descrito na primeira reação. Identifique, circulando nos reagentes, quais átomos são responsáveis pela formação de água nos produtos. Qual é o nome da reação ocorrida entre o PABA e o etanol?

10. (FUVEST – SP) Na produção de biodiesel, o glicerol é formado como subproduto. O aproveitamento do glicerol vem sendo estudado, visando à obtenção de outras substâncias. O 1,3-propanodiol, empregado na síntese de certos polímeros, é uma dessas substâncias que pode ser obtida a partir do glicerol. O esquema a seguir ilustra o processo de obtenção do 1,3-propanodiol.

glicerol (CH₂OH–CHOH–CH₂OH) —(−H₂O)→ CH₂=CH–CH₂OH ⇌ CH₃–CH₂–CHO —(H₂, catalisador)→ HOCH₂–CH₂–CH₂OH (1,3-propanodiol)

a) Na produção do 1,3-propanodiol a partir do glicerol também pode ocorrer a formação do 1,2-propanodiol. Complete o esquema que representa a formação do 1,2-propanodiol a partir do glicerol.

glicerol —(−H₂O)→ [   ] ⇌ [   ] —(H₂, catalisador)→ CH₃–CHOH–CH₂OH (1,2-propanodiol)

b) O glicerol é líquido à temperatura ambiente, apresentando ponto de ebulição de 290 °C a 1 atm. O ponto de ebulição do 1,3-propanodiol deve ser maior, menor ou igual ao do glicerol? Justifique.

Polímeros

capítulo 5

Você já sabe que as enzimas, que aceleram as reações metabólicas do nosso organismo, os nossos hormônios, os anticorpos que nos protegem contra microrganismos patogênicos, são proteínas, macromoléculas formadas por vários aminoácidos condensados. Agora, você sabia que as proteínas são polímeros? Isso mesmo! Os polímeros não são estruturas apenas sintéticas! Temos também os polímeros naturais, como as proteínas, a celulose e a borracha natural.

Assim, em resumo, **polímeros** são compostos naturais ou sintéticos de alta massa molecular, isto é, são **macromoléculas**, cuja unidade que se repete é conhecida por **monômero**. O processo de união dos monômeros para formação dos polímeros é conhecido como **reação de polimerização** e será estudado neste capítulo, com foco principalmente nos polímeros sintéticos.

Lembre-se!
A celulose é um polímero natural de fórmula molecular $(C_6H_{10}O_5)_n$. Já o polímero borracha tem fórmula molecular $(C_5H_8)_n$.

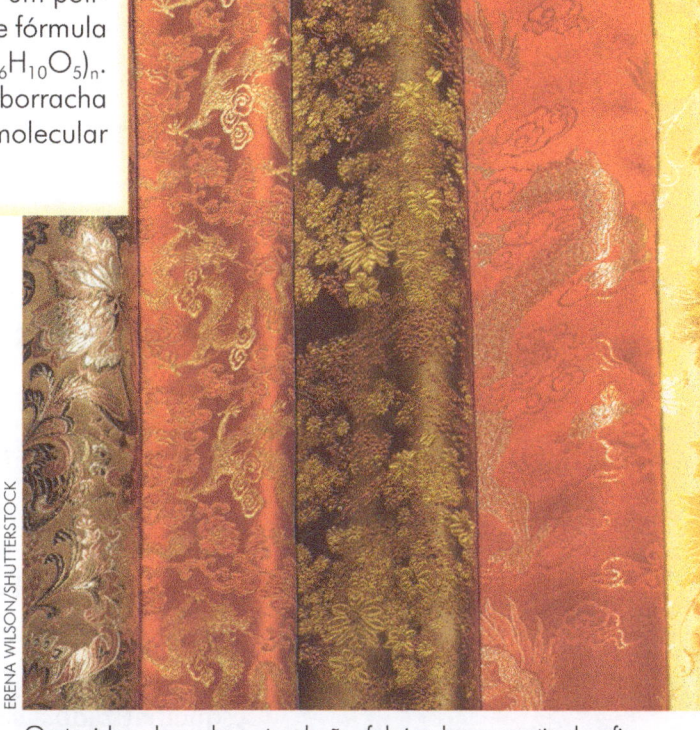

Os tecidos de seda natural são fabricados a partir dos fios de proteína dos casulos (brancos ou amarelos) da mariposa *Bombyx mori*, muito frequente em locais onde haja amoreiras.

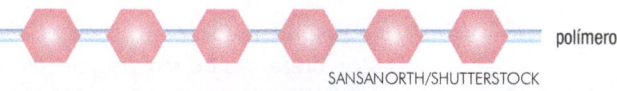

monômero — polímero

Pigmentos para tintas, fios plásticos e placas de acrílico utilizadas para proteção individual são alguns dos inúmeros polímeros sintéticos à disposição no mercado.

5.1 Reação de Polimerização

Os químicos começaram a fabricar os **polímeros sintéticos**, que atualmente são extensamente usados na forma de **plásticos** (folhas, chapas, brinquedos, tubos para encanamentos etc.), de **fibras para tecidos** (náilon, poliéster etc.) e de **borrachas sintéticas**, por meio de reações de polimerização.

Reação de polimerização é a reação em que se forma um polímero, sendo o reagente chamado de **monômero** e o produto final recebe o nome de **polímero**. Por exemplo,

$$n\ CH_2 = CH_2 \xrightarrow[\text{catalisador}]{\text{P. T.}} -(CH_2 - CH_2)_n-$$

etileno (monômero)   polietileno (polímero)

Nas reações de polimerização, o valor de *n* vai depender das condições em que são feitas as reações, como o valor da temperatura e da pressão, o tipo de catalisador utilizado e até mesmo o tempo de reação.

Os polímeros podem ser formados por meio de reações de adição ou reações de condensação e são chamados, respectivamente, por **polímeros de adição** e **polímeros de condensação**.

> **Lembre-se!**
> Para que a reação de polimerização ocorra, é necessária a presença de uma substância chamada **iniciador**.

5.2 Polímeros de Adição

Esse tipo de polímero é formado, como o próprio nome indica, pela adição de sucessivos monômeros. Nesse tipo de polímero, os monômeros apresentam ligação dupla ou tripla entre os carbonos. Durante a polimerização, ocorre ruptura da ligação π e formação de duas novas ligações σ entre os monômeros, conforme esquematizado a seguir:

$$\rangle C \overset{\pi}{=} C \langle \longrightarrow \overset{\sigma}{-}C - C\overset{\sigma}{-}$$

Na polimerização por adição, todos os átomos das moléculas do monômero estão presentes na macromolécula do polímero, de modo que a massa molecular do polímero é um múltiplo da massa molecular do monômero.

Quando o polímero é formado por um único tipo de monômero, temos os chamados **homopolímeros**; porém também podemos ter mais de um tipo de monômero, caso em que temos os chamados **copolímeros**.

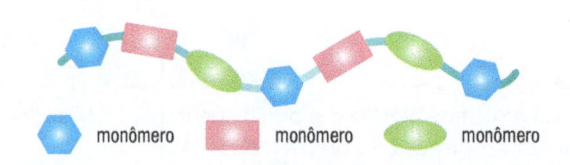

Principais polímeros de adição sintéticos e suas aplicações.

FÓRMULA DO MONÔMERO	NOME COMUM DO MONÔMERO	NOME DO POLÍMERO (NOME COMERCIAL)	USOS
$H_2C=CH_2$	etileno	polietileno (politeno) (PE)	garrafas flexíveis, sacos, películas, brinquedos e objetos moldados, isolamento elétrico
$H_2C=CH-CH_3$	propileno	polipropileno (Vectra, Herculon) (PP)	garrafas, películas, tapetes internos e externos
$H_2C=CH-Cl$	cloreto de vinila	poli(cloreto de vinila) (PVC)	pisos de assoalhos, capas de chuva, tubos hidráulicos
$H_2C=CH-CN$	acrilonitrila	poli(acrilonitrila) (Orlon, Acrilan) (PAN)	tapetes, tecidos
$H_2C=CH-C_6H_5$	estireno	poliestireno (PS)	resfriadores de alimentos e bebidas, isolamento térmico de edificações
$H_2C=CH-O-CO-CH_3$	acetato de vinila	poli(acetato de vinila) (PVA)	tintas de látex, adesivos, revestimentos têxteis
$H_2C=C(CH_3)-CO-O-CH_3$	metacrilato de metila ou metilacrilato de metila	poli(metacrilato de metila) (Plexiglas, Lucite)	objetos de alta transparência, tintas látex, lentes de contato
$F_2C=CF_2$	tetrafluoroetileno	politetrafluoroetileno (Teflon) (PTFE)	gaxetas, isolamento, mancais, revestimento de frigideiras

Veja, a seguir, algumas informações dos principais polímeros de adição utilizados no nosso cotidiano.

▶▶ **Polietileno (PE)** – esse polímero é obtido a partir de sucessivas adições de eteno ou etileno:

$$n \begin{array}{c} H \\ | \\ C \\ | \\ H \end{array} = \begin{array}{c} H \\ | \\ C \\ | \\ H \end{array} \xrightarrow[\text{catalisador}]{\text{P. T.}} \left(\begin{array}{cc} H & H \\ | & | \\ -C-C- \\ | & | \\ H & H \end{array} \right)_n$$

etileno → polietileno = PE

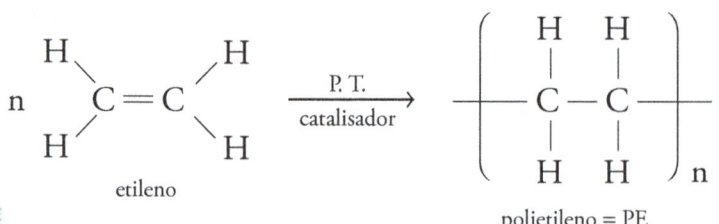

e pode se apresentar como polietileno de alta densidade ou de baixa densidade.

• **Polietileno de alta densidade (PEAD)** – formado por cadeias normais que facilitam as interações intermoleculares, produzindo um plástico mais denso e mais rígido do que o polietileno de baixa densidade. Em virtude de suas características é usado na fabricação de copos, canecas, brinquedos etc.

$$— CH_2 — CH_2 — CH_2 — CH_2 — CH_2 — CH_2 — CH_2 —$$

• **Polietileno de baixa densidade (PEBD)** – formado por cadeias ramificadas que dificultam as interações intermoleculares, produzindo um plástico mais flexível que é usado na produção de sacolas, de filmes para embalagens etc.

$$\begin{array}{c} CH_2-CH_2- \\ | \\ -CH_2-CH_2-CH-CH_2-CH_2-CH-CH_2-CH_2-CH_2- \\ | \\ CH_2-CH_2- \end{array}$$

▶▶ **Polipropileno (PP)** – esse polímero é obtido a partir de sucessivas adições do propeno ou propileno:

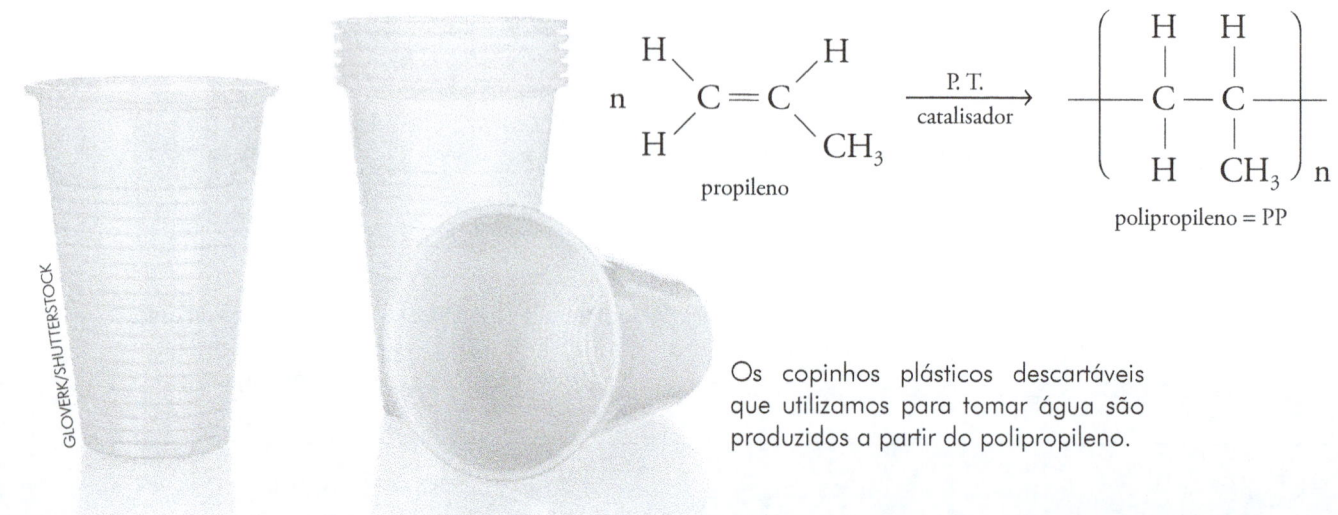

$$n \begin{array}{c} H \\ | \\ C \\ | \\ H \end{array} = \begin{array}{c} H \\ | \\ C \\ | \\ CH_3 \end{array} \xrightarrow[\text{catalisador}]{\text{P. T.}} \left(\begin{array}{cc} H & H \\ | & | \\ -C-C- \\ | & | \\ H & CH_3 \end{array} \right)_n$$

propileno → polipropileno = PP

Os copinhos plásticos descartáveis que utilizamos para tomar água são produzidos a partir do polipropileno.

Capítulo 5 – Polímeros

▶▶ **Poli(cloreto de vinila) (PVC)** – esse polímero é obtido a partir de sucessivas adições do cloroeteno ou cloreto de vinila:

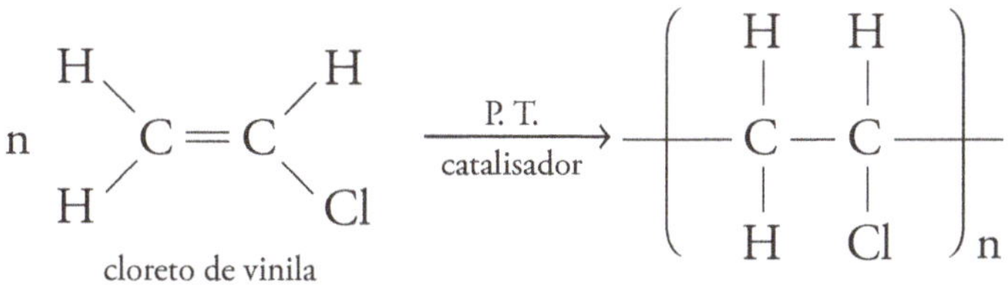

$$n \underset{H}{\overset{H}{>}}C=C\underset{Cl}{\overset{H}{<}} \xrightarrow[\text{catalisador}]{P.T.} \left(\begin{array}{cc} H & H \\ | & | \\ -C-C- \\ | & | \\ H & Cl \end{array} \right)_n$$

cloreto de vinila

poli(cloreto de vinila) = PVC

Pisos, tubulações, toalhas de mesa ou mesmo cortinas para banheiro podem ser fabricadas com PVC.

▶▶ **Teflon ou politetrafluoroetileno (PTFE)** – esse polímero é obtido a partir de sucessivas adições do tetrafluoroeteno ou tetrafluoroetileno:

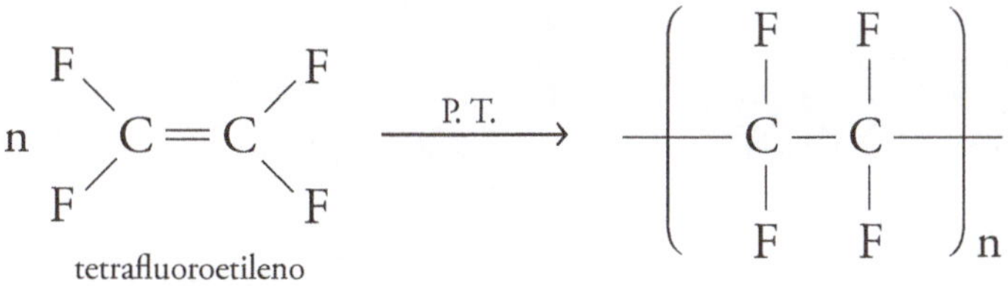

$$n \underset{F}{\overset{F}{>}}C=C\underset{F}{\overset{F}{<}} \xrightarrow{P.T.} \left(\begin{array}{cc} F & F \\ | & | \\ -C-C- \\ | & | \\ F & F \end{array} \right)_n$$

tetrafluoroetileno

teflon = PTFE

Teflon é comumente utilizado como revestimento antiaderente de frigideiras e panelas e na fabricação de fitas de vedação.

▶▶ **Poliestireno (PS)** – esse polímero é obtido a partir de sucessivas adições do vinilbenzeno ou estireno:

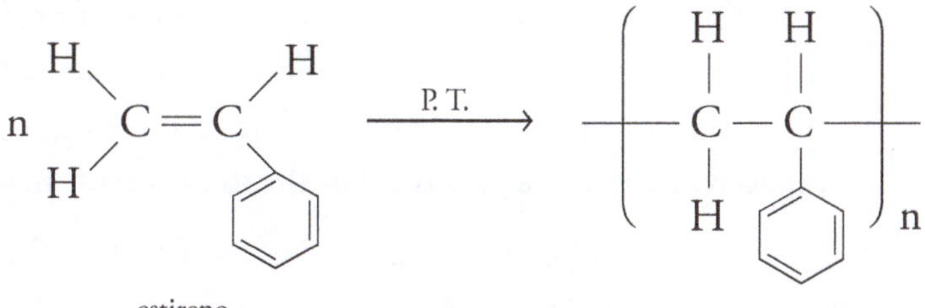

$$n \underset{H}{\overset{H}{>}}C=C\underset{C_6H_5}{\overset{H}{<}} \xrightarrow{P.T.} \left(\begin{array}{cc} H & H \\ | & | \\ -C-C- \\ | & | \\ H & C_6H_5 \end{array} \right)_n$$

estireno

poliestireno = PS

A presença de grande quantidade de bolhas de ar no interior do isopor diminui a condutividade térmica e elétrica desse material, motivo pelo qual é utilizado tanto para produção de embalagens e copos, quanto como isolante térmico e elétrico.

Se a preparação do PS for feita juntamente com uma substância volátil, por exemplo, o pentano (PE = 36 °C), obtém-se uma espuma fofa devido à expansão do vapor de pentano que deixa muitas bolhas no interior do polímero. Obtém-se, assim, o poliestireno expandido, conhecido como **isopor**.

▶▶ **Poliacrilonitrila (PAN)** – esse polímero é obtido a partir de sucessivas adições do cianeto de vinila ou acrilonitrila:

$$n \begin{array}{c} H \\ | \\ H \end{array} C = C \begin{array}{c} H \\ | \\ CN \end{array} \xrightarrow{P.T.} \left(\begin{array}{cc} H & H \\ | & | \\ -C-C- \\ | & | \\ H & CN \end{array} \right)_n$$

acrilonitrila   poliacrilonitrila = PAN

Fibra acrílica têxtil de orlon, utilizada para trabalhos de tricô e fabricação de peças de lã sintética, também é utilizada como recheio de animais de pelúcia.

▶▶ **Poliacetileno** – esse polímero é obtido a partir de sucessivas adições do etino ou acetileno:

$$n\ H-C\equiv C-H \longrightarrow \left(\begin{array}{cc} C = C \\ | \quad | \\ H \quad H \end{array} \right)_n$$

acetileno   poliacetileno

Em 1976, o poliacetileno foi o primeiro polímero produzido capaz de conduzir corrente elétrica. A condição para um polímero ser condutor de corrente elétrica é ter ligações duplas conjugadas, isto é, ligações duplas alternadas com ligações simples.

$$n\ HC\equiv CH \longrightarrow \sim\!\!\wedge\!\wedge\!\wedge\!\wedge\!\sim$$

acetileno   poliacetileno

Essa conjugação permite com que seja criado um fluxo de elétrons, pois os elétrons das ligações π podem ser adicionados ou removidos para formar íons poliméricos, por meio da adição ao polímero de agentes de transferência de carga (doadores ou receptores de elétrons). Se, por exemplo, for adicionado um agente que remova um elétron da cadeia (como o iodo), haverá a formação de um cátion, que provocará a redistribuição dos elétrons π, polarizando a cadeia polimérica localmente, o que gera um campo elétrico que faz com que os elétrons das ligações duplas restantes se desloquem, o que explica a condutividade elétrica desse material.

Fique ligado!

Borrachas natural e sintética

A borracha natural é proveniente da seringueira, chamada *Hevea brasiliensis*. Ao fazer o corte na seringueira, escorre um líquido branco, chamado látex.

O isopreno é o componente do látex que, quando endurece por ação do calor, é polimerizado, produzindo a borracha natural.

No entanto, a borracha natural apresenta certas propriedades indesejáveis: é pegajosa no verão e dura e quebradiça no inverno.

$$n\ H_2C=C(CH_3)-C(H)=CH_2 \xrightarrow{\Delta} \left[\begin{array}{c} H_3C\quad\quad\quad H \\ \diagdown\quad/ \\ C=C \\ /\quad\quad\quad\diagdown \\ H_2C\quad\quad\quad CH_2 \end{array}\right]_n$$

2-metilbuta-1,3-dieno
isopreno

poli(isopreno)
(borracha natural)
isopreno sempre
isômero cis

Para melhorar suas qualidades, a borracha é submetida ao processo de **vulcanização**, que consiste em um aquecimento da borracha com 5% a 8% de enxofre. O enxofre quebra as ligações duplas e liga a molécula do poli(isopreno) às suas vizinhas, o que torna o conjunto mais resistente.

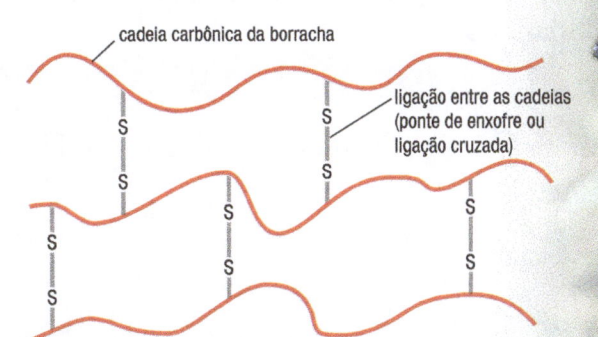

Pneus são produzidos a partir de borracha vulcanizada, um polímero de alta resistência e elasticidade. A coloração preta é decorrente da adição de negro de fumo (carbono finamente pulverizado) para aumentar a resistência mecânica da borracha.

As cadeias de enxofre ajudam a alinhar as cadeias poliméricas e o material não sofre modificação permanente ao ser esticado, mas retorna elasticamente à forma e tamanho iniciais quando se remove a tensão. Polímeros que possuem alta elasticidade são conhecidos como **elastômeros**.

Atualmente, também são produzidas borrachas sintéticas, que consistem em **copolímeros de adição**, isto é, são formadas a partir da polimerização (por adição) de mais de um tipo de monômero.

Um exemplo é a buna-S, formada a partir de dois monômeros: o primeiro é buta-1,3-dieno, da onde vem o prefixo "bu" do nome. O segundo é estireno, que em inglês se chama *styrene*, da onde vem o "S" do final do nome. Já o "na" vem do fato de se utilizar sódio (Na) como catalisador nessa reação de polimerização, como representado a seguir:

$$n\ H_2C=CH-CH=CH_2 + n\ H_2C=CH-\underset{\text{vinilbenzeno}}{\underset{\text{estireno (styrene)}}{C_6H_5}} \xrightarrow{Na\ (catalisador)}$$

buta-1,3-dieno
eritreno

$$\xrightarrow{Na\ (catalisador)} \left[-H_2C-CH=CH-CH_2-CH_2-CH(C_6H_5)- \right]_n$$

BUNA-S (borracha sintética)

As borrachas sintéticas, quando comparadas às naturais, são mais resistentes às variações de temperatura e ao ataque de produtos químicos, sendo utilizadas para a produção de mangueiras, correias e artigos para vedação, por exemplo.

5.3 Polímeros de Condensação

Polímeros de condensação são obtidos quando ocorre a reação entre os grupos funcionais dos monômeros com liberação de uma pequena molécula, geralmente de água.

Para a polimerização prosseguir, cada monômero precisa possuir dois grupos funcionais, por exemplo, diálcool, diácido, diamina etc. Os principais polímeros de condensação são os **poliésteres** e as **poliamidas**.

$$n\ HO-\overset{O}{\underset{}{C}}-\square-\overset{O}{\underset{}{C}}-OH + n\ HO-\square-OH \longrightarrow$$

diácido   diálcool

$$\longrightarrow \left[-\overset{O}{\underset{}{C}}-\square-\overset{O}{\underset{}{C}}-O-\square-O- \right]_n + n\ H_2O$$

poliéster

$$n \underset{HO}{\overset{O}{\underset{\|}{C}}} - \square - \underset{OH}{\overset{O}{\underset{\|}{C}}} + n\, HN - \square - NH \longrightarrow$$
$$\text{diácido} \qquad\qquad \underset{H}{|} \qquad \text{diamina} \qquad \underset{H}{|}$$

$$\longrightarrow \left[\underset{}{\overset{O}{\underset{\|}{C}}} - \square - \underset{}{\overset{O}{\underset{\|}{C}}} - \underset{H}{\underset{|}{N}} - \square - N \right]_n + n\, H_2O$$
$$\text{poliamida}$$

▶▶ **Poliésteres** – o poliéster mais utilizado é aquele obtido pela reação entre o ácido tereftálico (diácido) e o etilenoglicol (diálcool). Trata-se do poli(tereftalato de etila), conhecido como PET (derivado do seu nome em inglês: ***poly(ethyleneterephthalate)***).

$$n \; \underset{O}{\overset{HO}{\underset{\|}{C}}}\!\!-\!\!\bigcirc\!\!-\!\!\underset{O}{\overset{OH}{\underset{\|}{C}}} + n\, HO-CH_2-CH_2-OH \longrightarrow$$
ácido tereftálico \qquad\qquad etilenoglicol

$$\longrightarrow \left[\underset{O}{\overset{}{\underset{\|}{C}}}\!\!-\!\!\bigcirc\!\!-\!\!\underset{O}{\overset{}{\underset{\|}{C}}}\!\!-\!\!O-CH_2-CH_2-O \right]_n + n\, H_2O$$
poli(tereftalato de etila)
poliéster

O PET tem uma ampla gama de aplicações, como garrafas para água e fibras para tecidos, por exemplo.

▶▶ **Poliamidas** – a poliamida mais comum é o náilon-66, que é obtido da reação entre 1,6-diamino-hexano (diamina) e o ácido hexanodioico (diácido).

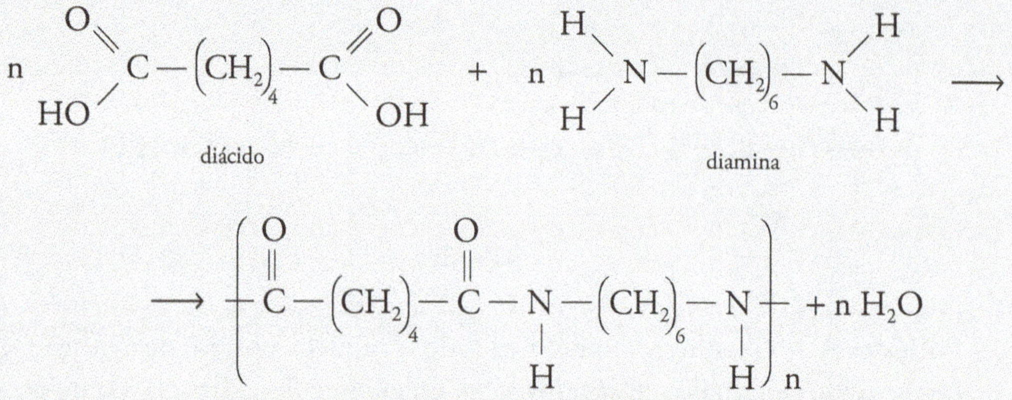

$$n \ HO-\underset{O}{\overset{O}{\|}}{C}-(CH_2)_4-\underset{}{\overset{O}{\|}}{C}-OH \ + \ n \ \underset{H}{\overset{H}{}}N-(CH_2)_6-N\underset{H}{\overset{H}{}} \longrightarrow$$

diácido   diamina

$$\longrightarrow \left[\overset{O}{\underset{}{\|}}{C}-(CH_2)_4-\overset{O}{\underset{}{\|}}{C}-\underset{H}{N}-(CH_2)_6-\underset{H}{N} \right]_n + n \ H_2O$$

náilon-66 (poliamida)

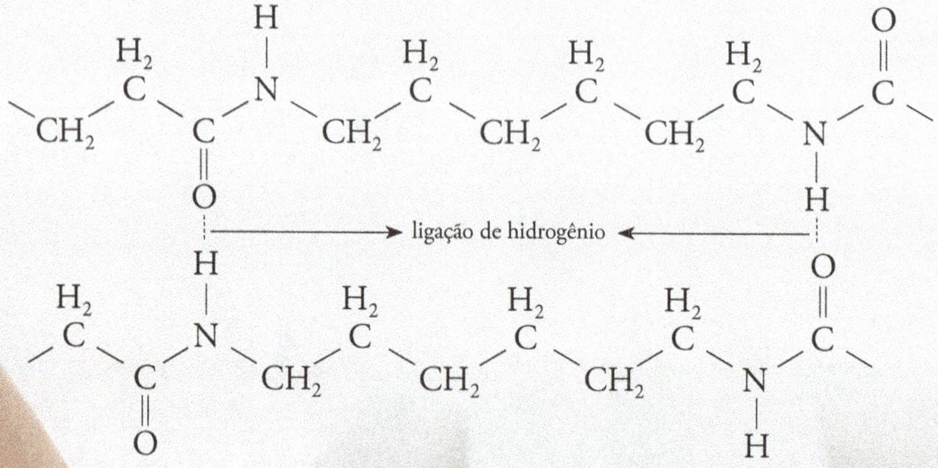

O náilon foi a primeira fibra têxtil sintética produzida em 1935 pela DuPont e utilizada para confecção de meias-calças. Atualmente, ele é utilizado tanto para confecção de roupas quanto para produção de engrenagens, linhas de pescar, pulseiras de relógio, paraquedas e escovas de dentes.

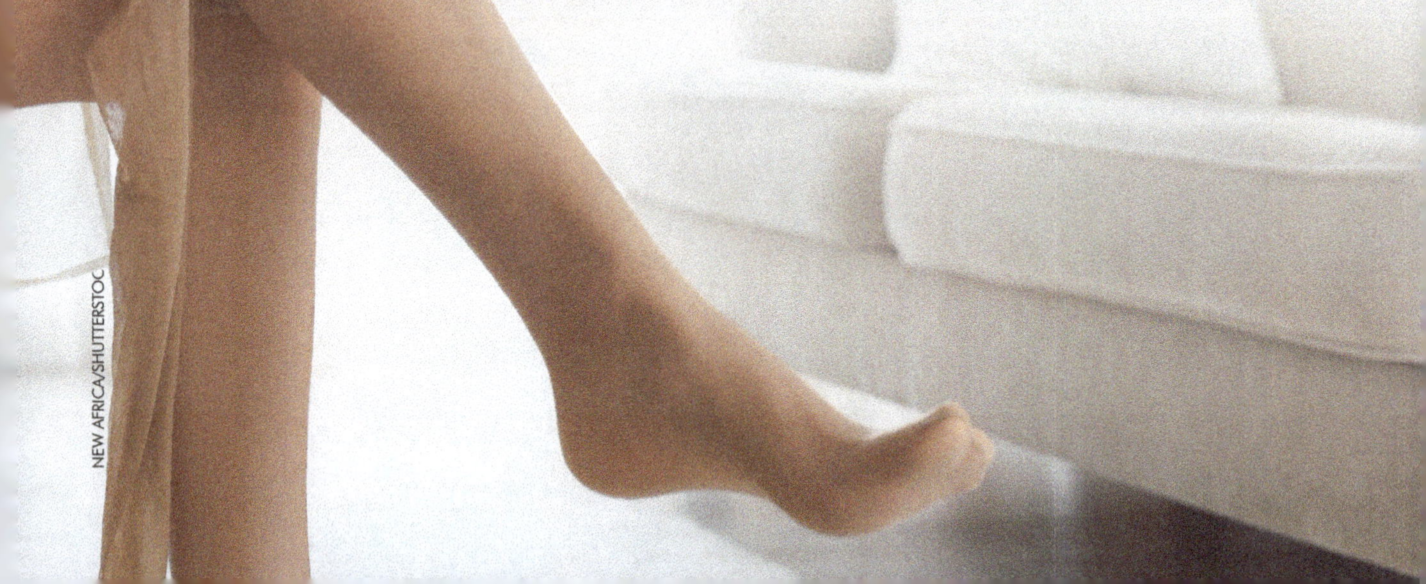

Na nomenclatura do náilon-66, o primeiro 6 indica a quantidade de carbonos presente no diácido que deu origem a esse náilon e o segundo 6 indica a quantidade de carbonos presente na diamina.

O náilon é bastante resistente à tração, porque suas cadeias poliméricas interagem entre si por ligações de hidrogênio.

Fique ligado!

A segurança também utiliza poliamidas

Outro polímero de condensação importante é uma poliamida aromática, cuja reação de polimerização é representada por

$$n\ H-N(C_6H_4)-N-H + n\ HOOC-(C_6H_4)-COOH \longrightarrow$$

$$\left[-N(C_6H_4)-N-CO-(C_6H_4)-CO-\right] + n\ H_2O$$

Kevlar®

As cadeias poliméricas do Kevlar® estão fortemente unidas por ligações de hidrogênio e interações dipolo instantâneo-dipolo induzido.

Kevlar® é um polímero que apresenta alta resistência mecânica e térmica, sendo por isso usado em coletes à prova de balas e em vestimentas de bombeiros.

Você sabia?

A partir de um casulo

Estamos por volta do ano 2700 a.C. em Qianshanyang, na China, onde temos os primeiros vestígios de um tecido muito leve, delicado ao toque, que logo passou a ser muito procurado. Produzido a partir dos fios poliméricos de proteína dos casulos de uma mariposa comum, chamada *Bombyx mori*, esse tecido, conhecido como seda, passou a ser fabricado em larga escala apenas por volta de 2000 a.C., tendo se tornado um dos produtos chineses mais procurados.

Ciclo de vida do bicho-da-seda (*Bombyx mori*)

- larva (ou lagarta)
- pupa (ou crisálida)
- animal adulto
- ovos

Ciclo de vida da mariposa *Bombyx mori*, mais conhecida como bicho-da-seda. Do ovo desenvolve-se uma fase intermediária (de larva ou lagarta) que em nada se parece com o animal adulto. Após cerca de 25-27 dias, a lagarta começa a secretar fios de proteína (veja imagem lateral ao ciclo) e forma um verdadeiro casulo à sua volta (observe-o em corte). Nessa fase de pupa (que dura aproximadamente 14 dias), o animal sofre grandes transformações até emergir como uma mariposa adulta (2,5 cm de comprimento).

O trabalho de cuidar da alimentação das mariposas com folhas de amoreira era executado pelas mulheres, assim como cuidar da qualidade do tecido fabricado.

Símbolo de riqueza, a seda era considerada um presente valioso. Às vezes usada como moeda, com ela podiam ser pagos tributos aos imperadores chineses.

Esse tecido foi de tal forma procurado pelos mercadores, que as rotas que levavam a China ao que hoje chamamos Oriente Médio passaram a ser conhecidas como a Rota da Seda.

Mas a hegemonia da China no que respeita à arte de fabricação da seda durou até aproximadamente o ano 300 da era cristã, quando outros países dominaram a arte de fabricar esse tecido. No entanto, a importância da seda ultrapassou os simples limites da comercialização, pois promoveu que a China se relacionasse com outros impérios, como o Persa e o Romano, por exemplo.

ROTA DA SEDA

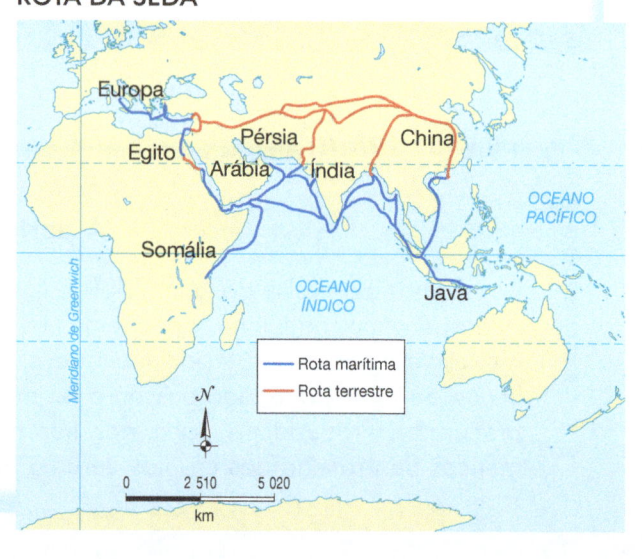

▶▶ **Polifenóis** – a baquelite é um exemplo dessa classe de polímeros, pois resulta da condensação de moléculas de benzenol (fenol) e de metanal (formol), segundo a equação:

$$n\ H\!\!-\!\!\phi\!\!-\!\!H + n\ H\!\!-\!\!\underset{H}{\overset{O}{\underset{\|}{C}}}\!\!-\!\!H + n\ H\!\!-\!\!\phi\!\!-\!\!H \xrightarrow[\text{cat.}]{\text{P.T.}} {\left(\!\!-\!\!\phi\!\!-\!\!CH_2\!\!-\!\!\phi\!\!-\!\!\right)}_n + n\ H_2O$$

A baquelite é usada em materiais elétricos (tomadas e interruptores), cabos de panela, revestimentos de freios e fórmica.

O grupo OH é *orto-para*-dirigente, portanto a condensação também vai ocorrer na posição *para* e originar uma estrutura tridimensional.

baquelite
(fragmento da estrutura tridimensional)

Móveis revestidos com fórmica, que corresponde a um material laminado formado pela prensagem à quente de camadas de papel intercaladas com resinas poliméricas fenólicas, como a baquelite e a melamina.

Fique ligado!

Polímeros termoplásticos e termofixos

Não é apenas o tipo de reação de polimerização que interfere nas propriedades dos polímeros. O formato das cadeias poliméricas e tipo de interação que ocorre entre essas cadeias também altera, por exemplo, o efeito que o aquecimento tem sobre essas estruturas.

Nos **polímeros lineares**, as macromoléculas são formadas de cadeias abertas (normais ou ramificadas) de átomos. Nesse caso, o polímero forma **fios** (que lembram o formato de um macarrão espaguete) que se mantêm isolados uns dos outros. A interação entre essas cadeias isoladas se dá apenas por meio de forças intermoleculares, como dipolo instantâneo-dipolo induzido ou até mesmo ligações de hidrogênio.

Esses polímeros lineares são classificados como **termoplásticos**, isto é, uma vez aquecidos, antes de decomporem, eles amolecem, podendo ser remoldados. Se a temperatura alcançada for suficiente apenas para amolecer o polímero, esse material, ao ser resfriado, endurece novamente, sem perder suas propriedades, uma vez que, nesse aquecimento, temos o rompimento apenas das forças intermoleculares, porém as ligações covalentes que formam a cadeia polimérica não são afetadas. Um exemplo de polímero linear é o polietileno.

Polietileno para fabricação de sacolas plásticas.

Já os **polímeros tridimensionais** são constituídos por macromoléculas que estabelecem ligações covalentes em todas as direções no espaço, formando uma estrutura tridimensional.

ligação covalente — Existem ligações covalentes entre as cadeias poliméricas.

Pulseiras de baquelite, um polímero tridimensional.

Esses polímeros tridimensionais são classificados como **termofixos** (ou **termorrígidos**), isto é, uma vez preparados, eles não podem ser amolecidos pelo calor e remoldados. O aquecimento dos polímeros termofixos provocará a decomposição da estrutura (rompimento das ligações covalentes), sem haver o amolecimento prévio que ocorre nos polímeros termoplásticos.

SÉRIE BRONZE

1. Sobre os processos de polimerização, complete o diagrama a seguir com as informações corretas.

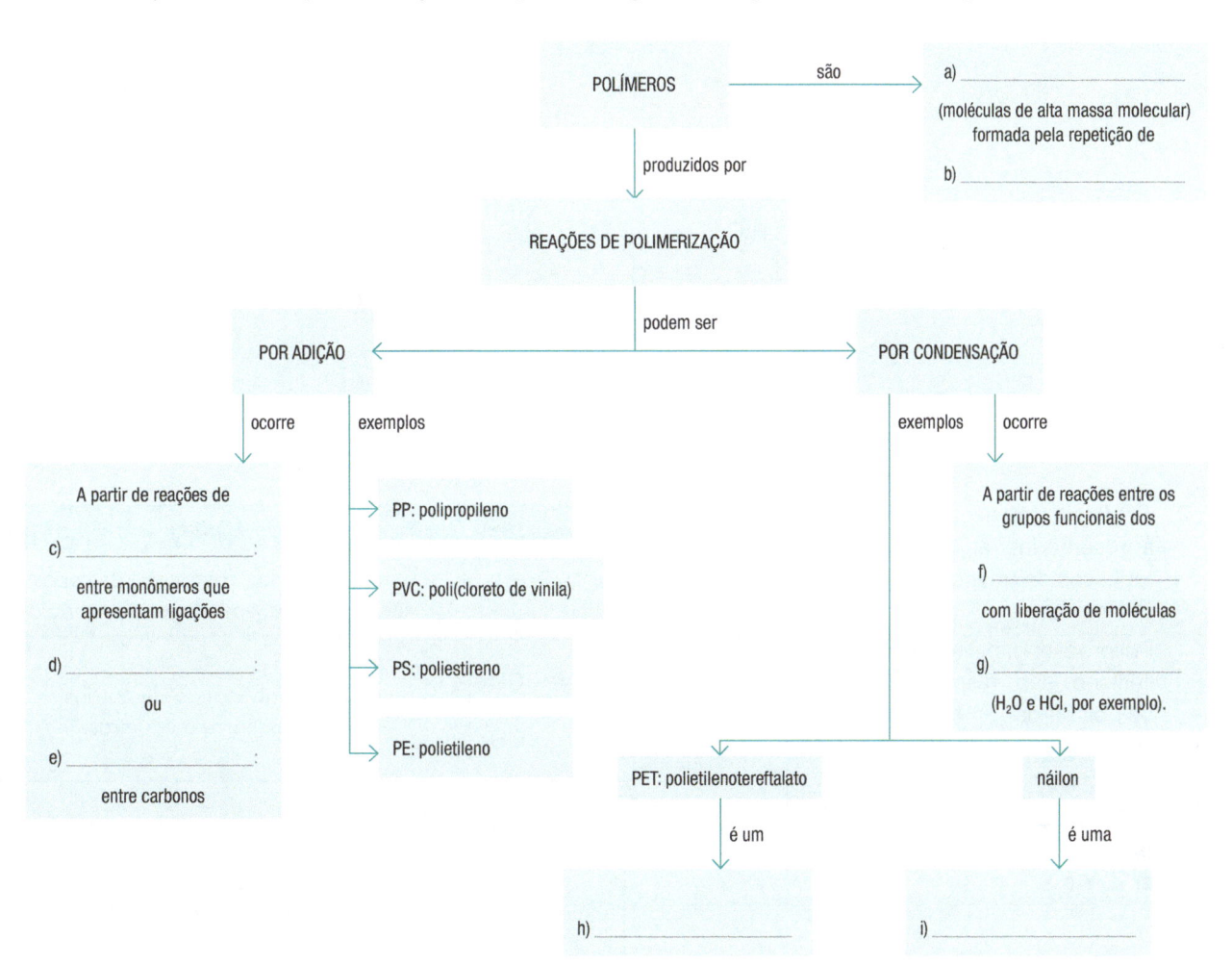

POLÍMEROS → são → a) _____ (moléculas de alta massa molecular) formada pela repetição de b) _____

produzidos por ↓

REAÇÕES DE POLIMERIZAÇÃO

podem ser

POR ADIÇÃO ← → POR CONDENSAÇÃO

POR ADIÇÃO:
- ocorre: A partir de reações de c) _____ : entre monômeros que apresentam ligações d) _____ ou e) _____ entre carbonos
- exemplos:
  - PP: polipropileno
  - PVC: poli(cloreto de vinila)
  - PS: poliestireno
  - PE: polietileno

POR CONDENSAÇÃO:
- ocorre: A partir de reações entre os grupos funcionais dos f) _____ com liberação de moléculas g) _____ (H_2O e HCl, por exemplo).
- exemplos:
  - PET: polietilenotereftalato → é um → h) _____
  - náilon → é uma → i) _____

SÉRIE PRATA

1. Dê o nome do monômero e do polímero.

a) n $\text{CH}_2=\text{CH}_2$ →[P. T. catalisador] $-(CH_2-CH_2)_n-$

_____   _____

b) n $\text{CH}_2=\text{CHCl}$ →[P. T. catalisador] $-(CH_2-CHCl)_n-$

_____   _____

c) n $\text{CH}_2=\text{CHCH}_3$ →[P. T. catalisador] $-(CH_2-CHCH_3)_n-$

_____   _____

d) n $\text{CH}_2=\text{CHCN}$ →[P. T. catalisador] $-(CH_2-CHCN)_n-$

_____   _____

e) $n \underset{F}{\overset{F}{>}}C=C\underset{F}{\overset{F}{<}} \xrightarrow[\text{catalisador}]{\text{P. T.}} \left(\begin{array}{c} F\ \ F \\ | \ \ \ | \\ -C-C- \\ | \ \ \ | \\ F\ \ F \end{array} \right)_n$

f) $n \underset{H}{\overset{H}{>}}C=C\underset{C_6H_5}{\overset{H}{<}} \xrightarrow[\text{catalisador}]{\text{P. T.}} \left(\begin{array}{c} H\ \ H \\ | \ \ \ | \\ -C-C- \\ | \ \ \ | \\ H\ \ C_6H_5 \end{array} \right)_n$

g) $n\ CH_2=C(CH_3)-C(H)=CH_2 \longrightarrow \left(-CH_2-\underset{CH_2-}{\overset{H_3C}{>}}C=C\underset{-CH_2-}{\overset{H}{<}} \right)_n$

_____

2. (FGV) Na tabela ao lado, são apresentadas algumas características de quatro importantes polímeros.

Polipropileno, poliestireno e polietileno são respectivamente, os polímeros

a) X, Y e Z.
b) X, Z e W.
c) Y, W e Z.
d) Y, Z e X.
e) Z, Y e X.

POLÍMERO	ESTRUTURA	USOS
X	$-(CH_2-CH_2)_n-$	Isolante elétrico, fabricação de copos, sacos plásticos, embalagens de garrafas.
Y	$-(CH_2-CH(CH_3))_n-$	Fibras, fabricação de cordas e de assentos e cadeiras.
Z	$-(CH_2-CH(C_6H_5))_n-$	Embalagens descartáveis de alimentos, fabricação de pratos, matéria-prima para fabricação do isopor.
W	$-(CH_2-CH(Cl))_n-$	Acessórios de tubulações, filmes para embalagens.

3. (FATEC – SP) Em 1859, surgiram experimentos para a construção de uma bateria para acumular energia elétrica, as baterias de chumbo, que, passando por melhorias ao longo dos tempos, se tornaram um grande sucesso comercial especialmente na indústria de automóveis.

Essas baterias são construídas com ácido sulfúrico e amálgamas de chumbo e de óxido de chumbo IV, em caixas confeccionadas com o polímero polipropileno.

Disponível em: <http://tinyurl.com/n6byxmf>.
Acesso em: 10 abr. 2015. Adaptado.

O monômero usado na produção desse polímero é o

a) etino.
b) eteno.
c) etano.
d) propeno.
e) propano.

4. (FGV) Um polímero empregado no revestimento de reatores na indústria de alimentos é o politetrafluoreteno. Sua fabricação é feita por um processo análogo ao da formação do poliestireno e PVC.

O politetrafluoreteno é formado por reação de_____ e a fórmula mínima de seu monômero é ____.

Assinale a alternativa que preenche, correta e respectivamente, as lacunas.

a) adição ... CF_2
b) adição ... CHF
c) condensação ... CF_2
d) condensação ... C_2HF
e) condensação ... CHF

5. (PUC – PR) A borracha natural é um polímero do:
a) eritreno.
b) isopreno.
c) cloropreno.
d) cloreto de vinila.
e) acetato de vinila.

6. (FUND. CARLOS CHAGAS) A vulcanização da borracha baseia-se na reação do látex natural com quantidades controladas de:
a) chumbo
b) enxofre
c) ozônio
d) magnésio
e) parafina

7. (UFPI) Se a humanidade já passou pela "idade da pedra", "idade do bronze" e "idade do ferro", a nossa era poderia ser classificada como "idade do plástico", isto em virtude do uso dos polímeros sintéticos como: PVC, náilon, PVA, lucite etc. Dadas abaixo as estruturas parciais do teflon (1), do terylene (2) e náilon-66 (3), pode-se afirmar que:

1. ∼∼∼C–C–C–C–C–C–C–C–C–C–C–C–∼∼∼ teflon (com F nas ligações)

2. ∼∼∼CH_2CH_2–O–C(=O)–⟨⟩–C(=O)–O–CH_2CH_2–O–C(=O)–⟨⟩–C(=O)–O∼∼∼ terylene

3. –NH–$(CH_2)_6$–NH–C(=O)–$(CH_2)_4$–C(=O)– náilon-66

a) o teflon e o náilon-66 são polímeros de condensação, enquanto o terylene é um polímero de adição.
b) o náilon-66 e o terylene são polímeros de condensação, enquanto o teflon é um polímero de adição.
c) o terylene e o teflon são polímeros de condensação, enquanto o náilon-66 é um polímero de adição.
d) o teflon, o terylene e o náilon-66 são polímeros de condensação.
e) o teflon, o terylene e o náilon-66 são polímeros de adição.

8. (PUC – SP) Polímeros são macromoléculas formadas por repetição de unidades iguais, os monômeros. A grande evolução da manufatura dos polímeros, bem como a diversificação das suas aplicações, caracterizam o século XX como o século do plástico. A seguir estão representados alguns polímeros conhecidos:

I. $-\overset{O}{\underset{}{C}}-\underset{H}{N}-(CH_2)_6-\underset{H}{N}-\left[\overset{O}{\underset{}{C}}-(CH_2)_4-\overset{O}{\underset{}{C}}-\underset{H}{N}-(CH_2)_6-\underset{H}{N}\right]-\overset{O}{\underset{}{C}}-(CH_2)_4-$

II. $-CF_2-CF_2-[CF_2-CF_2]-CF_2-CF_2-$

III. $-CH_2-CH_2-[CH_2-CH_2]-CH_2-CH_2-$

IV. $-CH_2-\left[\underset{Cl}{CH}-CH_2\right]-\underset{Cl}{CH}-CH_2-\underset{Cl}{CH}-$

V. $-\left[CH_2CH_2-O-\overset{O}{\underset{}{C}}-\underset{}{\bigcirc}-\overset{O}{\underset{}{C}}-O\right]-CH_2CH_2-O-\overset{O}{\underset{}{C}}-\underset{}{\bigcirc}-\overset{O}{\underset{}{C}}-O-$

Assinale a alternativa que relaciona as estruturas e seus respectivos nomes.

	I	II	III	IV	V
a)	polietileno	poliéster	policloreto de vinila (PVC)	poliamida (náilon)	politetrafluoretileno (teflon)
b)	poliéster	polietileno	poliamida (náilon)	politetrafluoretileno (teflon)	policloreto de vinila (PVC)
c)	poliamida (náilon)	politetrafluoretileno (teflon)	polietileno	policloreto de vinila (PVC)	poliéster
d)	poliéster	politetrafluoretileno (teflon)	polietileno	policloreto de vinila (PVC)	poliamida (náilon)
e)	poliamida (náilon)	policloreto de vinila (PVC)	poliéster	polietileno	politetrafluoretileno (teflon)

9. (PUC – SP) Um polímero de grande importância, usado em fitas magnéticas para gravação e em balões meteorológicos, é obtido pela reação:

$$n\ HOOC-\bigcirc-COOH + n\ HO-CH_2-CH_2-OH \longrightarrow$$

$$\longrightarrow \left(-\underset{O}{\overset{}{C}}-\bigcirc-\underset{O}{\overset{}{C}}-O-CH_2-CH_2-O-\right)_n + 2n\ H_2O$$

A proposição correta é:
a) Um dos monômeros é o ácido benzoico.
b) Um dos monômeros é um dialdeído.
c) O polímero é obtido por uma reação de polimerização por adição.
d) O polímero é um poliéster.
e) O polímero é um poliéter.

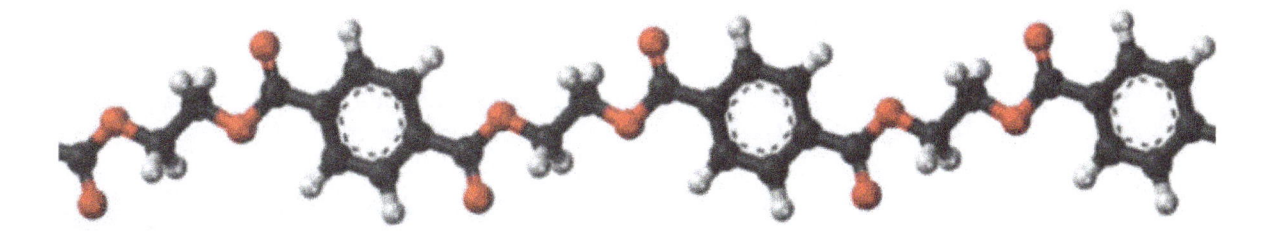

10. (PUC – SP) O polietilenotereftalato (PET) é um polímero de larga aplicação em tecidos e recipientes para bebidas gaseificadas. A seguir temos uma possível representação para a sua estrutura:

Assinale a alternativa que apresenta os dois monômeros que podem ser utilizados diretamente na síntese do polietilenotereftalato.

a) HO—CH$_2$—CH$_2$—OH   e ácido tereftálico (HOOC–C$_6$H$_4$–COOH)

b) HO—CH$_2$—CH$_2$—OH   e H$_3$C–CO–C$_6$H$_4$–CO–CH$_3$

c) HOOC–COOH   e   OHC–C$_6$H$_4$–CHO

d) H$_3$C–CO–CO–CH$_3$ e   HOOC–C$_6$H$_4$–COOH

e) HOOC–COOH   e   HO–CH$_2$–C$_6$H$_4$–CH$_2$–OH

11. (UESPI) O náilon-6,6 é um polímero sintético formado pela união entre um ácido carboxílico e uma amina. Qual dos polímeros abaixo representa o náilon-6,6?

a) $(\cdots-CH_2-CH_2-CH_2-\cdots)_n$

b) $(\cdots-CH_2-CH=CH-CH_2-\cdots)_n$

c) $\left(\cdots-N(H)-(CH_2)_6-N(H)-\overset{O}{\overset{\|}{C}}-(CH_2)_4-\overset{O}{\overset{\|}{C}}-\cdots\right)_n$

d) $\left(\cdots-O-CH_2-\overset{O}{\overset{\|}{C}}-O-CH_2-\overset{O}{\overset{\|}{C}}-O-\overset{O}{\overset{\|}{C}}-\cdots\right)_n$

e) $\left(\cdots-O-\overset{O}{\overset{\|}{C}}-C_6H_4-\overset{O}{\overset{\|}{C}}-O-CH_2-CH_2-O-\cdots\right)_n$

SÉRIE OURO

1. (UNESP) Acetileno pode sofrer reações de adição do tipo:

$$HC \equiv CH + CH_3-C(=O)OH \longrightarrow H_2C=CH-O-C(=O)CH_3$$
(acetato de vinila)

A polimerização do acetato de vinila forma o PVA, de fórmula estrutural:

$$-[CH_2-CH(O-C(=O)-CH_3)]_n-$$
PVA

a) Escreva a fórmula estrutural do produto de adição do HCl ao acetileno.
b) Escreva a fórmula estrutural da unidade básica do polímero formado pelo cloreto de vinila (PVC).

2. (FUVEST – SP) O monômero utilizado na preparação do poliestireno é o estireno:

$$C_6H_5-CH=CH_2$$

O poliestireno expandido, conhecido como isopor, é fabricado polimerizando-se o monômero misturado com pequena quantidade de um outro líquido. Formam-se pequenas esferas de poliestireno que aprisionam esse outro líquido. O posterior aquecimento das esferas a 90 °C, sob pressão ambiente, provoca o amolecimento do poliestireno e a vaporização total do líquido aprisionado, formando-se, então, uma espuma de poliestireno (isopor).

Considerando que o líquido de expansão não deve ser polimerizável e deve ter ponto de ebulição adequado, dentre as substâncias abaixo,

SUBSTÂNCIA	TEMPERATURA DE EBULIÇÃO (°C), À PRESSÃO AMBIENTE
I. $CH_3(CH_2)_3CH_3$	36
II. $NC-CH=CH_2$	77
III. $H_3C-C_6H_4-CH_3$	138

é correto utilizar, como líquido de expansão, apenas

a) I.   b) II.   c) III.   d) I ou II.   e) I ou III.

3. (UNIFESP) Foram feitas as seguintes afirmações com relação à reação representada por:

$$C_{11}H_{24} \longrightarrow C_8H_{18} + C_3H_6$$

I. É uma reação que pode ser classificada como craqueamento.
II. Na reação forma-se um dos principais constituintes da gasolina.
III. Um dos produtos da reação pode ser utilizado na produção de um plástico.

Quais das afirmações são verdadeiras?

a) I, apenas.
b) I e II, apenas.
c) I e III, apenas.
d) II e III, apenas.
e) I, II e III.

4. (FUVEST – SP) Constituindo fraldas descartáveis, há um polímero capaz de absorver grande quantidade de água por um fenômeno de osmose, em que a membrana semipermeável é o próprio polímero. Dentre as estruturas

$$\left[\begin{array}{c} H\ \ H \\ |\ \ \ | \\ C-C \\ |\ \ \ | \\ H\ \ H \end{array}\right]_n \quad \left[\begin{array}{c} H\ \ Cl \\ |\ \ \ | \\ C-C \\ |\ \ \ | \\ H\ \ H \end{array}\right]_n \quad \left[\begin{array}{c} F\ \ F \\ |\ \ \ | \\ C-C \\ |\ \ \ | \\ F\ \ F \end{array}\right]_n$$

$$\left[\begin{array}{c} H\ \ COO^-Na^+ \\ |\ \ \ | \\ C-C \\ |\ \ \ | \\ H\ \ H \end{array}\right]_n \quad \left[\begin{array}{c} H\ \ COOCH_3 \\ |\ \ \ | \\ C-C \\ |\ \ \ | \\ H\ \ CH_3 \end{array}\right]_n$$

aquela que corresponde ao polímero adequado para essa finalidade é a do

a) polietileno.
b) poliacrilato de sódio.
c) polimetacrilato de metila.
d) policloreto de vinila.
e) politetrafluoroetileno.

5. (ENEM) Os polímeros são materiais amplamente utilizados na sociedade moderna, alguns deles na fabricação de embalagens e filmes plásticos, por exemplo. Na figura estão relacionadas as estruturas de alguns monômeros usados na produção de polímeros de adição comuns.

acrilamida
cloreto de vinila (cloroeteno)
estireno
etileno (eteno)
propileno (propeno)

Dentre os homopolímeros formados a partir dos monômeros da figura, aquele que apresenta maior solubilidade em água é

a) polietileno.
b) poliestireno.
c) polipropileno.
d) poliacrilamida.
e) policloreto de vinila.

6. (MACKENZIE – SP) Os polímeros condutores são geralmente chamados de "metais sintéticos" por possuírem propriedades elétricas, magnéticas e ópticas de metais e semicondutores. O mais adequado seria chamá-los de "polímeros conjugados", pois apresentam elétrons pi (π) conjugados.

Assinale a alternativa que contém a fórmula estrutural que representa um polímero condutor.

7. (UDESC) A história da borracha natural teve início no século XVI, quando os exploradores espanhóis observaram os índios sul-americanos brincando com bolas feitas de um material extraído de uma árvore local, popularmente conhecida como seringueira. Do ponto de vista estrutural, sabe-se que essa borracha, chamada látex, é um polímero de isopreno, conforme ilustrado na reação a seguir.

Com relação à estrutura do isopreno e à da borracha natural, analise as proposições.

I. A molécula de isopreno apresenta quatro carbonos com a configuração sp (linear).
II. As duplas ligações do polímero formado apresentam configurações z (disposição cis).
III. A borracha natural realiza ligações de hidrogênio entre suas cadeias.
IV. Segundo a nomenclatura oficial, a molécula de isopreno é denominada 3-metilbuta-1,3-dieno.

Assinale a correta.

a) Somente a afirmativa IV é verdadeira.
b) Somente a afirmativa III é verdadeira.
c) Somente a afirmativa I e II são verdadeiras.
d) Somente a afirmativa II e IV são verdadeiras.
e) Somente a afirmativa II é verdadeira.

8. (UNICAMP – SP) Mais de 2.000 plantas produzem látex, a partir do qual se produz a borracha natural. A *Hevea brasiliensis* (seringueira) é a mais importante fonte comercial desse látex. O látex da *Hevea brasiliensis* consiste em um polímero do cis-1,4-isopreno, fórmula C_5H_8, com uma massa molécular média de 1310 kDa (quilodaltons).

De acordo com essas informações, a seringueira produz um polímero que tem em média

DADOS: massas atômicas em Dalton: C = 12 e H = 1.

a) 19 monômeros por molécula.
b) 100 monômeros por molécula.
c) 1.310 monômeros por molécula.
d) 19.000 monômeros por molécula.
e) 200 monômeros por molécula.

9. (MACKENZIE – SP) A borracha natural, que é obtida a partir do látex extraído da seringueira, apresenta baixa elasticidade, tornando-se quebradiça ou mole conforme a temperatura. Entretanto, torna-se mais resistente e elástica quando é aquecida com compostos de enxofre.

Esse processo é chamado de

a) polimerização.
b) eliminação.
c) vulcanização.
d) oxidação.
e) esterificação.

10. (UNESP) Garrafas plásticas descartáveis são fabricadas com o polímero PET (polietilenotereftalato), obtido pela reação entre o ácido tereftálico e o etilenoglicol, de fórmulas estruturais:

ácido tereftálico   etilenoglicol

a) Equacione a equação de esterificação entre uma molécula de ácido tereftálico e duas moléculas de etilenoglicol.
b) Identifique a função orgânica presente no composto formado.

11. (ENEM) O uso de embalagens plásticas descartáveis vem crescendo em todo o mundo, juntamente com o problema ambiental gerado por seu descarte inapropriado. O politereftalato de etileno (PET), cuja estrutura é mostrada, tem sido muito utilizado na indústria de refrigerantes e pode ser reciclado e reutilizado. Uma das opções possíveis envolve a produção de matérias-primas, como o etilenoglicol (1,2-etanodiol), a partir de objetos compostos de PET pós-consumo.

$$HO-\left[\overset{O}{\underset{\|}{C}}-\underset{}{\bigcirc}-\overset{O}{\underset{\|}{C}}-O-CH_2-CH_2-O\right]_n H$$

Disponível em: <www.abipet.org.br.> Acesso em: 27 fev. 2012. Adaptado.

Com base nas informações do texto, uma alternativa para a obtenção de etilenoglicol a partir do PET é a

a) solubilização dos objetos.
b) combustão dos objetos.
c) trituração dos objetos.
d) hidrólise dos objetos.
e) fusão dos objetos.

12. (ENEM) Uma das técnicas de reciclagem química do polímero PET [poli(tereftalato de etileno)] gera o tereftalato de metila e o etanodiol, conforme o esquema de reação, e ocorre por meio de uma reação de transesterificação.

O composto A, representado no esquema de reação, é o

a) metano.
b) metanol.
c) éter metílico
d) ácido etanoico.
e) anidrido etanoico.

13. (VUNESP) Estão representados a seguir fragmentos dos polímeros náilon e dexon, ambos usados como fios de suturas cirúrgicas.

$$\cdots \overset{O}{\underset{\|}{C}}-(CH_2)_4-\overset{O}{\underset{\|}{C}}-NH-(CH_2)_6-NH-\overset{O}{\underset{\|}{C}}-(CH_2)_4-\overset{O}{\underset{\|}{C}}-NH-(CH_2)_6 \cdots$$
náilon

$$\cdots CH_2-\overset{O}{\underset{\|}{C}}-O-CH_2-\overset{O}{\underset{\|}{C}}-O-CH_2-\overset{O}{\underset{\|}{C}}-O \cdots$$
dexon

a) Identifique os grupos funcionais dos dois polímeros.
b) O dexon sofre hidrólise no corpo humano, sendo integralmente absorvido no período de algumas semanas. Nesse processo, a cadeia polimérica é rompida, gerando um único produto, que apresenta duas funções orgânicas. Represente a fórmula estrutural do produto e identifique estas funções.

14. (FUVEST – SP) Kevlar é um polímero de alta resistência mecânica e térmica, sendo por isso usado em coletes à prova de balas e em vestimentas de bombeiros.

$$\left[-N(H)-C_6H_4-N(H)-C(=O)-C_6H_4-C(=O)- \right]_n$$

kevlar

a) Quais são as fórmulas estruturais dos dois monômeros que dão origem ao kevlar por reação de condensação? Escreva-as.
b) Qual é o monômero que, contendo dois grupos funcionais diferentes, origina o polímero kevlar com uma estrutura ligeiramente modificada? Represente as fórmulas estruturais desse monômero e do polímero por ele formado.
c) Como é conhecido o polímero sintético, não aromático, correspondente ao kevlar?

SÉRIE PLATINA

1. (FUVEST – SP – adaptada) Atendendo às recomendações da Resolução 55/AMLURB, de 2015, em vigor na cidade de São Paulo, as sacolas plásticas, fornecidas nos supermercados, passaram a ser feitas de "polietileno verde", assim chamado não em virtude da cor das sacolas, mas pelo fato de ser produzido a partir do etanol, obtido da cana-de açúcar.

Atualmente, é permitido aos supermercados paulistanos cobrar pelo fornecimento das "sacolas verdes".

O esquema a seguir apresenta o processo de produção do "polietileno verde":

cana-de-açúcar → etanol → etileno → polietileno

a) Equacione os processos de obtenção do "polietileno verde" a partir do etanol, usando fórmulas estruturais.
b) Em uma fábrica de "polietileno verde", são produzidas 28 mil toneladas por ano desse polímero. Qual é o volume em m³ de etanol consumido por ano nessa fábrica, considerando rendimentos de 100% na produção de etileno e na sua polimerização? (Em seus cálculos, despreze a diferença de massa entre os grupos terminais e os do interior da cadeia polimérica.)

NOTE E ANOTE:
▶▶ massas molares (g/mol): H = 1, C = 12, O = 16
▶▶ densidade do etanol nas condições da fábrica: 0,8 g/mL

2. (UNIFESP) Os cientistas que prepararam o terreno para o desenvolvimento dos polímeros orgânicos condutores foram laureados com o prêmio Nobel de Química do ano 2000. Alguns desses polímeros podem apresentar condutibilidade elétrica comparável à dos metais. O primeiro desses polímeros foi obtido oxidando-se um filme de trans-poliacetileno com vapores de iodo.
   a) Desenhe abaixo um pedaço de estrutura do trans-poliacetileno. Assinale, com um círculo, no próprio desenho, a unidade de repetição do polímero.
   b) É correto afirmar que a oxidação do trans-poliacetileno pelo iodo provoca a inserção de elétrons no polímero, tornando-o condutor? Justifique sua resposta.

3. (FUVEST – SP – adaptada) Atualmente, é possível criar peças a partir do processo de impressão 3D. Esse processo consiste em depositar finos fios de polímeros, uns sobre os outros, formando objetos tridimensionais de formas variadas. Um dos polímeros que pode ser utilizado tem a estrutura mostrada a seguir:

$$\left[CH_2-CH=CH-CH_2 \right]_x \left[CH_2-CH(C_6H_5) \right]_y \left[CH_2-CH=CH-CH_2 \right]_z$$

   a) Escreva as fórmulas estruturais dos monômeros utilizados na produção do polímero acima.

   Na impressão de esferas maciças idênticas de 12,6 g foram consumidos, para cada uma, 50 m desse polímero, na forma de fios cilíndricos de 0,4 mm de espessura.
   Para uso em um rolamento, essas esferas foram tratadas com graxa. Após certo tempo, durante a inspeção do rolamento, as esferas foram extraídas e, para retirar a graxa, submetidas a procedimentos diferentes. Algumas dessas esferas foram colocadas em um frasco ao qual foi adicionada uma mistura de água e sabão (procedimento A), enquanto outras esferas foram colocadas em outro frasco, ao qual foi adicionado removedor, que é uma mistura de hidrocarbonetos líquidos (procedimento B).

   b) Em cada um dos procedimentos, A e B, as esferas ficaram no fundo do frasco ou flutuaram? Explique sua resposta.
   c) Em qual procedimento de limpeza, A ou B, pode ter ocorrido dano à superfície das esferas? Explique.
   d) Outro polímero que pode ser utilizado em impressão 3D é o polipropileno, cujo monômero é o propeno. Escreva a equação de polimerização desse monômero.

   NOTE E ANOTE:
   ▶▶ Considere que não existe qualquer espaço entre os fios do polímero, no interior ou na superfície das esferas.
   ▶▶ x, y, z = número de repetições do monômero
   ▶▶ densidades (g/mL): água e sabão = 1,2; removedor = 1,0
   ▶▶ 1 m³ = 10⁶ mL
   ▶▶ π = 3

4. (FAMERP – SP) Uma estratégia para a prática da agricultura em regiões de seca é a utilização de hidrogéis, que, adicionados ao solo, acumulam umidade e aumentam a disponibilidade de água para as plantas. Uma empresa francesa produz um hidrogel à base de um copolímero formado a partir de dois reagentes:

Reagente 1: $H_2C = CH - COO^-K^+$

Reagente 2: $H_2C = CH - CONH_2$

O copolímero é produzido por uma reação de adição, conforme o esquema

$$n \begin{array}{c} H \ \ H \\ | \ \ \ | \\ C = C \\ | \ \ \ | \\ H \ \ R_1 \end{array} + n \begin{array}{c} H \ \ H \\ | \ \ \ | \\ C = C \\ | \ \ \ | \\ H \ \ R_2 \end{array} \longrightarrow \left[\begin{array}{cccc} H & H & H & H \\ | & | & | & | \\ C - C - C - C \\ | & | & | & | \\ H & R_1 & H & R_2 \end{array} \right]_n$$

a) A qual função orgânica pertence o reagente 2? Qual é a fórmula estrutural da substância que, por reação com uma base apropriada, produz o reagente 1?

b) Escreva uma fórmula estutural do copolímero formado pela reação entre os reagentes 1 e 2. Explique por que esse copolímero tem grande capacidade de absorver água.

5. (FUVEST – SP) A bola de futebol que foi utilizada na Copa de 2018 foi chamada Telstar 18. Essa bola contém uma camada interna de borracha que pertence a uma classe de polímeros genericamente chamada de EPDM. A fórmula estrutural de um exemplo desses polímeros é

Polímeros podem ser produzidos pela polimerização de compostos insaturados (monômeros) como exemplificado para o polipropileno (um homopolímero):

Os monômeros que podem ser utilizados para preparar o copolímero do tipo EPDM, cuja fórmula estrutural foi apresentada, são:

a)

b)

c)

d)

e)

6. (FUVEST – SP – adaptada) Para aumentar a vida útil de alimentos que se deterioram em contato com o oxigênio do ar, foram criadas embalagens compostas de várias camadas de materiais poliméricos, um dos quais é pouco resistente à umidade, mas não permite a passagem de gases. Este material é um copolímero e apresenta a seguinte fórmula estrutural:

$$-(CH_2 - CH_2)_m - (CH_2 - CH)_n-$$
$$\qquad\qquad\qquad\qquad\quad |$$
$$\qquad\qquad\qquad\qquad\; OH$$

Este copolímero é produzido por meio de um processo de quatro etapas, conforme esquematizado e descrito abaixo:

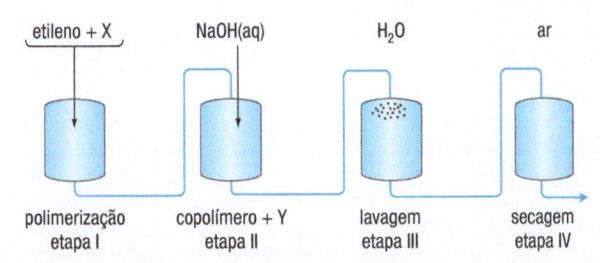

etileno + X → polimerização (etapa I) → NaOH(aq) → copolímero + Y (etapa II) → H₂O → lavagem (etapa III) → ar → secagem (etapa IV)

– Na etapa I, o etileno reage com o monômero X e forma, como produto desta reação, o polímero EVA, conforme representado abaixo:

$$\text{etileno} + X \longrightarrow -(CH_2-CH_2)_m-[CH_2-CH(O-CO-CH_3)]_n- \quad \text{EVA}$$

– Na etapa II, o polímero EVA reage com o hidróxido de sódio, NaOH, formando o copolímero desejado e um subproduto Y.

$$-(CH_2-CH_2)_m-[CH_2-CH(O-CO-CH_3)]_n- + n\,NaOH \longrightarrow -(CH_2-CH_2)_m-(CH_2-CH(OH))_n- + Y$$

– Na etapa III, é adicionado água para lavagem do subproduto Y.
– Na etapa IV, o copolímero passa por um processo de secagem.

Pede-se

a) Baseando-se na estrutura do copolímero utilizado nas embalagens, justifique a sua baixa resistência à umidade. Indique o tipo de interação intermolecular estabelecida entre este copolímero e a água.

b) Dentre os compostos abaixo:

- vinilbenzeno (estireno): C₆H₅–CH=CH₂
- propeno: CH(H)=C(H)(CH₃)
- acetato de vinila: CH₂=CH–OOCCH₃
- isobuteno: (H)(CH₃)C=C(CH₃)(CH₃)...

[Estruturas: vinilbenzeno, propeno, acetato de vinila, isobuteno]

qual pode ser o monômero X?

c) Dê a fórmula estrutural e a nomenclatura do subproduto Y formado na etapa II.

d) O composto X pode reagir com H₂, na presença de um catalisador metálico, formando um composto que é usado como flavorizante de maçã. Equacione a reação descrita usando fórmulas estruturais, dando a nomenclatura oficial desse flavorizante.

7. (UNICAMP – SP – adaptada) Para se ter uma ideia do que significa a presença de polímeros sintéticos na nossa vida, não é preciso muito esforço: imagine o interior de um automóvel sem polímeros, olhe a sua roupa, para seus sapatos, para o armário do banheiro. A demanda por polímeros é tão alta que, em países mais desenvolvidos, o seu consumo chega a 150 kg por ano por habitante. Em alguns polímeros sintéticos, uma propriedade bastante desejável é a sua resistência à tração. Essa resistência ocorre, principalmente, quando átomos de cadeias poliméricas distintas se atraem fortemente. O náilon e o polietileno, representados a seguir, são exemplos de polímeros.

$$+\!\!\!\!-NH-(CH_2)_6-NH-CO-(CH_2)_4-CO\!\!-\!\!\!\!+_n \quad \text{náilon}$$

$$+\!\!\!\!-CH_2-CH_2\!\!-\!\!\!\!+_n \quad \text{polietileno}$$

a) Admitindo-se que as cadeias desses polímeros são lineares, qual dos dois é mais resistente à tração? Justifique desenhando os fragmentos de duas cadeias poliméricas do polímero que você escolheu, identificando o principal tipo de interação existente entre elas que implica a alta resistência à tração.

b) Quais são as fórmulas estruturais dos monômeros do náilon e do polietileno?

8. (FUVEST – SP) O glicerol pode ser polimerizado em uma reação de condensação catalisada por ácido sulfúrico, com eliminação de moléculas de água, conforme se representa a seguir:

HO-CH$_2$-CH(OH)-CH$_2$-OH $\xrightarrow[-H_2O]{+ \text{glicerol}}$ HO-CH$_2$-CH(OH)-CH$_2$-O-CH$_2$-CH(OH)-CH$_2$-OH $\xrightarrow[-H_2O]{+ \text{glicerol}}$ trímero $\rightarrow \rightarrow \rightarrow$ polímero

a) Considerando a estrutura do monômero, pode-se prever que o polímero deverá ser formado por cadeias ramificadas. Desenhe a fórmula estrutural de um segmento do polímero, mostrando quatro moléculas do monômero ligadas e formando uma cadeia ramificada.

Para investigar a influência da concentração do catalisador sobre o grau de polimerização do glicerol (isto é, a porcentagem de moléculas de glicerol que reagiram), foram efetuados dois ensaios:

Ensaio 1: 25 g de glicerol + 0,5% (em mol) de H_2SO_4 $\xrightarrow[\text{durante 4 h}]{\text{agitação e aquecimento}}$ polímero 1

Ensaio 2: 25 g de glicerol + 3% (em mol) de H_2SO_4 $\xrightarrow[\text{durante 4 h}]{\text{agitação e aquecimento}}$ polímero 2

Ao final desses ensaios, os polímeros 1 e 2 foram analisados separadamente. Amostras de cada um deles foram misturadas com diferentes solventes, observando-se em que extensão ocorria a dissolução parcial de cada amostra. A tabela abaixo mostra os resultados dessas análises.

AMOSTRA	SOLUBILIDADE (% EM MASSA)	
	Hexano (solvente apolar)	Etanol (solvente polar)
polímero 1	3	13
polímero 2	2	3

b) Qual dos polímeros formados deve apresentar menor grau de polimerização? Explique sua resposta, fazendo referência à solubilidade das amostras em etanol.

9. (FUVEST – SP) Aqueles polímeros, cujas moléculas se ordenam paralelamente umas às outras, são cristalinos, fundindo em uma temperatura definida, sem decomposição. A temperatura de fusão de polímeros depende, dentre outros fatores, de interações moleculares, devidas a forças de dispersão, ligações de hidrogênio etc., geradas por dipolos induzidos ou dipolos permanentes.

A seguir são dadas as estruturas moleculares de alguns polímeros.

polipropileno

poliácido 3-aminobutanoico

baquelite (fragmento da estrutura tridimensional)

Cada um desses polímeros foi submetido, separadamente, a aquecimento progressivo. Um deles fundiu-se a 160 °C, outro a 330 °C e o terceiro não se fundiu, mas se decompôs.

Considerando as interações moleculares, dentre os três polímeros citados,

a) qual deles se fundiu a 160 °C? Justifique.
b) qual deles se fundiu a 330 °C? Justifique.
c) qual deles não se fundiu? Justifique.

Bioquímica

capítulo 6

O que nós, seres humanos, temos em comum com os outros seres vivos, como samambaias, peixes, insetos, rosas, répteis, aves, estrelas-do-mar, por exemplo? O que mais de 8 milhões de espécies diferentes de seres vivos têm em comum?

São apenas 6 letras, determinando 6 elementos químicos presentes em todos os seres vivos da Terra atual: C, H, O, N, P e S. Combinados, alguns desses elementos formam moléculas importantíssimas, sem as quais não haveria vida como a conhecemos. É o caso dos compostos orgânicos carboidratos, proteínas e lipídios, que estudaremos neste capítulo.

6.1 Carboidratos

Carboidratos, também chamados hidratos de carbono ou glicídeos (ou glicídios), são compostos orgânicos formados por carbono, hidrogênio e oxigênio. Essas substâncias são responsáveis, principalmente, por fornecer energia ao nosso organismo.

Os carboidratos mais simples são os açúcares, formados nos vegetais por meio da reação de fotossíntese, em que gás carbônico e água reagem na presença de luz, produzindo glicose e liberando oxigênio. Sinteticamente, a reação da fotossíntese pode ser escrita como

$$6\,CO_2 + 6\,H_2O \xrightarrow{\text{luz}} \underset{\text{glicose}}{C_6H_{12}O_6} + 6\,O_2$$

Sabe-se que o oxigênio produzido é proveniente da água. Assim, para se obter 6 mol de O_2 seriam necessários 12 mol de H_2O. Portanto, uma equação mais completa da fotossíntese é

$$6\ CO_2 + 12\ H_2O \xrightarrow{luz} \underset{glicose}{C_6H_{12}O_6} + 6\ O_2 + 6\ H_2O$$

A glicose, de fórmula molecular $C_6H_{12}O_6$, é uma aldose, isto é, um poliol-aldeído, ou seja, uma estrutura que apresenta várias hidroxilas ligadas a carbonos saturados (função álcool) e também uma aldoxila (função aldeído). Isômero de função da glicose, temos a frutose, um açúcar cerca de 100 vezes mais doce que a própria glicose, que apresenta as funções álcool e cetona, sendo classificado como uma cetose ou uma poliol-cetona. Com essa mesma fórmula molecular, temos ainda a galactose, isômero óptico da glicose e encontrada no leite.

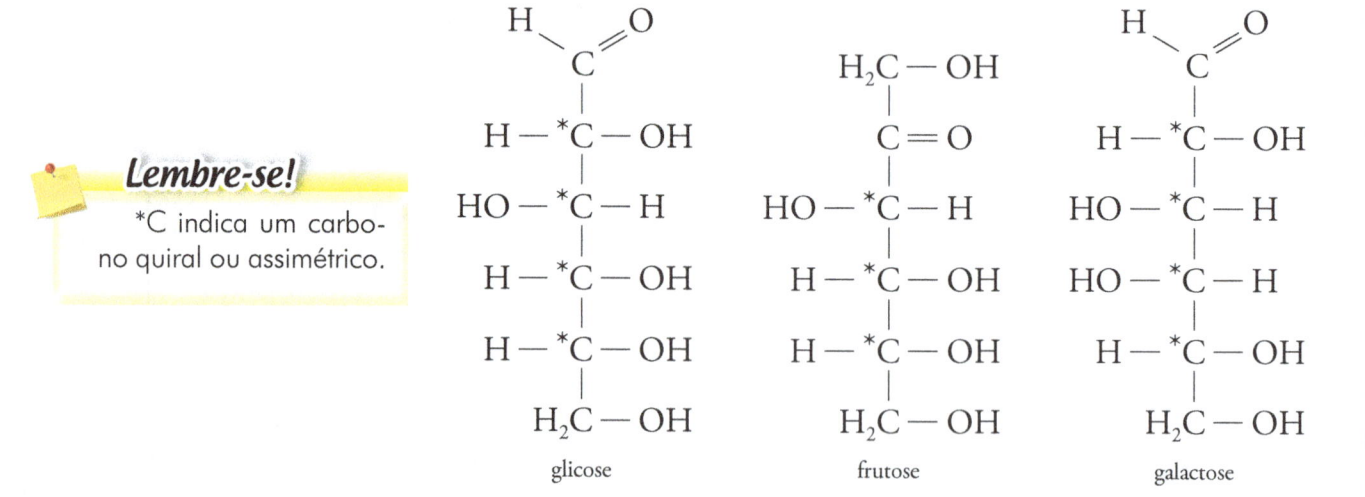

> **Lembre-se!**
> *C indica um carbono quiral ou assimétrico.

glicose   frutose   galactose

A presença de grupos OH nas estruturas dos açúcares acima possibilita o estabelecimento de ligações de hidrogênio com a água, o que justifica a alta solubilidade deles em água.

6.1.1 Classificação dos carboidratos

Os carboidratos podem ser classificados como **monossacarídeos**, **dissacarídeos** e **polissacarídeos**.

6.1.1.1 Monossacarídeos ou oses

São os carboidratos mais simples, em que o número de átomos de carbono pode variar de três a seis. No caso da glicose, da frutose e da galactose (isômeros de fórmula molecular igual a $C_6H_{12}O_6$), o número de carbonos é igual a seis.

Entre os monossacarídeos presentes no organismo humano, a glicose é a principal ose: é de sua queima que o organismo obtém energia para a manutenção do metabolismo. Em jejum, considera-se que a concentração normal de glicose no sangue humano deve estar abaixo de 100 mg/100 mL.

Fique ligado!

Estruturas da glicose ($C_6H_{12}O_6$)

Em solução aquosa (e, portanto, na natureza) predomina a cadeia fechada da glicose. A ciclização ocorre devido à migração do H da hidroxila geralmente do carbono 5 para a carbonila no carbono 1.

Um fato interessante é que, no instante da ciclização, a hidroxila do carbono 1 pode assumir duas posições, a saber:

α-glicose
OH (C1) e OH (C2) na posição cis

β-glicose
OH (C1) e OH (C2) na posição trans

Em uma solução aquosa de glicose, as três estruturas existem simultaneamente, mantendo-se em equilíbrio:

$$\alpha\text{-glicose} \rightleftarrows \text{glicose aberta} \rightleftarrows \beta\text{-glicose}$$

A frutose ou levulose é a segunda ose mais importante. Apresenta sabor doce ainda mais intenso do que a glicose. A frutose leva esse nome por ser muito comum nas frutas e também é encontrada no mel. De mesma fórmula molecular que a glicose ($C_6H_{12}O_6$), uma de suas fórmulas estruturais cíclicas é

frutose

6.1.1.2 Dissacarídeos ($C_{12}H_{22}O_{11}$)

Dissacarídeos, como a sacarose, a lactose ou a maltose, são moléculas que, dissolvidas em água, produzem duas moléculas de monossacarídeos (ou oses).

$$C_{12}H_{22}O_{11} + H_2O \xrightarrow{H^+} C_6H_{12}O_6 + C_6H_{12}O_6$$

sacarose (dissacarídeo) — glicose (monossacarídeo) — frutose (monossacarídeo)

Açúcar de cana, açúcar de mesa ou açúcar de beterraba são alguns nomes usados para designar a sacarose, que é o açúcar comum, que adquirimos em supermercados e o usamos em casa.

Estruturalmente, a sacarose resulta da condensação de uma molécula de glicose com uma de frutose:

> **Lembre-se!**
> Lembre-se que **condensação** é a união de duas moléculas com eliminação de uma molécula pequena, como a de de água.

glicose + frutose → sacarose + H_2O

Fique ligado!
Açúcar invertido!

A sacarose pode ser hidrolisada em meio ácido ou na presença da enzima invertase, obtendo-se uma mistura de glicose + frutose, que é mais doce do que a sacarose. Como nessa reação há mudança da atividade óptica da solução de (+) para (−), o processo é chamado inversão da sacarose e a mistura de glicose e frutose é denominada açúcar invertido.

6.1.1.3 Polissacarídeos $(C_6H_{10}O_5)_n$

Amido, celulose e glicogênio são exemplos de polissacarídeos, moléculas que, dissolvidas em água, produzem muitas moléculas de monossacarídeos:

$$(C_6H_{10}O_5)_n + n\,H_2O \xrightarrow{H^+} n\,C_6H_{12}O_6$$

polissacarídeo — monossacarídeo

Colheita de algodão em fazenda de Correntina (fev. 2019), interior da Bahia, cidade que fica na divisão com o estado de Goiás e a 914 km da capital Salvador. A celulose é o único componente do algodão (visto em detalhe à direita) e o Brasil é um dos 10 maiores países produtores de celulose do mundo.

Um dos polissacarídeos de importância é a **celulose**, constituinte principal da membrana celulósica dos vegetais.

De fórmula molecular $(C_6H_{10}O_5)_n$, a celulose é um polímero insolúvel em água, não tem sabor e é formada pela condensação de milhares de moléculas β-glicose. Apresenta fortes ligações de hidrogênio entre suas cadeias poliméricas, o que faz com que suas fibras sejam bastante resistentes.

Fique ligado!

As enzimas do sistema digestório humano não conseguem quebrar as ligações presentes na celulose para produzir a glicose. Somente alguns animais herbívoros e cupins (que possuem em seu tubo digestório a enzima celulase ou microrganismos possuidores dessa enzima) conseguem digerir a celulose.

$$n \; \beta\text{-glicose} \longrightarrow \text{celulose} + H_2O$$

$$n \; C_6H_{12}O_6 \longrightarrow (C_6H_{10}O_5)_n + n \; H_2O$$

Submetida à hidrólise ácida, a celulose resulta em unidades de β-glicose:

$$(C_6H_{10}O_5)_n + n \; H_2O \xrightarrow{H^+} n \; C_6H_{12}O_6$$
$$\text{celulose} \qquad\qquad\qquad \text{β-glicose}$$

Outro polissacarídeo importante é o **amido**, cujos grânulos podem ser encontrados em sementes, órgãos de reserva e raízes. Nosso organismo é capaz de digerir o amido, que, depois de hidrolisado no intestino, fornece glicose. As moléculas de glicose passam para a corrente sanguínea e são distribuídas pelo corpo para serem usadas como fonte de energia.

O amido é um polímero de fórmula $(C_6H_{10}O_5)_n$, de massa molar alta, insolúvel em água fria e parcialmente solúvel em água quente. Estruturalmente, resulta da condensação de várias moléculas de α-glicose.

Na batata, a substância de reserva é o amido.

$$n \text{ α-glicose} \longrightarrow \text{amido} + H_2O$$

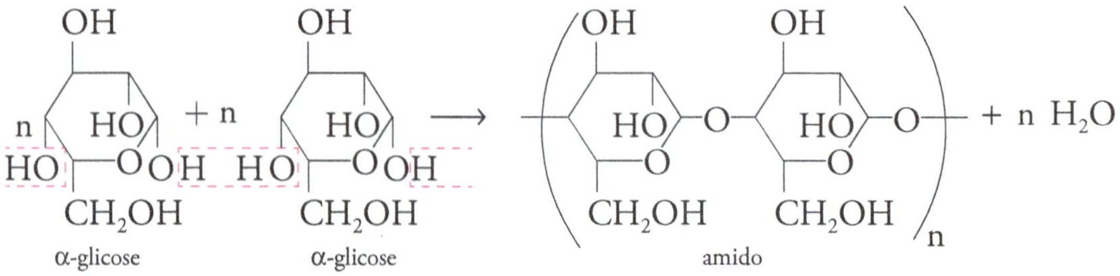

Sendo assim, a reação de condensação do amido é:

$$n\ C_6H_{12}O_6 \longrightarrow (C_6H_{10}O_5)_n + n\ H_2O$$

Fique ligado!

Obtenção do etanol – fermentação alcoólica

Fermentação é a reação em que participam compostos orgânicos, catalisada por substâncias (enzimas ou fermentos), produzidas por microrganismos.

As substâncias empregadas como matéria-prima na fabricação de etanol pelo processo de fermentação são melaço de cana-de-açúcar, suco de beterraba, cereais e madeira.

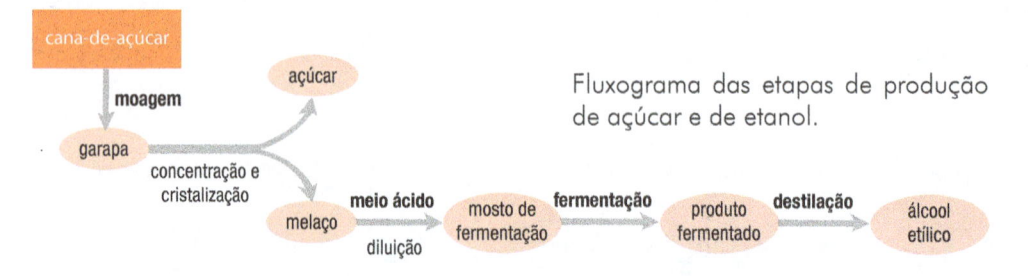

Fluxograma das etapas de produção de açúcar e de etanol.

cana-de-açúcar → moagem → garapa → (concentração e cristalização → açúcar) / (diluição, meio ácido → melaço → mosto de fermentação → fermentação → produto fermentado → destilação → álcool etílico)

Quando se extrai a sacarose (açúcar comum) do caldo de cana, obtém-se um líquido denominado **melaço**, que contém ainda 30% a 40% de açúcar. Coloca-se o melaço em presença do lêvedo *Saccharomyces cerevisiae*, que catalisa a hidrólise da sacarose devido à enzima invertase.

$$\underset{\text{sacarose}}{C_{12}H_{22}O_{11}} + H_2O \xrightarrow{\text{invertase}} \underset{\text{glicose}}{C_6H_{12}O_6} + \underset{\text{frutose}}{C_6H_{12}O_6}$$

A hidrólise da sacarose é chamada de *inversão da sacarose*. A sacarose, na presença de ácidos minerais, também sofre hidrólise.

O *Saccharomyces cerevisiae* produz outra enzima, chamada **zimase**, que catalisa a transformação dos dois isômeros em etanol (fermentação alcoólica).

$$C_6H_{12}O_6 \xrightarrow{zimase} 2\ C_2H_5OH + 2\ CO_2 \text{ (fervura fria)}$$
glicose ou frutose → etanol (álcool etílico)

Após a fermentação, o álcool é destilado, mas esse não é um álcool puro, pois forma com a água uma mistura azeotrópica contendo 96% em volume de álcool e 4% em volume de água, que ebule a uma temperatura constante (PE = 78,1 °C) e inferior ao ponto de ebulição do álcool. É esse álcool destilado que está à venda no comércio para ser usado como **combustível**, **solvente** para tintas, em vernizes, perfumes etc., e na obtenção de vários compostos orgânicos (ácido acético, etanal, éter, entre outros).

Para obter o álcool anidro, ou seja, sem água, adiciona-se benzeno ao álcool 96% e se destila a mistura, obtendo-se, então, três frações:

1. a fração com PE = 65 °C é uma mistura azeotrópica contendo benzeno, álcool e água — que elimina toda a água;
2. a fração com PE = 68 °C é uma mistura azeotrópica contendo benzeno e álcool — que elimina o benzeno restante;
3. a fração com PE = 78,3 °C é a que corresponde ao etanol puro, chamado de álcool anidro.

6.2 Proteínas

O principal constituinte da pele, dos músculos, dos tendões, dos nervos, do sangue, das enzimas, dos anticorpos e de muitos hormônios são as **proteínas**, polímeros de ocorrência natural, formadas por até 4.000 aminoácidos.

Aminoácidos, os compostos formadores de proteínas, apresentam as funções amina (— NH_2) e ácido (— COOH). Sua fórmula geral possui um grupo amino (— NH_2) ligado ao carbono vizinho ao grupo carboxila, denominado carbono α, e um grupo substituinte (R) também ligado a esse carbono:

$$H_2N - \underset{R}{\overset{\overset{H}{|}}{C}} - COOH \quad \text{(carbono α)}$$

Diferentes grupos substituintes formam diferentes aminoácidos. Analise as fórmulas estruturais a seguir e perceba a diferença dos grupos R.

$$H_2N - \underset{H}{\overset{\overset{H}{|}}{C}} - COOH \qquad H_2N - \underset{CH_3}{\overset{\overset{H}{|}}{C}} - COOH$$

ácido α-aminoacético
aminoácido glicina (Gly)

ácido α-aminopropanoico
aminoácido alanina (Ala)

Fique ligado!

Propriedades ácido-base de aminoácidos – caráter anfótero

Em solução aquosa neutra (pH = 7), os aminoácidos apresentam-se na forma de **íon dipolar** chamado **zwitterion** (híbrido), pois ocorre a transferência de um íon hidrogênio do grupo carboxila para o grupo amino (reação interna ácido-base):

$$R-CH(NH_2)-COOH \rightleftharpoons R-CH(NH_3^+)-COO^-$$

forma molecular → íon dipolar (forma predominante)

Em uma solução muito ácida (pH = 0), o íon dipolar comporta-se como base de Brönsted (recebe H⁺) e transforma-se em **íon positivo**:

$$R-CH(NH_3^+)-COO^- + H^+ \rightleftharpoons R-CH(NH_3^+)-COOH$$

Em uma solução muito básica (pH = 11), o íon dipolar comporta-se como ácido de Brönsted (doa H⁺) e transforma-se em **íon negativo**:

$$R-CH(NH_3^+)-COO^- + OH^- \rightleftharpoons R-CH(NH_2)-COO^- + H_2O$$

Perceba que variando a acidez ou a basicidade (isto é, o pH) da solução, podemos transformar um aminoácido de íon positivo em negativo, ou vice-versa. Isso significa que os aminoácidos apresentam tanto caráter ácido quanto básico, dependendo das características do meio, ou seja, apresentam caráter **anfótero**.

$$R-CH(NH_3^+)-COOH \rightleftharpoons R-CH(NH_3^+)-COO^- \rightleftharpoons R-CH(NH_2)-COO^-$$

íon positivo (pH = 0) — íon dipolar (pH = 7) — íon negativo (pH = 11)

Como exemplo, observe a seguir o aminoácido alanina e a variação do íon em função do pH da solução em que se encontra.

$$CH_3CH(NH_3^+)-COOH \rightleftharpoons CH_3CH(NH_3^+)-COO^- \rightleftharpoons CH_3CH(NH_2)-COO^-$$

pH = 0 — pH = 7 — pH = 11

6.2.1 Estrutura das proteínas

As proteínas podem se apresentar segundo quatro tipos estruturais e essas formas estão relacionadas com a função que desempenham:

▶▶ **estrutura primária** – é uma longa **sequência de aminoácidos** (**polipeptídeo ou polipeptídio**) unidos por ligações peptídicas, em que o grupo amino de um aminoácido se liga a um grupo carboxila do outro:

▶▶ **estrutura secundária** – a sequência de aminoácidos da estrutura primária estabelece ligações de hidrogênio (átomo de H de um grupo amida com o átomo de O da carbonila), que originam uma estrutura em espiral:

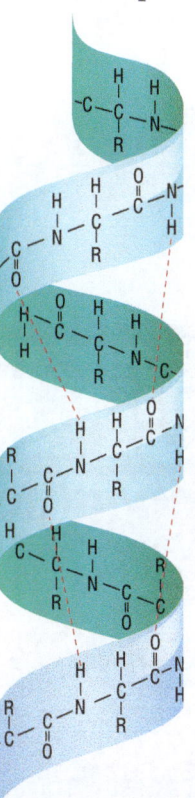

▶▶ **estrutura terciária** – nessa conformação, as proteínas apresentam ligações dissulfeto, de hidrogênio, interações iônicas (cargas opostas) e interações hidrofóbicas (dipolo instantâneo-dipolo induzido), fazendo a espiral dobrar sobre si mesma.

Observe as interações ocorrendo na estrutura terciária:

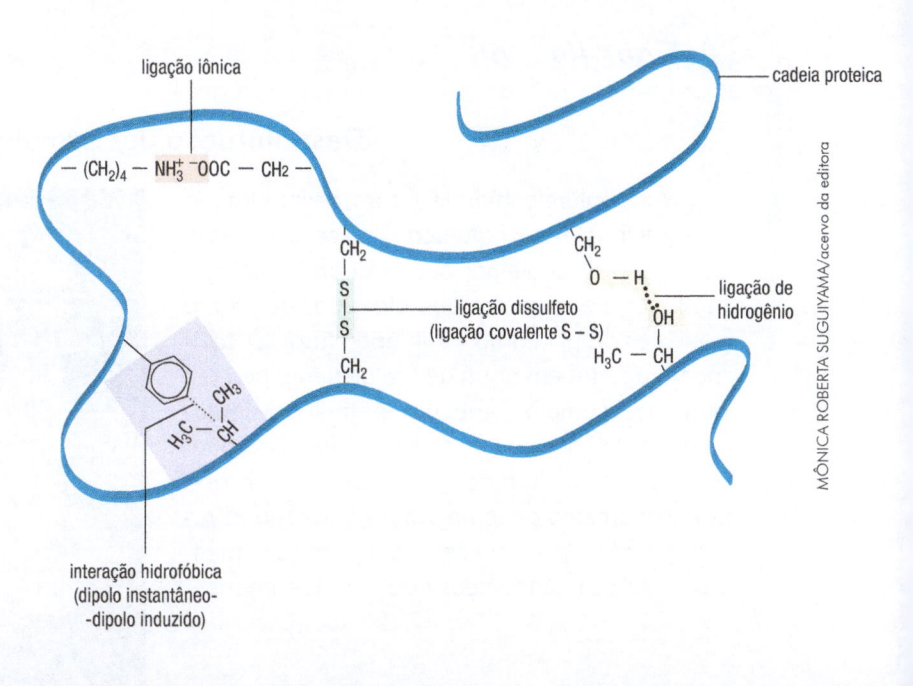

▶▶ **estrutura quartenária** – ocorre a união de várias estruturas terciárias que, juntas, formam uma estrutura única com arranjo espacial definido.

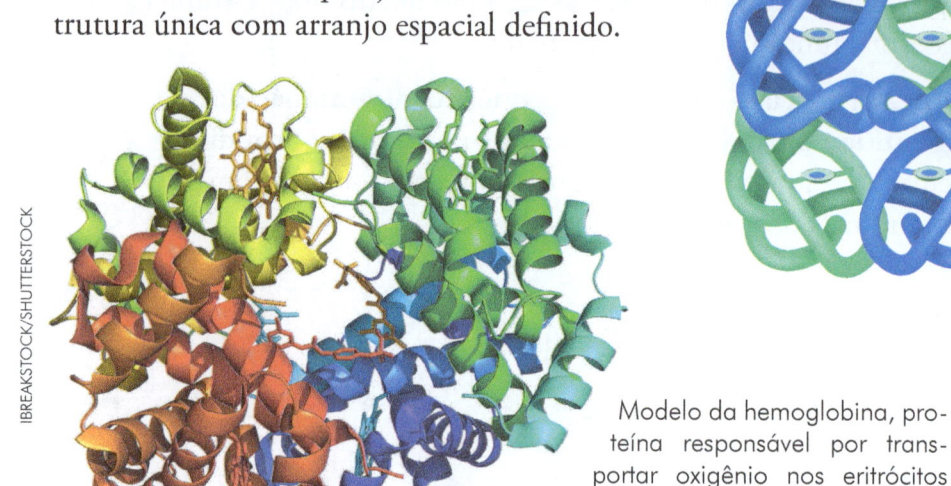

Modelo da hemoglobina, proteína responsável por transportar oxigênio nos eritrócitos humanos. Observe sua estrutura quaternária.

6.2.2 Hidrólise de proteínas

Quando uma proteína é aquecida até a fervura em uma solução aquosa de ácido forte ou base forte, ocorre a hidrólise dessa proteína, ou seja, são quebradas as ligações peptídicas, resultando em aminoácidos livres. Observe no exemplo a seguir que na hidrólise desse polipeptídio são quebradas quatro ligações peptídicas.

$$H_3N^+ - CH_2 - \underset{\underset{\text{quebra}}{}}{\overset{O}{\overset{\|}{C}}} - \underset{H}{\overset{}{N}} - \underset{CH_3}{\overset{}{CH}} - \underset{\underset{\text{quebra}}{OH}}{\overset{O}{\overset{\|}{C}}} - \underset{H}{\overset{}{N}} - \underset{CH_3}{\overset{}{CH}} - \underset{\underset{\text{quebra}}{}}{\overset{O}{\overset{\|}{C}}} - \underset{H}{\overset{}{N}} - \underset{CH_3}{\overset{}{CH}} - \underset{\underset{\text{quebra}}{SH}}{\overset{O}{\overset{\|}{C}}} - \underset{H}{\overset{}{N}} - CH_2 - \overset{O}{\overset{\|}{C}} - O^-$$

Fique ligado!

Desnaturação das proteínas

Não confunda hidrólise com desnaturação de proteínas. A desnaturação, ou seja, a perda da função da proteína, ocorre quando há uma mudança no meio em que ela atua, que tanto pode ser de pH como de temperatura. O cozimento apenas em água de um alimento rico em proteínas, como a carne, por exemplo, desnatura as proteínas, mas não as hidrolisa. Isso quer dizer, que a estutura das proteínas é modificada com o aumento de temperatura, mas sua estrutura primária permanece – as ligações peptídicas entre os aminoácidos não são quebradas.

Um exemplo de desnaturação de proteínas ocorre quando fritamos um ovo: a temperatura altera a estrutura das proteínas, fazendo com que a clara, rica na proteína albumina, adquira coloração esbranquiçada e endureça.

6.3 Lipídios

Lipídios são substâncias orgânicas, sendo que óleos e gorduras são as mais conhecidas delas. Insolúveis em água, fazem parte da estrutura dessas moléculas os **ácidos graxos**. Estes ácidos têm como características apresentarem um grupo carboxila (— COOH), seguida por uma longa cadeia carbônica (com 12 ou mais átomos de carbono). Essa cadeia pode ser **saturada** (apenas ligações simples entre os átomos de C) ou **insaturada** (com ligações duplas ou triplas entre os átomos de C).

Lembre-se!
Ácidos graxos com mais de uma ligação dupla são chamados **ácidos graxos poli-insaturados**.

▶▶ Fórmula geral de ácido graxo saturado: $C_nH_{2n+1}COOH$. Por exemplo,

ácido palmítico: $C_{15}H_{31} - C\begin{smallmatrix}O\\OH\end{smallmatrix}$

ácido esteárico: $C_{17}H_{35} - C\begin{smallmatrix}O\\OH\end{smallmatrix}$

▶▶ Fórmulas gerais de ácidos graxos insaturados: $C_nH_{2n-1}COOH$ (para uma ligação dupla) e $C_nH_{2n-3}COOH$ (para duas ligações duplas). Por exemplo,

ácido oleico (uma ligação dupla): $C_{17}H_{33} - C\begin{smallmatrix}O\\OH\end{smallmatrix}$

ácido linoleico (duas ligações duplas): $C_{17}H_{31} - C\begin{smallmatrix}O\\OH\end{smallmatrix}$

6.3.1 Propriedades físicas dos ácidos graxos

As propriedades físicas de um ácido graxo dependem do comprimento da cadeia hidrocarbônica e do grau de insaturação.

Os pontos de fusão dos ácidos graxos saturados aumentam de acordo com o aumento das respectivas massas moleculares devido à intensificação das forças de London (interações do tipo dipolo instantâneo-dipolo induzido) entre as moléculas.

Estrutura e ponto de fusão de alguns ácidos graxos de cadeia saturada.

Nº DE CARBONOS SATURADOS	NOME COMUM	NOME SISTEMÁTICO	ESTRUTURA	PONTO DE FUSÃO (°C)
12	ácido láurico	ácido dodecanoico	~~~~~COOH	44
14	ácido mirístico	ácido tetradecanoico	~~~~~~COOH	58
16	ácido palmítico	ácido hexadecanoico	~~~~~~~COOH	63
18	ácido esteárico	ácido octadecanoico	~~~~~~~~COOH	69
20	ácido araquídico	ácido eicosanoico	~~~~~~~~~COOH	77

Agora, para entender o efeito das insaturações sobre o ponto de fusão dos ácidos graxos, precisamos analisar a estrutura espacial dessas moléculas.

As ligações duplas dos ácidos graxos em geral têm configuração cis, o que produz uma dobra nas moléculas, dificultando a aproximação e o empacotamento das moléculas de ácidos graxos insaturados. Portanto, os ácidos graxos insaturados estabelecem interações intermoleculares menos intensas e, em decorrência, apresentam menores pontos de fusão do que os ácidos graxos saturados de massas moleculares comparáveis.

Os pontos de fusão dos ácidos graxos insaturados diminuem de acordo com o aumento do número de ligações duplas, pois a dobra fica mais intensa, diminuindo a interação molecular.

Observe a diferença no ponto de fusão entre um ácido graxo saturado e outro ácido graxo insaturado, ambos com mesmo número de carbonos.

ácido esteárico
ácido graxo com 18 carbonos
sem ligação dupla
PF = 69 °C

ácido oleico
ácido graxo com 18 carbonos
com ligação dupla
PF = 13 °C

ácido linoleico
ácido graxo com 18 carbonos
com duas ligações duplas
PF = −6 °C

ácido linolênico
ácido graxo com 18 carbonos
com três ligações duplas
PF = −11 °C

Estrutura e ponto de fusão de alguns ácidos graxos de cadeia insaturada.

Nº DE CARBONOS INSATURADOS	NOME COMUM	ESTRUTURA	PONTO DE FUSÃO (°C)
16	ácido palmitoleico	~~~~~COOH	0
18	ácido oleico	~~~~~COOH	13
18	ácido linoleico	~~~~~COOH	−6
18	ácido linolênico	~~~~~COOH	−11
20	ácido araquidônico	~~~~~COOH	−50
20	EPA	~~~~~COOH	−54

6.3.2 Óleos e gorduras

Encontrados nos seres vivos, óleos e gorduras são lipídios em que os três grupos hidroxila do glicerol ou glicerina são esterificados com ácidos graxos, formando um **triéster do glicerol** ou **triacilglicerol** ou **triglicerídeo**. Como todos os lipídios, são insolúveis em água, porém solúveis em solventes orgânicos não polares, como o benzeno, por exemplo.

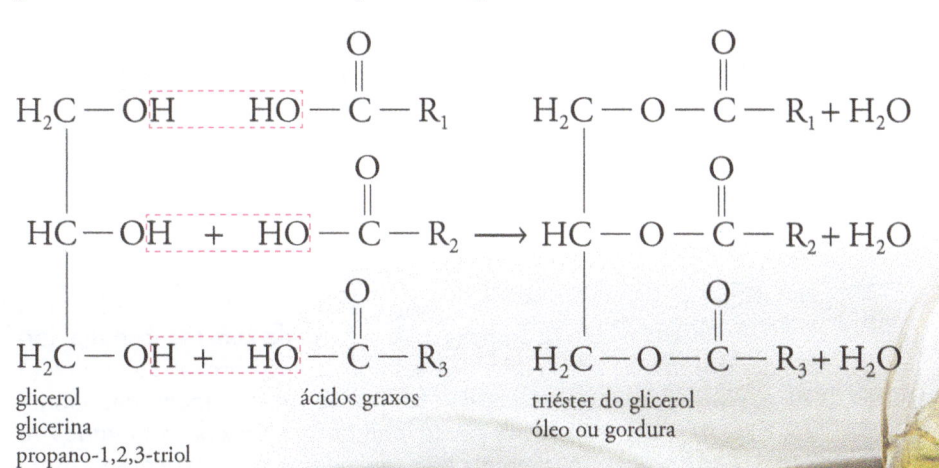

$$H_2C-OH \quad HO-\overset{O}{\underset{\|}{C}}-R_1 \qquad H_2C-O-\overset{O}{\underset{\|}{C}}-R_1 + H_2O$$

$$HC-OH \;+\; HO-\overset{O}{\underset{\|}{C}}-R_2 \;\longrightarrow\; HC-O-\overset{O}{\underset{\|}{C}}-R_2 + H_2O$$

$$H_2C-OH \;+\; HO-\overset{O}{\underset{\|}{C}}-R_3 \qquad H_2C-O-\overset{O}{\underset{\|}{C}}-R_3 + H_2O$$

glicerol
glicerina
propano-1,2,3-triol

ácidos graxos

triéster do glicerol
óleo ou gordura

O azeite de oliva é considerado o óleo vegetal com sabor e aroma mais refinado. Acredita-se que ele diminui os níveis de colesterol no sangue, reduzindo os riscos de doenças cardíacas.

Alguns óleos e gorduras presentes nos seres vivos.

ORIGEM	GORDURAS	ÓLEOS
animal	• sebo (bovinos) • banha (suínos) • manteiga (leite)	• fígado de bacalhau • capivara
vegetal	• gordura de coco • manteiga de cacau	• caroço de algodão • amendoim • oliva • milho • soja

Os triglicerídeos sólidos ou semissólidos à temperatura ambiente são chamados **gorduras**.

As gorduras são normalmente obtidas de animais e, em geral, são compostas de triglicerídeos com **ácidos graxos saturados** ou **ácidos graxos com apenas uma ligação dupla**. As cadeias saturadas dos ácidos graxos organizam-se, espacialmente, de forma mais compactada, o que favorece o estabelecimento de interações intermoleculares mais intensas entre os lipídios, o que os leva a se apresentarem sólidos à temperatura ambiente.

Já os triglicerídeos líquidos à temperatura ambiente são chamados **óleos**. De modo geral, os óleos são obtidos de produtos vegetais, como milho, feijão, soja, azeitonas e amendoins.

Os óleos são compostos predominantemente de triglicerídeos com **ácidos graxos insaturados** que, espacialmente, formam estruturas menos compactadas, o que dificulta o estabelecimento de interações intermoleculares entre os lípidios. Em decorrência, apresentam pontos de fusão relativamente baixos, que os levam a ser líquidos à temperatura ambiente.

Compare a estrutura de um triglicerídeo formado apenas com ácidos graxos saturados (à esquerda) com a de um formado predominantemente por ácidos graxos insaturados (à direita). Entre essas estruturas, o composto da esquerda apresenta maior ponto de fusão, pois estabelece interações intermoleculares mais intensas que o outro.

As gorduras, como manteiga e gordura de coco, em que prevalecem as cadeias saturadas, são sólidas a 25 °C. Já nessa mesma temperatura, os óleos, em que predominam as cadeias insaturadas, são líquidos.

Por meio da hidrólise pode-se determinar a composição de ácidos graxos nos óleos e nas gorduras. No organismo humano, a gordura alimentar é hidrolisada no intestino, regenerando o glicerol e os ácidos graxos, que são absorvidos pelo corpo humano.

$$H_2C-O-\overset{O}{\underset{\parallel}{C}}-R_1 \qquad\qquad H_2C-OH \qquad R_1-C\overset{O}{\underset{OH}{\diagdown}}$$

$$HC-O-\overset{O}{\underset{\parallel}{C}}-R_2 + 3\,H_2O \longrightarrow HC-OH + R_2-C\overset{O}{\underset{OH}{\diagdown}}$$

$$H_2C-O-\overset{O}{\underset{\parallel}{C}}-R_3 \qquad\qquad H_2C-OH \qquad R_3-C\overset{O}{\underset{OH}{\diagdown}}$$

glicerol   ácidos graxos

Composição percentual de ácidos graxos presentes em óleos e gorduras

lipídio	PF (°C)	% DE ÁCIDOS GRAXOS					
		SATURADOS				INSATURADOS	
		láurico	mirístico	palmítico	esteárico	oleico	linoleico
manteiga	32	2	11	29	9	27	4
azeite	-6	0	0	7	2	84	5

Compare a quantidade relativa de ácidos graxos saturados e insaturados presentes na manteiga (uma gordura) e no azeite (um óleo). A maior porcentagem de ácidos graxos insaturados no azeite explica o menor ponto de fusão desse alimento em comparação à manteiga.

O grau de insaturações presentes em um triglicerídeo pode ser determinado a partir do **índice de iodo**, que corresponde à massa de iodo (I_2) necessária para reagir completamente com 100 g de óleo ou gordura. Nessa reação, ocorre adição de I_2 à insaturação; portanto, quanto maior for a quantidade de insaturações, maior será o índice de iodo.

$$-\underset{|}{\overset{|}{C}}=\underset{|}{\overset{|}{C}}- \;+\; I_2 \longrightarrow -\underset{|}{\overset{I}{C}}-\underset{|}{\overset{I}{C}}-$$

Por exemplo, a manteiga apresenta índice de iodo igual a 36, enquanto o azeite apresenta um valor próximo de 68. O maior valor desse índice para o azeite justifica-se pelo fato de ele apresentar maior percentual de ácidos graxos insaturados que a manteiga, como vimos na tabela acima.

Fique ligado!

Fabricação de margarinas

Os óleos, como de milho, soja, girassol e outros, possuem cadeias carbônicas insaturadas por ligações duplas, que podem sofrer hidrogenação catalítica, sendo assim transformados em gorduras.

$$\text{óleo (insaturado)} \xrightarrow[\text{catalisador}]{H_2O} \text{margarina (gordura)}$$

As margarinas são fabricadas atualmente, em sua grande maioria, a partir de óleos poli-insaturados, com hidrogenação de apenas parte das insaturações. Isso evita a presença de triglicerídeos saturados e, acredita-se, o produto resultante oferece menos riscos à saúde.

Além de óleos vegetais hidrogenados, as margarinas contêm outros componentes, como leite, vitamina A, aromatizantes e corantes.

Durante a hidrogenação catalítica, o ácido graxo insaturado cis pode ser transformado em ácido graxo insaturado trans, obtendo-se a chamada *gordura trans*.

Como os ácidos graxos trans são de difícil metabolização pelos seres humanos, eles se acumulam no organismo, podendo causar aumento nos níveis de colesterol LDL (considerado ruim), além de aumentar os riscos de deposição e formação de placas no interior de vasos e artérias.

Alguns alimentos industrializados são ricos em gorduras trans, tais como sorvetes, batatas fritas, salgadinhos de pacote, bolos, biscoitos e margarinas. Habitue-se a consultar a tabela nutricional das embalagens dos alimentos e evite consumir aqueles que apresentem gorduras trans.

CKP1001/SHUTTERSTOCK

6.3.3 Reação de saponificação

Sabões são uma mistura de sais de ácidos graxos. Aquecendo-se gordura ou óleo em presença de uma base, realizamos uma reação química, chamada de **hidrólise básica** ou **saponificação**, que produz sabão.

$$\text{óleo ou gordura} + \text{base} \longrightarrow \text{sabão} + \text{glicerol}$$

$$\begin{array}{c}
H_2C-O-\overset{\overset{O}{\|}}{C}-R_1 \\
| \\
HC-O-\overset{\overset{O}{\|}}{C}-R_2 \\
| \\
H_2C-O-\overset{\overset{O}{\|}}{C}-R_3
\end{array} + 3\,NaOH \longrightarrow \begin{array}{c}
R_1-\overset{\overset{O}{\|}}{C}-O^-Na^+ \\
\\
R_2-\overset{\overset{O}{\|}}{C}-O^-Na^+ \\
\\
R_3-\overset{\overset{O}{\|}}{C}-O^-Na^+
\end{array} + \begin{array}{c}
H_2C-OH \\
| \\
HC-OH \\
| \\
H_2C-OH
\end{array}$$

gordura   base   sabão   glicerol

A quantidade de base utilizada pode ser medida pelo **índice de saponificação**, que é a quantidade de KOH, em miligramas, necessária para saponificar completamente 1 g de óleo ou gordura. Quanto maior for esse índice, menor será a massa molar do óleo ou gordura.

O índice de saponificação da manteiga, por exemplo, varia de 210 a 235, enquanto o do óleo de algodão varia entre 190 a 200. Isso indica que 1 g de óleo de algodão gasta menos base para formar um sabão do que 1 g de manteiga.

Diferentemente dos sabões, **detergentes** são sais de ácidos sulfônicos de cadeia longa ou sais de aminas de cadeia longa. Por exemplo,

$$\text{cadeia longa} - SO_3^- Na^+$$
detergente aniônico

$$\text{cadeia longa} - NH_3^+ Cl^-$$
detergente catiônico

Nos detergentes aniônicos, a cadeia carbônica está ligada diretamente à estrutura que assume carga negativa. Já nos detergentes catiônicos, a cadeia carbônica está ligada à estrutura que assume carga positiva.

Detergente de cadeia ramificada não é biodegradável, pois as enzimas não catalisam a decomposição de uma cadeia ramificada.

$$\text{cadeia} - \bigcirc - SO_3^- Na^+$$
detergente biodegradável

$$\text{cadeia ramificada} - \bigcirc - SO_3^- Na^+$$
detergente não biodegradável

Todos os sabões utilizados nos processos industriais ou domésticos são degradados (decompostos) por microrganismos existentes na água, não causando grandes alterações no meio ambiente. Esses microrganismos produzem enzimas que aceleram o processo de quebra das cadeias do sabão. Todo sabão é biodegradável.

Fique ligado!

Como atuam sabões e detergentes na limpeza

A estrutura de um sabão ou de um detergente pode ser representada por:

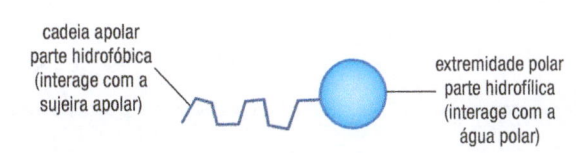

cadeia apolar
parte hidrofóbica
(interage com a sujeira apolar)

extremidade polar
parte hidrofílica
(interage com a água polar)

MÔNICA R. SUGUIYAMA/acervo da editora

> Quando as estruturas do sabão ou detergente se aproximam da sujeira apolar, a cadeia apolar interage com ela, e a parte polar interage com a água.

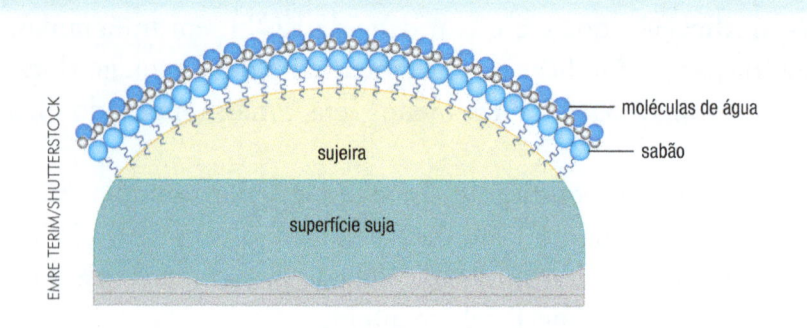

Devido à agitação, formam-se as micelas (sujeira envolvida pelo sabão), que ficam dispersas na água. Dizemos que o sabão ou detergente atua como um **agente emulsificante**, pois tem a propriedade de dispersar as micelas na água.

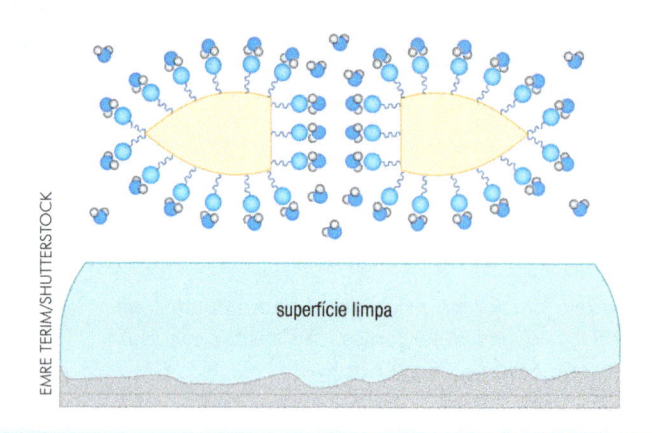

6.3.4 Reação de transesterificação

A necessidade de se encontrarem alternativas para o petróleo, uma fonte não renovável, como principal matéria-prima para obtenção de combustíveis tem estimulado as pesquisas sobre fontes renováveis, como, por exemplo, o **biodiesel**.

No Brasil, o biodiesel tem sido obtido a partir de óleos vegetais novos ou usados ou gorduras animais por meio de um processo químico conhecido como **transesterificação**, em que o álcool utilizado pode ser o etanol:

$$\begin{array}{c}H_2C-O-\overset{O}{\underset{\|}{C}}-R_1\\|\\HC-O-\overset{O}{\underset{\|}{C}}-R_2\\|\\H_2C-O-\overset{O}{\underset{\|}{C}}-R_3\end{array} + 3\ CH_3CH_2OH \xrightarrow{NaOH} \begin{array}{c}H_2C-OH\\|\\HC-OH\\|\\H_2C-OH\end{array} + \begin{array}{c}R_1-\overset{O}{\underset{\|}{C}}-O-CH_2-CH_3\\\\R_2-\overset{O}{\underset{\|}{C}}-O-CH_2-CH_3\\\\R_3-\overset{O}{\underset{\|}{C}}-O-CH_2-CH_3\end{array}$$

óleo ou gordura   etanol   glicerol   biodiesel

em que R_1, R_2 e R_3 são cadeias carbônicas, de C_7 a C_{23}.

Observe que o produto final da transesterificação é constituído de duas fases líquidas *imiscíveis*. A fase mais densa é composta de glicerol, impregnada com excessos utilizados de álcool, água e impurezas, e a menos densa é uma mistura de ésteres etílicos (biodiesel).

O biodiesel não contém enxofre em sua composição; portanto, esse combustível puro ou misturado ao diesel reduz a emissão de gases poluentes. Para seu uso não é necessária nenhuma modificação nos motores.

Você sabia?

Nem só de combustíveis fósseis vivem os homens!

Conhecido desde a antiguidade, por seus afloramentos frequentes no Oriente Médio, o petróleo, um dos chamados combustíveis fósseis, já era utilizado no início da era cristã tanto para iluminação como para arma de guerra. Mas a indústria petrolífera como a conhecemos só surgiu a partir século XIX.

Combustíveis fósseis (gás natural, petróleo e carvão mineral) levam milhões de anos para serem formados a partir do acúmulo de material orgânico em solos sedimentares, submetido a alta pressão. Pela dificuldade de formação, os combustíveis fósseis são considerados recursos não renováveis. Sua queima libera dióxido de carbono, um dos chamados gases de estufa, cujo acúmulo acelera o aquecimento da temperatura do planeta.

Por meio de reações químicas, outros combustíveis alternativos foram desenvolvidos e colocados para uso nos veículos automotores. Dois deles (etanol e biodiesel) são de particular interesse, pois são produzidos a partir de reações orgânicas.

Pode parecer recente, mas a busca pelo etanol como combustível começou na década de 1920. Uma década depois, foi autorizada a mistura de álcool à gasolina, o que melhora o desempenho dos motores e diminui a emissão de CO_2 para a atmosfera quando da queima da gasolina. A criação do Programa Nacional do Álcool, em 1975, foi outro passo importante para o desenvolvimento do etanol como combustível no Brasil.

O biodiesel é outro combustível considerado como um recurso renovável. Misturado ao diesel, combustível derivado do petróleo, o biodiesel pode ser produzido por transesterificação de gorduras animais ou vegetais (girassol e babaçu, entre outras). No Brasil, a soja é a matéria-prima principal para a produção desse combustível.

Detalhe de frutos de mamona (*Ricinus communis*), uma das culturas eleitas pelos programas federais brasileiros para fornecer matéria-prima para produção do biodiesel. Estudos mostram que o biodiesel obtido dessa planta apresenta rendimento energético superior ao do biodiesel produzido a partir da soja ou da colza, duas culturas tradicionalmente utilizadas nessa produção.

No Brasil, segundo maior produtor de etanol, ele é produzido a partir da fermentação por bactérias do melaço obtido da cana-de-açúcar, mas outros países o fabricam a partir do milho ou da beterraba. Na foto, plantação de cana-de-açúcar no estado de São Paulo.

SÉRIE BRONZE

1. Sobre os carboidratos, complete o diagrama a seguir com as informações corretas.

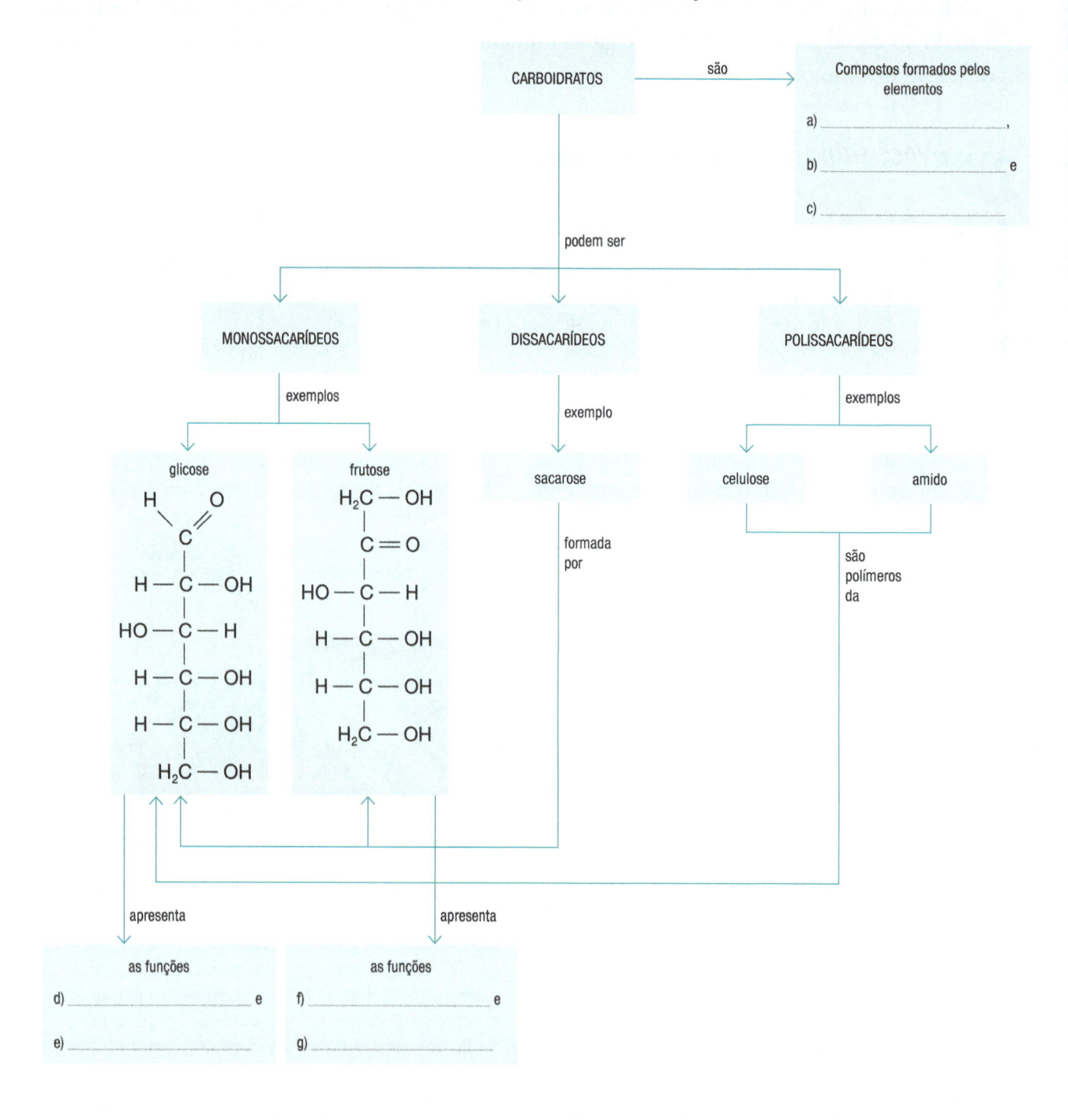

```
                                    CARBOIDRATOS  ──são──▶  Compostos formados pelos elementos
                                                             a) _____ ,
                                                             b) _____ e
                                                             c) _____
                                    podem ser
          ┌─────────────────────────────┼─────────────────────────────┐
   MONOSSACARÍDEOS              DISSACARÍDEOS                 POLISSACARÍDEOS
       exemplos                    exemplo                       exemplos
     ┌──────┬──────┐                  │                       ┌──────┬──────┐
   glicose        frutose          sacarose                 celulose       amido

   H   O          H₂C ─ OH
    \ //            │
     C             C = O                                    são polímeros da
     │              │
   H─C─OH        HO─C─H
     │              │
  HO─C─H          H─C─OH
     │              │
   H─C─OH         H─C─OH
     │              │
   H─C─OH         H₂C─OH
     │
   H₂C─OH

                        formada por
```

apresenta as funções
d) _____ e
e) _____

apresenta as funções
f) _____ e
g) _____

2. Sobre aminoácidos e proteínas, complete o diagrama a seguir com as informações corretas.

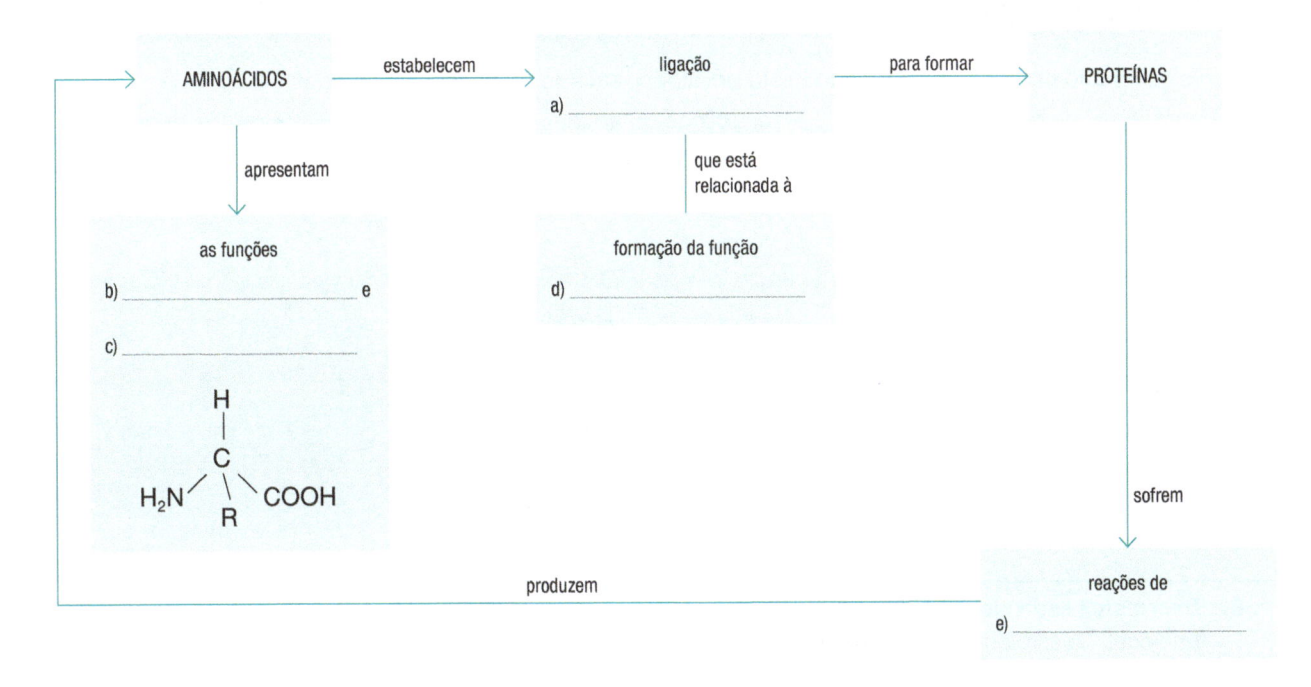

AMINOÁCIDOS — estabelecem → ligação a) _____ — para formar → PROTEÍNAS

apresentam ↓
as funções
b) _____ e
c) _____

que está relacionada à
formação da função
d) _____

produzem → PROTEÍNAS sofrem → reações de
e) _____

3. Sobre os lipídios, complete o diagrama a seguir com as informações corretas.

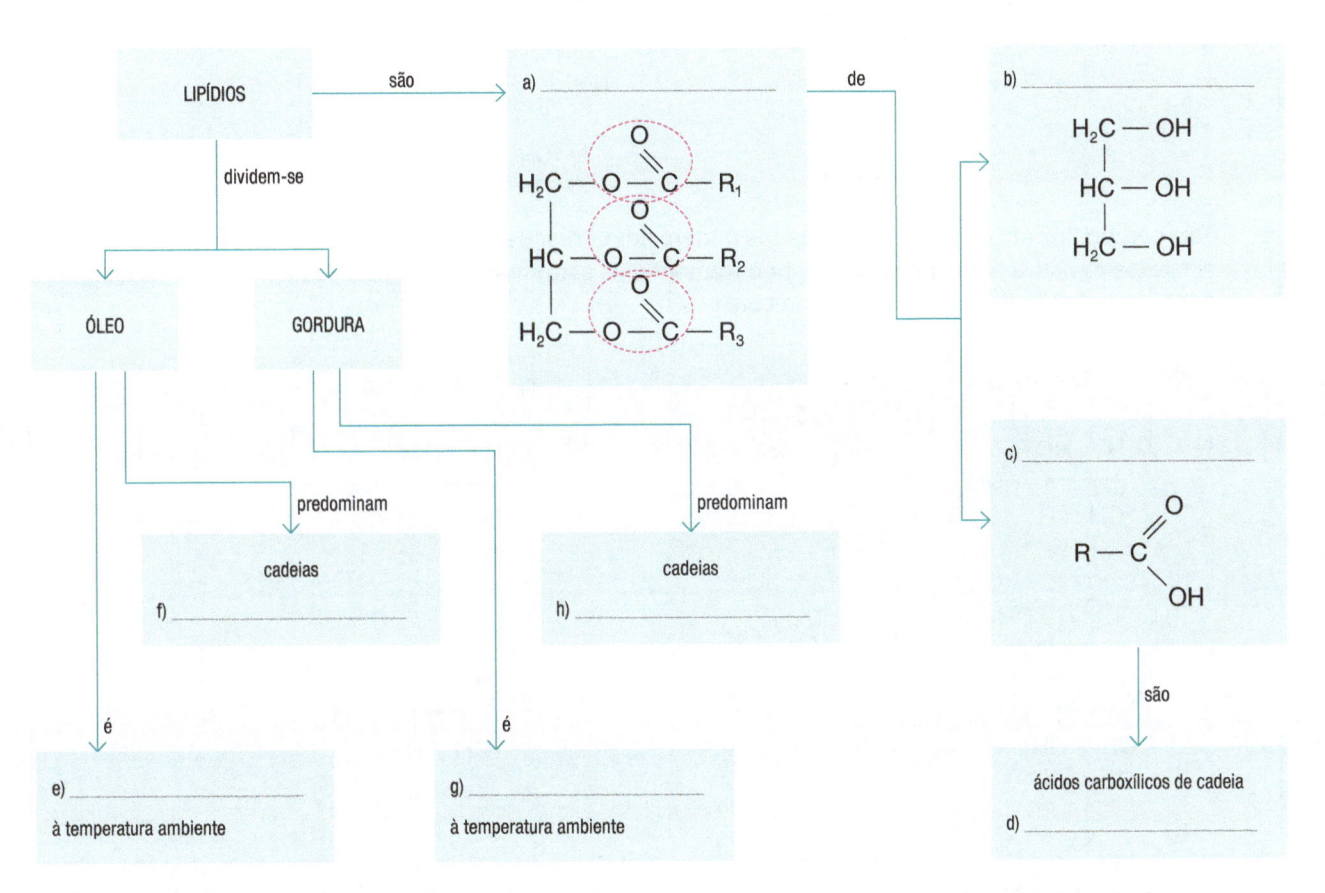

LIPÍDIOS — são → a) _____ — de → b) _____

dividem-se ↓
ÓLEO   GORDURA

predominam cadeias f) _____
predominam cadeias h) _____

é _____ à temperatura ambiente
e) _____
g) _____ à temperatura ambiente

c) _____
são → ácidos carboxílicos de cadeia d) _____

SÉRIE PRATA

1. (FEI – SP) São compostos de função mista poliálcool-aldeído ou poliálcool-cetona:
   a) proteínas ou enzimas.
   b) glicídios ou carboidratos.
   c) aminas ou amidas.
   d) proteínas ou glicídios.
   e) carboidratos ou animais.

2. Complete com α ou β.

a) 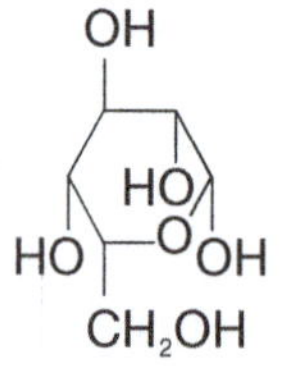 _____ glicose

b) 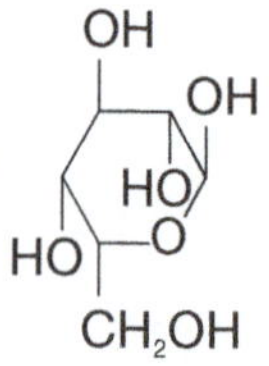 _____ glicose

3. (Exercício resolvido) (MACKENZIE – SP) Vários compostos orgânicos podem apresentar mais de um grupo funcional. Dessa forma, são classificados como compostos orgânicos de função mista. Os carboidratos e ácidos carboxílicos hidroxilados são exemplos desses compostos orgânicos, como ilustrado abaixo:

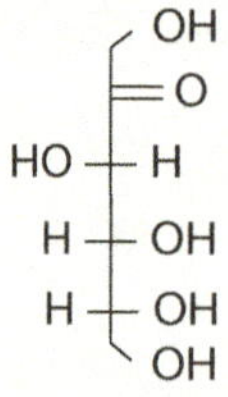

carboidrato

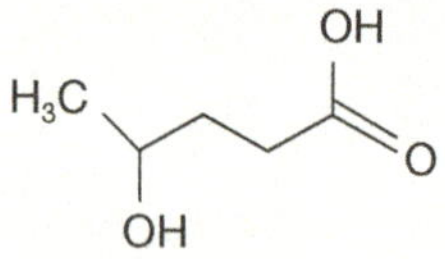

ácido carboxílico hidroxilado

Tais compostos em condições adequadas podem sofrer reações de ciclização intramolecular. Assim, assinale a alternativa que representa, respectivamente, as estruturas dos compostos anteriormente citados, após uma reação de ciclização intramolecular.

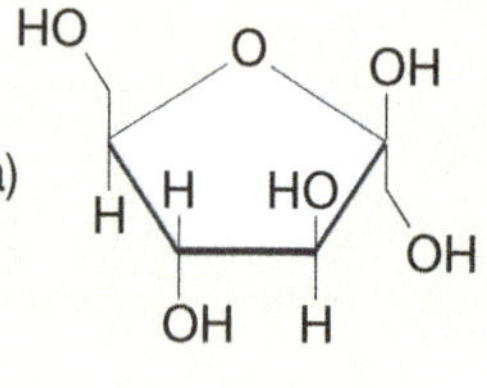

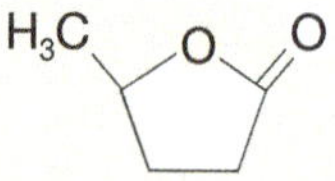

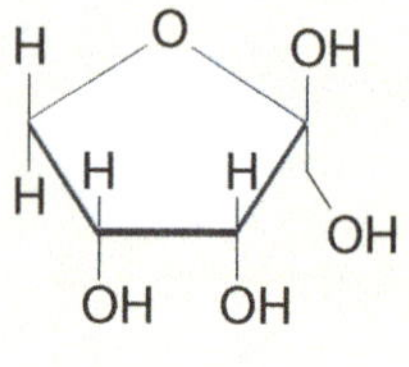

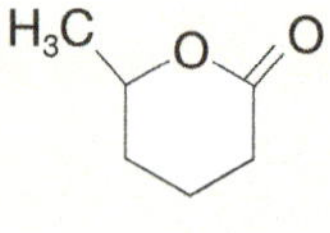

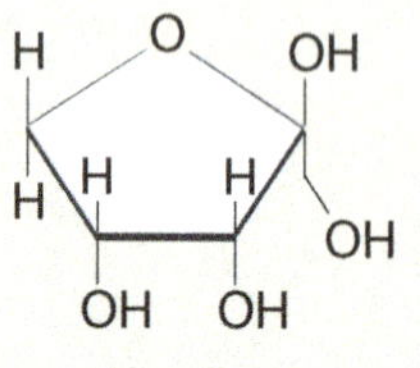

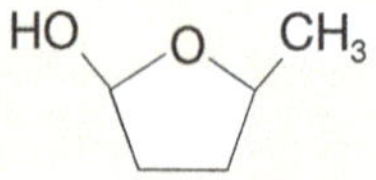

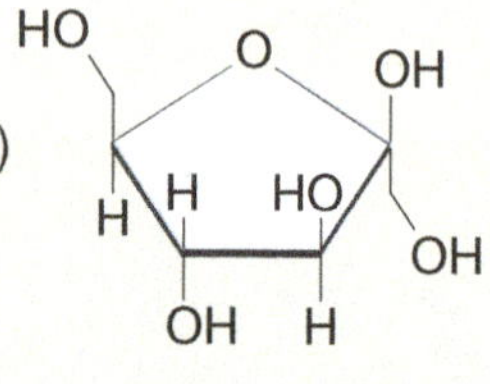

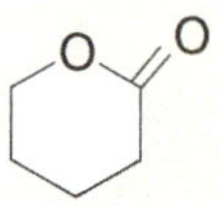

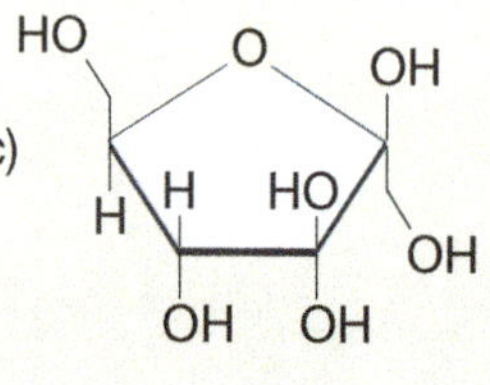

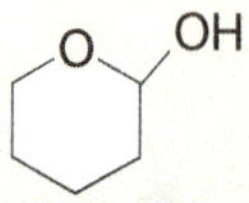

> **Resolução:**
>
> [estruturas químicas mostrando a ciclização de glicose e a lactonização do ácido 4-hidroxipentanoico + H₂O]
>
> **Resposta:** alternativa a.

4. (UEM – PR) Com base na reação de formação da lactose, assinale o que for incorreto:

[estruturas de galactose + glicose ⇌ lactose + H₂O]

a) A lactose apresenta dez carbonos quirais ou assimétricos.
b) A lactose é um dissacarídeo formado por duas moléculas de hexoses.
c) Todos os álcoois presentes nas estruturas da galactose e da glicose são álcoois secundários.
d) A lactose é formada a partir de uma reação de desidratação intermolecular de álcoois.
e) A estrutura química da lactose pode ser classificada como cadeia heterogênea, saturada, mista e alicíclica.

5. (FAMERP – SP) A remoção da lactose de leite e derivados, necessária para que pessoas com intolerância a essa substância possam consumir esses produtos, é feita pela adição da enzima lactase no leite, que quebra a molécula de lactose, formando duas moléculas menores, conforme a equação:

[estrutura da lactose → substância 1 + substância 2, com grupo OPO_3^{2-}]

As substâncias 1 e 2 produzidas na quebra da lactose pertencem ao grupo de moléculas conhecidas como

a) glicerídeos.
b) lipídios.
c) polímeros.
d) aminoácidos.
e) glicídios.

6. (UFRGS – RS) A fenilalanina pode ser responsável pela fenilcetonúria, doença genética que causa o retardamento mental em algumas crianças que não apresentam a enzima fenilalanina-hidroxilase. A fenilalanina é utilizada em adoçantes dietéticos e refrigerantes do tipo "light". Sua fórmula estrutural é representada abaixo.

$$C_6H_5-CH_2-CH(NH_2)-C(=O)-OH$$

Pode-se concluir que a fenilalanina é um
a) glicídio.
b) ácido carboxílico.
c) aldeído.
d) lipídio.
e) aminoácido.

7. (FATEC – SP) São chamados "α-aminoácidos" aqueles compostos nos quais existe um grupo funcional amina (—NH_2) ligado ao carbono situado na posição α, conforme o exemplo a seguir:

$$H_2N-CH(R)-C(=O)OH \quad \alpha\text{-aminoácido}$$

Analogamente, o composto chamado de ácido β-cianobutanoico deve ter a fórmula estrutural:

a) $H_3C-CH(CN)-CH_2-C(=O)OH$

b) $H_3C-CH_2-CH(CN)-C(=O)OH$

c) $NC-CH_2-C(=O)OH$

d) $H_3C-CH(NH_2)-CH_2-C(=O)OH$

e) $H_2C(NH_2)-CH_2-CH_2-C(=O)OH$

8. (UFRGS – RS) Uma proteína apresenta ligações peptídicas que unem restos de:
a) α-aminoácidos.
b) aminas + ácidos.
c) açúcares não hidrolisáveis (oses).
d) álcoois + ácidos.
e) enzimas.

9. (FUVEST – SP) Apresentam ligação peptídica:
a) proteínas.
b) aminas.
c) lipídios.
d) ácidos carboxílicos.
e) hidratos de carbono.

10. (FGV – SP) Um dipeptídeo é formado pela reação entre dois aminoácidos, como representado pela equação geral

$$R-CH(NH_2)-COOH + R_1-CH(NH_2)-COOH \longrightarrow$$

$$\longrightarrow R-CH(NH_2)-C(=O)-NH-CH(R_1)-COOH$$

Nessa reação, pode-se afirmar que
a) a nova função orgânica formada na reação é uma cetona.
b) a nova função orgânica formada na reação é uma amida.
c) o dipeptídeo apresenta todos os átomos de carbono assimétricos.
d) o dipeptídeo só apresenta funções orgânicas com propriedades ácidas.
e) podem ser formados dois dipeptídeos diferentes, se R = R_1.

11. (UFPI) Os polímeros de aminoácidos naturais mais importantes para a manutenção e diferenciação das espécies são as proteínas (polipeptídeos). Dada a estrutura do tripeptídeo abaixo, escolha a opção que representa a estrutura correta dos três monômeros componentes.

$$CH_3-CH(NH_2)-C(=O)-N(H)-CH_2-C(=O)-N(H)-CH(CH_2OH)-C(=O)-OH$$

a) $CH_3-CH(NH_2)-C(=O)-OH$; $HO-CH_2-C(=O)-OH$; $H_2N-CH(CH_2OH)-C(=O)-OH$

b) $CH_3-CH(NH_2)-C(=O)-OH$; $H_2N-CH_2-C(=O)-OH$; $H_2N-CH(CH_2OH)-C(=O)-OH$

c) $CH_3-CH(NH_2)-C(=O)-NH_2$; $HO-CH_2-C(=O)-OH$; $H_2N-CH(CH_2OH)-C(=O)-NH_2$

d) $CH_3-CH(NH_2)-C(=O)-OH$; $H_2N-CH_2-C(=O)-NH_2$; $H_2N-CH(CH_2OH)-C(=O)-OH$

e) $CH_3-CH(NH_2)-C(=O)-OH$; $HO-CH_2-C(=O)-NH_2$; $HO-CH(CH_2OH)-C(=O)-OH$

12. (ITA – SP) As gorduras e óleos de origem animal e vegetal mais comuns (banha, sebo, óleo de caroço de algodão, óleo de amendoim etc.) são constituídos, essencialmente, de:

a) ácidos carboxílicos alifáticos.
b) hidrocarbonetos não saturados.
c) misturas de parafina e glicerina.
d) ésteres de ácidos carboxílicos de número de carbonos variável e glicerina.
e) éteres derivados de álcoois com um número de carbonos variável.

13. (FUND. CARLOS CHAGAS) A fórmula estrutural:

$$C_{17}H_{31}COO — CH_2$$
$$C_{17}H_{33}COO — CH$$
$$C_{17}H_{35}COO — CH_2$$

refere-se a moléculas de:

a) óleo vegetal saturado.
b) óleo animal saturado.
c) óleo vegetal ou animal, insaturado.
d) sabão de ácidos graxos saturados.

14. (UFSM – RS) O triglicerídio presente na dieta humana é digerido no trato gastrintestinal pelas enzimas digestivas e produz:

a) aminoácidos.
b) glicose.
c) ácido graxo e glicerol.
d) sacarose.
e) glicerídio.

15. Complete a equação química.

$$H_2C — OH$$
$$HC — OH \; + \; 3\,C_{17}H_{33}COOH \longrightarrow$$
$$H_2C — OH$$

16. (ENEM) A capacidade de limpeza e a eficiência de um sabão dependem de sua propriedade de formar micelas estáveis, que arrastam com facilidade moléculas impregnadas no material a ser limpo. Tais micelas têm em sua estrutura partes capazes de interagir com substâncias polares, como a água, e partes que podem interagir com substâncias apolares, como as gorduras e os óleos.

SANTOS, W. L. P.; MOL, G. S. (Coords.). **Química e Sociedade**.
São Paulo: Nova Geração, 2005. Adaptado.

A substância capaz de formar as estruturas mencionadas é

a) $C_{18}H_{36}$.
b) $C_{17}H_{33}COONa$.
c) CH_3CH_2COONa.
d) $CH_3CH_2CH_2COOH$.
e) $CH_3CH_2CH_2CH_2OCH_2CH_2CH_2CH_3$.

17. (ENEM) Quando colocados em água, os fosfolipídios tendem a formar lipossomos, estruturas formadas por uma bicamada lipídica, conforme mostrado na figura. Quando rompida, essa estrutura tende a se reorganizar em um novo lipossomo.

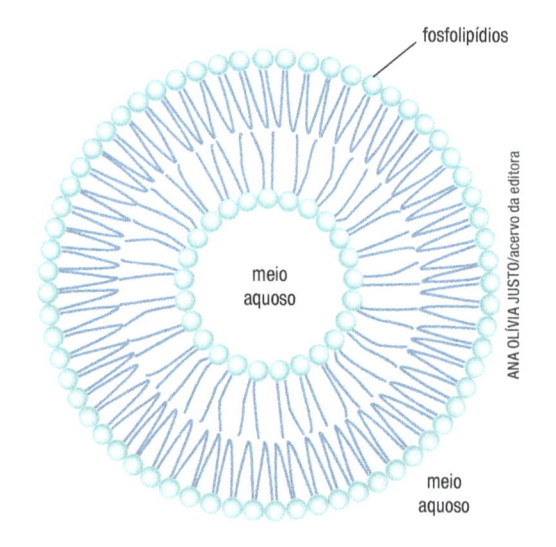

<Disponível em: http://course1.winona.edu>.
Acesso em: 1 mar. 2012. Adaptado.

Esse arranjo característico se deve ao fato de os fosfolipídios apresentarem uma natureza

a) polar, ou seja, serem inteiramente solúveis em água.
b) apolar, ou seja, não serem solúveis em solução aquosa.
c) anfotérica, ou seja, podem comportar-se como ácidos e bases.
d) insaturada, ou seja, possuírem duplas ligações em sua estrutura.
e) anfifílica, ou seja, possuírem uma parte hidrofílica e outra hidrofóbica.

18. Complete a equação química.

$$\begin{array}{c} H_2C-O-\overset{\overset{O}{\|}}{C}-R_1 \\ | \\ HC-O-\overset{\overset{O}{\|}}{C}-R_2 \\ | \\ H_2C-O-\overset{\overset{O}{\|}}{C}-R_3 \end{array} + 3\ C_2H_5OH \xrightarrow{KOH}$$

óleo ou gordura — etanol

19. (ENEM – adaptada) O biodiesel é um combustível obtido a partir de fontes renováveis, que surgiu como alternativa ao uso de diesel de petróleo para motores de combustão interna. Ele pode ser obtido pela reação entre triglicerídeos, presentes em óleos vegetais e gorduras animais, entre outros, e álcoois de baixa massa molar, como o metanol ou etanol, na presença de um catalisador, de acordo com a equação química:

$$\begin{array}{c} CH_2-O-\overset{\overset{O}{\|}}{C}-R_1 \\ | \\ CH-O-\overset{\overset{O}{\|}}{C}-R_2 \\ | \\ CH_2-O-\overset{\overset{O}{\|}}{C}-R_3 \end{array} + 3\ CH_3OH \xrightarrow{catalisador}$$

$$\xrightarrow{catalisador} \begin{array}{c} CH_3-O-\overset{\overset{O}{\|}}{C}-R_1 \\ CH_3-O-\overset{\overset{O}{\|}}{C}-R_2 \\ CH_3-O-\overset{\overset{O}{\|}}{C}-R_3 \end{array} + \begin{array}{c} CH_2-OH \\ | \\ CH-OH \\ | \\ CH_2-OH \end{array}$$

biodiesel — glicerol

O nome da função química presente no produto que representa o biodiesel é

a) éter.
b) éster.
c) álcool.
d) cetona.
e) ácido carboxílico.

SÉRIE OURO

1. (FUVEST – SP) Aldeídos podem reagir com álcoois, conforme representado:

$$H_3C-\overset{\overset{O}{\|}}{\underset{H}{C}} + HOCH_2CH_3 \rightleftarrows H_3C-\overset{\overset{OH}{|}}{\underset{H}{C}}-OCH_2CH_3$$

Este tipo de reação ocorre na formação da glicose cíclica, representada por

Dentre os seguintes compostos, aquele que, ao reagir como indicado, porém de forma intramolecular, conduz à forma cíclica da glicose é

a) HO-C(=O)-CH(OH)-CH(OH)-CH(OH)-CH(OH)-CH2-CH3

b) HO-CH2-CH(OH)-CH(OH)-CH(OH)-C(=O)H

c) HO-CH2-CH(OH)-CH(OH)-CH(OH)-CH(OH)-C(=O)H

d) HO-CH2-CH(OH)-C(=O)-CH(OH)-CH(OH)-CH3

e) HO-CH2-CH(OH)-C(=O)-CH(OH)-CH(OH)-CH2-OH

---

2. (UNICAMP – SP) Uma hexose, essencial para o organismo humano, pode ser obtida do amido, presente no arroz, na batata, no milho, no trigo, na mandioca, ou da sacarose proveniente da cana-de-açúcar. A sua fórmula estrutural pode ser representada como uma cadeia linear de carbonos, apresentando uma função aldeído no primeiro carbono. Os demais carbonos apresentam, todos, uma função álcool, sendo quatro representadas de um mesmo lado da cadeia e uma quinta, ligada ao terceiro carbono, do outro lado. Essa mesma molécula (hexose) também pode ser representada, na forma de um anel de seis membros, com átomos de carbono e um de oxigênio, já que o oxigênio do aldeído acaba se ligando ao quinto carbono.

a) Desenhe a fórmula estrutural linear de hexose de modo que a cadeia carbônica **fique na posição vertical** e a maioria das funções álcool fique no lado direito.

b) A partir das informações do texto, desenhe a estrutura cíclica dessa molécula de hexose.

3. (FUVEST – SP) Considere a estrutura cíclica da glicose, em que os átomos de carbono estão numerados:

(estrutura cíclica da glicose com carbonos numerados de 1 a 6)

O amido é um polímero formado pela condensação de moléculas de glicose, que se ligam, sucessivamente, através do carbono 1 de uma delas com o carbono 4 de outra (ligação "1-4".)

a) Desenhe uma estrutura que possa representar uma parte do polímero, indicando a ligação "1-4" formada.

b) Cite uma outra macromolécula que seja polímero da glicose.

4. (UERN – adaptada) A intolerância à lactose é o nome que se dá à incapacidade parcial ou completa de digerir o açúcar existente no leite e seus derivados. Ela ocorre quando o organismo não produz, ou produz em quantidade insuficiente, uma enzima digestiva chamada lactase, cuja função é quebrar as moléculas de lactose e convertê-las em glucose e galactose. Como consequência, essa substância chega ao intestino grosso inalterada. Ali, ela se acumula e é fermentada por bactérias que fabricam ácido láctico e gases, promovem maior retenção de água e o aparecimento de diarreias e cólicas.

Disponível em: <http://acomidadavizinha.blogspot.com.br/2014/03/intolerancia-lactose.html>. Adaptado.

A partir das informações fornecidas no texto,

a) equacione a hidrólise da lactose em galactose e glucose;
b) indique os carbonos quirais (*) na estrutura da lactose.

5. (ENEM) Com o objetivo de substituir as sacolas de polietileno, alguns supermercados têm utilizado um novo tipo de plástico ecológico, que apresenta em sua composição amido de milho e uma resina polimérica termoplástica, obtida a partir de uma fonte petroquímica.

ERENO, D. Plásticos de vegtais. **Pesquisa FAPESP**. n. 179. Adaptado.

Nesses plásticos, a fragmentação da resina polimérica é facilitada porque os carboidratos presentes

a) dissolvem-se na água.
b) absorvem água com facilidade.
c) caramelizam por aquecimento e quebram.
d) são digeridos por organismos decompositores.
e) decompõem-se espontaneamente em contato com água e gás carbônico.

6. (UNICAMP – SP) O álcool (C_2H_5OH) é produzido nas usinas pela fermentação do melaço de cana-de-açúcar, que é uma solução aquosa de sacarose ($C_{12}H_{22}O_{11}$). Nos tanques de fermentação, observa-se uma intensa fervura aparente ao caldo em fermentação.

a) Explique por que ocorre essa "fervura fria".
b) Escreva a equação da reação química envolvida.

7. (FUVEST – SP) O seguinte fragmento (adaptado) do livro *Estação Carandiru*, de Drauzio Varella, refere-se à produção clandestina de bebida no presídio:

"O líquido é transferido para uma lata grande com um furo na parte superior, no qual é introduzida uma mangueirinha conectada a uma serpentina de cobre. A lata vai para o fogareiro até levantar fervura. O vapor sobe pela mangueira e passa pela serpentina, que Ezequiel esfria constantemente com uma caneca de água fria. Na saída da serpentina, emborcada numa garrafa, gota a gota, pinga a maria-louca (aguardente). Cinco quilos de milho ou arroz e dez de açúcar permitem a obtenção de nove litros da bebida".

Na produção da maria-louca, o amido do milho ou do arroz é transformado em glicose. A sacarose do açúcar é transformada em glicose e frutose, que dão origem a dióxido de carbono e etanol.

Dentre as equações químicas,

I. $(C_6H_{10}O_5)_n + n\, H_2O \longrightarrow n\, C_6H_{12}O_6$

II. $(-CH_2CH_2O-)_n + n\, H_2O \longrightarrow n\, CH_2-CH_2$
$ ||$
$ OH\ \ OH$

III. $C_{12}H_{22}O_{11} + H_2O \longrightarrow 2\, C_6H_{12}O_6$

IV. $C_6H_{12}O_6 + H_2 \longrightarrow C_6H_{14}O_6$

V. $C_6H_{12}O_6 \longrightarrow 2\, CH_3CH_2OH + 2\, CO_2$

as que representam as transformações químicas citadas são

a) I, II e III.
b) II, III e IV.
c) I, III e V.
d) II, III e V.
e) III, IV e V.

DADOS: $C_6H_{12}O_6$ = glicose ou frutose.

9. (UNIFESP) Glicina, o α-aminoácido mais simples, se apresenta na forma de um sólido cristalino branco, bastante solúvel na água. A presença de um grupo carboxila e de um grupo amino em sua molécula faz com que seja possível a transferência de um íon hidrogênio do primeiro para o segundo grupo em uma espécie de reação interna ácido-base, originalmente um íon dipolar, chamado de "zwitterion".

a) Escreva a fórmula estrutural da glicina e do seu "zwitterion" correspondente.
b) Como o "zwitterion" se comporta frente à diminuição de pH da solução em que estiver dissolvido?

8. (UFRJ) Os aminoácidos são moléculas orgânicas constituintes das proteínas. Eles podem ser divididos em dois grandes grupos: os essenciais, que não são sintetizados pelo organismo humano, e os não essenciais.

A seguir são apresentados dois aminoácidos, um de cada grupo:

glicina (não essencial)   leucina (essencial)

a) A glicina pode ser denominada, pela nomenclatura oficial, de ácido aminoetanoico. Por analogia, apresente o nome oficial da leucina.
b) Qual desses dois aminoácidos apresenta isomeria óptica? Justifique sua resposta.

10. (FGV) O dipeptídeo representado pela fórmula

é uma substância empregada como complemento alimentar por fisiculturistas. Ele é o resultado da formação da ligação peptídica entre os aminoácidos

a)

b)

c) HO—(CO)—CH(NH₂)—CH₂—CH₂—(CO)—OH   e   [prolina] —OH

d) HO—(CO)—CH₂—CH₂—CH(NH₂)—(CO)—OH   e   [histidina com imidazol]—CH₂—CH(NH₂)—COOH

e) H₃C—CH(NH₂)—COOH   e   [triptofano]—CH₂—CH(NH₂)—COOH

11. (FUVEST – SP) O grupo amino de uma molécula de aminoácido pode reagir com o grupo carboxila de outra molécula de aminoácido (igual ou diferente), formando um dipeptídeo com eliminação de água, como exemplificado para a glicina:

$$H_3\overset{+}{N}-CH_2-C\underset{O^-}{\overset{O}{\diagup\!\!\!\diagdown}} + H_3\overset{+}{N}-CH_2-C\underset{O^-}{\overset{O}{\diagup\!\!\!\diagdown}} \longrightarrow$$

glicina   glicina

$$\longrightarrow H_3\overset{+}{N}-CH_2-\overset{O}{\overset{\|}{C}}-\overset{H}{\overset{|}{N}}-CH_2-C\underset{O^-}{\overset{O}{\diagup\!\!\!\diagdown}} + H_2O$$

Analogamente, de uma mistura equimolar de glicina e L-alanina, poderão resultar dipeptídeos diferentes entre si, cujo número máximo será

a) 2   b) 3   c) 4   d) 5   e) 6

DADO: $H_3\overset{+}{N}-\overset{H}{\underset{CH_3}{C}}-C\underset{O^-}{\overset{O}{\diagup\!\!\!\diagdown}}$ L-alanina (fórmula estrutural plana)

12. (SANTA CASA – SP) A reação entre o ácido 2-aminoetanoico (glicina – Gli) e o ácido 2-aminopropanoico (alanina-Ala) resulta no dipeptídio Gli-Ala. Outra reação, na qual o dipeptídio é aquecido em soluções aquosas de ácidos ou bases fortes, tem como produtos os aminoácidos de origem.

Assinale a alternativa que apresenta, correta e respectivamente, a estrutura do Gli-Ala e o nome da segunda reação descrita no texto.

a) H₂N—CH₂—CO—NH—CH(CH₃)—COOH   e hidrólise

b) H₂N—CH₂—CH₂—CO—NH—CH₂—COOH   e desnaturação

c) H₂N—CH₂—CO—NH—CH(CH₃)—COOH   e desnaturação

d) H₂N—CH₂—CO—NH—CH₂—CH₂—COOH   e desnaturação

e) H₂N—CH₂—CH₂—CO—NH—CH₂—COOH   e hidrólise

13. (FUVEST – SP)

A hidrólise de um peptídio rompe a ligação peptídica, originando aminoácidos. Quantos aminoácidos diferentes se formam na hidrólise total do peptídio representado acima?

a) 2   b) 3   c) 4   d) 5   e) 6

---

14. (FUVEST – SP) As surfactinas são compostos com atividade antiviral. A estrutura de uma surfactina é

Os seguintes compostos participam da formação dessa substância:

ácido aspártico   leucina   valina   ácido glutâmico

ácido 3-hidróxi-13-metil-tetradecanoico

Na estrutura dessa surfactina, reconhecem-se ligações peptídicas. Na construção dessa estrutura, o ácido aspártico, a leucina e a valina teriam participado na proporção, em mols, respectivamente, de

a) 1 : 2 : 3.   b) 3 : 2 : 1.   c) 2 : 2 : 2.   d) 1 : 4 : 1.   e) 1 : 1 : 4.

15. (ENEM) A qualidade de óleos de cozinha, compostos principalmente por moléculas de ácidos graxos, pode ser medida pelo índice de iodo. Quanto maior o grau de insaturação da molécula, maior o índice de iodo determinado e melhor a qualidade do óleo. Na figura, são apresentados alguns compostos que podem estar presentes em diferentes óleos de cozinha:

ácido palmítico

ácido oleico

ácido esteárico

ácido linoleico

ácido linolênico

Dentre os compostos apresentados, os dois que proporcionam melhor qualidade para os óleos de cozinha são os ácidos

a) esteárico e oleico.
b) linolênico e linoleico.
c) palmítico e esteárico.
d) palmítico e linolênico.
e) linolênico e esteárico.

16. (FUVEST – SP)

% em mol de ácidos graxos na porção ácida obtida da hidrólise de óleos vegetais.

	PALMÍTICO $(C_{16}H_{32}O_2)$	ESTEÁRICO $(C_{18}H_{36}O_2)$	OLEICO $(C_{18}H_{34}O_2)$	LINOLEICO $(C_{18}H_{32}O_2)$
óleo de soja	11,0	3,0	28,6	57,4
óleo de milho	11,0	3,0	52,4	33,6

Comparando-se quantidades iguais (em mol) das porções ácidas desses dois óleos, verifica-se que a porção ácida do óleo de milho tem, em relação à do óleo de soja, quantidade (em mol) de:

	ÁCIDOS SATURADOS	LIGAÇÕES DUPLAS
a)	igual	maior
b)	menor	igual
c)	igual	menor
d)	menor	maior
e)	maior	menor

17. (UEL – PR) Os triglicerídeos são substâncias orgânicas presentes na composição de óleos e gorduras vegetais. O gráfico a seguir fornece algumas informações a respeito de alguns produtos usados no cotidiano, em nossa alimentação. Observe o gráfico e analise as afirmativas.

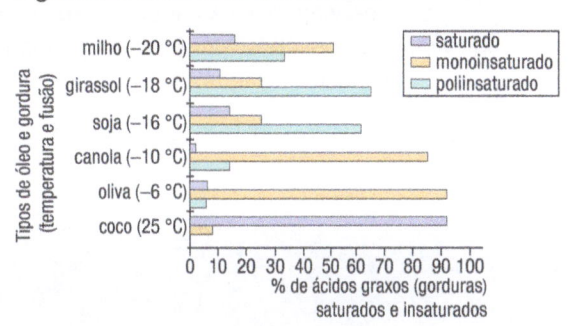

I. Todos os óleos (ou gorduras) vegetais citados no gráfico são substâncias puras.
II. Entre todos os produtos citados, o de coco está no estado sólido a 20 °C.
III. Entre todos os óleos citados, o de girassol é o que possui a maior porcentagem de ácidos graxos com duas ou mais duplas ligações.
IV. Entre todos os óleos citados, o de canola e o de oliva são líquidos a –12 °C.

Assinale a alternativa que contém todas as afirmativas corretas.

a) I e II.
b) II e III.
c) III e IV.
d) I, II e IV.
e) I, III e IV.

18. (FUVEST – SP) A composição de óleos comestíveis é, usualmente, dada pela porcentagem em massa dos ácidos graxos obtidos na hidrólise total dos triglicerídeos que constituem tais óleos. Segue-se esta composição para os óleos de oliva e milho.

tipo de óleo	PORCENTAGEM EM MASSA DE ÁCIDOS GRAXOS		
	palmítico $C_{15}H_{31}CO_2H$ M = 256	oleico $C_{17}H_{33}CO_2H$ M = 282	linoleico $C_{17}H_{31}CO_2H$ M = 280
oliva	10	85	05
milho	10	30	60

M = massa molar em g/mol

Um comerciante comprou óleo de oliva mas, ao receber a mercadoria, suspeitou tratar-se de óleo de milho.

Um químico lhe explicou que a suspeita poderá ser esclarecida, determinando-se o índice de iodo, que é a quantidade de iodo, em gramas, consumida por 100 g de óleo.

a) Os ácidos graxos insaturados da tabela têm cadeia aberta e consomem iodo. Quais são esses ácidos? Justifique.
b) Analisando-se apenas os dados da tabela, qual dos dois óleos apresentará maior índice de iodo? Justifique.

19. (PUCCamp – SP) A margarina é produzida a partir de óleo vegetal, por meio da hidrogenação. Esse processo é uma reação de I na qual uma cadeia carbônica II se transforma em outra III saturada.

As lacunas I, II e III são correta e respectivamente substituídas por

a) adição - insaturada - menos
b) adição - saturada - mais
c) adição - insaturada - mais
d) substituição - saturada - menos
e) substituição - saturada - mais

20. (FUVEST – SP) "Durante muitos anos, a gordura saturada foi considerada a grande vilã das doenças cardiovasculares. Agora, o olhar vigilante de médicos e nutricionistas volta-se contra a prima dela, cujos efeitos são ainda piores: a gordura *trans*."

Veja, 2003

Uma das fontes mais comuns da margarina é o óleo de soja, que contém triglicerídeos, ésteres do glicerol com ácidos graxos. Alguns desses ácidos graxos são:

$CH_3(CH_2)_{16}COOH$
A

$CH_3(CH_2)_7$ \\ H
 \\ /
 C=C
 / \\
H \\ $(CH_2)_7COOH$
B

$CH_3(CH_2)_7$ \\ $(CH_2)_7COOH$
 \\ /
 C=C
 / \\
H \\ H
C

$CH_3(CH_2)_4$ \\ CH_2 \\ $(CH_2)_7COOH$
 \\ / \\ /
 C=C \\ C=C
 / \\ / \\
H H H H
D

Durante a hidrogenação catalítica, que transforma o óleo de soja em margarina, ligações duplas tornam-se ligações simples. A porcentagem dos ácidos graxos A, B, C e D, que compõem os triglicerídeos, varia com o tempo de hidrogenação. O gráfico a seguir mostra este fato.

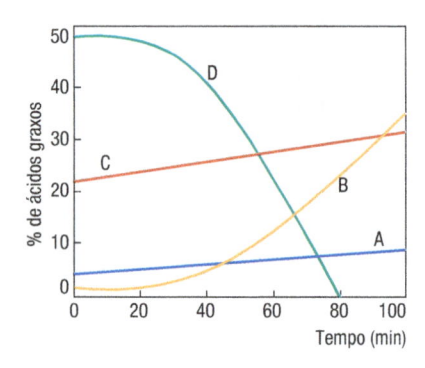

Considere as informações:

I. O óleo de soja original é mais rico em cadeias monoinsaturadas *trans* do que em *cis*.
II. A partir de cerca de 30 minutos de hidrogenação, cadeias monoinsaturadas *trans* são formadas mais rapidamente que cadeias totalmente saturadas.
III. Nesse processo de produção de margarina, aumenta a porcentagem de compostos que, atualmente, são considerados pelos nutricionistas como nocivos à saúde.

É correto apenas o que se afirma em
a) I.   b) II.   c) III.   d) I e II.   e) II e III.

21. (UNIFESP – adaptada) A figura ao lado mostra um diagrama com reações orgânicas X, Y e Z, produtos I, II e III e o ácido oleico como reagente de partida, sob condições experimentais adequadas.

A reação de esterificação, saponificação e o éster formado são, respectivamente:

a) X, Y e II.
b) Y, Z e I.
c) X, Y e III.
d) Y, Z e II.
e) X, Y e II.

DADO: estrutura do ácido oleico

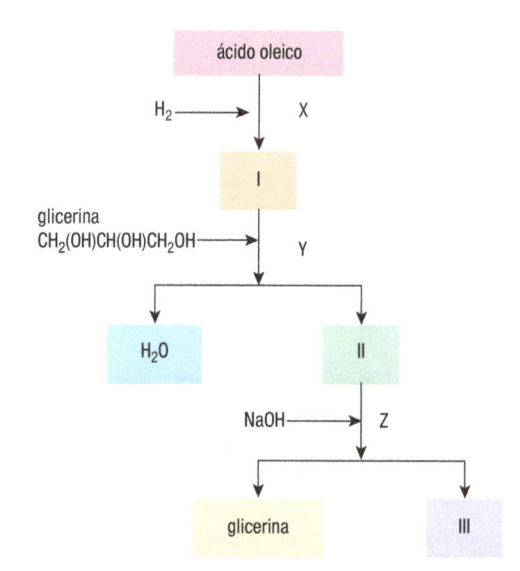

$$CH_3-(CH_2)_7-\underset{H}{C}=\underset{H}{C}-(CH_2)_7-COOH$$

---

22. (ENEM) A descoberta dos organismos extremófilos foi uma surpresa para os pesquisadores. Alguns desses organismos, chamados de acidófilos, são capazes de sobreviver em ambientes extremamente ácidos. Uma característica desses organismos é a capacidade de produzir membranas celulares compostas de lipídios feitos de éteres em vez dos ésteres de glicerol, comuns nos outros seres vivos (mesófilos), o que preserva a membrana celular desses organismos mesmo em condições extremas de acidez.

A degradação das membranas celulares de organismos não extremófilos em meio ácido é classificada como

a) hidrólise.
b) termólise.
c) eterificação.
d) condensação.
e) saponificação.

23. (UFES) A reação esquematizada abaixo exemplifica a formação de um composto lipofílico utilizando um triglicerídeo e um composto básico:

composto 1 + 3 NaOH (composto 2) $\xrightarrow{H_2O}$ composto 3 (OH, OH, OH) + composto 4

a) Escreva o nome dos compostos 2 e 3.
b) Identifique o tipo de reação química exemplificada acima.
c) Escreva a função química a que pertence o composto 1, indicando se é óleo ou gordura. Justifique sua resposta.
d) Escreva a fórmula estrutural em bastão do composto 4.

24. (PUC) Observe a figura ao lado que representa a ação de limpeza do detergente sob uma molécula de óleo e assinale a alternativa correta.

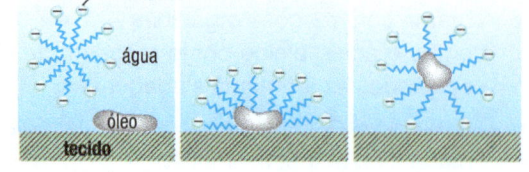

a) As moléculas de detergente são totalmente apolares.
b) As moléculas polares do óleo interagem com a parte polar do detergente.
c) A parte polar do detergente interage com as moléculas de água.
d) A maior parte da molécula de detergente é polar.
e) A parte apolar do detergente interage com as moléculas de água.

25. (ENEM) Os tensoativos são compostos capazes de interagir com substâncias polares e apolares. A parte iônica dos tensoativos interage com substâncias polares, e a parte lipofílica interage com os apolares. A estrutura orgânica de um tensoativo pode ser representada por:

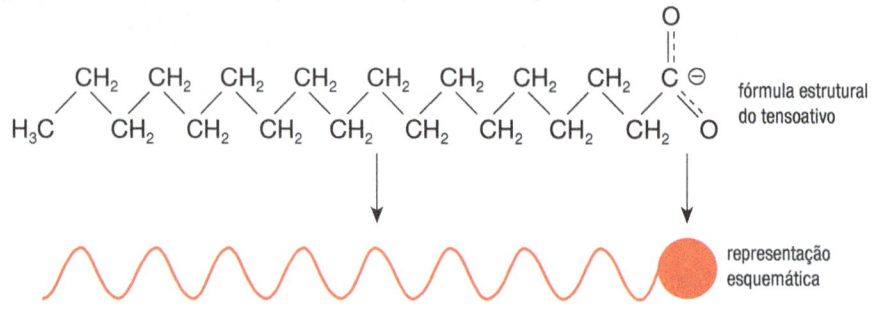

Ao adicionar um tensoativo sobre a água, suas moléculas formam um arranjo ordenado. Esse arranjo é representado esquematicamente por:

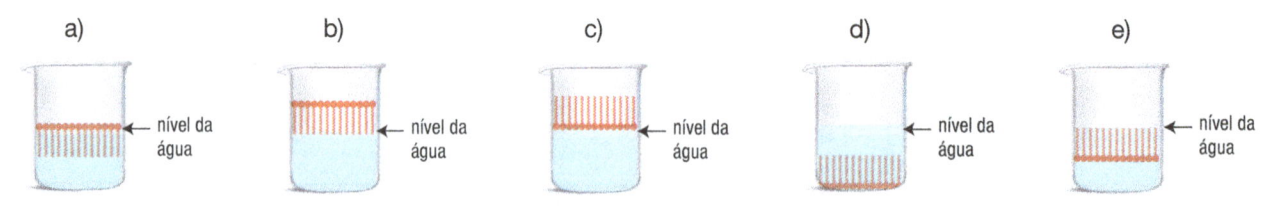

26. (ENEM) Um dos métodos de produção de biodiesel envolve a transesterificação do óleo de soja utilizando metanol em meio básico (NaOH ou KOH), que precisa ser realizada na ausência de água. A figura mostra o esquema reacional da produção de biodiesel, em que R representa as diferentes cadeias hidrocarbônicas dos ésteres de ácidos graxos.

A ausência de água no meio reacional se faz necessária para

a) manter o meio reacional no estado sólido.
b) manter a elevada concentração do meio reacional.
c) manter constante o volume de óleo no meio reacional.
d) evitar a diminuição da temperatura da mistura reacioanal.
e) evitar a hidrólise dos ésteres no meio reacional e a formação de sabão.

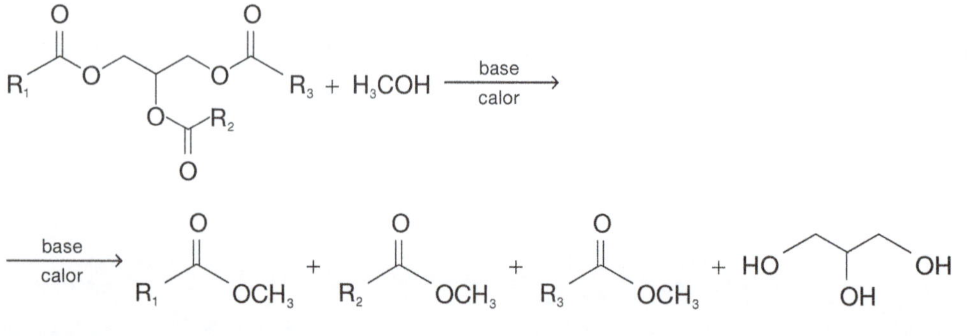

27. (ENEM) O biodiesel não é classificado como uma substância pura, mas como uma mistura de ésteres derivados dos ácidos graxos presentes em sua matéria-prima. As propriedades do biodiesel variam com a composição do óleo vegetal ou gordura animal que lhe deu origem, por exemplo, o teor de ésteres saturados é responsável pela maior estabilidade do biodiesel frente à oxidação, o que resulta em aumento da vida útil do biocombustível. O quadro ilustra o teor médio de ácidos graxos de algumas fontes oleaginosas.

FONTE OLEAGINOSA	TEOR MÉDIO DO ÁCIDO GRAXO (% EM MASSA)					
	Mirístico (C14:0)	Palmítico (C16:0)	Esteárico (C18:0)	Oleico (C18:1)	Linoleico (C18:2)	Linolênico (C18:3)
milho	< 0,1	11,7	1,9	25,2	60,6	0,5
palma	1,0	42,8	4,5	40,5	10,1	0,2
canola	< 0,2	3,5	0,9	64,4	22,3	8,2
algodão	0,7	20,1	2,6	19,2	55,2	0,6
amendoim	< 0,6	11,4	2,4	48,3	32,0	0,9

MA, F.; HANNA, M. A. Biodiesel Production: a review. **Bioresource Technology**, Londres, v. 70, n. 1, Jan. 1999. Adaptado.

NOTA: Na tabela, entre parênteses, são dados o número de átomos de carbono e o número de ligações duplas.

Qual das fontes oleaginosas apresentadas produziria um biodiesel de maior resistência à oxidação?

a) milho b) palma c) canola d) algodão e) amendoim

SÉRIE PLATINA

1. (UNICAMP – SP – adaptada) A biotecnologia está presente em nosso dia a dia, contribuindo de forma significativa para a nossa qualidade de vida. Ao abastecer um automóvel com etanol, estamos fazendo uso de um produto da biotecnologia obtido com a fermentação de açúcares presentes no caldo extraído da cana-de-açúcar. Após a extração do caldo, uma quantidade significativa de carboidratos presentes na estrutura celular é perdida no bagaço da cana-de-açúcar. A produção de etanol de segunda geração a partir do bagaço seria uma forma de aumentar a energia renovável, promovendo uma matriz energética mais sustentável.

a) Cite um carboidrato presente na estrutura da parede celular da cana-de-açúcar que poderia ser hidrolisado para fornecer os açúcares para a obtenção de etanol.
b) Por que a biomassa é considerada uma fonte renovável de energia?
c) Equacione as reações de hidrólise do carboidrato e fermentação dos açúcares para a obtenção de etanol.

2. (FUVEST – SP) No processo tradicional, o etanol é produzido a partir do caldo da cana-de-açúcar por fermentação promovida por leveduras naturais, e o bagaço de cana é desprezado. Atualmente, leveduras geneticamente modificadas podem ser utilizadas em novos processos de fermentação para a produção de biocombustíveis. Por exemplo, no processo A, o bagaço de cana, após hidrólise da celulose e da hemicelulose, também pode ser transformado em etanol. No processo B, o caldo de cana, rico em sacarose, é transformado em farneseno que, após hidrogenação das ligações duplas, se transforma no "diesel de cana". Esses três processos de produção de biocombustíveis podem ser representados por:

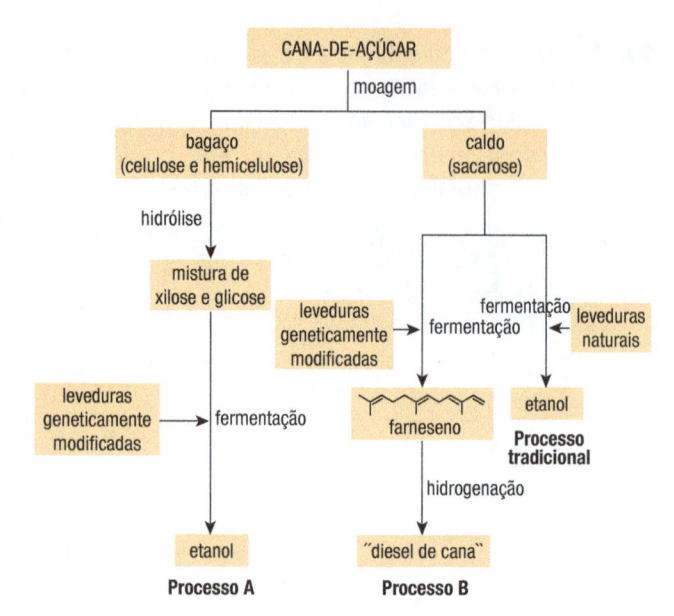

Com base no descrito acima, é correto afirmar:

a) No processso A, a sacarose é transformada em celulose por microrganismos transgênicos.
b) O processo A, usado em conjunto com o processo tradicional, permite maior produção de etanol por hectare cultivado.
c) O produto da hidrogenação do farneseno não deveria ser chamado de "diesel", pois não é um hidrocarboneto.
d) A combustão do etanol produzido por microrganismos transgênicos não é poluente, pois não produz dióxido de carbono.
e) O processo B é vantajoso em relação ao processo A, pois a sacarose é matéria-prima com menor valor econômico do que o bagaço de cana.

3. (FUVEST – SP) A dieta de jogadores de futebol deve fornecer energia suficiente para um bom desempenho. Essa dieta deve conter principalmente carboidratos e pouca gordura. A glicose proveniente dos carboidratos é armazenada sob a forma do polímero glicogênio, que é uma reserva de energia para o atleta. Certos lipídios, contidos nos alimentos, são derivados do glicerol e também fornecem energia.

a) Durante a respiração celular, tanto a glicose quanto os ácidos graxos provenientes do lipídio derivado do glicerol são transformados em CO_2 e H_2O. Em qual destes casos deverá haver maior consumo de oxigênio: na transformação de 1 mol de glicose ou na transformação de 1 mol do ácido graxo proveniente do lipídio cuja fórmula estrutural é mostrada acima? Explique.

Durante o período de preparação para a Copa de 2014, um jogador de futebol recebeu, a cada dia, uma dieta contendo 600 g de carboidrato e 80 g de gordura. Durante esse período, o jogador participou de um treino por dia.

b) Calcule a energia consumida por km percorrido em um treino (kcal/km), considerando que a energia necessária para essa atividade corresponde a 2/3 da energia proveniente da dieta ingerida em um dia.

DADOS:

▶▶ energia por componente dos alimentos:

carboidrato .... 4 kcal/g
gordura .... 9 kcal/g

▶▶ distância média percorrida por um jogador: 5.000 m/treino

4. (FUVEST – SP) O valor biológico proteico dos alimentos é avaliado comparando-se a porcentagem dos aminoácidos, ditos "essenciais", presentes nas proteínas desses alimentos, com a porcentagem dos mesmos aminoácidos presentes na proteína do ovo, que é tomada como referência. Quando, em um determinado alimento, um desses aminoácidos estiver presente em teor inferior ao do ovo, limitará a quantidade de proteína humana que poderá ser sintetizada. Um outro alimento poderá compensar tal deficiência no referido aminoácido. Esses dois alimentos conterão "proteínas complementares" e, juntos, terão um valor nutritivo superior a cada um em separado.

ALGUNS AMINOÁCIDOS ESSENCIAIS	ARROZ	FEIJÃO
lisina	63	102
fenilalanina	110	107
metionina	82	37
leucina	115	101

Na tabela que se segue, estão as porcentagens de alguns aminoácidos "essenciais" em dois alimentos em relação às do ovo (100%).

a) Explique por que a combinação "arroz com feijão" é adequada em termos de "proteínas complementares".

A equação que representa a formação de um peptídio, a partir dos aminoácidos isoleucina e valina, é dada a seguir.

b) Mostre, com um círculo, na fórmula estrutural do peptídio, a parte que representa a ligação peptídica.
c) Determine o valor de x na equação química dada.
d) 100 g de proteína de ovo contêm 0,655 g de isoleucina e 0,810 g de valina. Dispondo-se dessas massas de aminoácidos, qual é a massa aproximada do peptídio, representado acima, que pode ser obtida, supondo reação total? Mostre os cálculos.

DADOS: massas molares (g/mol): valina = 117, isoleucina = 131, água = 18.

5. (FUVEST – SP) A gelatina é uma mistura de polipeptídeos que, em temperaturas não muito elevadas, apresenta a propriedade de reter moléculas de água, formando, assim, um gel. Esse processo é chamado de gelatinização. Porém, se os polipeptídeos forem hidrolisados, a mistura resultante não mais apresentará a propriedade de gelatinizar. A hidrólise pode ser catalisada por enzimas, como a bromelina, presente no abacaxi.

Em uma série de experimentos, todos à mesma temperatura, amostras de gelatina foram misturadas com água ou com extratos aquosos de abacaxi. Na tabela ao lado, foram descritos os resultados dos diferentes experimentos.

EXPERIMENTO	SUBSTRATO	REAGENTE	RESULTADO OBSERVADO
1	gelatina	água	gelatinização
2	gelatina	extrato de abacaxi	não ocorre gelatinização
3	gelatina	extrato de abacaxi previamente fervido	gelatinização

a) Explique o que ocorreu no experimento 3 que permitiu a gelatinização, mesmo em presença do extrato de abacaxi.

Na hidrólise de peptídeos, ocorre a ruptura das ligações peptídicas. No caso de um dipeptídeo, sua hidrólise resulta em dois aminoácidos.

b) Complete o esquema abaixo, escrevendo as fórmulas estruturais planas dos dois produtos da hidrólise do peptídeo representado abaixo.

6. (FUVEST – SP) Peptídeos podem ser analisados pelo tratamento com duas enzimas. Uma delas, uma carboxipeptidase, quebra mais rapidamente a ligação peptídica entre o aminoácido que tem um grupo carboxílico livre e o seguinte. O tratamento com outra enzima, uma aminopeptidase, quebra, mais rapidamente, a ligação peptídica entre o aminoácido que tem um grupo amino livre e o anterior. Isso permite identificar a sequência dos aminoácidos no peptídeo.

Um tripeptídeo, formado pelos aminoácidos lisina, fenilalanina e glicina, não necessariamente nessa ordem, foi submetido a tratamento com carboxipeptidase, resultando em uma mistura de um dipeptídeo e fenilalanina. O tratamento do mesmo tripeptídeo com aminopeptidase resultou em uma mistura de um outro dipeptídeo e glicina.

O número de combinações possíveis para os três aminoácidos e a fórmula estrutural do peptídeo podem ser, respectivamente.

a) 3 combinações e [estrutura: Gli-Lis-Fen]

b) 3 combinações e [estrutura: Fen-Lis-Gli]

c) 6 combinações e [estrutura: Gli-Lis-Fen]

d) 6 combinações e [estrutura: Fen-Gli-Lis]

e) 6 combinações e [estrutura: Lis-Gli-Fen]

NOTE E ADOTE:

lisina   glicina   fenilalanina

7. (FUVEST – SP) A preparação de um biodiesel, em uma aula experimental, foi feita utilizando-se etanol, KOH e óleo de soja, que é constituído principalmente por triglicerídeos. A reação que ocorre nessa preparação de biodiesel é chamada transesterificação, em que um éster reage com um álcool, obtendo-se um outro éster. Na reação feita nessa aula, o KOH foi utilizado como catalisador. O procedimento foi o seguinte:

1.ª etapa: Adicionou-se 1,5 g de KOH a 35 mL de etanol, agitando-se continuamente a mistura.

2.ª etapa: Em um erlenmeyer, foram colocados 100 mL de óleo de soja, aquecendo-se em banho-maria, a uma temperatura de 45 °C. Adicionou-se a esse óleo de soja a solução de catalisador, agitando-se por mais 20 minutos.

3.ª etapa: Transferiu-se a mistura formada para um funil de separação, e esperou-se a separação das fases, conforme representado na figura ao lado.

a) Toda a quantidade de KOH, empregada no procedimento descrito, se dissolveu no volume de etanol empregado na primeira etapa? Explique, mostrando os cálculos.

b) Considere que a fórmula estrutural do triglicerídeo contido no óleo de soja é a mostrada abaixo.

$$\begin{array}{c} H \\ | \\ H-C-O-C(=O)-C_{17}H_{31} \\ | \\ H-C-O-C(=O)-C_{17}H_{31} \\ | \\ H-C-O-C(=O)-C_{17}H_{31} \\ | \\ H \end{array}$$

Escreva, no espaço abaixo, a fórmula estrutural do biodiesel formado.

c) Se, na primeira etapa desse procedimento, a solução de KOH em etanol fosse substituída por um excesso de solução de KOH em água, que produtos se formariam? Responda, completando o esquema a seguir, com as fórmulas estruturais dos dois compostos que se formariam e balanceando a equação química.

$$\begin{array}{c} H \\ | \\ H-C-O-C(=O)-C_{17}H_{31} \\ | \\ H-C-O-C(=O)-C_{17}H_{31} \\ | \\ H-C-O-C(=O)-C_{17}H_{31} \\ | \\ H \end{array} + KOH(aq) \longrightarrow \boxed{} + \boxed{}$$

DADO: solubilidade do KOH em etanol a 25 °C = 40 g em 100 mL.

8. (FUVEST – SP) O glicerol é um subproduto do biodiesel, preparado pela transesterificação de óleos vegetais. Recentemente, foi desenvolvido um processo para aproveitar esse subproduto:

Tal processo pode ser considerado adequado ao desenvolvimento sustentável porque

I. permite gerar metanol, que pode ser reciclado na produção de biodiesel.
II. pode gerar gasolina a partir de uma fonte renovável, em substituição ao petróleo, não renovável.
III. tem impacto social, pois gera gás de síntese, não tóxico, que alimenta fogões domésticos.

É verdadeiro apenas o que se afirma em

a) I. b) II. c) III. d) I e II. e) I e III.

Capítulo 7
Reações de Oxirredução em Compostos Orgânicos

Vimos, nos capítulos anteriores desta unidade, uma série de reações que envolvem compostos orgânicos, desde reações de combustão ou reações de adição, que são utilizadas na produção de monômeros, até reações de condensação para formação de polissacarídeos.

Algumas dessas reações envolvem transferência de elétrons entre os reagentes, sendo classificadas como **reações de oxirredução**, que já estudamos anteriormente para compostos inorgânicos.

Entre as reações que envolvem compostos orgânicos, as reações de combustão talvez sejam as mais frequentemente lembradas, seja na queima de combustíveis em nossas casas ou nos automóveis, seja no metabolismo da glicose em nossas células.

$$CH_4 + 2\,O_2 \longrightarrow CO_2 + 2\,H_2O$$

$$C_8H_{18} + \frac{25}{2}\,O_2 \longrightarrow 8\,CO_2 + 9\,H_2O$$

Nas reações de combustão completa, o gás oxigênio reage com o combustível (CH_4 para o caso do gás natural, C_8H_{18} para o caso da gasolina), produzindo dióxido de carbono e água e liberando energia.

A gasolina é uma mistura de hidrocarbonetos com 5 a 12 átomos de carbono, utilizada como combustível para automóveis.

Nas reações de combustão, ocorre a oxidação do composto orgânico (combustível) pelo gás oxigênio, o que pode ser evidenciado pela variação do **número de oxidação** (**Nox**). Observe essa variação para a reação de combustão do metano:

$$CH_4 + 2\ O_2 \longrightarrow CO_2 + 2\ H_2O$$

$C: -4,\ H: +1,\ O_2: 0,\ C: +4,\ O: -2,\ H: +1,\ O: -2$

Nessa reação, o oxigênio atua como agente oxidante, tendo seu Nox reduzido de 0 para –2; já o metano atua como agente redutor, uma vez que o Nox do carbono aumenta de –4 para +4.

Em Química Orgânica, apesar de a variação do número de oxidação evidenciar a transferência de elétrons em uma reação química, a **oxidação** pode ser entendida de maneira simplificada a partir da introdução de átomos de oxigênio na molécula orgânica. Já a **redução** pode ser entendida como a retirada de átomos de oxigênio da molécula orgânica (e/ou introdução de átomos de hidrogênio na molécula orgânica).

As reações de combustão anteriormente equacionadas correspondem a oxidações completas e totais do composto orgânico, tanto que todas as ligações presentes no combustível são rompidas. Observe que no combustível (CH_4 ou C_8H_{18}) não há ligações entre carbono e oxigênio, enquanto no produto (CO_2) sim!

Entretanto, dependendo do agente oxidante utilizado, podemos obter outros produtos decorrentes da oxidação dos compostos orgânicos. Diferenciar os **tipos de oxidação** de **alcenos** e de **compostos oxigenados** e os produtos obtidos é o objetivo deste capítulo.

Fique ligado!

Agentes oxidantes em reações orgânicas

Os principais agentes oxidantes utilizados em reações orgânicas, além do próprio **gás oxigênio** (O_2), são o **gás ozônio** (O_3), o **permanganato de potássio** ($KMnO_4$) e o **dicromato de potássio** ($K_2Cr_2O_7$).

Os oxidantes $KMnO_4$ e $K_2Cr_2O_7$, em sua decomposição, liberam [O] (oxigênio atômico ou nascente), que será responsável por reagir com a molécula orgânica. Essa estrutura ([O]) é bastante reativa, pois o oxigênio apresenta apenas seis elétrons, faltando dois elétrons para atingir o octeto.

Para o $KMnO_4$, por exemplo, dependendo das condições do meio, a liberação de [O] ocorre de formas diferentes:

$$2\ KMnO_4 + 3\ H_2SO_4 \xrightarrow{\text{meio ácido}} K_2SO_4 + 2\ MnSO_4 + 3\ H_2O + 5\ [O]$$

$$2\ KMnO_4 + H_2O \xrightarrow{\text{meio básico}} 2\ KOH + 2\ MnO_2 + 3\ [O]$$

Assim, as reações de oxidação em Química Orgânica são usualmente escritas de maneira simplificada, escrevendo-se [O] sobre a seta de reação, o que indica que o composto está sofrendo oxidação.

7.1 Oxidação de alcenos

Além das reações de combustão, temos três tipos de reações de oxidação para os alcenos: **oxidação branda**, **ozonólise** e **oxidação enérgica**.

Na **oxidação branda**, a oxidação é realizada em meio básico ou neutro e sem necessidade de aquecimento. Nesse processo, ocorre a quebra da ligação π da ligação dupla do alceno, com a entrada de uma hidroxila (OH) em cada carbono da ligação dupla, produzindo **diálcool vicinal** (um **diol**). Observe o exemplo da oxidação branda do eteno:

$$H_2C=CH_2 \xrightarrow{\text{oxidação branda [O]}} \underset{\substack{\text{etano-1,2-diol}\\ \text{(etilenoglicol)}}}{H_2C(OH)-CH_2(OH)}$$

O etilenoglicol é matéria-prima para produção de PET, um poliéster bastante utilizado na confecção de embalagens plásticas.

Fique ligado!

Teste de Bayer

Alcenos e cicloalcanos possuem ambos a mesma fórmula molecular geral: C_nH_{2n}. Por exemplo, o ciclopentano e o pent-2-eno apresentam ambos fórmula molecular C_5H_{10}, sendo, portanto, isômeros de cadeia. Esses isômeros podem ser diferenciados a partir de reações de oxidação. Se adicionarmos a esses compostos um agente oxidante brando ($KMnO_4$ em meio básico, que apresenta coloração violeta), somente o alceno reagirá, provocando o descoramento da solução (a cor violeta desaparece em virtude do consumo de $KMnO_4$). Esse é o **Teste de Bayer**, que permite diferenciar um alceno de um cicloalcano.

Na **ozonólise**, o agente oxidante é o ozônio (O_3) em meio aquoso e na presença de pó de zinco, ocorrendo a quebra da ligação dupla e formação de um composto intermediário e instável chamado ozoneto ou ozonídeo. Observe a formação desse composto intermediário quando o composto de partida é o 2-metilbut-2-eno:

$$H_3C-\underset{CH_3}{C}=\underset{H}{C}-CH_3 + O_3 \longrightarrow \text{ozoneto}$$

2-metilbut-2-eno

Uma vez formado, o ozoneto se decompõe e cada carbono fica com um átomo de oxigênio (estabelecendo uma ligação dupla) e o terceiro átomo de oxigênio se liga à água para formar o H_2O_2:

ozoneto + H_2O → propanona + etanal + H_2O_2

O pó de zinco adicionado ao sistema reage com o H_2O_2 para que o peróxido de hidrogênio não ataque o aldeído formado (se não houver o pó de zinco, o aldeído seria oxidado para formar um ácido carboxílico):

$$Zn + H_2O_2 \longrightarrow ZnO + H_2O$$

Assim, a equação global da ozonólise do 2-metilbut-2-eno pode ser equacionada por:

$$\underset{\text{2-metilbut-2-eno}}{H_3C-\underset{CH_3}{\underset{|}{C}}=\underset{H}{\underset{|}{C}}-CH_3} \xrightarrow{O_3,\, H_2O,\, Zn} \underset{\text{propanona}}{H_3C-\underset{CH_3}{\underset{|}{C}}=O} + \underset{\text{etanal}}{\underset{H}{\overset{O}{\underset{\diagup}{\overset{\diagdown}{C}}}}-CH_3}$$

> Em **resumo**, na **ozonólise** de alcenos:
> ▸▸ carbonos da ligação dupla primários ou secundários produzem aldeídos;
> ▸▸ carbonos da ligação dupla terciários produzem cetonas.

O último tipo de oxidação de alcenos que estudaremos é a **oxidação enérgica**, na qual a oxidação é realizada em meio ácido e com aquecimento. De forma similar à ozonólise, na oxidação enérgica também ocorre a quebra da ligação dupla, porém, como o meio reacional é mais oxidante, não obtemos aldeídos. Os produtos formados dependem da estrutura do alceno.

Para o caso do 2-metilbut-2-eno, obtemos uma cetona e um ácido carboxílico, como equacionado a seguir:

$$\underset{\text{2-metilbut-2-eno}}{H_3C-\underset{CH_3}{\underset{|}{C}}\doteq\underset{H}{\underset{|}{C}}-CH_3} \longrightarrow \underset{\text{propanona}}{H_3C-\underset{CH_3}{\underset{|}{C}}=O} + \underset{\text{ácido etanoico}}{\underset{HO}{\overset{O}{\underset{\diagup}{\overset{\diagdown}{C}}}}-CH_3}$$

Agora, se o reagente fosse o metilpropeno, seriam obtidos uma cetona, gás carbônico e água:

$$\underset{\text{metilpropeno}}{H-\underset{H}{\underset{|}{C}}=\underset{CH_3}{\underset{|}{C}}-CH_3} \longrightarrow \underset{\text{gás carbônico}}{CO_2} + \underset{\text{água}}{H_2O} + \underset{\text{propanona}}{O=\underset{CH_3}{\underset{|}{C}}-CH_3}$$

> Assim, em **resumo**, na **oxidação enérgica** de alcenos:
> ▸▸ carbonos da ligação dupla primários produzem gás carbônico (CO_2) e água (H_2O);
> ▸▸ carbonos da ligação dupla secundários produzem ácidos carboxílicos;
> ▸▸ carbonos da ligação dupla terciários produzem cetonas.

Fique ligado!

Oxidação de alcenos e Nox

Nas reações de oxidação de alcenos que apresentamos até agora, analisamos o processo de oxidação a partir da introdução de átomos de oxigênio na molécula orgânica. Entretanto, a oxidação também pode ser identificada a partir do aumento do número de oxidação dos carbonos presentes nessas moléculas.

Observe os exemplos a seguir, nos quais, em ambos os casos, há aumento do número de oxidação dos carbonos da ligação dupla.

▶▶ Oxidação branda do eteno:

▶▶ Oxidação enérgica do 2-metilbut-2-eno:

7.2 Oxidação de compostos oxigenados

Além dos hidrocarbonetos insaturados, os álcoois também podem sofrer reações de oxidação, sendo que o produto da oxidação dependerá do tipo de álcool reagente: primário, secundário ou terciário.

Essas reações baseiam-se no seguinte mecanismo: o oxigênio atômico ([O]), liberado pelo agente oxidante, irá atacar o carbono ligado à hidroxila, produzindo um diol com duas hidroxilas ligadas no mesmo carbono. Esse diol é instável e naturalmente se decomporá, liberando uma molécula de água e formando uma ligação C = O. Observe as etapas desse mecanismo equacionadas a seguir:

No caso de um **álcool primário** (um álcool no qual a hidroxila está ligada a um carbono primário), o álcool é inicialmente oxidado a aldeído:

etanol (álcool primário)   diol   etanal (aldeído)

Entretanto, o aldeído formado pode ser novamente oxidado, dando origem a um ácido carboxílico:

$$H_3C-\underset{H}{\overset{O}{\underset{|}{C}}}=O \xrightarrow{[O]} H_3C-\underset{OH}{\overset{O}{\underset{|}{C}}}=O$$

etanal (aldeído)   ácido etanoico (ácido carboxílico)

> **Lembre-se!**
> Alguns autores consideram a oxidação do álcool primário para aldeído como uma **oxidação branda** e a oxidação do álcool primário para ácido carboxílico como **oxidação enérgica**.

Essa sequência de oxidações, partindo do álcool primário, pode ser evidenciada pelo aumento do número de oxidação do carbono ligado à hidroxila:

$$H_3C-\overset{-2}{\underset{\underset{+1}{H}}{\overset{\overset{-1}{OH}}{\underset{-1}{C}}}}-H_{+1} \longrightarrow H_3C-\overset{-2}{\underset{\underset{+1}{H}}{\overset{O}{\underset{+1}{C}}}} \longrightarrow H_3C-\overset{-2}{\underset{\underset{-1}{OH}}{\overset{O}{\underset{+3}{C}}}}$$

etanol   etanal   ácido etanoico

Fique ligado!

Bafômetro

Para avaliar o nível de embriaguez dos motoristas, a polícia utiliza um aparelho, o bafômetro (ou etilômetro), para determinar a concentração de etanol no ar expirado pelo motorista.

Os bafômetros mais simples baseiam-se na reação de oxirredução entre um sal de dicromato (por exemplo, dicromato de potássio: $K_2Cr_2O_7$) e etanol. Enquanto o primeiro sofre redução e, em decorrência disso, a cor muda de laranja para verde, o etanol sofre oxidação conforme a sequência que estudamos: inicialmente transforma-se em etanal (aldeído) e, posteriormente, pode dar origem ao ácido etanoico (ácido carboxílico).

Em bafômetros digitais, o ácido etanoico, produto da oxidação do etanol, altera a condutividade elétrica de uma solução no interior do aparelho, que é convertida para o valor da concentração de etanol no ar expirado pela pessoa e mostrado no visor do dispositivo.

$$K_2Cr_2O_7 + 3\ CH_3CH_2OH + 4\ H_2SO_4 \longrightarrow 3\ CH_3CHO + K_2SO_4 + Cr_2(SO_4)_3 + 7\ H_2O$$

alaranjado   etanol   etanal   verde

$$CH_3CHO \xrightarrow{[O]} CH_3COOH$$

etanal   ácido etanoico

Já para um **álcool secundário** (álcool no qual a hidroxila está ligada a um carbono secundário), a oxidação segue o mesmo mecanismo da do álcool primário, com formação de um diol instável, porém o produto da decomposição desse diol é uma cetona. Essa cetona, por sua vez, não oxida, uma vez que não possui outro hidrogênio ligado ao carbono com a ligação dupla com o oxigênio, como pode ser visto na sequência de reações a seguir:

$$H_3C-\underset{\underset{CH_3}{|}}{\overset{\overset{OH}{|}}{C}}-H \xrightarrow{[O]} H_3C-\underset{\underset{CH_3}{|}}{\overset{\overset{OH}{|}}{C}}-OH \longrightarrow H_3C-\underset{\underset{CH_3}{|}}{C}\!\!=\!\!O + H_2O$$

propan-2-ol   diol   propanona

Nesse caso, também podemos evidenciar a oxidação do álcool secundário a partir do aumento do número de oxidação do carbono ligado à hidroxila:

$$H_3C-\underset{\underset{H}{|}}{\overset{\overset{OH}{|}}{C}}-CH_3 \xrightarrow{[O]} H_3C-\overset{\overset{O}{||}}{C}-CH_3$$

Fique ligado!

Diferenciação de aldeídos e cetonas

A reação de oxidação pode ser utilizada para diferenciar aldeídos (que oxidam e dão origem a ácidos carboxílicos) de cetonas (que não oxidam). Em laboratório, um dos agentes oxidantes mais conhecidos nessa diferenciação é o **reativo de Tollens** (solução amoniacal de nitrato de prata).

Quando um aldeído é oxidado com o reativo de Tollens, íons Ag^+ são reduzidos a Ag (prata metálica), que se deposita sobre a parede interna do tubo de ensaio, formando um **espelho de prata**.

Já os **álcoois terciários** (álcoois nos quais a hidroxila está ligada a um carbono terciário) não sofrem reações de oxidação, uma vez que não há, como no caso dos álcoois primários e secundários, hidrogênio ligado ao carbono com hidroxila para formação do diol instável.

$$H_3C-\underset{\underset{CH_3}{|}}{\overset{\overset{OH}{|}}{C}}-CH_3 \xrightarrow{[O]} \text{não reage}$$

metilpropan-2-ol

Assim, a **oxidação de álcoois** pode ser **resumida** em:
- álcool primário $\xrightarrow{[O]}$ aldeído $\xrightarrow{[O]}$ ácido carboxílico
- álcool secundário $\xrightarrow{[O]}$ cetona
- álcool terciário $\xrightarrow{[O]}$ não sofre oxidação

Fique ligado!

Redução de compostos oxigenados

As reações de oxirredução são reversíveis, de modo que aldeídos, ácidos carboxílicos e cetonas, produtos da oxidação de álcoois primários e secundários, podem ser reduzidos por um agente redutor.

Alguns dos principais agentes redutores utilizados em Química Orgânica são o hidreto de lítio e alumínio ($LiAlH_4$) e o hidreto de sódio e boro ($NaBH_4$). Assim como na oxidação, o agente redutor é indicado, de forma simplificada, por [H] (hidrogênio nascente ou atômico).

Observe, nas equações a seguir, como as reações de oxidação e redução estão relacionadas para os compostos oxigenados:

$$H_3C-CH_2-OH \underset{[H]}{\overset{[O]}{\rightleftarrows}} H_3C-C\overset{O}{\underset{H}{\diagdown}} \underset{[H]}{\overset{[O]}{\rightleftarrows}} H_3C-C\overset{O}{\underset{OH}{\diagdown}}$$

etanol (álcool primário)   etanal (aldeído)   ácido etanoico (ácido carboxílico)

$$H_3C-\underset{|}{\overset{OH}{CH}}-CH_3 \underset{[H]}{\overset{[O]}{\rightleftarrows}} H_3C-\overset{O}{\underset{\|}{C}}-CH_3$$

propan-2-ol (álcool secundário)   propanona (cetona)

Você sabia?

Oxirredução, antioxidantes e envelhecimento

Durante o metabolismo dos seres vivos, são formadas estruturas chamadas **radicais livres**, que, por possuírem elétrons desemparelhados, são bastante reativas e ávidas por roubar elétrons de outras moléculas no nosso corpo, danificando-as nesse processo.

Entretanto, embora os radicais livres sejam prejudiciais por sua própria natureza, eles são uma parte inevitável da vida. Sua produção é intensificada em resposta a efeitos externos, como fumaça de cigarro, raios ultravioleta e poluição do ar, mas eles também são um subproduto natural de processos naturais nas células. Por exemplo, quando o sistema imunológico se mobiliza contra intrusos, são os radicais livres liberados a partir do oxigênio que destroem vírus, bactérias e células danificadas do corpo.

E, para conter um "ataque interno" e controlar a quantidade de radicais livres, os organismos apresentam uma série de substâncias e enzimas **antioxidantes**, que neutralizam os radicais livres, doando alguns de seus próprios elétrons, ou seja, esses antioxidantes atuam, na realidade, como **agentes redutores**.

Como os radicais livres são bastante reativos, nós precisamos de um suprimento adequado e contínuo de antioxidantes para desativá-los. As nossas células produzem naturalmente alguns antioxidantes, como a glutationa, enquanto os alimentos que ingerimos fornecem outros, como as vitaminas C e E.

ácido ascórbico

Depois que a vitamina C (ácido ascórbico) neutralizou um radical livre ao doar elétrons a ele, a hesperetina (substância encontrada em laranjas e outras frutas cítricas) pode restaurar a vitamina C à sua forma antioxidante ativa que, por sua vez, pode neutralizar outro radical livre.

Em relação a essa temática, é comum encontrarmos notícias, anúncios e rótulos de alimentos exaltando os benefícios dos antioxidantes, como retardar o envelhecimento, evitar doenças cardíacas, melhorar a visão debilitada e controlar o câncer. E, de fato, estudos realizados em grande escala (aqueles que questionam as pessoas sobre seus hábitos alimentares e uso de suplementos e, em seguida, rastreiam seus padrões de doença) observaram os benefícios de antioxidantes provenientes de uma ampla gama de vegetais coloridos e frutas. Entretanto, os resultados de testes controlados randomizados de suplementos antioxidantes (nos quais as pessoas são designadas para tomar suplementos de nutrientes específicos ou um placebo) não sustentaram muitas dessas afirmações, razão pela qual o melhor mesmo é obtermos os antioxidantes a partir de uma dieta bem equilibrada.

Alimentos como frutas cítricas, mirtilo, vegetais verdes-escuros e alguns cereais já foram classificados como "superalimentos" em virtude do alto teor de substâncias antioxidantes que contêm. Atualmente, entretanto, nutricionistas recomendam a ingestão de uma dieta rica e balanceada e não uma dieta restrita a apenas alguns "superalimentos".

SÉRIE BRONZE

1. Sobre as reações de oxidação de alcenos, complete o diagrama a seguir com as informações corretas.

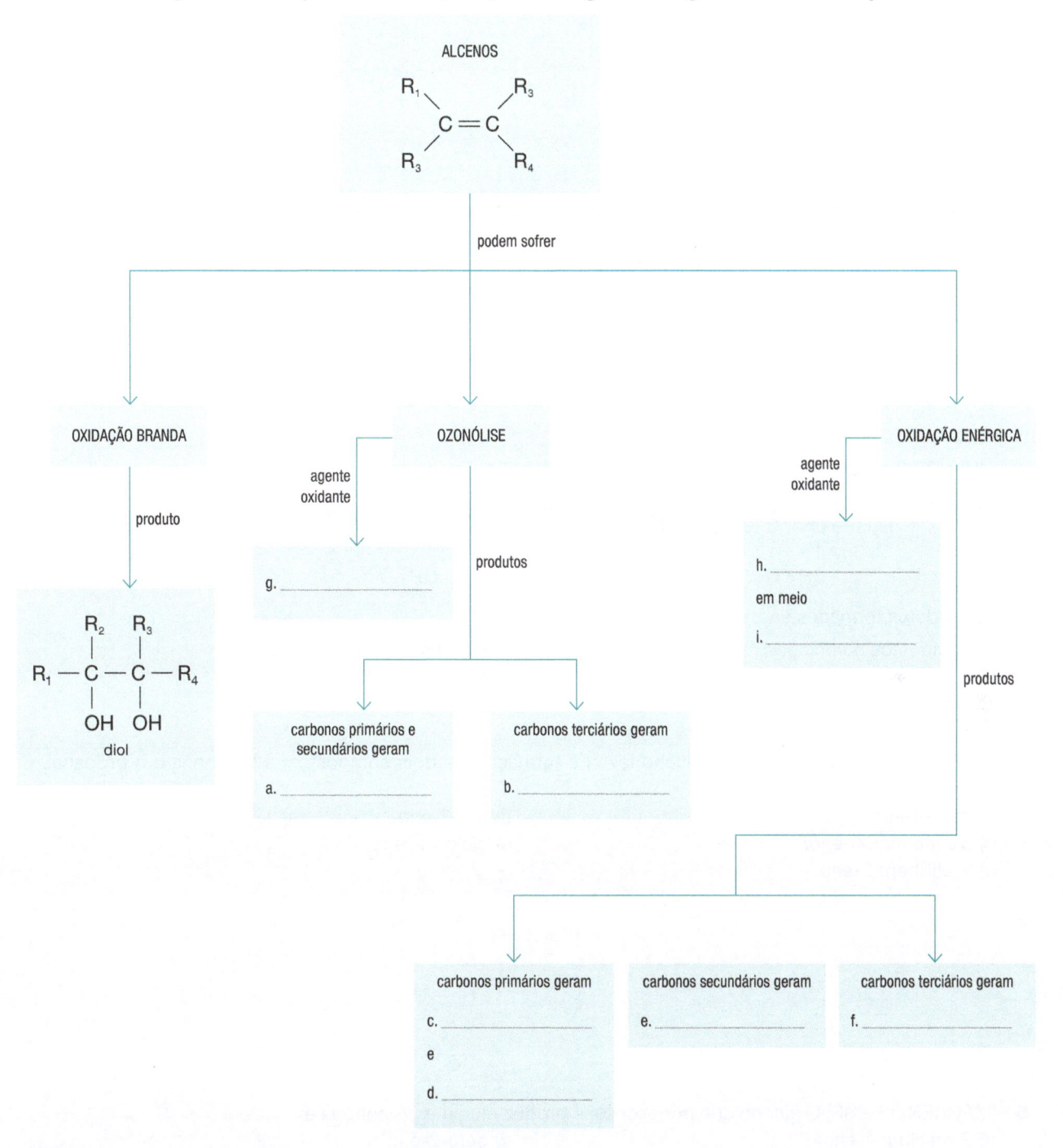

ALCENOS

$$\underset{R_3}{\overset{R_1}{>}}C=C\underset{R_4}{\overset{R_3}{<}}$$

podem sofrer

OXIDAÇÃO BRANDA

produto

$$R_1-\underset{\underset{OH}{|}}{\overset{\overset{R_2}{|}}{C}}-\underset{\underset{OH}{|}}{\overset{\overset{R_3}{|}}{C}}-R_4$$

diol

OZONÓLISE

agente oxidante

g. _____

produtos

carbonos primários e secundários geram

a. _____

carbonos terciários geram

b. _____

OXIDAÇÃO ENÉRGICA

agente oxidante

h. _____

em meio

i. _____

produtos

carbonos primários geram

c. _____
e
d. _____

carbonos secundários geram

e. _____

carbonos terciários geram

f. _____

2. Sobre as reações de oxidação de compostos oxigenados, complete as frases a seguir.

▶▶ álcoois primários oxidam inicialmente para a. _____, que podem se oxidar para b. _____.

▶▶ álcoois secundários oxidam para c. _____.

▶▶ álcoois terciários d. _____ oxidam.

SÉRIE PRATA

1. Complete as equações químicas a seguir, que representam reações de ozonólise de alcenos.

a) $H_2C = C(H) - CH_2 - CH_3 + O_3 + H_2O \xrightarrow{Zn}$

b) $H_3C - C(H) = C(CH_3) - CH_2 - CH_3 + O_3 + H_2O \xrightarrow{Zn}$

2. (MACKENZIE – SP) Na equação a seguir, as funções orgânicas a que pertencem os compostos A e B são

$H_3C - C(CH_3) = C(H) - CH_2 - CH_3 + O_3 \xrightarrow[Zn]{H_2O} A + B + H_2O + ZnO$

a) ácido carboxílico e aldeído.
b) éter e aldeído.
c) cetona e álcool.
d) hidrocarboneto e ácido carboxílico.
e) cetona e aldeído.

3. (PUCCamp – SP) Na reação representada pela equação

$H_3C - C(CH_3) = C(H) - CH_2 - CH_3 \xrightarrow{ozonólise} H_3C - C(CH_3) = O + O = C(H) - CH_2 - CH_3$

os produtos formados são:

a) compostos homólogos.
b) compostos isólogos.
c) isômeros funcionais.
d) isômeros de compensação.
e) isômeros ópticos.

4. (UFPF – RS) A ozonólise de um alceno levou à formação de dois compostos: a butanona e o propanal. O alceno de partida deve ter sido o
a) hept-3-eno.
b) 3-metil-hex-3-eno.
c) 2-etil-hept-2-eno.
d) but-2-eno.
e) ciclo-hexeno.

5. (MACKENZIE – SP) O alceno que por ozonólise produz etanal e propanona é:
a) 2-metilbut-1-eno
b) 2-metilbut-2-eno
c) pent-1-eno
d) pent-2-eno
e) 3-metilbut-1-eno

6. Complete as equações químicas a seguir, que representam reações de oxidação enérgica (KMnO$_4$/H$^+$) de alcenos.

a) $H_3C - \underset{H}{\underset{|}{C}} = \underset{H}{\underset{|}{C}} - CH_3 \xrightarrow{[O]}{H^+}$

b) $H_3C - \underset{H}{\underset{|}{C}} = \underset{CH_3}{\underset{|}{C}} - CH_2 - CH_3 \xrightarrow{[O]}{H^+}$

c) $H_2C = \underset{H}{\underset{|}{C}} - CH_2 - CH_3 \xrightarrow{[O]}{H^+}$

7. (FMPA – MG) Os produtos da oxidação enérgica do 2-metilpent-2-eno com permanganato de potássio são:

a) propanona.
b) ácido propanoico.
c) propanona e ácido acético.
d) propanona e ácido propanoico.
e) ácido propanoico.

8. (FMTM – MG) A oxidação de um alceno por KMnO$_4$ em meio ácido fornece uma mistura de propanona e ácido acético. Com base nessa informação, identifique o alceno em questão, escrevendo sua fórmula estrutural e seu nome oficial.

9. (FEI – SP) Um alceno de fórmula molecular C$_5$H$_{10}$ ao ser oxidado com solução ácida de permanganato de potássio deu origem a acetona e ácido etanoico em proporção equimolar. O nome do alceno é:

a) pent-1-eno
b) pent-2-eno
c) 2-metilbut-1-eno
d) 2-metilbut-2-eno
e) 2-etilpropeno

10. Complete as equações químicas.

$H_3C - CH_2 - OH \xrightarrow{[O]} \qquad \xrightarrow{[O]}$

11. (MACKENZIE – SP) Com finalidade de preservar a qualidade, as garrafas de vinho devem ser estocadas na posição horizontal. Desse modo, a rolha umedece e incha, impedindo a entrada de _____ que causa _____ no vinho, formando _____.

Os termos que preenchem corretamente as lacunas são:

a) ar; decomposição; etanol.
b) gás oxigênio (do ar); oxidação; ácido acético.
c) gás nitrogênio (do ar); redução; etano.
d) vapor-d'água; oxidação; etanol.
e) gás oxigênio (do ar); redução; ácido acético.

12. (UFPE) Quando uma garrafa de vinho é deixada aberta, o conteúdo vai se transformando em vinagre por uma oxidação bacteriana aeróbica representada por:

$CH_3CH_2OH \longrightarrow CH_3CHO \longrightarrow CH_3COOH$

O produto intermediário da transformação do álcool do vinho no ácido acético do vinagre é:

a) um éster.
b) uma cetona.
c) um éter.
d) um aldeído.
e) um fenol.

13. (MACKENZIE – SP) O formol é uma solução aquosa contendo 40% de metanal ou aldeído fórmico, que pode ser obtido pela reação abaixo equacionada:

$$2\ H_3C\text{—}OH + x\ O_2 \xrightarrow[Pt]{\Delta} 2\ HCHO + 2\ H_2O$$

Relativamente a essa reação, é incorreto afirmar que
a) o reagente orgânico é o metanol.
b) o reagente orgânico sofre oxidação.
c) o gás oxigênio sofre redução.
d) o metanal tem fórmula estrutural $H_3C\text{—}C\begin{smallmatrix}\diagup O \\ \diagdown OH\end{smallmatrix}$
e) o coeficiente x que torna a equação corretamente balanceada é igual a 1.

14. Complete as equações químicas a seguir, que representam reações de redução de compostos oxigenados.

a) $H_3C\text{—}CH_2\text{—}C\begin{smallmatrix}\diagup O \\ \diagdown H\end{smallmatrix} \xrightarrow{H_2}$

b) $H_3C\text{—}CH_2\text{—}\overset{\overset{O}{\|}}{C}\text{—}CH_3 \xrightarrow{H_2}$

15. (UNESP) Sabendo-se que os aldeídos são reduzidos a álcoois primários e as cetonas a álcoois secundários, escreva as fórmulas estruturais dos compostos utilizados na preparação de butan-1-ol e butan-2-ol por processos de redução.

SÉRIE OURO

1. (ENEM) O permanganato de potássio (KMnO$_4$) é um agente oxidante forte muito empregado tanto em nível laboratorial quanto industrial. Na oxidação de alcenos de cadeia normal, como o 1-fenil-1-propeno, ilustrado na figura, o KMnO$_4$ é utilizado para a produção de ácidos carboxílicos.

1-fenil-1-propeno

Os produtos obtidos na oxidação do alceno representado, em solução aquosa de KMnO$_4$, são
a) ácido benzoico e ácido etanoico.
b) ácido benzoico e ácido propanoico.
c) ácido etanoico e ácido 2-feniletanoico.
d) ácido 2-feniletanoico e ácido metanoico.
e) ácido 2-feniletanoico e ácido propanoico.

2. (PUC – SP) A ozonólise é uma reação de oxidação de alcenos, em que o agente oxidante é o gás ozônio. Essa reação ocorre na presença de água e zinco metálico, como indica o exemplo:

$$H_2O + H_3C-CH=C(CH_3)-CH_3 + O_3 \xrightarrow{Zn} H_3C-CHO + H_3C-CO-CH_3 + H_2O_2$$

Considere a ozonólise, em presença de zinco e água, do dieno representado a seguir:

$$H_2O + H_3C-CH(CH_3)-CH=C(CH_3)-CH_2-C(CH_3)=CH_2 + O_3 \xrightarrow{Zn}$$

Assinale a alternativa que apresenta os compostos orgânicos formados durante essa reação:

a) metilpropanal, metanal, propanona e etanal
b) metilpropanona, metano e pentano-2,4-diona
c) metilpropanol, metanol e ácido 2,4-pentanodioico
d) metilpropanal, ácido metanoico e pentano-2,4-diol
e) metilpropanal, metanal e pentano-2,4-diona

3. (MACKENZIE – SP) Em condições apropriadas, são realizadas as três reações orgânicas, representadas abaixo.

I. $C_6H_6 + CH_3Br \xrightarrow{FeBr_3}$

II. $H_3C-COOH + HO-CH_2-CH(CH_3)-CH_3 \xrightleftharpoons{H^+}$

III. $(H_3C)(CH_3)C=C(CH_3)(CH_3) + O_3 \xrightarrow{H_2O/Zn}$

Assim, os produtos orgânicos obtidos em I, II e III, são, respectivamente,

a) bromobenzeno, propanoato de isopropila e acetona.
b) tolueno, propanoato de isobutila e propanona.
c) metilbenzeno, butanoato de isobutila e etanal.
d) metilbenzeno, isobutanoato de propila e propanal.
e) bromobenzeno, butanoato de propila e propanona.

4. (PUC – PR) Um hidrocarboneto de fórmula molecular C_4H_8 apresenta as seguintes propriedades químicas:

I. descora a solução de bromo em tetracloreto de carbono;
II. absorve 1 mol de hidrogênio por mol de composto, quando submetido a hidrogenação;
III. quando oxidado energicamente, fornece ácido propiônico e dióxido de carbono.

Esse hidrocarboneto é o:

a) ciclobutano. b) but-1-eno. c) but-2-eno. d) metilpropeno. e) meticiclopropano.

5. (PUC – SP) Observe alguns exemplos de oxidações enérgicas de alcenos e cicloalcanos na presença de $KMnO_4$ em meio de ácido sulfúrico quente.

As amostras **X**, **Y** e **Z** são formadas por substâncias puras de fórmulas C_5H_{10}. Utilizando-se $KMnO_4$ em meio de ácido sulfúrico a quente, foi realizada a oxidação enérgica de alíquotas de cada amostra. A substância **X** formou o ácido pentanodioico, a substância **Y** gerou o ácido acético e a propanona, enquanto que a substância **Z** produziu gás carbônico, água e ácido butanoico. As amostras **X**, **Y** e **Z** contêm, respectivamente,

a) ciclopentano, metilbut-2-eno e pent-1-eno.
b) pent-1-eno, pent-2-eno e 2-metilbut-1-eno.
c) ciclopentano, 2-metilbut-1-eno e metilbut-2-eno.
d) pent-2-eno, ciclopentano e pent-1-eno.
e) pentano, metilbutano e dimetilpropano.

6. (UNICAMP – SP) Um mol de um hidrocarboneto cíclico de fórmula C_6H_{10} reage com um mol de bromo, Br_2, produzindo um mol de um composto com dois átomos bromo em sua molécula. Esse mesmo hidrocarboneto, C_6H_{10}, em determinadas condições, pode ser oxidado a ácido adípico, HOOC — $(CH_2)_4$ — COOH.

a) Qual é a fórmula estrutural do hidrocarboneto C_6H_{10}?

b) Escreva a equação química da reação desse hidrocarboneto com bromo.

7. (FUVEST – SP) A reação de um alceno com ozônio, seguida da reação do produto formado com água, produz aldeídos ou cetonas ou misturas desses compostos. Porém, na presença de excesso de peróxido de hidrogênio, os aldeídos são oxidados a ácidos carboxílicos ou a CO_2, dependendo da posição da ligação dupla na molécula do alceno.

$$CH_3CH = CH_2 \longrightarrow CH_3COOH + CO_2$$

$$CH_3CH = CHCH_3 \longrightarrow 2\ CH_3COOH$$

Determinado hidrocarboneto insaturado foi submetido ao tratamento acima descrito, formando-se os produtos abaixo, na proporção, em mols, de 1 para 1 para 1:

$HOOCCH_2CH_2CH_2COOH$; CO_2; ácido propanoico.

a) Escreva a fórmula estrutural do hidrocarboneto insaturado que originou os três produtos acima.

b) Dentre os isômeros de cadeia aberta de fórmula molecular C_4H_8, mostre os que não podem ser distinguidos, um do outro, pelo tratamento acima descrito. Justifique.

8. (UNESP) Analise o quadro, que mostra seis classes de enzimas e os tipos de reações que catalisam:

CLASSE DE ENZIMA	TIPO DE REAÇÃO QUE CATALISA
1. óxido-redutases	óxido-redução
2. transferases	transferência de grupos
3. hidrolases	hidrólise
4. liases	adição de grupos a ligações duplas ou remoção de grupos, formando ligação dupla
5. isomerases	rearranjos intramoleculares
6. ligases	condensação de duas moléculas, associada à hidrólise de uma ligação de alta energia (em geral, do ATP)

MARZZOCO, A.; TORRES, B. B. **Bioquímica Básica**, 1999. Adaptado.

A enzima álcool desidrogenase catalisa a transformação de etanol em acetaldeído e a enzima sacarose catalisa a reação de sacarose com água, produzindo glicose e frutose. Portano, essas duas enzimas pertencem, respectivamente, às classes

a) 6 e 5.   c) 4 e 5.   e) 3 e 6.
b) 1 e 3.   d) 1 e 2.

9. (PUC) Em dois balões distintos, as substâncias A e B foram colocadas em contato com dicromato de potássio ($K_2Cr_2O_7$) em meio ácido, à temperatura ambiente. Nessas condições, o dicromato é um oxidante brando. No balão contendo a substância A foi observada a formação do ácido propiônico (ácido propanoico), enquanto no balão que continha a substância B formou-se acetona (propanona).

As substâncias A e B são, respectivamente,

a) ácido acético e etanal.
b) propanal e propan-2-ol.
c) butano e metilpropano.
d) propanal e propan-1-ol.
e) propano e propanal.

10. (PUC – SP) Acetato de etila pode ser obtido em condições adequadas a partir do eteno, segundo as reações equacionadas a seguir:

$$H_2C=CH_2 + H_2O \xrightarrow{[H^+]} X$$

$$X \xrightarrow[\text{oxidação}]{[O]} Y + H_2O$$

$$X + Y \longrightarrow H_3C-C\begin{subarray}{l}\diagup\!\!\diagup O \\ \diagdown O-CH_2CH_3\end{subarray} + H_2O$$

X e Y são, respectivamente,
a) propanona e etanol.
b) etanol e acetaldeído.
c) acetaldeído e ácido acético.
d) etano e etanol.
e) etanol e ácido acético.

11. (FUVEST – SP) O ácido adípico, empregado na fabricação do náilon, pode ser preparado por um processo químico, cujas duas últimas etapas estão representadas a seguir:

A: éster dimetílico (com dois grupos –C(=O)OCH₃ ligados por (CH₂)₄)
B: composto com –C(=O)OH e –C(=O)OCH₃ ligados por (CH₂)₄
ácido adípico: HOOC–(CH₂)₄–COOH

Nas etapas I e II ocorrem, respectivamente,
a) oxidação de A e hidrólise de B.
b) redução de A e hidrólise de B.
c) oxidação de A e redução de B.
d) hidrólise de A e oxidação de B.
e) redução de A e oxidação de B.

12. (PUC) O ácido propanoico é um produto usual do metabolismo de alguns aminoácidos ou ácidos graxos de cadeia mais longa. Também é sintetizado pelas bactérias do gênero *Propionibacterium* presentes nas glândulas sudoríparas humanas e trato digestores dos ruminantes. O seu cheiro acre é reconhecido no suor e em alguns tipos de queijo.

A respeito do acido propanoico, pode-se afirmar:

I. É muito solúvel em água.
II. Apresenta massa molar de 72 g/mol.
III. A combustão completa de 37 g de ácido propanoico gera 66 g de gás carbônico.
IV. Pode ser obtido a partir da oxidação do propanal.
V. A reação com etanol na presença de ácido sulfúrico concentrado resulta no éster etanoato de propila (acetato de propila).

Estão corretas apenas as afirmações
a) I, II e V.   d) I e IV.
b) I, III e IV.   e) II e IV.
c) II, III e V.

DADOS: H = 1; C = 12; O = 16.

13. (PUC) A análise de um composto orgânico oxigenado de fórmula geral $C_xH_yO_z$ permitiu uma série de informações sobre o comportamento químico da substância.

I. A combustão completa de uma amostra contendo 0,01 mol desse composto forneceu 1,76 g de CO_2 e 0,72 g de água.
II. Esse composto não sofre oxidação em solução de $KMnO_4$ em meio ácido.
III. A redução desse composto fornece um álcool.

Com base nessas afirmações é possível deduzir que o nome do composto é

a) etoxietano.
b) butanal.
c) butan-2-ol.
d) butanona.

DADOS: C = 12; O = 16; H = 1.

a) Com base nos resultados da tabela, dê o nome e escreva a fórmula estrutural do produto da oxidação de B.
b) Escreva as fórmulas estruturais de A e de C e explique por que o ponto de ebulição de A é menor do que o ponto de ebulição de C.

14. (VUNESP) Três frascos, identificados com os números I, II e III, possuem conteúdos diferentes. Cada um deles pode conter uma das seguintes substâncias: ácido acético, acetaldeído ou etanol. Sabe-se que, em condições adequadas:

1. a substância do frasco I reage com a substância do frasco II para formar um éster;
2. a substância do frasco II fornece uma solução ácida quando dissolvida em água;
3. a substância do frasco I forma a substância do frasco III por oxidação branda em meio ácido.

a) Identifique as substâncias contidas nos frascos I, II e III. Justifique sua resposta.
b) Escreva a equação química balanceada e o nome do éster formado quando as substâncias dos frascos I e II reagem.

15. (UFRJ) Um determinado produto, utilizado em limpeza de peças, foi enviado para análise, a fim de determinarem-se os componentes de sua fórmula. Descobriu-se, após um cuidadoso fracionamento, que o produto era composto por três substâncias diferentes, codificadas como A, B e C. Cada uma destas substâncias foi analisada e os resultados podem ser vistos na tabela a seguir:

SUBSTÂNCIAS	FÓRMULA MOLECULAR	PONTO DE EBULIÇÃO	OXIDAÇÃO
A	C_3H_8O	7,9 °C	não reage
B	C_3H_8O	82,3 °C	produz cetona
C	C_3H_8O	97,8 °C	produz aldeído

16. (PUC – SP) A pessoa alcoolizada não está apta a dirigir ou operar máquinas industriais, podendo causar graves acidentes.

É possível determinar a concentração de etanol no sangue a partir da quantidade dessa substância presente no ar expirado. Os aparelhos desenvolvidos com essa finalidade são conhecidos como bafômetros.

O bafômetro mais simples é descartável e é baseado na reação entre o etanol e o dicromato de potássio ($K_2Cr_2O_7$) em meio ácido, representada pela equação a seguir:

$$Cr_2O_7^{2-} (aq) + 8\ H^+(aq) + 3\ CH_3CH_2OH(g) \longrightarrow$$
$$\text{laranja} \qquad\qquad\qquad\qquad \text{etanol}$$

$$\longrightarrow 2\ Cr^{3+}(aq) + 3\ CH_3CHO(g) + 7\ H_2O(l)$$
$$\text{verde} \qquad\quad \text{etanal}$$
$$\text{(acetaldeído)}$$

Sobre o funcionamento desse bafômetro foram feitas algumas considerações:

I. Quanto maior a intensidade da cor verde, maior a concentração de álcool no sangue da pessoa testada.
II. A oxidação de um mol de etanol a acetaldeído envolve 2 mol de elétrons.
III. O ânion dicromato age como agente oxidante no processo.

Está correto o que se afirma apenas em
a) I e II.
b) I e III.
c) II e III.
d) I.
e) I, II e III.

17. (PUC) O β-caroteno é um corante antioxidante presente em diversos vegetais amarelos ou laranja, como a cenoura, por exemplo. Em nosso organismo, o β-caroteno é um importante precursor do retinal e do retinol (vitamina A), substâncias envolvidas no metabolismo da visão.

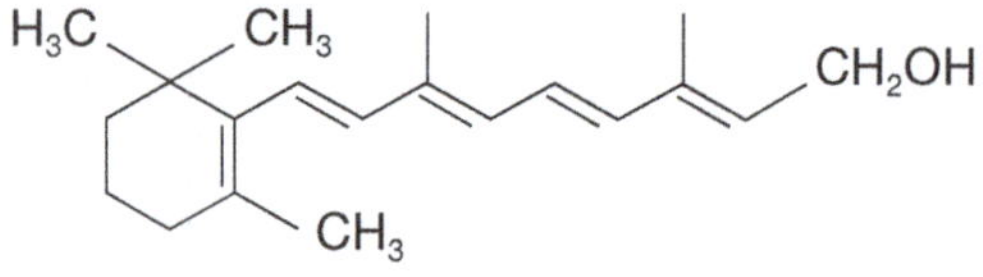

retinol

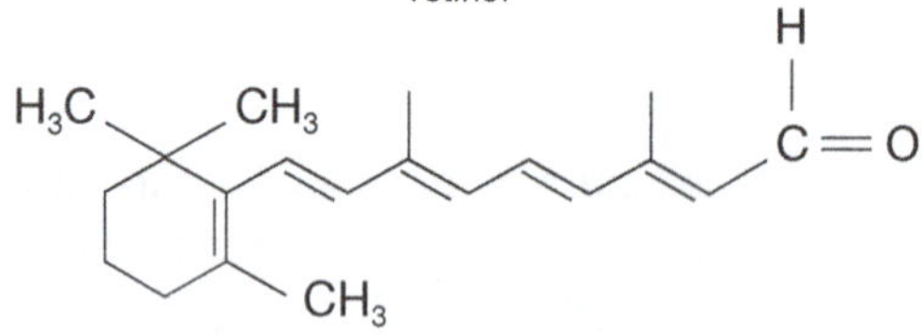

retinal (retinaldeído)

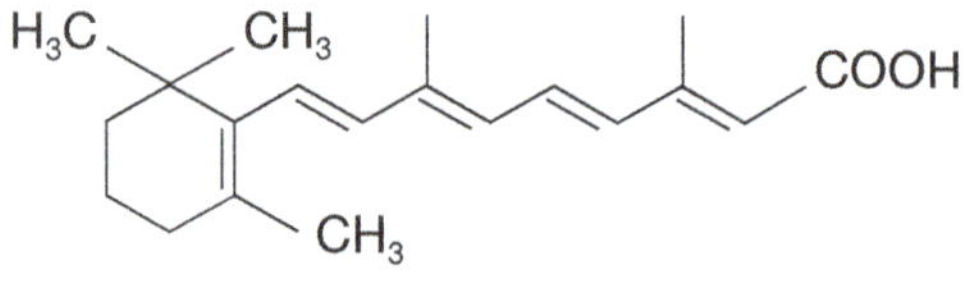

ácido retinoico

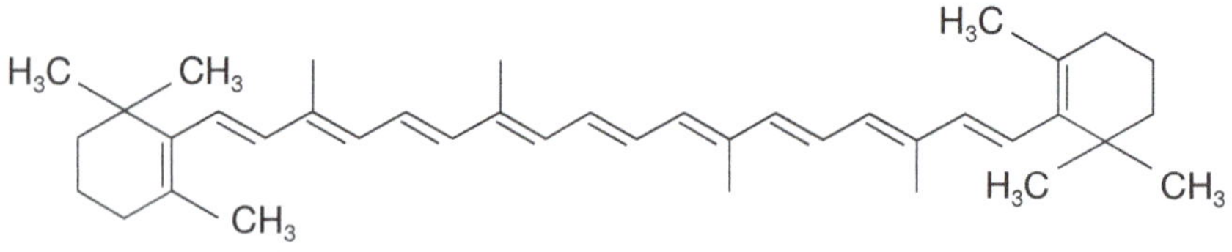

β-caroteno

Sobre as reações envolvidas no metabolismo do retinol foram feitas as seguintes afirmações:

I. β-caroteno, retinal e retinol são classificados, respectivamente, como hidrocarboneto, aldeído e álcool.
II. O retinol sofre oxidação ao ser transformado em retinal.
III. Retinal é um isômero de função do retinol.
IV. Retinal é reduzido ao se transformar em ácido retinoico.

Estão corretas APENAS as afirmações:

a) I e II.
b) II e III.
c) I e IV.
d) II e IV.

18. (FUVEST – SP) O 1,4-pentanodiol pode sofrer reação de oxidação em condições controladas, com formação de um aldeído A, mantendo o número de átomos de carbono da cadeia. O composto A formado pode, em certas condições, sofrer reação de descarbonilação, isto é, cada uma de suas moléculas perde CO, formando o composto B. O esquema a seguir representa essa sequência de reações:

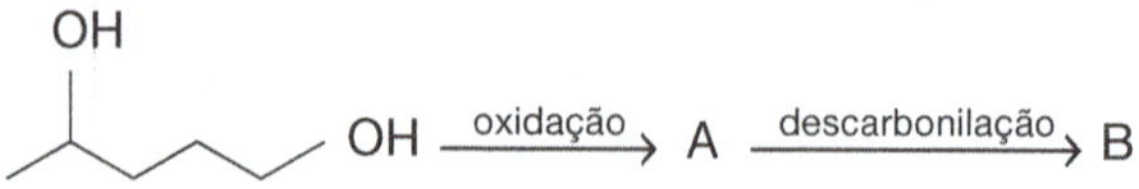

HO-CH(CH₃)-CH₂-CH₂-CH₂-OH →(oxidação)→ A →(descarbonilação)→ B

Os produtos A e B dessas reações são:

	A	B
a)	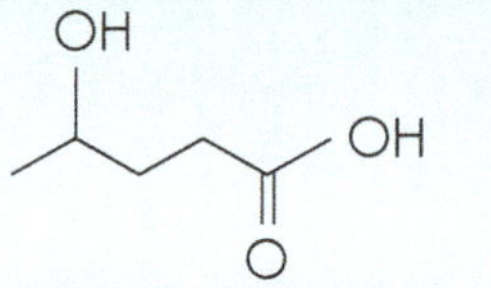 4-hidroxi-pentanoico (OH, COOH)	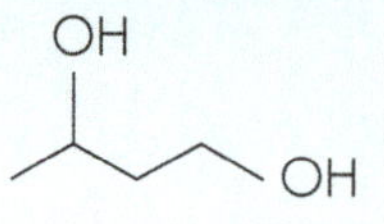 1,3-pentanodiol (OH, OH)
b)	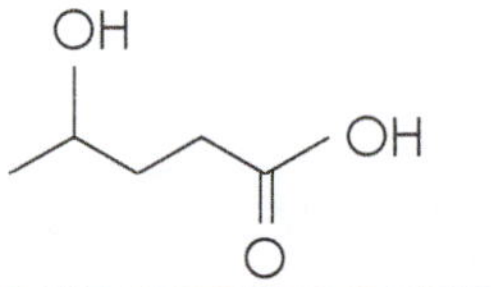 4-hidroxi-pentanoico (OH, COOH)	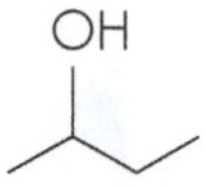 2-butanol (OH)
c)	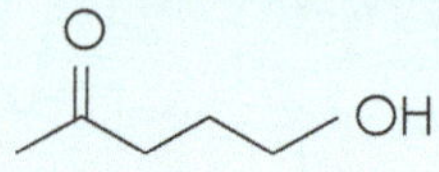 4-oxo-pentanol (O, OH)	 1-propanol (OH)
d)	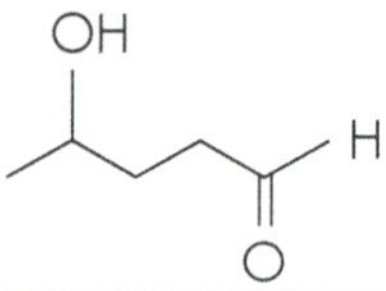 4-hidroxi-pentanal (OH, CHO)	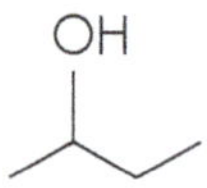 2-propanol (OH)
e)	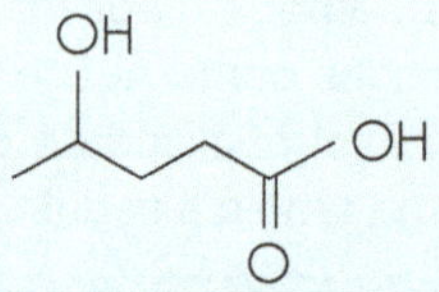 4-hidroxi-pentanoico (OH, COOH)	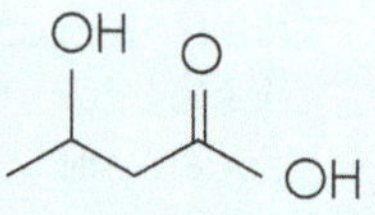 3-hidroxi-butanoico (OH, COOH)

SÉRIE PLATINA

1. (FUVEST – SP) Em solvente apropriado, hidrocarbonetos com ligação dupla reagem com Br_2, produzindo compostos bromados; tratados com ozônio (O_3) e, em seguida, com peróxido de hidrogênio (H_2O_2), produzem compostos oxidados. As equações químicas abaixo exemplificam essas transformações.

$$CH_3CHCH=CH_2 + Br_2 \longrightarrow CH_3CHCHCH_2Br$$
$$\underset{CH_3}{|} \quad \text{(marrom)} \quad \underset{CH_3}{|} \quad \text{(incolor)}$$
com Br no segundo carbono

$$CH_3CH_2CH_2C=CHCH_3 \xrightarrow[2)\ H_2O_2]{1)\ O_3}$$
$$\underset{CH_3}{|}$$

$$\xrightarrow[2)\ H_2O_2]{1)\ O_3} CH_3CH_2CH_2CCH_3 + CH_3COOH$$
$$\underset{O}{\|}$$

Três frascos, rotulados X, Y e Z, contêm, cada um, apenas um dos compostos isoméricos abaixo, não necessariamente na ordem em que estão apresentados:

I. (cadeia com duas duplas cis)   III. (cadeia com duas duplas)

II. (ciclohexeno)

▶▶ Seis amostras de mesma massa, duas de cada frasco, foram usadas nas seguintes experiências:
A três amostras, adicionou-se, gradativamente, solução de Br_2, até perdurar tênue coloração marrom.
Os volumes, em mL, da solução de bromo adicionada foram: 42,0; 42,0 e 21,0, respectivamente, para as amostras dos frascos X, Y e Z.

▶▶ As três amostras restantes foram tratadas com O_3 e, em seguida, com H_2O_2. Sentiu-se cheiro de vinagre apenas na amostra do frasco X.

O conteúdo de cada frasco é

	FRASCO X	FRASCO Y	FRASCO Z
a)	I	II	III
b)	I	III	II
c)	II	I	III
d)	III	I	II
e)	III	II	I

---

2. (FUVEST – SP) O pineno é um composto insaturado volátil que existe sob a forma de dois isômeros, o alfa-pineno e o beta-pineno.

alfa-pineno   beta-pineno

Em um laboratório, havia uma amostra de pineno, mas sem que se soubesse se o composto era o alfa-pineno ou o beta-pineno. Para resolver esse problema, um químico decidiu tratar a amostra com ozônio, pois a posição de ligações duplas em alcenos pode ser determinada pela análise dos produtos de reação desses alcenos com ozônio, como exemplificado nas reações para os isômeros de posição do 3-metil-octeno.

O químico observou então que a ozonólise da amostra de pineno resultou em apenas um composto como produto.

a) Esclareça se a amostra que havia no laboratório era do alfa-pineno ou do beta-pineno. Explique seu raciocínio.

b) Mostre a fórmula estrutural do composto formado.

3. Os ácidos abaixo estão presentes em alimentos de forma artificial e natural. A indústria alimentícia utiliza ácido málico na composição de geleias, marmeladas e bebidas de frutas. O ácido tartárico é utilizado pela indústria de alimentos na produção de fermentos. Já o ácido fumárico é empregado como agente flavorizante para dar sabor a sobremesas e proporcionar ação antioxidante.

ÁCIDO MÁLICO	ÁCIDO TARTÁRICO	ÁCIDO FUMÁRICO

a) Escreva a reação de oxidação do ácido tartárico em meio de $KMnO_4$.

b) Quais dos ácidos representados acima apresentam isomeria geométrica e quais apresentam isomeria óptica?

c) O ácido maleico, usado na produção de resinas sintéticas, é um isômero do ácido tartárico e pode ser produzido artificialmente a partir do ácido málico. Escreva a reação de produção do ácido maleico a partir do ácido málico.

ácido maleico

d) Escreva a reação de hidrogenação do ácido fumárico na presença de níquel.

4. (FUVEST – SP) O médico **Hans Krebs** e o químico **Feodor Lynen** foram laureados com o Prêmio Nobel de Fisiologia e Medicina em 1953 e 1964, respectivamente, por suas contribuições ao esclarecimento do mecanismo do catabolismo de açúcares e lipídios, que foi essencial à compreensão da obesidade. Ambos lançaram mão de reações clássicas da Química Orgânica, representadas de forma simplificada pelo esquema que mostra a conversão de uma cadeia saturada em uma cetona, em que cada etapa é catalisada por uma enzima (E) específica, como descrito abaixo.

NOTE E ADOTE:

▶▶ Considere R_1 e R_2 como cadeias carbônicas saturadas diferentes, contendo apenas átomos de carbono e hidrogênio.

$$R_1-\underset{\underset{H}{|}}{\overset{\overset{H}{|}}{C}}-\underset{\underset{H}{|}}{\overset{\overset{H}{|}}{C}}-R_2 \xrightarrow{E_1} \underset{R_1}{\overset{H}{\diagdown}}C=C\underset{R_2}{\overset{H}{\diagup}} \xrightarrow{E_2} R_1-\underset{\underset{H}{|}}{\overset{\overset{H}{|}}{C}}-\underset{\underset{H}{|}}{\overset{\overset{OH}{|}}{C}}-R_2 \xrightarrow{E_3} \boxed{}$$

(I) (II) (III) (IV)

a) Escreva a fórmula estrutural do **produto (IV)** formado pela **oxidação do álcool** representado na **estrutura (III)**.

b) Se R_1 e R_2 forem **cadeias carbônicas curtas**, os compostos representados por **(III) serão bastante solúveis em água**, enquanto que, se R_1 e/ou R_2 forem **cadeias carbônicas longas**, os compostos representados por **(III) serão pouco solúveis ou insolúveis em água**. Por outro lado, os compostos representados por **(I) e (II) serão pouco solúveis ou insolúveis em água** independentemente do tamanho das cadeias.
Explique a diferença do comportamento observado entre as espécies (I) e (II) e a espécie (III).

COMPLEMENTO: Reações do Tipo "Siga o Modelo"

Em Química, há uma grande quantidade de reações envolvendo compostos orgânicos e não apenas os tipos de reações que apresentamos e estudamos nesta Unidade.

Alguns vestibulares e processos seletivos, em especial FUVEST e ENEM, elaboram questões que envolvem reações orgânicas não usualmente discutidas ou estudadas no Ensino Médio.

Entretanto, em primeiro lugar, não se assuste! Nessas questões, são apresentados **modelos** de como essas (novas) reações ocorrem e uma das habilidades cobradas dos candidatos é justamente saber **interpretar** esses modelos para **identificar** as diferenças entre reagentes e produtos, o que nos possibilitará escrever reações que seguem esses modelos para outros reagentes e produtos.

SÉRIE OURO

1. (Exercício resolvido) (FUVEST – SP) Do ponto de vista da "Química Verde", as melhores transformações são aquelas em que não são gerados subprodutos. Mas, se forem gerados, os subprodutos não deverão ser agressivos ao ambiente.

Considere as seguintes transformações, representadas por equações químicas, em que, quando houver subprodutos, eles não estão indicados.

I. $CH_2=CH_2 + Cl_2 + H_2O \longrightarrow CH_2(OH)-CH_2Cl$

II. (butadieno) + (benzoquinona) $\longrightarrow$ (produto de Diels-Alder)

III. $HO-(CH_2)_4-COOH \longrightarrow$ (lactona) + H_2O

A ordem dessas transformações, da pior para melhor, de acordo com a "Química Verde", é:

a) I, II, III.
b) I, III, II.
c) II, I, III.
d) II, III, I.
e) III, I, II.

Resolução:

I. $C_2H_4 + Cl_2 + H_2O \longrightarrow C_2H_5OCl + HCl$

HCl: subproduto prejudicial ao meio ambiente.

II. $C_4H_6 + C_6H_4O_2 \longrightarrow C_{10}H_{10}O_2$

A reação II forma um único produto adequando-se ao conceito Química Verde.

III. $C_5H_{10}O_3 \longrightarrow C_5H_8O_2 + H_2O$

A sequência das reações é da pior para a melhor: I, III, II.

Resposta: alternativa b.

2. (FUVEST – SP) A "Química Verde", isto é, a química das transformações que ocorrem com o mínimo de impacto ambiental, está baseada em alguns princípios:

1. utilização de matéria-prima renovável,
2. não geração de poluentes,
3. economia atômica, ou seja, processos realizados com a maior porcentagem de átomos dos reagente incorporados ao produto desejado.

Analise os três processos industriais de produção de anidrido maleico, representados pelas seguintes equações químicas:

I. (benzeno) $+ 4{,}5\ O_2 \xrightarrow{\text{catalisador}}$ (anidrido maleico) $+ 2\ CO_2 + 2\ H_2O$

II. $CH_2=CH-CH_3 + 3 O_2 \xrightarrow{catalisador}$ (anidrido maleico) $+ 3 H_2O$

III. $CH_3-CH_2-CH=CH_2 + 3 O_2 \xrightarrow{catalisador}$ (anidrido maleico) $+ 4 H_2O$

a) Qual deles apresenta maior economia atômica?
b) Qual deles obedece pelo menos a dois princípios dentre os três citados?
c) Escreva a fórmula estrutural do ácido que, por desidratação, pode gerar o anidrido maleico.
d) Escreva a fórmula estrutural do isômero geométrico do ácido do item c.

3. (ENEM) Hidrocarbonetos podem ser obtidos em laboratório por descarboxilação oxidativa anódica, processo conhecido como eletrossíntese de Kolbe. Essa reação é utilizada na síntese de hidrocarbonetos diversos, a partir de óleos vegetais, os quais podem ser empregados como fontes alternativas de energia, em substituição aos hidrocarbonetos fósseis. O esquema ilustra simplificadamente esse processo.

$2\ CH_3CH_2CH_2COOH \xrightarrow[\text{metanol}]{\text{eletrólise} \atop \text{KOH}} CH_3CH_2CH_2-CH_2CH_2CH_3 + 2\ CO_2$

AZEVEDO, D. C.; GOULART, M. O. F.
Estereosseletividade em reações eletródicas.
Química Nova, n. 2, 1997. Adaptado.

Com base nesse processo, o hidrocarboneto produzido na eletrólise do ácido 3,3-dimetil-butanoico é o
a) 2,2,7,7-tetrametil-octano.
b) 3,3,4,4-tetrametil-hexano.
c) 2,2,5,5-tetrametil-hexano.
d) 3,3,6,6-tetrametil-octano.
e) 2,2,4,4-tetrametil-hexano.

4. (FUVEST – SP) Um aldeído pode ser transformado em um aminoácido pela sequência de reações:

$R-CHO \xrightarrow[\text{KCN(aq)}]{\text{NH}_4\text{Cl(aq)}} R-CH(NH_2)-CN \xrightarrow{H_3O^+}$

$\xrightarrow{H_3O^+} R-CH(NH_2)-COOH$

O aminoácido N-metil-fenilalanina pode ser obtido pela mesma sequência reacional, empregando-se em lugar do cloreto de amônia (NH$_2$Cl), o reagente CH$_3$NH$_3$Cl.

N-metil-fenilalanina

Nessa transformação, o aldeído que deve ser empregado é

a) C$_6$H$_5$-CH$_2$-CHO

b) 4-CH$_3$-C$_6$H$_4$-CH$_2$-CHO

c) C$_6$H$_5$-CH(OH)-CH$_3$

d) C$_6$H$_5$-CHO

e) OHC-CH(CH$_3$)-CH$_2$-C$_6$H$_5$

5. (ENEM) A hidroxilamina (NH_2OH) é extremamente reativa em reações de substituição nucleofílica, justificando sua utilização em diversos processos. A reação de substituição nucleofílica entre o anidrido acético e a hidroxilamina está representada.

O produto A é favorecido em relação ao B por um fator de 10^5. Em um estudo de possível substituição do uso de hidroxilamina, foram testadas as moléculas numeradas de 1 a 5.

Dentre as moléculas testadas, qual delas apresentou menor reatividade?

a) 1   b) 2   c) 3   d) 4   e) 5

6. (FUVEST – SP) A reação de cetonas com hidrazinas, representada pela equação química

pode ser explorada para a quantificação de compostos cetônicos gerados, por exemplo, pela respiração humana. Para tanto, uma hidrazina específica, a 2,4-dinitrofenilhidrazina, é utilizada como reagente, gerando um produto que possui cor intensa.

cetona + [2,4-dinitrofenilhidrazina] ⟶ produto colorido

Considere que a 2,4-dinitrofenilhidrazina seja utilizada para quantificar o seguinte composto. Nesse caso, a estrutura do composto colorido formado será:

a)

b)

c)

d)

e)

---

7. (FUVEST – SP) Fenol e metanal (aldeído fórmico), em presença de um catalisador, reagem formando um polímero que apresenta alta resistência térmica. No início desse processo, pode-se formar um composto com um grupo —CH_2OH ligado no carbono 2 ou no carbono 4 do anel aromático. O esquema a seguir apresenta as duas etapas iniciais do processo de polimerização para a reação no carbono 2 do fenol.

Considere que, na próxima etapa desse processo de polimerização, a reação com o metanal ocorre no átomo de carbono 4 de um dos anéis de I. Assim, no esquema

A e **B** podem ser, respectivamente,

NOTE E ADOTE:

▶▶ Numeração dos átomos de carbono do anel aromático do fenol

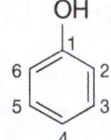

	A	B
a)	OH-C₆H₄-CH₂-O-CH₂-C₆H₄-OH	OH-C₆H₄-CH₂-C₆H₃(OH)-CH₂-C₆H₄-OH
b)	OH-C₆H₄-CH₂-C₆H₃(OH)-CH₂-OH (CH₂OH em para)	OH-C₆H₄-CH₂-C₆H₃(OH)-CH₂-C₆H₄-OH (com CH₂ ligando outro fenol em para)
c)	OH-C₆H₄-CH₂-C₆H₃(OH)-CH₂-OH	OH-C₆H₄-CH₂-C₆H₃(OH)-CH₂-C₆H₄-OH
d)	OH-C₆H₄-CH₂-C₆H₃(OH)-CH₂-OH (CH₂OH em orto)	OH-C₆H₄-CH₂-C₆H₃(OH)-CH₂-OH (CH₂OH em para)
e)	OH-C₆H₄-CH₂-C₆H₃(OH)-CH₂-OH	OH-C₆H₄-CH₂-C₆H₃(OH)- (com CH₂-C₆H₄-OH em para)

SÉRIE PLATINA

1. (FUVEST – SP) Na chamada condensação aldólica intermolecular, realizada na presença de base e a uma temperatura adequada, duas moléculas de compostos carbonílicos (iguais ou diferentes) reagem com formação de um composto carbonílico insaturado. Nessa reação, forma-se uma ligação dupla entre o carbono carbonílico de uma das moléculas e o carbono vizinho ao grupo carbonila da outra, com eliminação de uma molécula de água.

$$CH_3-CHO + CH_3-CHO \longrightarrow CH_3-CH=CH-CHO + H_2O$$

Analogamente, em certos compostos di-carbonílicos, pode ocorrer uma condensação aldólica intramolecular, formando-se compostos carbonílicos cíclicos insaturados.

a) A condensação aldólica intramolecular do composto di-carbonílico (ao lado) pode produzir duas ciclopentenonas ramificadas, que são isoméricas. Mostre as fórmulas estruturais planas desses dois compostos.

b) A condensação aldólica intramolecular de determinado composto di-carbonílico, X, poderia produzir duas ciclopentenonas ramificadas. No entanto, forma-se apenas a cis-jasmona, que é a mais estável. Mostre a fórmula estrutural plana do composto X.

cis-jasmona

2. (FUVEST – SP) A adição de HCl a alcenos ocorre em duas etapas. Na primeira delas, o íon H⁺, proveniente do HCl, liga-se ao átomo de carbono da dupla-ligação que está ligado ao menor número de outros átomos de carbono. Essa nova ligação (C — H) é formada à custa de um par eletrônico da dupla-ligação, sendo gerado um íon com carga positiva, chamado carbocátion, que reage imediatamente com o íon cloreto, dando origem ao produto final. A reação do pent-1-eno com HCl, formando o 2-cloropentano, ilustra o que foi descrito.

$$CH_3CH_2CH_2CH=CH_2 + HCl \xrightarrow{1^a\ etapa} CH_3CH_2CH_2-\overset{+}{C}H-CH_2\overset{H}{|} \xrightarrow{Cl^-}{2^a\ etapa} CH_3CH_2CH_2-CH-CH_3\overset{Cl}{|}$$

carbocátion

a) Escreva a fórmula estrutural do carbocátion que, reagindo com o íon cloreto, dá origem ao seguinte haleto de alquila:

$$CH_3CH_2-\underset{CH_3}{\overset{Cl}{|}}{CH}-CH_2CH_2CH_3$$

b) Escreva a fórmula estrutural de três alcenos que não sejam isômeros cis-trans entre si e que, reagindo com HCl, podem dar origem ao haleto de alquila do item anterior.

c) Escreva a fórmula estrutural do alceno do item **b** que **não** apresenta isomeria cis-trans. Justifique.

3. (FUVEST – SP) Uma reação química importante, que deu a seus descobridores (O. Diels e K. Alder) o prêmio Nobel de 1950, consiste na formação de um composto cíclico, a partir de um composto com duplas-ligações alternadas entre átomos de carbono (dieno) e outro com pelo menos uma dupla-ligação, entre átomos de carbono, chamado de dienófilo. Um exemplo dessa transformação encontra-se ao lado.

1,3-butadieno + propenal (dienófilo) →

Compostos com duplas-ligações entre átomos de carbono podem reagir com HBr, sob condições adequadas, como indicado:

$$H_3C{-}C(CH_3)=CH_2 + HBr \longrightarrow Br-C(CH_3)_3$$

Considere os compostos I e II, presentes no óleo de lavanda:

I. , II. , III.

a) O composto III reage com um dienófilo, produzindo os compostos I e II. Mostre a fórmula estrutural desse dienófilo e nela indique, com setas, os átomos de carbono que formaram ligações com os átomos de carbono do dieno, originando o anel.

b) Mostre a fórmula estrutural do composto formado, se 1 mol do composto II reagir com 2 mol de HBr, segundo a equação química:

(composto II) + 2 HBr ⟶ produto

c) Copie a fórmula estrutural do composto II e indique nela, com uma seta, o átomo de carbono que, no produto da reação do item b, será assimétrico. Justifique.

4. (FUVEST – SP) Compostos com um grupo NO_2 ligado a um anel aromático podem ser reduzidos, sendo o grupo NO_2 transformado em NH_2, como representado ao lado.

Ph–NO_2 $\xrightarrow[\text{catalisador}]{H_2}$ Ph–NH_2

Compostos alifáticos ou aromáticos com grupo NH_2, por sua vez, podem ser transformados em amidas ao reagirem com anidrido acético. Essa transformação é chamada de acetilação do grupo amino, como exemplificado abaixo.

$$R-NH_2 + (CH_3CO)_2O \longrightarrow R-NH-CO-CH_3 + H_3C-COOH$$

Essas transformações são utilizadas para a produção industrial do paracetamol, que é um fármaco empregado como analgésico e antitérmico.

$$HO-C_6H_4-NH-CO-CH_3 \quad \text{paracetamol}$$

a) Qual é o reagente de partida que, após passar por redução e em seguida por acetilação, resulta no paracetamol? Escreva no quadro ao lado a fórmula estrutural desse reagente.

O fenol (C_6H_5OH) também pode reagir com anidrido acético. Nessa transformação, forma-se acetato de fenila.

b) Na etapa de acetilação do processo industrial de produção do paracetamol, formam-se, também, ácido acético e um subproduto diacetilado (mas monoacetilado no nitrogênio). Complete o esquema a seguir, de modo a representar a equação química balanceada de formação do subproduto citado.

$$\boxed{} + (CH_3CO)_2O \longrightarrow \boxed{\text{subproduto diacetilado}} + CH_3COOH$$

5. (FUVEST – SP) Alguns cloretos de alquila transformam-se em éteres quando dissolvidos em etanol, e a solução é aquecida a determinada temperatura. A equação química que representa essa transformação é:

$$R-Cl + C_2H_5OH \longrightarrow R-O-C_2H_5 + Cl^- + H^+$$

Um gupo de estudantes realizou um experimento para investigar a reatividade de três cloretos de alquila ao reagir com etanol, conforme descrito a seguir e esquematizado na tabela.

O grupo separou 4 tubos de ensaio e, em cada um, colocou 1 mL de etanol e uma gota do indicador alaranjado de metila. A seguir, adicionou 6 gotas de cloreto de metila ao **tubo 2**, 6 gotas de cloreto de secbutila ao **tubo 3** e 6 gotas de cloreto de tercbutila ao **tubo 4** (linha 1 na tabela). Os quatro tubos foram aquecidos por 10 minutos a 60 °C, em banho de água, e, após esse tempo, foram registradas as observações experimentais relacionadas à cor das soluções (linha II na tabela). Surgiu a dúvida quanto ao resultado obtido para o **tubo 2** e, assim sendo, os estudantes resolveram fazer um novo teste, adicionando, a cada um dos tubos, 2 gotas de uma solução 5% de nitrato de prata em etanol. As observações experimentais feitas a partir desse teste também foram registradas (linha III na tabela).

	TUBO 1	TUBO 2	TUBO 3	TUBO 4
I	EtOH e indicador	EtOH e indicador + CH_3Cl	EtOH e indicador + sec-butil-Cl	EtOH e indicador + terc-butil-Cl
II	amarela	levemente avermelhada	vermelha	amarela
III	inalterado	ligeira turbidez	precipitado branco e sobrenadante vermelho	inalterado

NOTE E ADOTE:

▶▶ Alaranjado de metila é um indicador ácido-base.
▶▶ Em pH < 4, apresenta coloração vermelha e, em pH > 5, apresenta coloração amarela.

a) Explique por que a cor do indicador ácido-base muda quando ocorre a reação do cloreto de alquila com o etanol.
b) Dê a fórmula estrutural do produto orgânico e a fórmula do precipitado formados no tubo 3.
c) Com base nos resultados experimentais, indique a ordem de reatividade dos três cloretos de alquila investigados no experimento. Justifique sua resposta com base nos resultados experimentais.

6. (FUVEST – SP) Um corante, cuja fórmula estrutural está representada na figura, foi utilizado em um experimento.

Sabe-se que sua solução aquosa é azul e que, com a adição de um ácido à solução, ela se torna vermelha. O experimento foi realizado em três etapas.

Etapa 1: Colocou-se uma solução aquosa do corante em um funil de separação. Em seguida, um volume igual de diclorometano foi também adicionado a esse funil, agitando-se o conteúdo em seguida. Após algum tempo, observou-se separação em duas fases.

Etapa 2: Recolheu-se a fase superior (solução azul) obtida na etapa 1 em um béquer e adicionou-se a ela uma solução aquosa de ácido sulfúrico, até a solução se tornar vermelha. A seguir, colocou-se essa solução em um funil de separação limpo, ao qual também foi adicionado igual volume de diclorometano. Agitou-se o conteúdo e, após algum tempo, observou-se separação de fases.

Etapa 3: A solução vermelha obtida (fase inferior) foi recolhida em um béquer limpo, ao qual foi adicionada, em seguida, uma solução aquosa de hidróxido de sódio, observando-se nova mudança de cor. O conteúdo do béquer foi transferido para um funil de separação limpo, agitou-se o conteúdo e, após algum tempo, observou-se separação de fases.

O esquema a seguir mostra os resultados obtidos nas três etapas do experimento

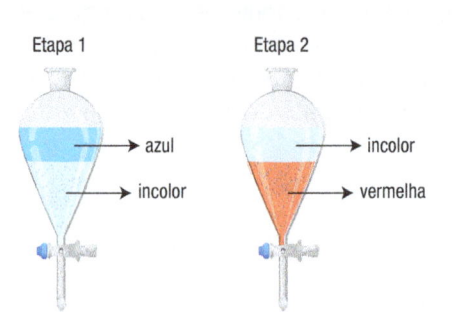

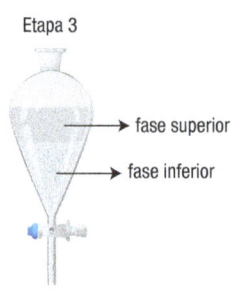

Etapa 1 → azul / incolor
Etapa 2 → incolor / vermelha
Etapa 3 → fase superior / fase inferior

Com base nesses resultados, pergunta-se:
a) Se a um funil de separação forem adicionados água e diclorometano, qual é a fase da água (superior ou inferior)?
b) Escreva a equação química que representa a transformação que ocorreu com o corante na etapa 2. O produto orgânico dessa etapa é mais solúvel em água ou em diclorometano? Explique com base nos resultados experimentais.
c) Qual é a cor de cada uma das fases na etapa 3? Explique com base nos resultados experimentais.

NOTE E ADOTE:
▶▶ Densidades (g/mL): água = 1,00; diclorometano = 1,33.

Unidade 3
ELETROQUÍMICA

Se olharmos o mundo a nossa volta, é fácil perceber como somos completamente dependentes de equipamentos elétricos e eletrônicos: iluminação, eletrodomésticos, celulares e, em um futuro que cada vez mais se aproxima dos cidadãos comuns, carros elétricos e híbridos.

O objetivo desta Unidade é discutir como o estudo da Eletroquímica (parte da Química destinada ao estudo das reações de oxirredução e da transformação de energia química em elétrica, e vice-versa) pode contribuir para acompanharmos e entendermos esse desenvolvimento tecnológico.

Atualmente, é difícil encontrar uma pessoa que não carregue, quase 100% do tempo, um celular consigo.

Capítulo 8: Reações de Oxirredução

Na Unidade 2, estudamos as reações de oxirredução em compostos orgânicos, como a ozonólise e a oxidação enérgica. Entretanto, não são somente os alcenos e os compostos oxigenados que podem ser oxidados. Compostos inorgânicos também participam de reações que envolvem transferência de elétrons.

Em Química Orgânica, associamos o termo oxidação ao aumento das ligações do composto orgânico com oxigênio. E essa é justamente a origem do termo oxidação: a reação com o gás oxigênio (O_2), que explica também o motivo pelo qual uma diversidade de minerais encontrados na crosta terrestre são óxidos. Por exemplo, o ferro, metal mais produzido e utilizado pelo ser humano atualmente, não é encontrado como substância pura na crosta terrestre: ele é encontrado principalmente como Fe_2O_3 – óxido de ferro (III), em virtude da reação do ferro com o oxigênio nos primórdios do nosso planeta:

$$2\ Fe(s) + 3\ O_2(g) \longrightarrow 2\ Fe_2O_3(s)$$

Nessa reação, o ferro (Fe) foi oxidado, dando origem ao Fe_2O_3.

A primeira definição para os termos oxidação e redução pode ser mais bem compreendida quando analisamos a equação que representa o processo pelo qual nós extraímos o metal ferro de seu óxido:

$$Fe_2O_3(s) + 3\ CO(g) \longrightarrow 2\ Fe(s) + 3\ CO_2(g)$$

Nessa reação, o CO sofreu oxidação, pois "ganhou" oxigênio. Já o Fe_2O_3 sofreu redução, pois "perdeu" oxigênio.

Minério de ferro (Fe_2O_3) sendo transportado para extração do metal na região de Corumbá (Mato Grosso do Sul).

Posteriormente, com a descoberta dos elétrons e um melhor entendimento sobre as ligações químicas, foi identificado que o CO havia perdido elétrons, enquanto o Fe_2O_3 havia recebido elétrons, razão pela qual os termos oxidação e redução, hoje, são relacionados à transferência de elétrons (e não apenas de oxigênio).

Outra reação de oxirredução que podemos analisar é aquela que ocorre quando imergimos uma barra de zinco metálico – Zn – em uma solução aquosa de sulfato de cobre (II) – $CuSO_4$:

$$Zn(s) + CuSO_4(aq) \longrightarrow ZnSO_4(aq) + Cu(s)$$

Com o passar do tempo, observa-se a deposição de cobre metálico (Cu) sobre a barra de zinco e a coloração azulada da solução de sulfato de cobre diminui, o que evidencia a redução da concentração de Cu^{2+}, responsável por essa coloração.

Nesse caso, é mais fácil verificar a transferência de elétrons se analisarmos a equação iônica que representa essa reação:

$$\overset{2e^-}{\overbrace{Zn(s) + Cu^{2+}(aq)}} \longrightarrow Zn^{2+}(aq) + Cu(s)$$

O ânion sulfato (SO_4^{2-}) não participa efetivamente da reação química, porém é responsável por manter a neutralidade elétrica da solução aquosa.

Nessa reação, o metal Zn perdeu dois elétrons, transformando-se em Zn^{2+}, enquanto o cátion Cu^{2+} recebeu dois elétrons, transformando-se em Cu. Dizemos, então, que o Zn sofreu uma **oxidação**, enquanto o Cu^{2+} sofreu uma **redução**.

Fique ligado!

Reatividade dos metais

A reação entre Zn(s) e $CuSO_4$(aq) também é chamada de reação de deslocamento e, nesse caso, dizemos que o zinco deslocou o cobre. Para que uma reação de deslocamento entre metais ocorra, é necessário que o metal que vai deslocar (o da substância simples) seja mais reativo que o metal na forma de cátion (na substância composta).

Para prever a ocorrência dessas reações, devemos usar a **fila de reatividade dos metais**, determinada experimentalmente:

metais alcalinos > metais alcalino-terrosos > metais comuns > H > metais nobres

Embora o H não seja um metal, ele está presente nessa fila de reatividade, pois também tem capacidade de formar cátions.

Um metal pode deslocar qualquer cátion de metal situado à sua direita e não desloca qualquer cátion de metal situado à sua esquerda. Por exemplo, na reação que estamos analisando, o zinco, um metal comum, é capaz de deslocar, isto é, de transferir elétrons para Cu^{2+}, um cátion de um metal nobre. Essa transferência de elétrons pode ser representada tanto pela equação iônica já apresentada:

$$Zn(s) + Cu^{2+}(aq) \longrightarrow Zn^{2+}(aq) + Cu(s)$$

quanto pelas **semirreações** a seguir, que equacionam, separadamente, os processos de oxidação e redução:

▶▶ semirreação de oxidação:
$Zn(s) \longrightarrow Zn^{2+}(aq) + 2e^-$

▶▶ semirreação de redução:
$Cu^{2+}(aq) + 2e^- \longrightarrow Cu(s)$

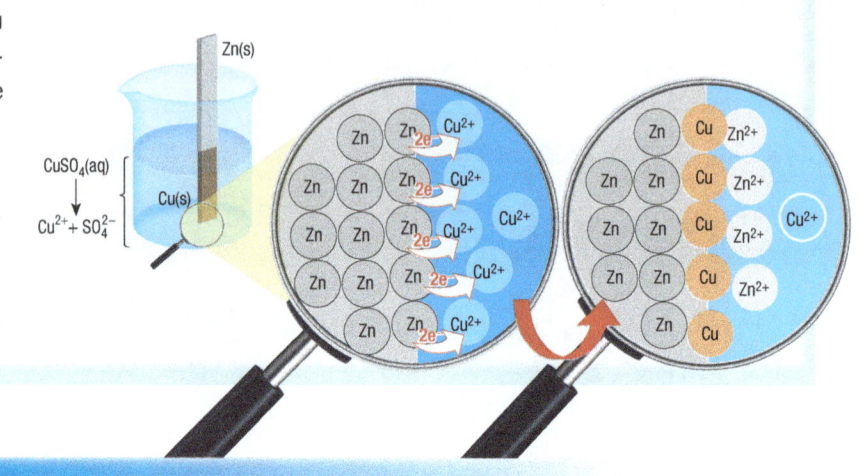

Você sabia?

Produção de aço

O ferro é um dos metais mais comuns do nosso planeta. Ele compõe cerca de 5% da massa da crosta terrestre, sendo encontrado em minerais como hematita (Fe_2O_3), magnetita (Fe_3O_4) e limonita ($Fe(OH)_3 \cdot nH_2O$).

Entretanto, foi apenas por volta de 1500 a.C.-1200 a.C. que o ferro passou a ser utilizado para produção de ferramentas e armas, razão pela qual esse período é conhecido como Idade do Ferro.

Ferro puro possui temperatura de fusão de 1.535 °C, o que é superior à temperatura máxima que as fornalhas antigas alcançavam, que era por volta de 1.150 °C. O cobre, por exemplo, tem temperatura de fusão de 1.083 °C e esse é um dos motivos tecnológicos pelos quais nossos antepassados primeiro exploraram o cobre e, apenas posteriormente, o ferro para confecção de utensílios.

Eventualmente, foi descoberto que a adição de 3 a 4% de carbono à mistura com ferro, conhecida como ferro-gusa, reduzia a temperatura de fusão para por volta de 1.150 °C, dentro dos limites das fornalhas da época. Contudo, infelizmente, o carbono também contribuía para fragilizar a resistência dos produtos obtidos.

Assim, para se obter o aço, liga metálica que contém até 2,0% de carbono, é necessário realizar o processo de refino, sendo que uma das etapas é a **descarbonização** (ou **descarbonetação**) do ferro-gusa, que consiste na redução do teor de carbono da mistura, a partir da queima controlada do carbono excedente. Há registros de que a produção de objetos de aço a partir desse processo estaria estabelecida e consolidada na China na dinastia Han (202 a.C.-220 d.C.).

Espátulas, machado e picareta confeccionados de ferro.

8.1 Número de oxidação (Nox)

Nem sempre é imediato identificar a transferência de elétrons em uma reação de oxirredução. Assim, para poder acompanhar a transferência dos elétrons nas reações, os químicos introduziram uma grandeza chamada de **número de oxidação**, abreviada por **Nox**.

O número de oxidação de um átomo em uma molécula ou íon corresponde a uma "carga elétrica" calculada por meio de uma série de regras, descritas a seguir.

Regra 1: Os átomos nas substâncias simples têm Nox = 0.

$$\overset{0}{Fe}, \quad \overset{0}{H_2}, \quad \overset{0}{O_2}, \quad \overset{0}{P_4}, \quad \overset{0}{Al}$$

Explicação: nas substâncias metálicas (Fe, Al), o número de prótons é igual ao número de elétrons. Nas substâncias simples, as moléculas são apolares, não havendo a formação de cargas elétricas parciais.

Regra 2: Os metais alcalinos (Li, Na, K, Rb, Cs e Fr) e a prata (Ag), nos compostos, têm Nox = +1.

$$\overset{+1}{Na}Cl \quad \overset{+1}{K_2}SO_4 \quad \overset{+1}{Ag}NO_3 \quad \overset{+1}{Li_3}PO_4$$

Explicação: os metais alcalinos e a prata apresentam um elétron na camada de valência. Cedendo esse elétron, adquirem carga elétrica +1.

Regra 3: Os metais alcalinoterrosos (Be, Mg, Ca, Sr, Ba e Ra) e o zinco (Zn), nos compostos, têm Nox = +2.

$$\overset{+2}{Ca}O \quad \overset{+2}{Ba}Cl_2 \quad \overset{+2}{Zn}Cl_2 \quad \overset{+2}{Sr}(NO_3)_2$$

Explicação: os metais alcalinoterrosos e o zinco apresentam dois elétrons na camada de valência. Cedendo esses elétrons, adquirem carga elétrica +2.

Regra 4: O alumínio (Al), nos compostos, têm Nox = +3.

$$\overset{+3}{Al_2}O_3 \quad \overset{+3}{Al}(NO_3)_3 \quad Na[\overset{+3}{Al}(OH)_4]$$

Explicação: o alumínio tem três elétrons na camada de valência. Cedendo esses elétrons, adquire carga elétrica +3.

Regra 5: Os halogênios (F, Cl, Br e I), à direita da fórmula, têm Nox = –1.

$$\overset{-1}{\text{NaCl}} \quad \overset{-1}{\text{CaBr}_2} \quad \overset{-1}{\text{AgF}} \quad \overset{-1}{\text{CaI}_2}$$

Explicação: os halogênios têm sete elétrons na camada de valência. Para ganhar estabilidade, precisam receber um elétron, portanto, adquirem carga elétrica –1.

Regra 6: O hidrogênio, nos compostos moleculares, tem Nox = +1.

$$\overset{+1}{\text{H}_2}\text{O} \quad \overset{+1}{\text{H}_3}\text{PO}_4 \quad \overset{+1}{\text{NH}_3}$$

Explicação: Nos compostos moleculares, o hidrogênio está ligado covalentemente a elementos mais eletronegativos. Assim, o hidrogênio assume uma carga parcial positiva, assumida, pelas regras de determinação do Nox, como sendo igual a +1. Entretanto, a carga real do átomo de hidrogênio é menor do que +1, uma vez que, na ligação covalente, não há transferência real de elétrons.

NOTA: nos compostos nos quais o hidrogênio está ligado a um metal, chamados de hidretos metálicos, a ligação assume um caráter iônico e o hidrogênio, mais eletronegativo que o metal, apresenta Nox igual a –1, como, por exemplo, no LiH.

Regra 7: O oxigênio, na maioria dos compostos, tem Nox = –2.

$$\text{H}_2\overset{-2}{\text{O}} \quad \text{CaC}\overset{-2}{\text{O}}_3 \quad \text{Zn}\overset{-2}{\text{O}}$$

Explicação: o oxigênio tem seis elétrons na camada de valência. Para ganhar estabilidade, precisa receber dois elétrons, adquirindo carga elétrica -2.

NOTA: nos peróxidos (como H_2O_2 e Na_2O_2), o oxigênio assume Nox igual a –1; nos superóxidos (como NaO_2 e KO_2), o oxigênio assume Nox igual a –½.

Regra 8: A somatória de todos os Nox em um composto é igual a zero.

$$\overset{+1\ -1}{\text{NaCl}} \quad \overset{+3\ +6\ -2}{\text{Al}_2(\text{SO}_4)_3} \quad \overset{+1\ -2}{\text{H}_2\text{O}}$$

$+1 - 1 = 0 \qquad 2 \cdot (+3) + 3 \cdot (+6) + 12 \cdot (-2) = 0 \qquad 2 \cdot (+1) - 2 = 0$

Regra 9: Nos íons monoatômicos, o Nox é igual à carga do íon.

$$\overset{+1}{Ag^+} \quad \overset{+2}{Pb^{2+}} \quad \overset{-1}{Cl^-}$$

Regra 10: Nos íons poliatômicos, a somatória de todos os Nox é igual à carga do íon.

$$\overset{+6\,-2}{SO_4^{2-}} \qquad \overset{-3\,+1}{NH_4^{1+}} \qquad \overset{+4\,-2}{CO_3^{2-}}$$
$$+6 + 4 \cdot (-2) = -2 \qquad -3 + 4 \cdot (+1) = +1 \qquad +4 + 3 \cdot (-2) = -2$$

Fique ligado!

Número de oxidação médio

Quando aplicamos as regras para determinação do Nox apresentadas acima, é possível que obtenhamos valores fracionários, o que não está errado. Esses valores representam a **média** dos números de oxidação dos átomos do elemento na substância.

Observe os exemplos a seguir:

▶▶ $\overset{x \quad -2}{Fe_3 O_4}$

$$3 \cdot x + 4 \cdot (-2) = 0 \Rightarrow x = +\frac{8}{3}$$

No Fe_3O_4, há dois átomos de ferro com Nox = +3 e um átomo de ferro com Nox = +2, de modo que o Nox calculado acima representa a média ponderada no Nox dos átomos de ferro:

$$\text{Nox médio do Fe} = \frac{1 \cdot (+2) + 2 \cdot (+3)}{3} = +\frac{8}{3}$$

O Fe_3O_4 é, na realidade, um óxido duplo:

$$\overset{+2}{Fe}O \cdot \overset{+3}{Fe_2}O_3$$

▶▶ $\overset{x \ +1 \ -2}{C_2 H_4 O_2}$ (ácido acético)

$$2 \cdot x + 4 \cdot (+1) + 2 \cdot (-2) = 0 \Rightarrow x = 0$$

No ácido acético, há um átomo de carbono com Nox = +3 e um átomo de carbono com Nox = −3:

$$\begin{array}{c}
\overset{+1}{H} \\
| \\
\overset{+1}{H} - \overset{-3}{C} - \overset{+3}{C} \diagdown \overset{-2}{O} \\
| \qquad \diagup \\
\overset{+1}{H} \qquad OH \\
\qquad \ -2 \ +1
\end{array}$$

$$\text{Nox médio do C} = \frac{(-3) + (+3)}{2} = 0$$

8.2 Nox e conceitos de oxidação, redução, agente oxidante e redutor

Dada uma equação química, o número de oxidação pode ser utilizado para identificar se determinada reação é ou não de oxirredução: se houver variação do Nox, a reação será de oxirredução; caso contrário, a reação não é de oxirredução. Observe os exemplos a seguir.

1. $\overset{+1\,-1}{\text{HCl}} + \overset{+1\,-2\,+1}{\text{NaOH}} \longrightarrow \overset{+1\,-1}{\text{NaCl}} + \overset{+1\,-2}{\text{H}_2\text{O}}$

   Como não ocorreu variação do Nox dos átomos participantes da reação, a reação acima **não é** de oxirredução.

2. $\overset{0}{\text{Mg}} + \overset{0}{\text{S}} \longrightarrow \overset{+2\,-2}{\text{MgS}}$

   Nesta reação houve variação do Nox dos átomos participantes da reação, portanto a reação **é** de oxirredução.

3. $\overset{+3\,-2}{\text{Fe}_2\text{O}_3} + 3\,\overset{+2\,-2}{\text{CO}} \longrightarrow 2\,\overset{0}{\text{Fe}} + 3\,\overset{+4\,-2}{\text{CO}_2}$

   Nesta reação houve variação do Nox dos átomos participantes, portanto a reação **é** de oxirredução.

A variação do Nox também permite identificar quem sofreu oxidação e quem sofreu redução.

Na equação (2), o Nox do Mg passou de 0 para +2, o que significa que perdeu dois elétrons e, portanto, dizemos que o Mg sofreu **oxidação**; já o Nox do S passou de 0 para −2, o que significa que recebeu dois elétrons e, portanto, dizemos que o S sofreu **redução**.

Em linhas gerais:

> **Oxidação** é toda transformação na qual há **aumento do Nox** de uma espécie química.
>
> **Redução** é toda transformação na qual há **diminuição do Nox** de uma espécie química.

Assim, na equação (3), concluímos que o Fe_2O_3 sofreu redução (pois o Nox do Fe reduziu de +3 para 0) e o CO sofre oxidação (pois o Nox do C aumentou de +2 para +4).

Outra classificação importante na análise de reações de oxirredução é em agente redutor e agente oxidante. Na equação (2), o Mg, ao reagir com o S, provocou a redução do S, sendo classificado como um **agente redutor**. Por outro lado, o S, ao reagir com o Mg, provocou a oxidação do Mg, sendo classificado como um **agente oxidante**.

Em linhas gerais:

> **Agente redutor** sofre oxidação e é o reagente que **provoca a redução** no outro reagente.
>
> **Agente oxidante** sofre redução e é o reagente que **provoca a oxidação** no outro reagente.

Para a equação (3), o Fe_2O_3 é o agente oxidante (pois sofre redução) e o CO é o agente redutor (pois sofre oxidação).

8.3 Balanceamento de reações de oxirredução

Em uma reação que envolve transferência de elétrons, não basta apenas balancear a quantidade de átomos nos reagentes e nos produtos. Também é necessário que o número de elétrons cedidos pelo agente redutor na oxidação seja o mesmo do número de elétrons recebidos pelo agente oxidante na redução.

O método de balanceamento descrito a seguir baseia-se nessa necessidade de o número de elétrons cedidos e recebidos serem iguais. Vamos aplicá-lo para balancear a reação já analisada entre óxido de ferro (III) e monóxido de carbono:

$$Fe_2O_3 + CO \longrightarrow Fe + CO_2 \text{ (não balanceada)}$$

1. Determinar o Nox de todos os átomos participantes da reação.

$$\overset{+3\ -2}{Fe_2O_3} + \overset{+2\ -2}{CO} \longrightarrow \overset{0}{Fe} + \overset{+4\ -2}{CO_2}$$

2. Identificar a oxidação e a redução.

$$\overset{+3\ -2}{Fe_2O_3} + \overset{+2\ -2}{CO} \longrightarrow \overset{0}{Fe} + \overset{+4\ -2}{CO_2}$$

redução (Fe₂O₃ → Fe)
oxidação (CO → CO₂)

3. Calcular a quantidade de elétrons transferidos na oxidação e na redução. Essa quantidade depende tanto da **variação do Nox** ($\Delta Nox = Nox_{maior} - Nox_{menor}$) como da quantidade de átomos que sofre a oxidação e a redução.

$$\overset{+3\ -2}{Fe_2O_3} + \overset{+2\ -2}{CO} \longrightarrow \overset{0}{Fe} + \overset{+4\ -2}{CO_2}$$

redução
oxidação

Redução:

$\underline{Fe_2}O_3$ / Fe: $e^- = \Delta Nox \cdot$ quantidade $= (3 - 0) \cdot 2 = 6$

Oxidação:

$\underline{C}O$ / CO_2: $e^- = \Delta Nox \cdot$ quantidade $= (4 - 2) \cdot 1 = 2$

4. Igualar a quantidade de elétrons cedidos na oxidação e recebidos na redução, identificando os coeficientes estequiométricos dos agentes redutor e oxidante.

$$\overset{+3\ -2}{Fe_2O_3} + \overset{+2-2}{CO} \longrightarrow \overset{0}{Fe} + \overset{+4-2}{CO_2}$$

redução | oxidação

Redução:

$\underline{Fe_2O_3}$ / Fe: $e^- = \Delta Nox \cdot$ quantidade $= (3 - 0) \cdot 2 = 6$ ⟶ 1 Fe_2O_3

Oxidação:

$\underline{CO}$ / CO_2: $e^- = \Delta Nox \cdot$ quantidade $= (4 - 2) \cdot 1 = 2$ ⟶ 3 CO

$$1\ Fe_2O_3 + 3\ CO \longrightarrow Fe + CO_2$$

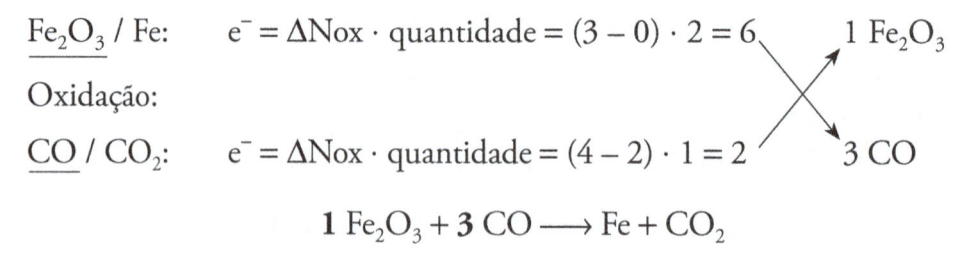

5. Terminar o balanceamento da equação.

$$1\ Fe_2O_3 + 3\ CO \longrightarrow 2\ Fe + 3\ CO_2$$

Fique ligado!

Casos especiais de balanceamento

No balanceamento de algumas reações de oxirredução, precisamos tomar alguns cuidados adicionais para determinar a quantidade de elétrons envolvida na reação. Analise os casos especiais destacados a seguir:

▶▶ Oxidação ou redução parcial

$$\overset{0}{Cu} + \overset{+5}{HNO_3} \longrightarrow \overset{+2\ +5}{Cu(NO_3)_2} + \overset{+2}{NO} + H_2O$$

Nessa reação, o metal Cu sofreu oxidação (de 0 para +2), sendo, portanto, o agente redutor. Já o HNO_3 sofre *redução parcial*, pois no $Cu(NO_3)_2$ o Nox do nitrogênio ainda continua +5. Portanto, para calcularmos quantos elétrons são recebidos pelo nitrogênio precisamos nos basear na variação do Nox em relação ao NO (produto).

Redução:

HNO_3 / $\underline{NO}$: $e^- = \Delta Nox \cdot$ quantidade $= (5 - 2) \cdot 1 = 3$ ⟶ 2 NO

Oxidação:

Cu / $\underline{Cu(NO_3)_2}$ $e^- = \Delta Nox \cdot$ quantidade $= (2 - 0) \cdot 1 = 2$ ⟶ 3 $Cu(NO_3)_2$

$$Cu + HNO_3 \longrightarrow 3\ Cu(NO)_2 + 2\ NO + H_2O$$

Agora, conseguimos terminar o balanceamento dessa equação:

$$3\ Cu + 8\ HNO_3 \longrightarrow 3\ Cu(NO)_2 + 2\ NO + 4\ H_2O$$

Auto-oxirredução (desproporcionamento)

$$\overset{0}{Cl_2} + OH^- \longrightarrow \overset{-1}{Cl^-} + \overset{+5}{ClO_3^-} + H_2O$$

Nessa reação, o cloro tanto sofreu oxidação (de 0 para +5 no ClO_3^-) quanto redução (de 0 para –1 no Cl^-), ou seja, o cloro sofreu oxidação e redução simultaneamente, gerando produtos com Nox diferentes. Assim, para calcularmos as quantidades de elétrons, precisamos nos basear nos produtos ClO_3^- e Cl^-:

Redução:

Cl_2 / $\underline{Cl^-}$: $\quad e^- = \Delta Nox \cdot$ quantidade $= (0 - (-1)) \cdot 1 = 1 \quad\longrightarrow\quad$ 5 Cl^-

Oxidação:

Cl_2 / $\underline{ClO_3^-}$ $\quad e^- = \Delta Nox \cdot$ quantidade $= (5 - 0) \cdot 1 = 5 \quad\longrightarrow\quad$ 1 ClO_3^-

$Cl_2 + OH^- \longrightarrow$ **5** Cl^- + **1** ClO_3^- + H_2O

Agora, conseguimos terminar o balanceamento dessa equação:

$$\mathbf{3}\, Cl_2 + \mathbf{6}\, OH^- \longrightarrow \mathbf{5}\, Cl^- + \mathbf{1}\, ClO_3^- + \mathbf{3}\, H_2O$$

Oxidações ou reduções múltiplas

$$\overset{+2\,-2}{SnS} + HCl + \overset{+5}{HNO_3} \longrightarrow \overset{+4}{SnCl_4} + \overset{0}{S} + \overset{+2}{NO} + H_2O$$

Nessa reação, tanto o estanho (de +2 para +4) quanto o enxofre (de –2 para 0) sofreram oxidação, enquanto o nitrogênio (de +5 para +2) sofreu redução. Nesse caso, para calcular a quantidade de elétrons cedidos pelos elementos que foram oxidados, precisamos somar as quantidades de elétrons cedidos por cada elemento e utilizar como referência a substância no reagente que contém ambos os elementos oxidados:

Redução:

$\underline{HNO_3}$/NO: $\quad e^- = \Delta Nox \cdot$ quantidade $= (5 - 2) \cdot 1 = 3 \quad\longrightarrow\quad$ 4 HNO_3

Oxidação:

$\underline{Sn}S/SnCl_4 \quad e^- = \Delta Nox \cdot$ quantidade $= (4 - 2) \cdot 1 = 2$
$Sn\underline{S}/S \quad\quad e^- = \Delta Nox \cdot$ quantidade $= (2 - 0) \cdot 1 = 2$ $\Big\} e^-_{total} = 4 \longrightarrow$ 3 SnS

$$\mathbf{3}\, SnS + HCl + \mathbf{4}\, HNO_3 \longrightarrow SnCl_4 + S + NO + H_2O$$

Agora, conseguimos terminar o balanceamento dessa equação:

$$\mathbf{3}\, SnS + \mathbf{12}\, HCl + \mathbf{4}\, HNO_3 \longrightarrow \mathbf{3}\, SnCl_4 + \mathbf{3}\, S + \mathbf{4}\, NO + \mathbf{8}\, H_2O$$

SÉRIE BRONZE

1. Complete as lacunas a seguir sobre as reações de oxirredução com as informações corretas.

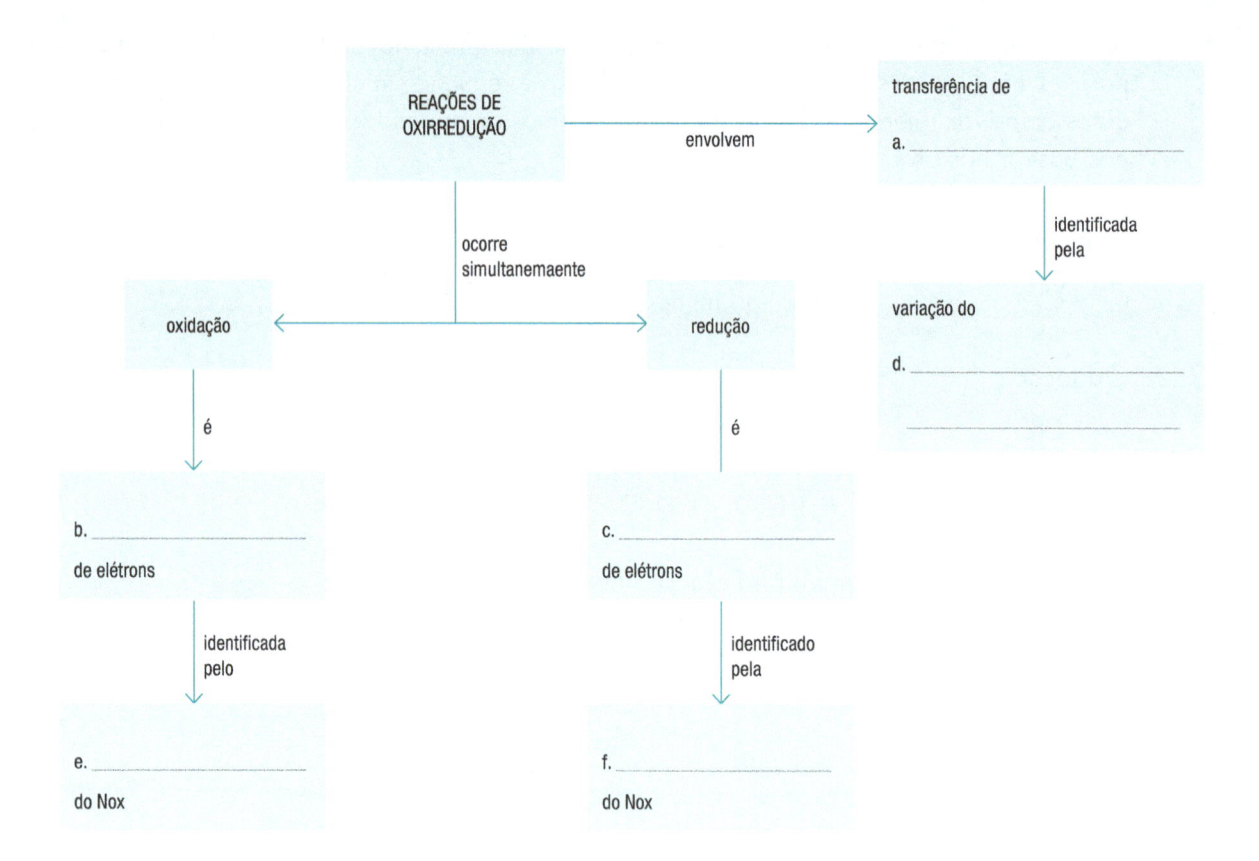

```
                    REAÇÕES DE
                    OXIRREDUÇÃO  ──envolvem──▶   transferência de
                         │                       a. _____
                         │                              │
                         │                              │ identificada
                    ocorre                              │ pela
                    simultanemaente                     ▼
          ◀────────────┼────────────▶            variação do
      oxidação                    redução        d. _____
         │                           │
         │ é                         │ é
         ▼                           ▼
   b. _____           c. _____
   de elétrons                 de elétrons
         │                           │
         │ identificada              │ identificado
         │ pelo                      │ pela
         ▼                           ▼
   e. _____           f. _____
   do Nox                      do Nox
```

Observações

- Quem sofre oxidação é o agente g. _____

- Quem sofre redução é o agente h. _____

2. Calcule o Nox dos átomos assinalados.

a) $\underline{Al}$

b) $\underline{Fe}$

c) $\underline{P}_4$

d) $\underline{Fe}^{2+}$

e) $Na\underline{Cl}$

f) $K_2\underline{S}O_4$

g) $\underline{Ag}NO_3$

h) $Ca\underline{C}O_3$

i) $\underline{Al}_2(SO_4)_3$

j) $Al_2(\underline{S}O_4)_3$

k) $\underline{Cu}(NO_3)_2$

l) $Cu(\underline{N}O_3)_2$

m) $\underline{N}O_2$

n) $K_2\underline{Cr}_2O_7$

o) $Na\underline{Cl}O_4$

p) $\underline{N}H_3$

q) $Ba\underline{O}$

r) $\underline{S}O_4^{2-}$

s) $\underline{N}H_4^+$

t) $\underline{P}O_4^{3-}$

u) $Na\underline{H}$

v) $H_2\underline{O}_2$

w) $Na_2\underline{O}_2$

x) $Ba\underline{O}_2$

y) $\underline{Fe}_3O_4$

z) $Na\underline{N}_3$

3. Determine o Nox do elemento cloro nas espécies:

Cl_2 $\qquad$ $HClO_2$

$NaCl$ $\qquad$ $HClO_3$

$CaCl_2$ $\qquad$ $HClO_4$

HCl $\qquad$ Cl_2O_7

$HClO$ $\qquad$ ClO_4^-

4. Considere a equação $Zn + Cu^{2+} \longrightarrow Zn^{2+} + Cu$.

a) Complete **ganhou** ou **perdeu**.

O Zn _____ 2 elétrons.

O Cu^{2+} _____ 2 elétrons.

b) Complete **oxidação** ou **redução**.

O Zn sofreu uma _____.

O Cu^{2+} sofre uma _____.

c) Complete **oxidante** ou **redutor**.

O Zn é o agente _____.

O Cu^{2+} é o agente _____

5. Dada a equação

$$Fe + H_2SO_4 \longrightarrow FeSO_4 + H_2$$

pergunta-se:

a) Qual é o oxidante?

b) Qual é o redutor?

6. Acerte os coeficientes pelo método de oxirredução.

a) $Zn + Ag^+ \longrightarrow Zn^{2+} + Ag$

b) $Zn + Cu^{2+} \longrightarrow Zn^{2+} + Cu$

c) $Al + Ag^+ \longrightarrow Al^{3+} + Ag$

d) $Al + Cu^{2+} \longrightarrow Al^{3+} + Cu$

e) $Cl_2 + Br^- \longrightarrow Cl^- + Br_2$

f) $Fe_2O_3 + CO \longrightarrow Fe + CO_2$

g) $P + HNO_3 + H_2O \longrightarrow H_3PO_4 + NO$

h) $MnO_4^- + H_2C_2O_4 + H^+ \longrightarrow Mn^{2+} + CO_2 + H_2O$

i) $MnO_4^- + H^+ + Cl^- \longrightarrow Mn^{2+} + Cl_2 + H_2O$

j) $Cu + HNO_3 \longrightarrow Cu(NO_3)_2 + NO + H_2O$

k) $MnO_4^- + H_2O_2 + H^+ \longrightarrow Mn^{2+} + H_2O + O_2$

l) $FeCl_2 + H_2O_2 + HCl \longrightarrow FeCl_3 + H_2O$

m) $Cl_2 + OH^- \longrightarrow Cl^- + ClO_3^- + H_2O$

n) $SnS + HCl + HNO_3 \longrightarrow SnCl_4 + S + NO + H_2O$

o) $As_2S_3 + HNO_3 + H_2O \longrightarrow H_2SO_4 + H_3AsO_4 + NO$

f) $Cu + AgNO_3 \longrightarrow$
equação iônica:

g) $Al + AgNO_3 \longrightarrow$
equação iônica:

h) $Ag + Al(NO_3)_3 \longrightarrow$

i) $Mg + CuSO_4 \longrightarrow$
equação iônica:

j) $Cu + MgSO_4 \longrightarrow$

7. Complete as equações que ocorrem e também escreva-as na forma iônica.

a) $Zn + CuSO_4 \longrightarrow$
equação iônica:

b) $Cu + ZnSO_4 \longrightarrow$

c) $Ni + CuSO_4 \longrightarrow$
equação iônica:

d) $Cu + NiCl_2 \longrightarrow$

e) $Na + ZnSO_4 \longrightarrow$
equação iônica:

8. Complete as equações que ocorrem e também escreva-as na forma iônica.

a) $Mg + HCl \longrightarrow$
equação iônica:

b) $Cu + HCl \longrightarrow$

c) $Zn + HCl \longrightarrow$
equação iônica:

d) $Ag + HCl \longrightarrow$

SÉRIE PRATA

1. (FAMERP – SP) O ácido nítrico é obtido a partir da amônia por um processo que pode ser representado pela reação global:

$$NH_3(g) + 2\ O_2(g) \longrightarrow HNO_3(aq) + H_2O(l)$$

Nessa reação, a variação do número de oxidação (Δnox) do elemento nitrogênio é igual a

a) 6 unidades.
b) 4 unidades.
c) 2 unidades.
d) 8 unidades.
e) 10 unidades.

2. (UNESP) O ciclo do enxofre é fundamental para os solos dos manguezais. Na fase anaeróbica, bactérias reduzem o sulfato para produzir o gás sulfeto de hidrogênio. Os processos que ocorrem são os seguintes:

$$SO_4^{2-}(aq) \xrightarrow{\text{ação bacteriana}} S^{2-}(aq)$$

$$S^{2-}(aq) \xrightarrow{\text{meio ácido}} H_2S(g)$$

SCHMIDT, G. **Manguezal de Cananeia**, 1989. Adaptado.

Na produção de sulfeto de hidrogênio por esses processos nos manguezais, o número de oxidação do elemento enxofre

a) diminui 8 unidades.
b) mantém-se o mesmo.
c) aumenta 4 unidades.
d) aumenta 8 unidades.
e) diminui 4 unidades.

3. (UNESP) O primeiro passo no metabolismo do etanol no organismo é a sua oxidação a acetaldeído pela enzima denominada álcool desidrogenase. A enzima aldeído desidrogenase, por sua vez, converte o acetaldeído em acetato.

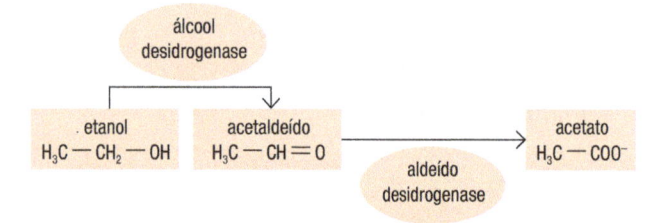

etanol H_3C-CH_2-OH →(álcool desidrogenase) acetaldeído $H_3C-CH=O$ →(aldeído desidrogenase) acetato H_3C-COO^-

Disponível em: <www.cisa.org.br>. Adaptado

Os números de oxidação médios do elemento carbono no etanol, no acetaldeído e no íon acetato são, respectivamente:

a) +2, +1 e 0.
b) –2, –1 e 0.
c) –1, +1 e 0.
d) +2, +1 e –1.
e) –2, –2 e –1.

4. (FATEC – SP) Nas latinhas de refrigerantes, o elemento alumínio (número atômico 13) está presente na forma metálica e, na pedra-ume, está presente na forma de cátions trivalentes.

Logo, as cargas elétricas relativas do alumínio nas latinhas e na pedra-ume são, respectivamente,

a) 3– e 3+.
b) 3– e 0.
c) 0 e 3+.
d) 3+ e 0.
e) 3+ e 3–.

5. (PUC – RJ) Sobre a reação:

$$Zn(s) + 2\ HCl(aq) \longrightarrow ZnCl_2(aq) + H_2(g),$$

assinale a alternativa **correta**.

a) O zinco sofre redução.
b) O cátion $H^+(aq)$ sofre oxidação.
c) O zinco doa elétrons para o cátion $H^+(aq)$.
d) O zinco recebe elétrons formando o cátion $Zn^{2+}(aq)$.
e) O íon cloreto se reduz formando $ZnCl_2(aq)$.

6. (UFV – MG) A seguir são apresentadas as equações de quatro reações:

I. $H_2 + Cl_2 \longrightarrow 2\ HCl$
II. $SO_2 + H_2O \longrightarrow H_2SO_3$
III. $2\ SO_2 + O_2 \longrightarrow 2\ SO_3$
IV. $2\ Al(OH)_3 \longrightarrow Al_2O_3 + 3\ H_2O$

São reações de oxirredução:

a) I e II.
b) II, III e IV.
c) I e III.
d) II e IV.
e) I, II e III.

7. (PUC – adaptada) As estações de tratamento de esgotos conseguem reduzir a concentração de vários poluentes presentes nos despejos líquidos, antes de lançá-los nos rios e lagos. Uma das reações que acontece é a transformação do gás sulfídrico (H_2S), que apresenta um cheiro muito desagradável, em SO_2. O processo pode ser representado pela equação não balanceada:

___ H_2S (g) + ___ O_2 (g) + ⟶
⟶ ___ SO_2 (g) + ___ H_2O (g)

Responda, usando as fórmulas das substâncias, quando necessário:

a) Qual é a substância oxidada?

b) Qual é o agente redutor?

c) Qual é a soma dos coeficientes mínimos e inteiros obtidos no balanceamento?

d) Qual é a a variação do número de oxidação para cada átomo de enxofre?

8. (MACKENZIE – SP)

Cs, K, Ba, Ca, Mg, Al, Zn, Fe, **H**, Cu, Hg, Ag, Au

⟵ reatividade crescente

Analisando a fila de reatividade dada acima, pode-se afirmar que a reação que **não** ocorrerá é:

a) $AgNO_3$ + Cu ⟶
b) HCl + Mg ⟶
c) H_2SO_4 + Fe ⟶
d) HCl + Zn ⟶
e) $ZnSO_4$ + Cu ⟶

9. (UESPI) De acordo com a ordem de reatividade, assinale a alternativa na qual a reação não ocorre.

a) Zn + 2 HCl ⟶ H_2 + $ZnCl_2$
b) Fe + 2 HCl ⟶ H_2 + $FeCl_2$
c) Mg + H_2SO_4 ⟶ H_2 + $MgSO_4$
d) Au + 3 HCl ⟶ $\frac{3}{2}$ H_2 + $AuCl_3$
e) Zn + 2 $AgNO_3$ ⟶ 2 Ag + $Zn(NO_3)_2$

10. (UNIMONTES – MG) A reação de metais com ácidos são práticas para a obtenção de gás hidrogênio e sais de natureza diversa. O resultado de experimentos com placas dos metais zinco, ferro, cobre e ouro com ácido clorídrico encontra-se representado a seguir.

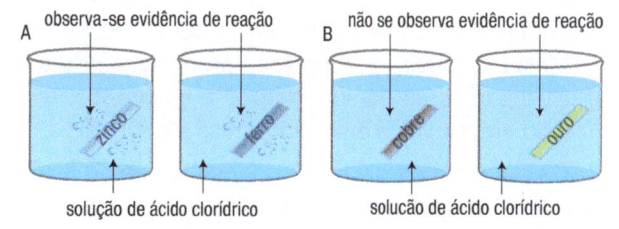

A – observa-se evidência de reação (zinco, ferro em solução de ácido clorídrico)
B – não se observa evidência de reação (cobre, ouro em solução de ácido clorídrico)

Em relação aos experimentos, pode-se concluir que

a) ocorre a formação do cloreto de cobre (II) no béquer onde está a placa de cobre.
b) o cobre e o ouro são mais reativos que o hidrogênio, portanto não ocorre reação.
c) as placas de zinco e ferro são corroídas e há desprendimento de gás hidrogênio.
d) o zinco e o ferro, por não serem oxidados, são considerados metais nobres.
e) o cobre e o ouro não são corroídos, pois esses metais apresentam maior facilidade em doar elétrons que o zinco e o ferro.

SÉRIE OURO

1. (UNESP) O nitrogênio pode existir na natureza em vários estados de oxidação. Em sistemas aquáticos, os compostos que predominam e que são importantes para a qualidade da água apresentam o nitrogênio com números de oxidação −3, 0, +3 ou +5. Assinale a alternativa que apresenta as espécies contendo nitrogênio com os respectivos números de oxidação, na ordem descrita no texto:

a) NH_3, N_2, NO_2^-, NO_3^-.
b) NO_2^-, NO_3^-, NH_3, N_2.
c) NO_3^-, NH_3, N_2, NO_2^-.
d) NO_2^-, NH_3, N_2, NO_3^-.
e) NH_3, N_2, NO_3^- NO_2^-.

2. (FGV) O molibdênio é um metal de aplicação tecnológica em compostos como MoS_2 e o espinélio, $MoNa_2O_4$, que, por apresentarem sensibilidade a variações de campo elétrico e magnético, têm sido empregados em dispositivos eletrônicos.

Os números de oxidação do molibdênio no MoS_2 e no $MoNa_2O_4$ são, respectivamente,

a) +2 e +2.
b) +2 e +3.
c) +4 e +3.
d) +4 e +4.
e) +4 e +6.

3. (UNESP) Compostos de crômio têm aplicação em muitos processos industriais, como, por exemplo, o tratamento de couro em curtumes e a fabricação de tintas e pigmentos. Os resíduos provenientes desses usos industriais contêm, em geral, misturas de íons cromato (CrO_4^{2-}), dicromato e crômio, que não devem ser descartados no ambiente, por causarem impactos significativos.

Sabendo que no ânion dicromato o número de oxidação do crômio é o mesmo que no ânion cromato, e que é igual à metade desse valor no cátion crômio, as representações químicas que correspondem aos íons de dicromato e crômio são, correta e respectivamente,

a) $Cr_2O_5^{2-}$ e Cr^{4+}.
b) $Cr_2O_9^{2-}$ e Cr^{4+}.
c) $Cr_2O_9^{2-}$ e Cr^{3+}.
d) $Cr_2O_7^{2-}$ e Cr^{3+}.
e) $Cr_2O_5^{2-}$ e Cr^{2+}.

4. (UNESP)

Lâmpadas sem mercúrio

Agora que os LEDs estão jogando para escanteio as lâmpadas fluorescentes compactas e seu conteúdo pouco amigável ao meio ambiente, as preocupações voltam-se para as lâmpadas ultravioletas, que também contêm o tóxico mercúrio.

Embora seja importante proteger-nos de muita exposição à radiação UV do Sol, a luz ultravioleta também tem propriedades muito úteis. Isso se aplica à luz UV com comprimentos de onda curtos, de 100 a 280 nanômetros, chamada luz UVC, que é especialmente útil por sua capacidade de destruir bactérias e vírus.

Para eliminar a necessidade do mercúrio para geração de luz UVC, Ida Hooiaas, da Universidade norueguesa de Ciência e Tecnologia, montou um diodo pelo seguinte procedimento: inicialmente, depositou uma camada de gafeno (uma variedade cristalina do carbono) sobre uma placa de vidro. Sobre o grafeno, dispôs nanofios de um semicondutor chamado nitreto de gálio-alumínio (AlGaN). Quando o diodo é energizado, os nanofios emitem luz UV, que brilha através do grafeno e do vidro.

Disponível em:<www.inovacaotecnologica.com.br>. Adaptado.

No nitreto de gálio-alumínio, os números de oxidação do nitrogênio e do par Al-Ga são, respectivamente,

DADO: N (ametal do grupo 15 da tabela periódica)

a) 0 e 0.
b) +6 e −6.
c) +1 e +1.
d) −3 e +3.
e) −2 e +2.

5. (UNESP)

Nas últimas décadas, o dióxido de enxofre (SO$_2$) tem sido o principal contaminante atmosférico que afeta a distribuição de liquens em áreas urbanas e industriais. Os liquens absorvem o dióxido de enxofre e, havendo repetidas exposições a esse poluente, eles acumulam altos níveis de sulfatos (SO$_4^{2-}$) e bissulfatos (HSO$_4^-$), o que incapacita os constituintes dos liquens de realizarem funções vitais, como fotossíntese, respiração e, em alguns casos, fixação de nitrogênio.

> LIJTEROFF, R. *et al*. **Revista Internacional de Contaminación Ambiental**, maio 2009. Adaptado.

Nessa transformação do dióxido de enxofre em sulfatos e bissulfatos, o número de oxidação do elemento enxofre varia de _____ para _____, portanto, sofre _____.

As lacunas desse texto são, **correta** e respectivamente, preenchidas por:

a) −4; −6 e redução.
b) +4; +6 e oxidação.
c) +2; +4 e redução.
d) +2; +4 e oxidação.
e) −2; −4 e oxidação.

6. (FUVEST – SP) Na produção de combustível nuclear, o trióxido de urânio é transformado no hexafluoreto de urânio, como representado pelas equações químicas:

I. UO$_3$(s) + H$_2$(g) $\longrightarrow$ UO$_2$(s) + H$_2$O(g)
II. UO$_2$(s) + 4 HF(g) $\longrightarrow$ UF$_4$(s) + 2 H$_2$O(g)
III. UF$_4$(s) + F$_2$(g) $\longrightarrow$ UF$_6$(g)

Sobre tais transformações, pode-se afirmar, corretamente, que ocorre oxirredução apenas em

a) I.   b) II.   c) III.   d) I e II.   e) I e III.

7. (PUC – SP) A fixação do nitrogênio é um processo que possibilita a incorporação do elemento nitrogênio nas cadeias alimentares, a partir do metabolismo dos produtores.

A fixação também pode ser realizada industrialmente gerando, entre outros produtos, fertilizantes. A produção do nitrato de amônio (NH$_4$NO$_3$) a partir do gás nitrogênio (N$_2$), presente na atmosfera, envolve algumas etapas. Três delas estão representadas a seguir.

I. N$_2$(g) + 3 H$_2$(g) $\longrightarrow$ 2 NH$_3$(g)
II. 4 NH$_3$(g) + 5 O$_2$(g) $\longrightarrow$ 4 NO(g) + 6 H$_2$O(l)
III. NH$_3$(g) + HNO$_3$(aq) $\longrightarrow$ NH$_4$NO$_3$(aq)

As etapas I, II e III podem ser descritas, respectivamente, como:

a) oxidação do nitrogênio, oxidação da amônia e oxidação da amônia.
b) oxidação do nitrogênio, redução da amônia e neutralização da amônia.
c) redução do nitrogênio, oxidação da amônia e neutralização da amônia.
d) redução do nitrogênio, redução da amônia e redução da amônia.
e) neutralização do nitrogênio, combustão da amônia e acidificação da amônia.

8. (UNESP) Insumo essencial na indústria de tintas, o dióxido de titânio sólido puro (TiO_2) pode ser obtido a partir de minérios com teor aproximado de 70% em TiO_2 que, após moagem, é submetido à seguinte sequência de etapas:

I. aquecimento com carvão sólido
$$TiO_2(s) + C(s) \longrightarrow Ti(s) + CO_2(g)$$

II. reação do titânio metálico com cloro molecular gasoso
$$Ti(s) + 2\ Cl_2(s) \longrightarrow TiCl_4(l)$$

III. reação do cloreto de titânio líquido com oxigênio molecular gasoso
$$TiCl_4(l) + O_2(g) \longrightarrow TiO_2(s) + 2\ Cl_2(g)$$

No processo global de purificação de TiO_2, com relação aos compostos de titânio envolvidos no processo, é **correto** afirmar que ocorre

a) oxidação do titânio apenas nas etapas I e II.
b) redução do titânio apenas na etapa I.
c) redução do titânio apenas nas etapas II e III.
d) redução do titânio em todas as etapas.
e) oxidação do titânio em todas as etapas.

9. (FUVEST – SP) Considere estas três ações químicas realizadas por seres vivos:

I. Fotossíntese
$$6\ H_2O + 6\ CO_2 \xrightarrow{luz} 6\ O_2 + C_6H_{12}O_6$$

II. Quimiosssíntese metagênica
$$CO_2 + 4\ H_2 \longrightarrow CH_4 + 2\ H_2O$$

III. Respiração celular
$$6\ O_2 + C_6H_{12}O_6 \longrightarrow 6\ H_2O + 6\ CO_2$$

A mudança no estado de oxidação do elemento carbono em cada reação e o tipo de organismo em que a reação ocorre são:

	I	II	III
a)	redução; autotrófico	redução; autotrófico	oxidação; heterotrófico e autotrófico
b)	oxidação; autotrófico	oxidação; heterotrófico	oxidação; autotrófico
c)	redução; autotrófico	redução; heterotrófico e autotrófico	redução; heterotrófico e autotrófico
d)	oxidação; autotrófico e heterotrófico	redução; autotrófico	oxidação; autotrófico
e)	oxidação; heterotrófico	oxidação; autotrófico	redução; heterotrófico

10. (PUC – PR) Durante a descarga de uma bateria de automóvel, o chumbo reage com o óxido de chumbo (II) e com ácido sulfúrico, formando sulfato de chumbo (II) e água:

$$Pb + PbO_2 + 2\ H_2SO_4 \longrightarrow 2\ PbSO_4 + 2\ H_2O$$

Nesse processo, o oxidante e o oxidado são, respectivamente:

a) PbO_2 e Pb.
b) H_2SO_4 e Pb.
c) PbO_2 e H_2SO_4.
d) $PbSO_4$ e Pb.
e) H_2O e $PbSO_4$.

11. (ENEM) O ferro metálico é obtido em altos-fornos pela mistura do minério hematita (α-Fe_2O_3) contendo impurezas, coque (C) e calcário ($CaCO_3$), sendo estes mantidos sob um fluxo de ar quente que leva à queima do coque, com a temperatura no alto-forno chegando próximo a 2.000 °C. As etapas caracterizam o processo em função da temperatura.

Entre 200 °C e 700 °C:
$$3\ Fe_2O_3 + CO \longrightarrow 2\ Fe_3O_4 + CO_2$$
$$CaCO_3 \longrightarrow CaO + CO_2$$
$$Fe_3O_4 + CO \longrightarrow 3\ FeO + CO_2$$

Entre 700 °C e 1.200 °C:
$$C + CO_2 \longrightarrow 2\ CO$$
$$FeO + CO \longrightarrow Fe + CO_2$$

Entre 1.200 °C e 2.000 °C:

ferro impuro se funde;

formação de escória fundida ($CaSiO_3$)

$$2\ C + O_2 \longrightarrow 2\ CO$$

BROWN, T. L.; LEMAY, H. E.; BURSTEN, B. E. **Química**: a ciência central. São Paulo: Pearson Education, 2005. Adaptado.

No processo de redução desse metal, o agente redutor é o

a) C.   b) CO.   c) CO_2.   d) CaO.   e) $CaCO_3$.

12. (PUC – MG) Em um laboratório, um grupo de estudantes colocou um pedaço de palha de aço em um prato, cobrindo-o com água sanitária. Após 10 minutos, eles observaram, no fundo do prato, a formação de uma nova substância de cor avermelhada, cuja fórmula é Fe_2O_3.

A reação que originou esse composto ocorreu entre o ferro (Fe) e o hipoclorito de sódio (NaClO), presente na água sanitária, e pode ser representada pela seguinte equação não balanceada:

$Fe(s) + NaClO(aq) \longrightarrow Fe_2O_3(s) + NaCl(aq)$

Considerando-se essas informações, é incorreto afirmar:

a) O hipoclorito de sódio atua como o redutor.
b) O ferro sofre uma oxidação.
c) A soma dos coeficientes das substâncias que participam da reação é igual a 9.
d) O átomo de cloro do hipoclorito de sódio ganhou 2 elétrons.

13. (UESC) Para a equação não balanceada:

$MnO_2 + KClO_3 + KOH \longrightarrow K_2MnO_4 + KCl + H_2O$

assinale a alternativa **incorreta**.

a) A soma de todos os coeficientes estequiométricos, na proporção mínima de números inteiros, é 17.
b) O agente oxidante é o $KClO_3$.
c) O agente redutor é o MnO_2.
d) O número de oxidação do manganês no MnO_2 é duas vezes o número de oxidação do hidrogênio.
e) Cada átomo de cloro ganha seis elétrons.

14. (MACKENZIE – SP – adaptada) O sulfeto de hidrogênio (H_2S) é um composto corrosivo que pode ser encontrado no gás natural, em alguns tipos de petróleo, que contêm elevado teor de enxofre, e é facilmente identificado por meio do seu odor característico de ovo podre.

A equação química a seguir, não balanceada, indica uma das possíveis reações do sulfeto de hidrogênio.

$H_2S + Br_2 + H_2O \longrightarrow H_2SO_4 + HBr$

A respeito do processo acima, é **incorreto** afirmar que

a) o sulfeto de hidrogênio é o agente redutor.
b) para cada molécula de H_2S consumido, ocorre a produção de 2 moléculas de H_2SO_4.
c) a soma dos menores coeficientes inteiros do balanceamento da equação é 18.
d) o bromo (Br_2) sofre redução.
e) o número de oxidação do enxofre no ácido sulfúrico é +6.

15. (EsPCEx – RJ) Abaixo são fornecidos os resultados das reações entre metais e sais.

$FeSO_4(aq) + Ag(s) \longrightarrow$ não ocorre a reação
$2\ AgNO_3(aq) + Fe(s) \longrightarrow Fe(NO_3)_2(aq) + 2\ Ag(s)$
$3\ FeSO_4(aq) + 2\ Al(s) \longrightarrow Al_2(SO_4)_3(aq) + 3\ Fe(s)$
$Al_2(SO_4)_3(aq) + Fe(s) \longrightarrow$ não ocorre a reação

De acordo com as reações acima equacionadas, a ordem decrescente de reatividade dos metais envolvidos em questão é:

a) Al, Fe e Ag.
b) Ag, Fe e Al.
c) Fe, Al e Ag.
d) Ag, Al e Fe.
e) Al, Ag e Fe

16. (UFMG) Num laboratório, foram feitos testes para avaliar a reatividade de três metais – cobre, Cu, magnésio, Mg, e zinco, Zn.

Para tanto, cada um desses metais foi mergulhado em três soluções diferentes – uma de nitrato de cobre, $Cu(NO_3)_2$, uma de nitrato de magnésio, $Mg(NO_3)_2$, e uma de nitrato de zinco, $Zn(NO_3)_2$.

Neste quadro, estão resumidas as observações feitas ao longo dos testes.

SOLUÇÕES \ METAIS	Cu	Mg	Zn
$Cu(NO_3)_2$	não reage	reage	reage
$Mg(NO_3)_2$	não reage	não reage	não reage
$Zn(NO_3)_2$	não reage	reage	não reage

Considerando-se essas informações, é **correto** afirmar que a disposição dos três metais testados, segundo a ordem crescente de reatividade de cada um deles, é:

a) Cu/Mg/Zn.
b) Cu/Zn/Mg.
c) Mg/Zn/Cu.
d) Zn/Cu/Mg.

17. (FUVEST – SP) O cientista e escritor Oliver Sacks, em seu livro *Tio Tungstênio*, nos conta a seguinte passagem de sua infância: "Ler sobre [Humphry] Davy e seus experimentos estimulou-me a fazer diversos outros experimentos eletroquímicos... Devolvi o brilho às colheres de prata de minha mãe colocando-as em um prato de alumínio com uma solução morna de bicarbonato de sódio [$NaHCO_3$]".

Pode-se compreender o experimento descrito, sabendo-se que

▸▸ objetos de prata, quando expostos ao ar, enegrecem devido à formação de Ag_2O e Ag_2S (compostos iônicos);

▸▸ as espécies químicas Na^+, Al^{3+} e Ag^+ têm, nessa ordem, tendência crescente de receber elétrons.

Assim sendo, a reação de oxirredução, responsável pela devolução do brilho às colheres, pode ser representada por:

a) $3 Ag^+ + Al^0 \longrightarrow 3 Ag^0 + Al^{3+}$
b) $Al^0 + 3 Ag^0 \longrightarrow Al^0 + 3 Ag^+$
c) $Ag^0 + Na^+ \longrightarrow Ag^+ + Na^0$
d) $Al^0 + 3 Na^+ \longrightarrow Al^{3+} + 3 Na^0$
e) $3 Na^0 + Al^{3+} \longrightarrow 3 Na^+ + Al^0$

18. (UNICAMP – SP) "Ferro Velho Coisa Nova" e "Compro Ouro Velho" são expressões associadas ao comércio de dois materiais que podem ser reaproveitados. Em vista das propriedades químicas dos dois materiais mencionados nas expressões, pode-se afirmar corretamente que

a) nos dois casos as expressões são apropriadas, já que ambos os materiais se reduzem com o tempo, o que não permite distinguir o "novo" do "velho".

b) nos dois casos as expressões são inapropriadas, já que ambos os materiais se reduzem com o tempo, o que não permite distinguir o "novo" do "velho".

c) a primeira expressão é apropriada, pois o ferro se reduz com o tempo, enquanto a segunda expressão não é apropriada, pois o ouro é um material inerte.

d) a primeira expressão é apropriada, pois o ferro se oxida com o tempo, enquanto a segunda expressão não é apropriada, pois o ouro é um material inerte.

SÉRIE PLATINA

1. **(Exercício resolvido)** (UFRJ) A análise de água de uma lagoa revelou a existência de duas camadas com composições químicas diferentes, como mostra o desenho a seguir:

camada superior (água morna)	CO_2 HCO_3^- H_2CO_3 SO_4^{2-} NO_3^- $Fe(OH)_3$
camada profunda (água fria)	CH_4 H_2S NH_3 NH_4^+ Fe^{2+} (aq)

   Indique o número de oxidação do nitrogênio em cada uma das camadas da lagoa e apresente a razão pela qual alguns elementos exibem diferença de Nox entre as camadas.

   Resolução:
   - camada superior: $\overset{+5}{N}O_3^-$
   - camada profunda: $\overset{-3}{N}H_3$ e $\overset{-3}{N}H_4^+$

   A camada superior, por estar em contato com o ar, contém mais oxigênio dissolvido, aumentando o estado de oxidação dos elementos dissolvidos.

2. (UNICAMP – SP) Uma mãe levou seu filho ao médico, que diagnosticou uma anemia. Para tratar o problema, foram indicados comprimidos compostos por um sulfato de ferro e vitamina C. O farmacêutico que aviou a receita informou à mãe que a associação das duas substâncias era muito importante, pois a vitamina C evita a conversão do íon ferro a um estado de oxidação mais alto, uma vez que o íon ferro só é absorvido no intestino em seu estado de oxidação mais baixo.

   a) Escreva a fórmula do sulfato de ferro utilizado no medicamento. Escreva o símbolo do íon ferro que não é absorvido no intestino.

   b) No caso desse medicamento, a vitamina C atua como um **oxidante** ou como um **antioxidante**? Explique.

3. (UNICAMP – SP) As duas substâncias gasosas presentes em maior concentração na atmosfera não reagem entre si nas condições de pressão e temperatura como as reinantes nesta sala. Nas tempestades, em consequência dos raios, há reação dessas duas substâncias entre si, produzindo óxidos de nitrogênio, principalmente NO e NO_2.

   a) Escreva o nome e a fórmula das duas substâncias presentes no ar em maior concentração.

   b) Escreva a equação de formação, em consequência dos raios, de um dos óxidos mencionados acima, indicando qual é o redutor.

4. (ENEM) Estudos mostram o desenvolvimento de biochips utilizados para auxiliar o diagnóstico de diabetes melito, doença evidenciada pelo excesso de glicose no organismo. O teste é simples e consiste em duas reações sequenciais na superfície do biochip, entre a amostra de soro sanguíneo do paciente, enzimas específicas e reagente (iodeto de potássio, KI), conforme mostrado na imagem.

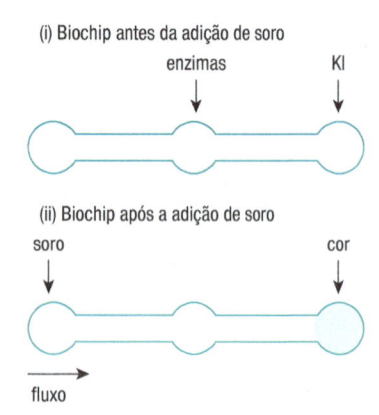

(i) Biochip antes da adição de soro
enzimas   KI

(ii) Biochip após a adição de soro
soro   cor

fluxo

Após a adição de soro sanguíneo, o fluxo desloca-se espontaneamente da esquerda para a direita (II) promovendo reações sequenciais, conforme as equações 1 e 2. Na primeira, há conversão de glicose do sangue em ácido glucônico, gerando peróxido de hidrogênio.

Equação 1

$$C_6H_{12}O_6(aq) + O_2(g) + H_2O(l) \xrightarrow{enzimas}$$
$$\xrightarrow{enzimas} C_6H_{12}O_7(aq) + H_2O_2(aq)$$

Na segunda, o peróxido de hidrogênio reage com íons iodeto gerando o íon tri-iodeto, água e oxigênio.

$$2\ H_2O_2(aq) + 3\ I^-(aq) \longrightarrow I_3^-(aq) + 2\ H_2O(l) + O_2(g)$$

GARCIA, P. T. et al. A Handheld Stamping Process to Fabricate Microfluidic Paper-Based Analytical Devices with Chemically Modified Surface for Clinical Assays. **RSC Adv.**, v. 4, 13 Aug. 2014. Adaptado.

O tipo de reação que ocorre na superfície do biochip, nas duas reações do processo é

a) análise
b) síntese
c) oxirredução
d) complexação
e) ácido-base

5. (FUVEST – SP) Um dos métodos industriais de obtenção de zinco, a partir da blenda de zinco ZnS, envolve quatro etapas em sequência:

I. Aquecimento do minério com oxigênio (do ar atmosférico), resultando na formação de óxido de zinco e dióxido de enxofre.
II. Tratamento, com carvão, a alta temperatura, do óxido de zinco, resultando na formação de zinco e monóxido de carbono.
III. Resfriamento do zinco formado, que é recolhido no estado líquido.
IV. Purificação do zinco por destilação fracionada. Ao final da destilação, o zinco líquido é despejado em moldes, nos quais se solidifica.

a) Represente, por meio de equação química balanceada, a primeira etapa do processo.
b) Indique o elemento que sofreu oxidação e o elemento que sofreu redução, na segunda etapa do processo. Justifique.
c) Indique, para cada mudança de estado físico que ocorre na etapa IV, se ela é exotérmica ou endotérmica.

6. (EsPCEx – RJ) O cobre metálico pode ser oxidado por ácido nítrico diluído, produzindo água, monóxido de nitrogênio e um sal (composto iônico). A reação pode ser representada pela seguinte equação química (não balanceada):

$$Cu(s) + HNO_3(aq) \longrightarrow$$
$$\longrightarrow H_2O(l) + NO(g) + Cu(NO_3)_2(aq)$$

A soma dos coeficientes estequiométricos (menores números inteiros) da equação balanceada, o agente redutor da reação e o nome do composto iônico formado são, respectivamente,

a) 18; Cu; nitrato de cobre I.
b) 20; Cu; nitrato de cobre II.
c) 19; HNO_3; nitrito de cobre II.
d) 18; NO; nitrato de cobre II.
e) 20; Cu; nitrato de cobre I.

Células Voltaicas

capítulo 9

Vimos, no Capítulo 8, que, nas reações de oxirredução, temos a transferência de elétrons entre uma espécie que sofre oxidação e outra que sofre redução. No exemplo que estudamos, reação entre zinco metálico e solução de sulfato de cobre (II), essa transferência de elétrons ocorre a partir do **contato direto** entre o Zn(s) e os cátions Cu^{2+}(aq) e é evidenciada pela deposição de cobre metálico e pela diminuição da coloração azulada da solução aquosa, o que pode ser representado pelas seguintes semirreações:

▶▶ semirreação de oxidação:

$$Zn(s) \longrightarrow Zn^{2+}(aq) + 2e^-$$

▶▶ semirreação de redução:

$$Cu^{2+}(aq) + 2e^- \longrightarrow Cu(s)$$

Apesar de promover uma reação química, essa **transferência direta** de elétrons não pode ser aproveitada para produzir o que chamamos hoje de **corrente elétrica**, isto é, um fluxo ordenado de elétrons que pode ser utilizado para uma diversidade de propósitos, desde alimentar um equipamento elétrico, como um celular, até promover outra reação química, para obtenção de novas substâncias.

O primeiro cientista a conseguir, com relativo sucesso, utilizar uma reação de oxirredução espontânea para produzir uma corrente elétrica foi o italiano Alessandro **Volta**. Em 1800, Volta apresentou ao mundo a primeira **pilha** (ou **célula voltaica**), produzida a partir do empilhamento de discos metálicos de zinco e de cobre (ou de prata), intercalados com discos de papel embebido em solução aquosa de cloreto de sódio.

O "relativo sucesso" mencionado acima refere-se ao fato de a pilha proposta por Volta durar apenas alguns minutos, em decorrência de diversos fatores, entre eles, a impureza dos discos metálicos, o que reduzia bastante a condutividade elétrica desses materiais, e o fato de ocorrer a produção de gases na solução aquosa, que atuavam como isolantes elétricos e prejudicavam ainda mais a durabilidade desse dispositivo.

O termo "pilha" deriva do fato de a célula voltaica, proposta por Alessandro Volta, consistir em um empilhamento de discos metálicos e de papel embebido em solução aquosa salina.

Entretanto, independentemente da (curta) vida útil da pilha proposta por Volta, seu experimento representou o marco inicial da **Eletroquímica** e incentivou diversos cientistas e pesquisadores a proporem novas configurações para células voltaicas, de maior durabilidade e eficiência.

Entre essas configurações, destaca-se a **pilha de Daniell**, proposta pelo inglês John **Daniell** em 1836 e que será objeto de estudo em detalhes neste capítulo.

9.1 Pilha de Daniell

Para aproveitar a transferência de elétrons entre as espécies químicas para produzir uma corrente elétrica, é necessário **separar fisicamente** quem doa elétrons (espécie que sofre oxidação) de quem recebe elétrons (espécie que sofre redução).

Na configuração mais famosa proposta pelo inglês John Daniell na primeira metade do século XIX, essa separação foi realizada a partir da montagem de duas **meia-células** (ou **semicélulas**). Uma meia-célula consiste em um metal (eletrodo) em contato com seus íons (em uma solução aquosa). No caso da pilha de Daniell, ele utilizou uma meia-célula de zinco e uma meia-célula de cobre:

À esquerda, temos a meia-célula de zinco, formada por uma lâmina de zinco (eletrodo) imersa em uma solução aquosa de cátion Zn^{2+} (proveniente, por exemplo, da dissociação de $ZnSO_4$). À direita, temos a meia-célula de cobre, formada por uma lâmina de cobre (eletrodo) imersa em uma solução aquosa de cátion Cu^{2+} (proveniente, por exemplo, da dissociação de $CuSO_4$).

A pilha de Daniell é formada pela união das duas meia-células por um **fio metálico** condutor (usualmente de cobre) conectando os dois eletrodos, que corresponde ao circuito externo, e uma **ponte salina** conectando as duas soluções aquosas.

Nessa configuração, é possível aproveitar a **transferência indireta** dos elétrons entre o $Zn(s)$ e o $Cu^{2+}(aq)$. Vimos, no Capítulo 8, que o $Zn(s)$ doa elétrons espontaneamente para o $Cu^{2+}(aq)$, uma vez que o zinco é um metal mais reativo que o cobre.

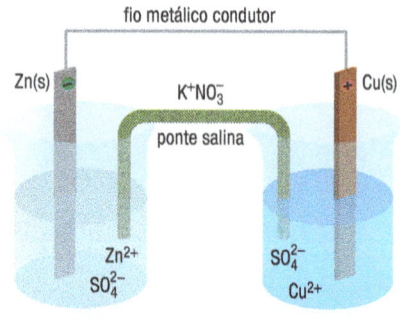

A pilha de Daniell é constituída por duas meia-células conectadas tanto por um fio metálico condutor quanto por uma ponte salina.

Agora, na pilha de Daniell, essa transferência não ocorre a partir do contato direto entre Zn(s) e Cu^{2+}(aq), mas sim através do fio metálico, gerando uma corrente elétrica. Portanto, com o funcionamento dessa pilha, observa-se um fluxo ordenado de elétrons da meia-célula de zinco para a meia-célula de cobre, que está relacionado com as semirreações a seguir.

▶▶ Semirreação de oxidação do zinco, que justifica o fato de a lâmina de zinco ser corroída, diminuindo de espessura:

$$Zn(s) \longrightarrow Zn^{2+}(aq) + 2e^-$$

▶▶ Semirreação de redução do cátion cobre, que justifica o fato de haver deposição de cobre metálico sobre a lâmina de cobre, aumentando a sua espessura:

$$Cu^{2+}(aq) + 2e^- \longrightarrow Cu(s)$$

Com o funcionamento da pilha, a oxidação do Zn(s) promove o aumento da concentração de Zn^{2+}(aq) na meia-célula da esquerda, o que dificulta a liberação dos elétrons para o fio metálico. Já na meia-célula de cobre, a redução do Cu^{2+} gera, na solução aquosa um excesso de íons SO_4^{2-}, que repele os elétrons provenientes do fio metálico.

É em virtude dessas variações nas concentrações das soluções que a utilização da **ponte salina** se faz importante na construção da pilha de Daniell. A ponte salina tem a função de manter o equilíbrio de cargas nas duas soluções, isto é, manter a neutralidade elétrica dessas soluções.

Uma possível construção da ponte salina é um tubo em U contendo uma solução aquosa de nitrato de potássio (KNO_3). Nesse caso, o excesso de íons Zn^{2+} na meia-célula de zinco atrai os íons NO_3^- da ponte salina, enquanto o excesso de íons SO_4^{2-} atrai os íons K^+ da ponte salina. Esse fluxo de íons (K^+ e NO_3^-) na ponte salina é denominado **corrente iônica** e é responsável por manter a neutralidade elétrica das soluções aquosas.

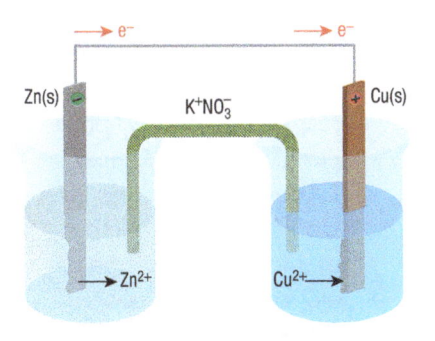

O eletrodo de zinco sofre oxidação, provocando a diminuição da espessura da lâmina de zinco e o aumento da concentração de Zn^{2+} na solução na qual esse eletrodo está imerso. Já a redução do Cu^{2+} provoca a diminuição da concentração desses cátions na solução da meia-célula da direita e a deposição de cobre metálico sobre o eletrodo de cobre.

Na ponte salina, temos o estabelecimento de uma corrente iônica, com os íons NO_3^- migrando para a meia-célula de zinco e os íons K^+ migrando para a meia-célula de cobre.

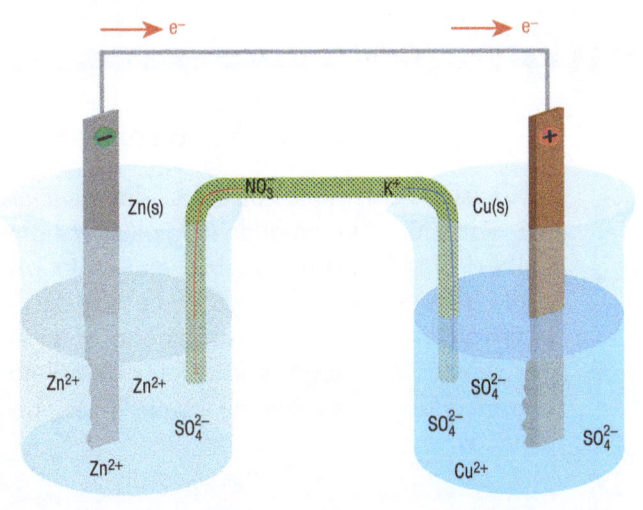

Lembre-se!

Esses termos (anodo e catodo) foram cunhados por Michael **Faraday** (1791-1867) em 1834 ao estudar processos de eletrólise e são derivados do grego: ἄνοδος (anodos) e κάθοδος (kathodos), que significam, respectivamente, "para cima" e "para baixo". Observando a pilha de Daniell, esse é o movimento realizado pelos elétrons: eles "sobem" do eletrodo de zinco para o fio metálico e "descem" desse fio para o eletrodo de cobre.

9.2 Convenções nas células voltaicas

Para todas as células voltaicas, inclusive a pilha de Daniell, o eletrodo no qual ocorre a semirreação de oxidação é chamado de **anodo**. Já o eletrodo no qual ocorre a semirreação de redução é chamado de **catodo**.

Quando estamos falando de corrente elétrica e de pilhas, é comum também utilizarmos os termos **polo negativo** e **polo positivo**. Para as células voltaicas, **polo negativo** corresponde ao eletrodo onde ocorre a oxidação, que fornece elétrons para o circuito externo. Já o **polo positivo** corresponde ao eletrodo onde ocorre a redução, que recebe elétrons do circuito externo.

Em resumo, para a pilha de Daniell, podemos escrever as seguintes semirreações e equação global:

Polo – (anodo): Oxidação: $Zn(s) \longrightarrow Zn^{2+}(aq) + 2e^-$

Polo + (catodo): Redução: $Cu^{2+}(aq) + 2e^- \longrightarrow Cu(s)$

Equação global: $Zn(s) + Cu^{2+}(aq) \longrightarrow Zn^{2+}(aq) + Cu(s)$

Fique ligado!

Representação IUPAC para células voltaicas

A IUPAC (*International Union of Pure and Applied Chemistry*) recomenda utilizar a seguinte convenção para representar uma célula voltaica: primeiro escreve-se o anodo (polo negativo) e, depois, o catodo (polo positivo). Utiliza-se barra vertical para separar as fases em cada meia-célula (por exemplo, $Zn(s) | Zn^{2+}(aq)$) e duas barras verticais para separar as duas meia-células.

Para a pilha de Daniell, a representação IUPAC é dada por:

$$\underbrace{Zn \:|\: Zn^{2+} (1 \text{ mol/L})}_{\substack{\text{anodo (–):} \\ \text{meia-célula} \\ \text{de oxidação}}} \overbrace{\:||\:}^{\text{ponte salina}} \underbrace{Cu^{2+} (1 \text{ mol/L}) \:|\: Cu}_{\substack{\text{catodo (+):} \\ \text{meia-célula} \\ \text{de redução}}}$$

Você sabia?

Corrente elétrica convencional *versus* corrente elétrica real

O estudo sistemático da eletricidade inicia-se no século XVI, quando o inglês William **Gilbert** (1544-1603) descobriu que materiais como diamante, vidro, enxofre e cera se comportavam como o âmbar, resgatando os estudos de filósofos gregos como Tales de Mileto e nomeando esses materiais como "materiais elétricos".

Os trabalhos de Gilbert deram origem a uma série de estudos relacionados à eletrização por atrito, com destaque para as contribuições do americano Benjamin **Franklin** (1706-1790) na primeira metade do século XVIII.

Franklin defendia a teoria do fluido único, sendo que os objetos eletricamente neutros apresentariam um equilíbrio desse fluido elétrico. Entretanto, por fricção, esse equilíbrio poderia ser perturbado, levando certos objetos a adquirirem um excesso de fluido elétrico, enquanto outros objetos perderiam parte desse fluido.

Assim, originalmente, os termos positivo e negativo não tinham qualquer relação com a carga elétrica do objeto, mas indicavam se o objeto tinha excesso de fluido elétrico (positivo) ou falta dele (negativo).

É com base nesse entendimento de positivo e negativo que foi proposto que a corrente elétrica fluiria espontaneamente do polo positivo (que apresentava excesso de fluido elétrico) para o polo negativo (que apresentava falta de fluido elétrico).

A interpretação atual da teoria proposta por Franklin é de que esse fluido elétrico corresponde aos elétrons (descobertos somente cerca de 150 anos depois dos experimentos de Franklin), que são transferidos entre um material e outro durante a fricção. Infelizmente, as classificações em positivo e negativo atribuídas por Franklin são exatamente o oposto daquelas correspondentes a um excesso ou deficiência de elétrons. Hoje, associamos a carga positiva a uma falta de elétrons e a carga negativa a um excesso deles.

A consequência disso é que ainda hoje associamos o sentido da corrente elétrica convencional a um fluxo de cargas positivas, apesar de serem elétrons negativos que estão realmente fluindo na direção oposta (a corrente elétrica real). Isso ocorre pois todo o desenvolvimento desse campo de estudo, com base em trabalhos, por exemplo, de Michael Faraday e James **Maxwell** (1831-1879), foi realizado com base em uma corrente elétrica fluindo do polo positivo para o polo negativo.

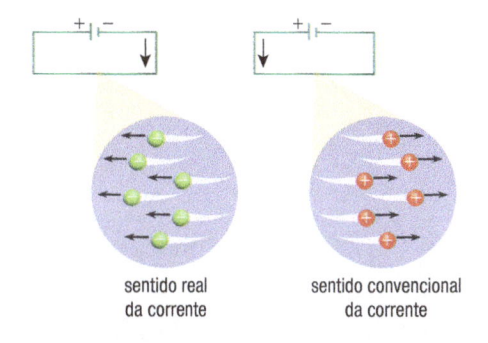

O sentido do fluxo de elétrons (chamado também de sentido real da corrente) é oposto ao sentido (convencional) da corrente elétrica. Em Eletricidade, costuma-se representar um gerador, como uma pilha, pelo símbolo ⊥|⊢, no qual o traço maior representa o polo positivo e o menor, o negativo.

O "erro" da atribuição original de positivo e negativo feita por Franklin talvez possa ser explicado porque ele começou seus experimentos elétricos com um tubo de vidro dado de presente pelo inglês Peter **Collinson** (1694--1768) e pela sua suposição de que a fricção desse material com seda fizesse com que o tubo de vidro acumulasse fluido elétrico. Hoje sabemos que, na verdade, o vidro perde elétrons para a seda.

Se Franklin tivesse recebido uma haste de âmbar ou de resina e feito a mesma suposição, nossos conhecimentos atuais sobre o fluxo de cargas elétricas corresponderiam às atribuições originais de Franklin.

Benjamin Franklin, além de cientista, foi um dos líderes da Revolução Americana que culminou com a independência dos Estados Unidos em 1776. Um dos "fundadores" dos Estados Unidos, seu rosto está estampado nas notas de cem dólares.

214 QUÍMICA INTEGRADA 3 – 2ª edição

SÉRIE BRONZE

1. Complete o diagrama a seguir com as informações corretas sobre as células voltaicas.

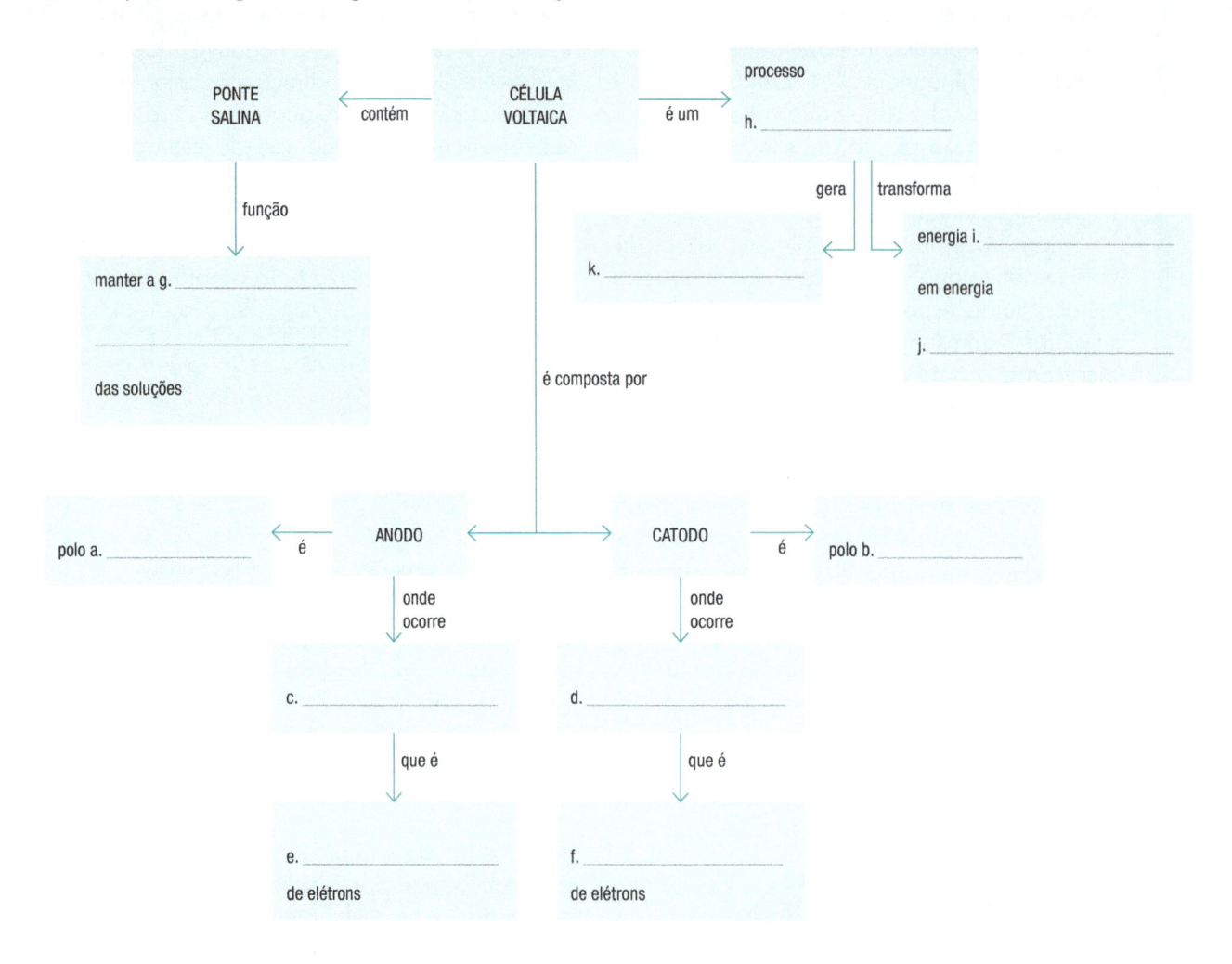

```
                    ┌──────────┐   contém    ┌──────────┐   é um    processo
                    │  PONTE   │ ◄────────── │  CÉLULA  │ ────────► h. _____
                    │  SALINA  │             │ VOLTAICA │
                    └──────────┘             └──────────┘
                         │                        │              gera     transforma
                      função                      │                  ◄────┬────►
                         ▼                        │                       │    energia i. _____
                   ┌──────────────┐               │              k. _____│
                   │ manter a g. __│               │                       │    em energia
                   │ _____│               │                       │
                   │ das soluções │               │                       │    j. _____
                   └──────────────┘               │
                                          é composta por
                                                  │
                    ┌─────────┐   é     ┌────────┐         ┌────────┐   é    ┌─────────┐
         polo a. ___│◄─────── │ ANODO  │◄────────┤ CATODO  │───────►│ polo b. ___│
                    └─────────┘         └────────┘         └────────┘        └─────────┘
                                          │                    │
                                        onde                 onde
                                       ocorre               ocorre
                                          ▼                    ▼
                                      c. _____          d. _____
                                          │                    │
                                        que é                que é
                                          ▼                    ▼
                                      e. _____          f. _____
                                      de elétrons         de elétrons
```

2. Complete com **iônica** e **elétrica**.

a) O fluxo de elétrons no fio condutor origina a corrente _____.

b) O fluxo de íons no interior da pilha origina a corrente _____.

3. Utilizando o esquema da pilha a seguir, responda:

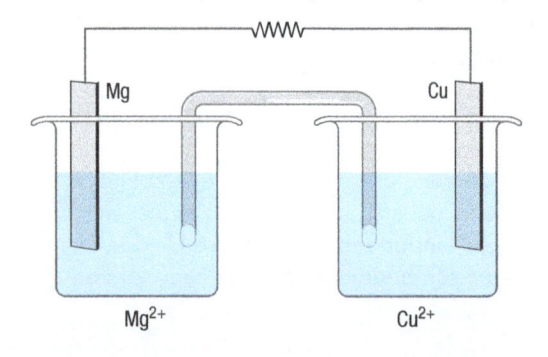

(esquema da pilha com eletrodos de Mg e Cu, soluções de Mg^{2+} e Cu^{2+})

a) Qual metal se oxida?
_____

b) Qual íon se reduz?
_____

c) Qual eletrodo é anodo?
_____

d) Qual eletrodo é catodo?
_____

e) Indique o sentido dos elétrons.
_____

f) Indique os polos ⊕ e ⊖.
_____

g) Qual lâmina sofre corrosão?

h) Em qual lâmina ocorre deposição?

i) Escreva as semiequações de oxidação e redução.

j) Escreva a equação global da pilha.

4. Utilizando a notação IUPAC da pilha a seguir, responda:

$$Co \mid Co^{2+} \mid\mid Au^{3+} \mid Au$$

a) Qual metal se oxida?

b) Qual íon se reduz?

c) Qual eletrodo é anodo?

d) Qual eletrodo é catodo?

e) Indique o sentido dos elétrons.

f) Indique os polos ⊕ e ⊖.

g) Qual lâmina sofre corrosão?

h) Em qual lâmina ocorre deposição?

i) Escreva as semiequações de oxidação e redução.

j) Escreva a equação global da pilha.

SÉRIE PRATA

1. Considere a pilha utilizando eletrodos de alumínio e prata mergulhados em solução de $Al(NO_3)_3$ e $AgNO_3$, respectivamente.

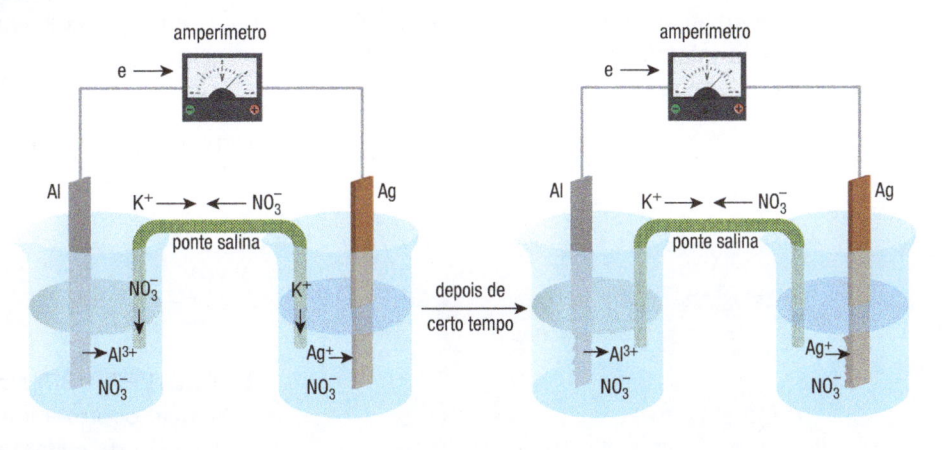

a) O anodo da pilha é o eletrodo de _____

b) O catodo da pilha é o eletrodo de _____

c) O sentido dos elétrons no circuito externo é do eletrodo de _____ para eletrodo de _____ .

d) O polo negativo é o eletrodo de _____

e) O polo positivo é o eletrodo de _____

f) Semirreação no anodo: _____

g) Semirreação no catodo: _____

h) Equação global da pilha: _____

2. Na célula eletroquímica Zn | Zn^{2+} || Ag^+ | Ag, pode-se afirmar que:

a) Zn é o catodo.
b) o íon Ag^+ sofre redução.
c) há consumo do eletrodo de prata.
d) ao se consumirem 2,0 mol de Ag^+, serão produzidos 2,0 mol de Zn.
e) a solução de Zn^{2+} permanece com a sua concentração inalterada, durante a reação.

3. (MACKENZIE – SP) Considerando a pilha
$$Zn^0 \mid Zn^{2+} \parallel Cu^{2+} \mid Cu^0$$
e sabendo que o zinco cede elétrons espontaneamente para os íons Cu^{2+}, é INCORRETO afirmar que:

a) o eletrodo de cobre é o catodo.
b) o eletrodo de Zn é gasto.
c) a solução de $CuSO_4$ irá se concentrar.
d) o eletrodo de zinco é o anodo.
e) a equação global da pilha é
$$Zn^0 + Cu^{2+} \longrightarrow Zn^{2+} Cu^0.$$

4. (VUNESP) A reação entre o crômio metálico e íons ferro (II) em água, produzindo íons crômio (III) e ferro metálico, pode ser utilizada para se montar uma pilha eletroquímica.

a) Escreva as semirreações que ocorrem na pilha, indicando a semirreação de oxidação e a semirreação de redução.
b) Escreva a equação química global correspondente à pilha em funcionamento.

SÉRIE OURO

1. (UPF – RS) Na pilha de Daniell, ocorre uma reação de oxirredução espontânea, conforme representado esquematicamente na figura abaixo. Considerando a informação apresentada, analise as afirmações a seguir.

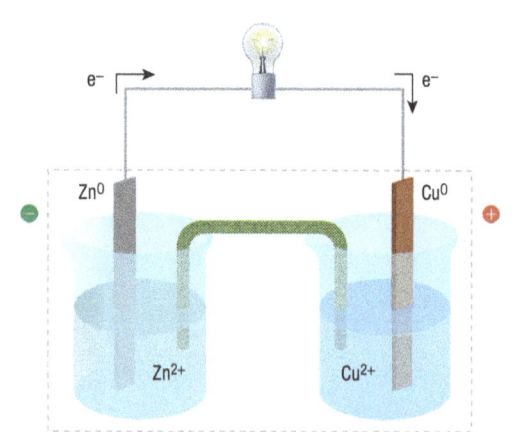

I. Na reação de oxirredução espontânea, representada na pilha de Daniell, a espécie que se oxida, no caso o Zn(s), transfere elétrons para a especie que sofre redução, os íons Cu^{2+}(aq).

II. O Zn(s) sofre redução, transferindo elétrons para os íons Cu^{2+}(aq) que sofrem oxidação.

III. A placa de Zn(s) sofre corrosão, tendo sua massa diminuída, e sobre a placa de cobre ocorre depósito de cobre metálico.

IV. A concentração de íons Cu^{2+}(aq) aumenta, e a concentração de íons Zn^{2+}(aq) diminui em cada um dos seus respectivos compartimentos.

Está correto apenas o que se afirma em:

a) I e III.
b) II e IV.
c) I, II e IV.
d) III e IV.
e) II.

2. (CEETEPS – SP) No sistema ilustrado na figura a seguir, ocorre a interação de zinco metálico com solução de sulfato de cobre, havendo passagem de elétrons do zinco para os íons Cu^{2+} por meio de fio metálico.

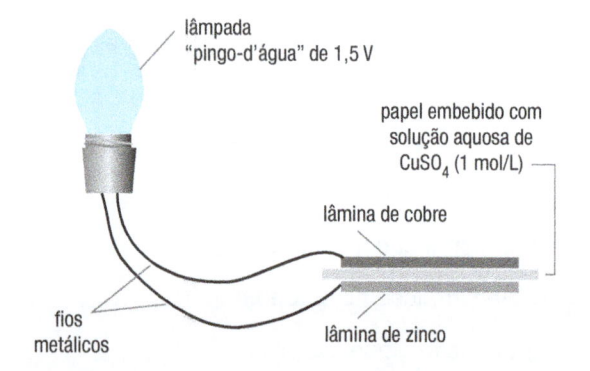

Assim, enquanto a pilha está funcionando, é correto afirmar que:

a) a lâmina de zinco vai se tornando mais espessa.
b) a lâmina de cobre vai se desgastando.
c) a reação catódica (polo positivo) é representada por:
$$Cu(s) \longrightarrow Cu^{2+}(aq) + 2e$$
d) a reação catódica (polo negativo) é representada por:
$$Zn^{2+}(aq) + 2e \longrightarrow Zn(s)$$
e) a reação da pilha é representada por:
$$Zn(s) + Cu^{2+}(aq) \longrightarrow Zn^{2+}(aq) + Cu(s)$$

a) nos fios, elétrons se movem da direita para a esquerda; e, no algodão, cátions K^+ se movem da direita para a esquerda e ânions Cl^-, da esquerda para a direita.
b) nos fios, elétrons se movem da direita para a esquerda; e, no algodão, elétrons se movem da esquerda para a direita.
c) nos fios, elétrons se movem da esquerda para a direita; e, no, algodão, cátions K^+ se movem da esquerda para a direita e ânions Cl^-, da direita para a esquerda.
d) nos fios, elétrons se movem da esquerda para a direita; e, no algodão, elétrons se movem da direita para a esquerda.

3. (UFMG) Na figura, está representada a montagem de uma pilha eletroquímica, que contém duas lâminas metálicas – uma de zinco e uma de cobre – mergulhadas em soluções de seus respectivos sulfatos. A montagem inclui um longo chumaço de algodão, embebido numa solução saturada de cloreto de potássio, mergulhado nos dois béqueres. As lâminas estão unidas por fios de cobre que se conectam a um medidor de corrente elétrica.

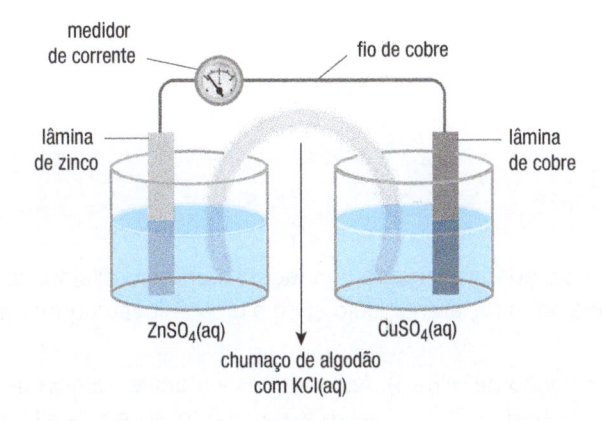

Quando a pilha está em funcionamento, o medidor indica a passagem de uma corrente e pode-se observar que

▶▶ a lâmina de zinco metálico sofre desgaste;
▶▶ a cor da solução de sulfato de cobre (II) se torna mais clara;
▶▶ um depósito de cobre metálico se forma sobre a lâmina de cobre.

Considerando-se essas informações, é correto afirmar que, quando a pilha está em funcionamento,

4. (MACKENZIE – SP) Relativamente à pilha a seguir, começando a funcionar, fazem-se as afirmações:

I. A reação global da pilha é dada pela equação:
$$Cu + 2\,Ag^+ \longrightarrow Cu^{2+} + 2\,Ag$$
II. O eletrodo de prata é polo positivo.
III. No anodo, ocorre a oxidação do cobre.
IV. A concentração de íons de Ag^+ na solução irá diminuir.
V. A massa da barra de cobre irá diminuir.

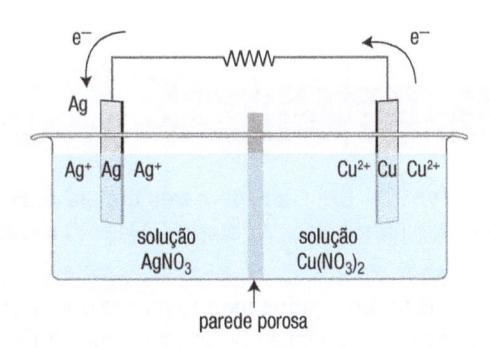

São corretas:
a) III, IV e V somente.
b) I, III e V somente.
c) II e IV somente.
d) I, IV e V somente.
e) I, II, III, IV e V.

5. (PUC – RJ) Uma cela galvânica consiste de um dispositivo no qual ocorre a geração espontânea de corrente elétrica a partir de uma reação de oxirredução. Considere a pilha formada por duas meias-pilhas constituídas de alumínio em solução aquosa de seus íons e chumbo em solução aquosa de seus íons:

$$Al \longrightarrow Al^{3+} + 3e^-$$
$$Pb^{2+} + 2e^- \longrightarrow Pb$$

Sobre essa pilha, é correto afirmar que:

a) a equação global desta pilha é
   $2\,Al^{3+}(aq) + 3\,Pb(s) \longrightarrow 2\,Al(s) + 3\,Pb^{2+}(aq)$
b) o metal alumínio atua como agente oxidante.
c) a espécie $Pb^{2+}(aq)$ atua como agente redutor.
d) o eletrodo de chumbo corresponde ao catodo.
e) na semirreação de redução balanceada, a espécie $Pb^{2+}(aq)$ recebe um elétron.

6. (ENEM) Pilhas e baterias são dispositivos tão comuns em nossa sociedade que, sem percebermos, carregamos vários deles junto ao nosso corpo; elas estão presentes em aparelhos de MP3, relógios, rádios, celulares, etc. As semirreações, não balanceadas, descritas a seguir ilustram o que ocorre em uma pilha de óxido de prata.

$$Zn(s) + OH^-(aq) \longrightarrow ZnO(s) + H_2O(l) + e^-$$
$$Ag_2O(s) + H_2O(l) + e^- \longrightarrow Ag(s) + OH^-(aq)$$

Pode-se afirmar que esta pilha

a) apresenta o zinco como agente oxidante.
b) tem como reação da célula a seguinte reação:
   $Zn(s) + Ag_2O(s) \longrightarrow ZnO(s) + 2\,Ag(s)$
c) apresenta fluxo de elétrons na pilha do eletrodo de Ag_2O para o Zn.
d) é uma pilha ácida.
e) apresenta o óxido de prata como o anodo.

7. (FUVEST-SP) Considerando que baterias de Li-FeS$_2$ podem gerar uma voltagem nominal de 1,5 V, o que as torna úteis no cotidiano, e que a primeira reação de descarga dessas baterias é

$$2\,Li + FeS_2 \longrightarrow Li_2FeS_2$$

é correto afirmar:

a) O lítio metálico é oxidado na primeira descarga.
b) O ferro é oxidado e o lítio é reduzido na primeira descarga.
c) O lítio é o catodo dessa bateria.
d) A primeira reação de descarga forma lítio metálico.
e) O lítio metálico e o dissulfeto ferroso estão em contato direto dentro da bateria.

SÉRIE PLATINA

1. (FUVEST – SP) Considere três metais A, B e C, dos quais apenas A reage com ácido clorídrico diluído, liberando hidrogênio. Varetas de A, B e C foram espetadas em uma laranja, cujo suco é uma solução aquosa de pH = 4.

A e B foram ligados externamente por um resistor (formação da pilha 1). Após alguns instantes, removeu-se o resistor, que foi então utilizado para ligar A e C (formação da pilha 2). Nesse experimento, o polo positivo e o metal corroído na pilha 1 e o polo positivo e o metal corroído na pilha 2 são, respectivamente,

	PILHA 1		PILHA 2	
	Polo positivo	Metal corroído	Polo positivo	Metal corroído
a)	B	A	A	C
b)	B	A	C	A
c)	B	B	C	C
d)	A	A	C	A
e)	A	B	A	C

Potencial de Redução

10 capítulo

Cada equipamento eletroeletrônico demanda uma voltagem específica, o que significa que, atualmente, temos praticamente uma infinidade de pilhas e baterias diferentes, com tamanhos e características distintas!

GLITTERSTUDIO/SHUTTERSTOCK

Quando utilizamos uma pilha em algum equipamento eletrônico, precisamos ficar atentos à "voltagem" que devemos utilizar. A bateria de um celular apresenta geralmente 3,85 V. Já em controles remotos utilizamos quase sempre duas 2 pilhas de 1,5 V ligadas em série, pois esses equipamentos demandam 3,0 V para funcionar. E um computador? Em torno de 10,8 V.

Agora, como fazemos para medir a **voltagem** de uma pilha? É isso que vamos discutir neste capítulo!

10.1 Diferença de potencial (ddp)

Na prática, podemos utilizar um **voltímetro** para medir a voltagem de uma pilha. Esse equipamento deve ser ligado em paralelo ao dispositivo que se quer determinar a voltagem e, para que a medida seja realizada, deve haver pouca passagem de corrente elétrica pelo voltímetro, razão pela qual a resistência elétrica do voltímetro deve ser muito alta.

> **Lembre-se!**
> No voltímetro ideal, considera-se que a sua resistência interna tende ao infinito e, portanto, não há passagem de corrente elétrica pelo equipamento de medida.

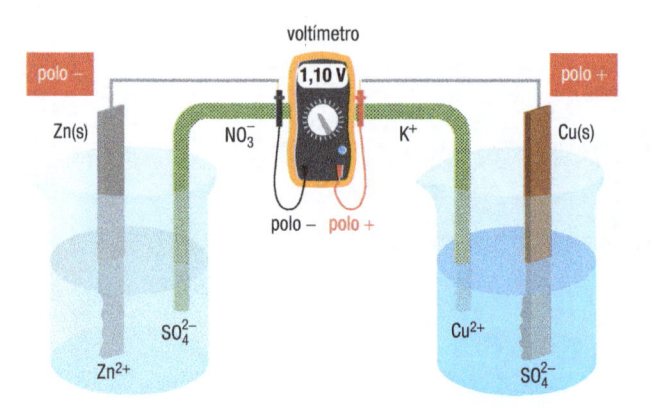

Ao utilizar um voltímetro para determinar experimentalmente a voltagem de uma pilha, deve-se ligar corretamente os fios desse equipamento de medida (positivo e negativo) aos polos correspondentes da pilha. Caso a ligação seja feita invertida, o equipamento fornecerá um valor negativo. Para a pilha de Daniell, a ligação invertida resultaria no valor −1,10 V no visor do equipamento.

No visor do voltímetro, obtemos o valor de 1,10 V para a pilha de Daniell, que apresentamos e estudamos no Capítulo 9. Entretanto, em Eletroquímica, preferimos a utilização do termo diferença de potencial (ddp) ao termo voltagem, pois esse valor (1,10 V) é decorrente da diferença entre os potenciais elétricos de cada eletrodo.

No caso da pilha de Daniell, como o eletrodo de cobre é o polo positivo, sabemos ainda que o potencial do eletrodo de cobre é 1,10 V maior que o potencial do eletrodo de zinco. Quando essa diferença de potencial é medida nas condições-padrão, isto é, a concentração dos íons nas soluções é igual a 1 mol/L e a temperatura é de 25 °C, estamos medindo a diferença de potencial-padrão, representada por ΔE^0. Para a pilha de Daniell, temos $\Delta E^0 = 1,10$ V.

Entretanto, se sempre que quiséssemos determinar a ddp de uma pilha nós tivéssemos de construí-la para podermos utilizar um voltímetro e obter essa medida, o processo poderia ficar muito caro, pois alguns materiais utilizados na construção das meias-células são de difícil acesso ou perigosos de manusear. Felizmente, os químicos elaboraram uma lista de potenciais de eletrodos, que permitem estimar a ddp de uma pilha sem a necessidade de a termos em nossas mãos. Vamos ver como?

10.2 Eletrodo-padrão de hidrogênio

Infelizmente, não é possível determinar o valor de um potencial de eletrodo isolado. Somente conseguimos medir diferenças de potenciais de eletrodo. Por isso, para ser possível determinar os valores dos potenciais de eletrodo de uma meia-célula, foi necessário escolher um eletrodo como referência.

O eletrodo de referência escolhido pela IUPAC foi o **eletrodo-padrão de hidrogênio** (**EPH**), cujo valor de E^0 foi convencionado como sendo **0,00 V** (zero Volt), nas condições-padrão, quer ele atue como anodo, quer ele atue como catodo.

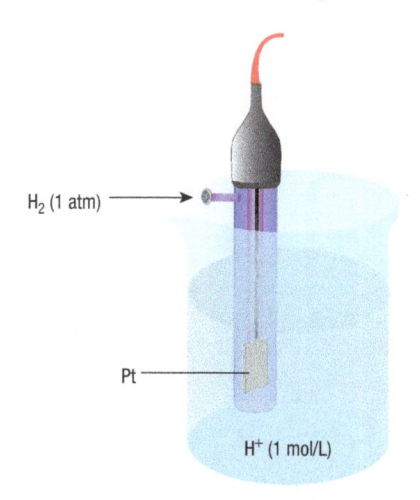

O eletrodo-padrão de hidrogênio é composto por um tubo invertido no qual há, no seu interior, um fio e uma placa de platina. Pela abertura lateral do tubo, injeta-se gás hidrogênio (H_2) à pressão de 100 kPa (aproximadamente 1 atm) e a solução aquosa deve apresentar $[H^+] = 1$ mol/L.

Fique ligado!

Por que utilizamos platina no EPH?

Evidências mostraram aos cientistas que a platina negra, uma platina porosa, tem a propriedade de adsorver o gás hidrogênio, ou seja, de reter em sua superfície as moléculas desse gás.

Assim, na superfície da platina, dependendo da atuação do eletrodo-padrão de hidrogênio na pilha montada, podem ocorrer as seguintes semirreações:

▶ Semirreação de redução:

$2\ H^+(aq) + 2e^- \longrightarrow H_2(g)$ $E^0 = 0{,}00$ V

▶ Semirreação de oxidação:

$H_2(g) \longrightarrow 2\ H^+(aq) + 2e^-$ $E^0 = 0{,}00$ V

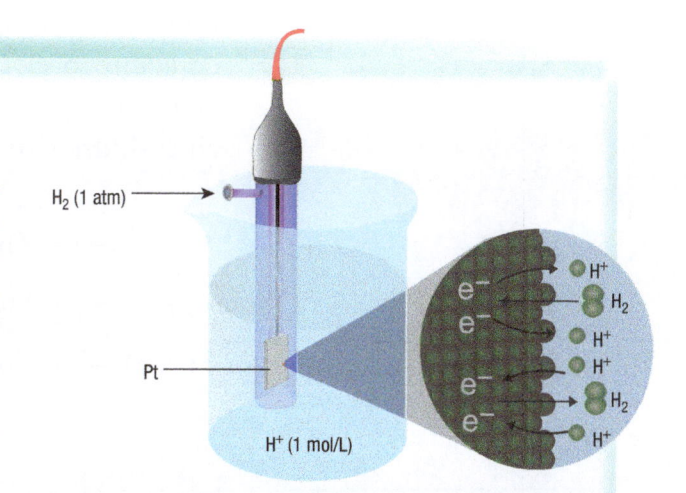

Como a quantidade de elétrons (nuvens de elétrons) é grande na superfície da platina, o hidrogênio irá emparelhar os seus elétrons mais facilmente com a platina do que com o próprio hidrogênio; como consequência, ocorre o enfraquecimento da ligação covalente entre os átomos de hidrogênio, favorecendo a formação de íons H^+.

Assim, para se determinar a lista de potenciais de eletrodos mencionada anteriormente, diversas pilhas são montadas a partir da meia-célula cujo potencial de eletrodo se quer determinar e do eletrodo-padrão de hidrogênio.

Vamos ver como esse procedimento é realizado na determinação dos potenciais de eletrodo do zinco e do cobre, os dois eletrodos utilizados na pilha de Daniell.

10.2.1 Determinação do potencial de eletrodo do zinco

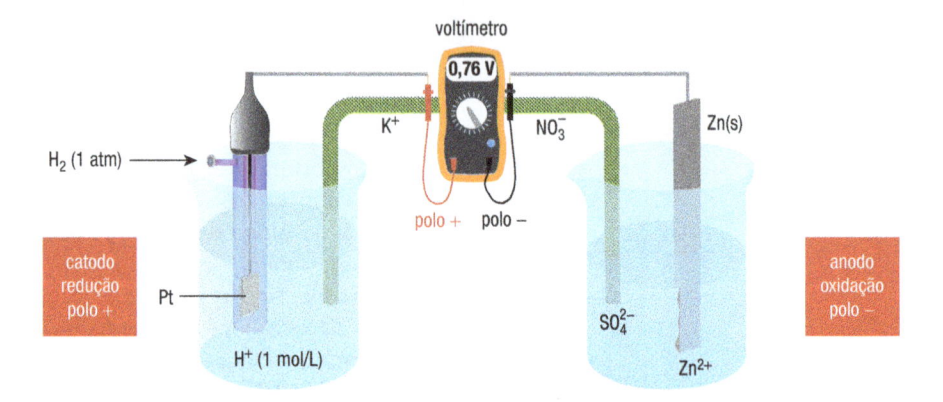

No visor do voltímetro, obtemos o valor de $\Delta E^0 = 0{,}76$ V, e observamos que há corrosão da placa de zinco, evidenciando que o eletrodo de zinco atua como anodo (sofre oxidação), enquanto o eletrodo-padrão de hidrogênio atua como catodo (sofre redução). Logo, as semirreações que ocorrem na pilha de zinco-hidrogênio são:

Anodo: $Zn(s) \longrightarrow Zn^{2+}(aq) + 2e^-$ $\quad E^0 = +0{,}76$ V

Catodo: $2\,H^+(aq) + 2e^- \longrightarrow H_2(g)$ $\quad E^0 = 0{,}00$ V (convenção)

Equação global: $Zn(s) + 2\,H^+(aq) \longrightarrow Zn^{2+}(aq) + H_2(g)$ $\quad \Delta E^0 = 0{,}76$ V

10.2.2 Determinação do potencial de eletrodo do cobre

No visor do voltímetro, obtemos o valor de $\Delta E^0 = 0{,}34$ V, e observamos que há deposição de cobre na placa de cobre, evidenciando que o eletrodo de cobre atua como catodo (sofre redução), enquanto o eletrodo-padrão de hidrogênio atua como anodo (sofre oxidação).

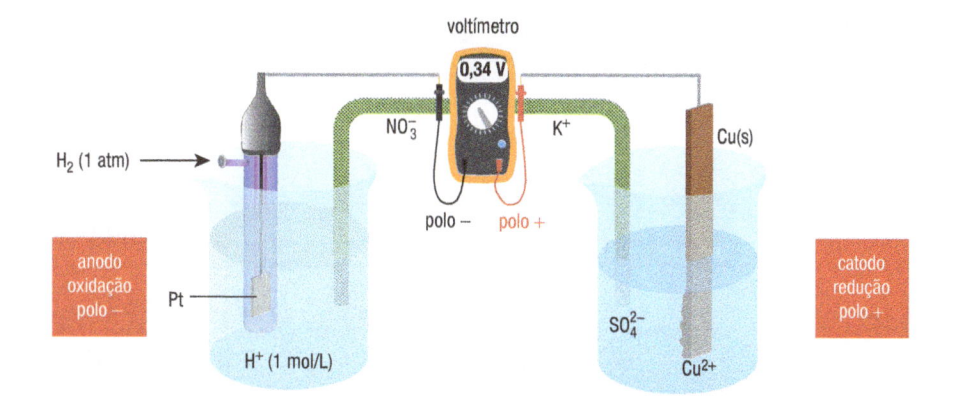

[Figura: pilha de cobre-hidrogênio com voltímetro indicando 0,34 V; eletrodo de H₂ (1 atm) em H⁺ (1 mol/L) como anodo (oxidação, polo −) e eletrodo de Cu(s) em Cu²⁺ como catodo (redução, polo +); ponte salina com NO₃⁻ e K⁺; Pt e SO₄²⁻ indicados.]

Logo, as semirreações que ocorrem na pilha de cobre-hidrogênio são:

Anodo: $H_2(g) \longrightarrow 2\,H^+(aq) + 2e^-$ $E^0 = 0{,}00$ V (convenção)

Catodo: $Cu^{2+}(aq) + 2e^- \longrightarrow Cu(s)$ $E^0 = +0{,}34$ V

Equação global: $Cu^{2+}(aq) + H_2(g) \longrightarrow Cu(s) + 2\,H^+(aq)$ $\Delta E^0 = 0{,}34$ V

10.3 Tabela de potencial-padrão de eletrodo

Das medidas realizadas anteriormente, obtivemos as seguintes informações:

$Zn \longrightarrow Zn^{2+} + 2e^-$ $E^0 = +0{,}76$ V

$2\,H^+ + 2e^- \longrightarrow H_2$ $E^0 = 0{,}00$ V (convenção)

$Cu^{2+} + 2e^- \longrightarrow Cu$ $E^0 = +0{,}34$ V

Entretanto, a IUPAC recomenda que as semirreações (e os potenciais) sejam sempre escritas no sentido da redução, razão pela qual chamamos essa grandeza de **potencial-padrão de redução**, que é simbolizada por E^0_{red}. Reescrevendo a semirreação de oxidação do Zn no sentido da redução do Zn^{2+}, conseguimos comparar os valores dos potenciais-padrão de redução das semirreações que estamos analisando:

$Zn^{2+} + 2e^- \longrightarrow Zn$ $E^0_{red} = -0{,}76$ V

$2\,H^+ + 2e^- \longrightarrow H_2$ $E^0_{red} = 0{,}00$ V (convenção)

$Cu^{2+} + 2e^- \longrightarrow Cu$ $E^0_{red} = +0{,}34$ V

Quanto maior for o potencial-padrão de redução, maior é a tendência de a meia-célula sofrer redução e atuar como catodo em uma célula voltaica. A tabela a seguir apresenta o potencial-padrão de redução para algumas semirreações e foram todos determinados a 25 °C, concentração de 1 mol/L para as espécies dissolvidas e pressão de 1 atm para os gases.

REAÇÃO DE REDUÇÃO		E^0_{red} (V)
$Li^+(aq) + e^-$	$\longrightarrow Li(s)$	−3,05
$K^+(aq) + e^-$	$\longrightarrow K(s)$	−2,93
$Ba^{2+}(aq) + 2e^-$	$\longrightarrow Ba(s)$	−2,90
$Sr^{2+}(aq) + 2e^-$	$\longrightarrow Sr(s)$	−2,89
$Ca^{2+}(aq) + 2e^-$	$\longrightarrow Ca(s)$	−2,87
$Na^+(aq) + e^-$	$\longrightarrow Na(s)$	−2,71
$Mg^{2+}(aq) + 2e^-$	$\longrightarrow Mg(s)$	−2,37
$Be^{2+}(aq) + 2e^-$	$\longrightarrow Be(s)$	−1,85
$Al^{3+}(aq) + 3e^-$	$\longrightarrow Al(s)$	−1,66
$Mn^{2+}(aq) + 2e^-$	$\longrightarrow Mn(s)$	−1,18
$2 H_2O + 2e^-$	$\longrightarrow H_2(g) + 2 OH^-(aq)$	−0,83
$Zn^{2+}(aq) + 2e^-$	$\longrightarrow Zn(s)$	−0,76
$Cr^{3+}(aq) + 3e^-$	$\longrightarrow Cr(s)$	−0,74
$Fe^{2+}(aq) + 2e^-$	$\longrightarrow Fe(s)$	−0,44
$Cd^{2+}(aq) + 2e^-$	$\longrightarrow Cd(s)$	−0,40
$PbSO_4(s) + 2e^-$	$\longrightarrow Pb(s) + SO_4^{2-}(aq)$	−0,31
$Co^{2+}(aq) + 2e^-$	$\longrightarrow Co(s)$	−0,28
$Ni^{2+}(aq) + 2e^-$	$\longrightarrow Ni(s)$	−0,25
$Sn^{2+}(aq) + 2e^-$	$\longrightarrow Sn(s)$	−0,14
$Pb^{2+}(aq) + 2e^-$	$\longrightarrow Pb(s)$	−0,13
$2 H^+(aq) + 2e^-$	$\longrightarrow H_2(g)$	0,00
$Sn^{4+}(aq) + 2e^-$	$\longrightarrow Sn^{2+}(aq)$	+0,13
$Cu^{2+}(aq) + e^-$	$\longrightarrow Cu^+(aq)$	+0,15
$SO_4^{2-}(aq) + 4 H^+(aq) + 2e^-$	$\longrightarrow SO_2(g) + 2 H_2O$	+0,20
$AgCl(s) + e^-$	$\longrightarrow Ag(s) + Cl^-(aq)$	+0,22
$Cu^{2+}(aq) + 2e^-$	$\longrightarrow Cu(s)$	+0,34
$O_2(g) + 2 H_2O + 4e^-$	$\longrightarrow 4 OH^-(aq)$	+0,40
$I_2(s) + 2e^-$	$\longrightarrow 2 I^-(aq)$	+0,53

Aumento do poder oxidante →

Aumento do poder redutor ↑

REAÇÃO DE REDUÇÃO		E^0_{red} (V)
$MnO_4^-(aq) + 2\ H_2O + 3e^-$	$\longrightarrow MnO_2(s) + 4\ OH^-(aq)$	+0,59
$O_2(g) + 2\ H^+(aq) + 2e^-$	$\longrightarrow H_2O_2(aq)$	+0,68
$Fe^{3+}(aq) + e^-$	$\longrightarrow Fe^{2+}(aq)$	+0,77
$Ag^+(aq) + e^-$	$\longrightarrow Ag(s)$	+0,80
$Hg_2^{2+}(aq) + 2e^-$	$\longrightarrow 2\ Hg(l)$	+0,85
$2\ Hg^{2+}(aq) + 2e^-$	$\longrightarrow Hg_2^{2+}(aq)$	+0,92
$NO_3^-(aq) + 4\ H^+(aq) + 3e^-$	$\longrightarrow NO(g) + 2\ H_2O$	+0,96
$Br_2(l) + 2e^-$	$\longrightarrow 2\ Br^-(aq)$	+1,07
$O_2(g) + 4\ H^+(aq) + 4e^-$	$\longrightarrow 2\ H_2O$	+1,23
$MnO_2(s) + 4\ H^+(aq) + 2e^-$	$\longrightarrow Mn^{2+}(aq) + 2\ H_2O$	+1,23
$Cr_2O_7^{2-}(aq) + 14\ H^+(aq) + 6e^-$	$\longrightarrow 2\ Cr^{3+}(aq) + 7\ H_2O$	+1,33
$Cl_2(g) + 2e^-$	$\longrightarrow 2\ Cl^-(aq)$	+1,36
$Au^{3+}(aq) + 3e^-$	$\longrightarrow Au(s)$	+1,50
$MnO_4^-(aq) + 8\ H^+(aq) + 5e^-$	$\longrightarrow Mn^{2+}(aq) + 4\ H_2O$	+1,51
$Ce^{4+}(aq) + e^-$	$\longrightarrow Ce^{3+}(aq)$	+1,61
$PbO_2(s) + 4\ H^+(aq) + SO_4^{2-}(aq) + 2e^-$	$\longrightarrow PbSO_4(s) + 2\ H_2O$	+1,70
$H_2O_2(aq) + 2\ H^+(aq) + 2e^-$	$\longrightarrow 2\ H_2O$	+1,77
$CO^{3+}(aq) + e^-$	$\longrightarrow Co^{2+}(aq)$	+1,82
$O_3(g) + 2\ H^+(aq) + 2e^-$	$\longrightarrow O_2(g) + H_2O(l)$	+2,07
$F_2(g) + 2e^-$	$\longrightarrow 2\ F^-(aq)$	+2,87

Aumento do poder oxidante ← / → *Aumento do poder redutor*

Baseado em: KOTZ, J.; TREICHEL Jr., P. M. **Química Geral e Reações Químicas**. v. 2.

Observação: para alguns casos, o potencial-padrão de eletrodo pode ser calculado teoricamente a partir de uma grandeza chamada de energia livre de Gibbs. Esse é o procedimento utilizado, por exemplo, para metais alcalinos, que reagem violentamente com a água.

Além de indicar a facilidade de uma espécie química receber elétrons, esses potenciais podem ser utilizados para determinar a ddp de uma célula voltaica. Para a pilha de Daniell:

Anodo: $\quad Zn(s) \longrightarrow Zn^{2+}(aq) + 2e^-$ $\qquad$ +0,76 V (valor foi invertido)

Catodo: $\quad Cu^{2+}(aq) + 2e^- \longrightarrow Cu(s)$ $\qquad$ +0,34 V

Equação global: $\quad Zn(s) + Cu^{2+}(aq) \longrightarrow Zn^{2+}(aq) + Cu(s)$ $\qquad \Delta E^0 = 1{,}10$ V

Lembre-se!

Inverter uma semirreação (do sentido da oxidação para o da redução e vice-versa) inverte o sinal do potencial de eletrodo. Porém, multiplicar uma semirreação por qualquer valor não altera o valor do potencial de eletrodo:

$Cu(s) \longrightarrow Cu^{2+}(aq) + 2e^-$ −0,34 V (semirreação de oxidação)

$Cu^{2+}(aq) + 2e^- \longrightarrow Cu(s)$ +0,34 V (semirreação de redução)

$2\ Cu^{2+}(aq) + 4e^- \longrightarrow 2\ Cu(s)$ +0,34 V (semirreação de redução × 2)

Outra possibilidade para determinarmos o ΔE^0 de uma célula voltaica é a partir da expressão:

$$\Delta E^0 = E^0_{red_{MAIOR}} - E^0_{red_{MENOR}}$$

Novamente, para a pilha de Daniell, temos:

$$\Delta E^0 = E^0_{red_{MAIOR}} - E^0_{red_{MENOR}}$$

$$\Delta E^0 = E^0_{red}\ (Cu^{2+}\ |\ Cu) - E^0_{red}\ (Zn^{2+}\ |\ Zn)$$

$$\Delta E^0 = (+034) - (-0,76)$$

$$\Delta E^0 = +1,10\ V$$

Fique ligado!

Fatores que afetam a ddp de uma pilha

A ddp de uma pilha (ΔE^0) depende, por exemplo, da concentração dos íons, da temperatura e da pressão dos gases envolvidos. É por esse motivo que definimos as condições-padrão (concentração de 1 mol/L para íons, 25 °C para temperatura e pressão 1 atm para gases) para podermos, por exemplo, comparar pilhas.

Entretanto, a ddp de uma pilha **não** depende da quantidade de reagentes no interior da pilha. Temos pilhas de vários tamanhos que apresentam quantidades diferentes de reagentes, porém a mesma ddp. Nesse caso, apresentar tamanhos diferentes implica produzir diferentes quantidades de energia elétrica, o que interfere, por exemplo, na vida útil da pilha.

ARNE BERULDSEN/SHUTTERSTOCK

Independentemente do tamanho (do tipo AAA, AA, C ou D), se as semirreações e condições estabelecidas no interior das pilhas forem as mesmas, a ddp também será igual: nesse caso, todas as pilhas alcalinas fornecem 1,5 V.

Você sabia?

Os primórdios dos equipamentos de medidas elétricas

Além do **voltímetro**, instrumento utilizado para medir voltagem (diferença de potencial), você já deve ter ouvido falar do **amperímetro**, outro instrumento de medição voltado para determinação da intensidade de corrente elétrica.

Nas versões mais primitivas (e analógicas) de ambos os equipamentos, estava presente um componente conhecido como **galvanômetro** – um instrumento de medição de correntes elétricas de baixa intensidade (da ordem 10^{-3} A ou até mesmo 10^{-6} A), que podem ser quantificadas a partir da rotação de um ponteiro em resposta à passagem de corrente elétrica através de uma bobina que interage com um ímã permanente.

Capítulo 10 – Potencial de Redução

A rotação da agulha de uma bússola por uma corrente passando por um fio foi descrita pela primeira vez pelo dinamarquês Hans **Oersted** (1777-1851) em 1820, mesma data da criação do primeiro galvanômetro pelo alemão Johann **Schweigger** (1779-1857) na Universidade de Halle. Entretanto, o termo "galvanômetro" tornou-se comum na década de 1830, em homenagem ao italiano Luigi **Galvani** (1737-1798) que no século XVIII havia descoberto que a corrente elétrica faria a perna de um sapo morto contrair.

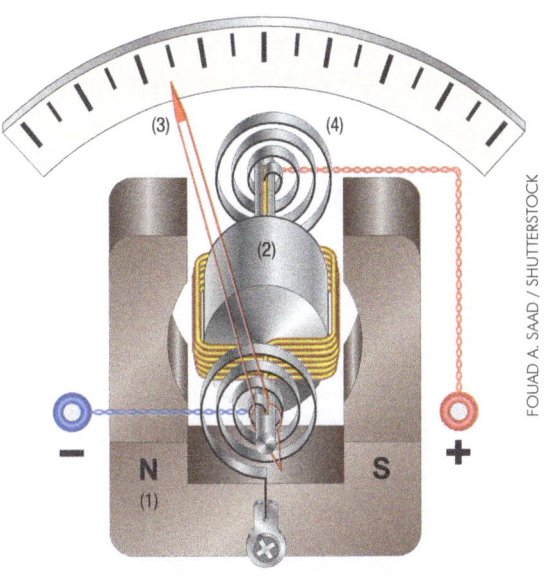

Uma das versões do galvanômetro foi proposta pelos franceses Jacques-Arsène d'Arsonval (1851-1940) e Marcel Deprez (1843-1918) em 1882, que consistia em um ímã permanente estacionário (1), um núcleo metálico envolto por uma bobina em espiral (2) acoplado a um ponteiro (3) que está associado a uma mola (4), que mantém esse ponteiro em uma posição de repouso pré-determinada.

Devido ao campo magnético do ímã permanente, a passagem de uma corrente elétrica pela bobina fará o ponteiro girar, devido ao aparecimento de um torque giratório que será tanto maior quanto maior for a intensidade de corrente. Logo, uma maior intensidade de corrente fará com que o ponteiro gire mais.

Entretanto, como intensidade de corrente (i) e diferença de potencial (U) estão relacionadas pela Lei de Ohm (U = R.i, onde R é a resistência), um galvanômetro pode ser calibrado tanto para indicar valores de intensidade de corrente (sendo utilizado como um amperímetro) quanto valores de diferença de potencial (voltagem, sendo utilizado como um voltímetro).

Estátua de Luigi Galvani na Piazza Galvani em Bolonha, Itália. Foram os trabalhos de Galvani que despertaram a curiosidade de Alessandro Volta para os estudos eletroquímicos no final do século XVIII.

SÉRIE BRONZE

1. Complete com **oxidação** ou **redução**.

a) A IUPAC recomenda escrever a equação da semirreação no sentido da _____ nas tabelas dos potenciais-padrão do eletrodo.

Equação da semirreação	E^0
$Zn^{2+} + 2e^- \rightleftarrows Zn$	$-0,76$ V
$Cu^{2+} + 2e^- \rightleftarrows Cu$	$+0,34$ V
$Ag^+ + e^- \rightleftarrows Ag$	$+0,80$ V

b) O cátion Ag^+ tem maior facilidade em sofrer _____.

c) O símbolo $\rightleftarrows$ indica que uma semirreação, em princípio, pode ocorrer no sentido da _____ ou no da _____, dependendo da outra semicélula presente.

d) Unindo as duas semicélulas de Zn e Cu teremos:

menor E^0, sofre _____, inverter a semiequação da tabela:

$Zn \longrightarrow Zn^{2+} + 2e^-$ $+ 0,76$ V

maior E^0, sofre _____, manter a semiequação da tabela:

$Cu^{2+} + 2e^- \longrightarrow Cu$ $+ 0,34$ V

equação global:

$Zn + Cu^{2+} \longrightarrow Zn^{2+} + Cu$ $+ 1,10$ V

2. Complete as lacunas a seguir de acordo com as informações presentes na célula voltaica abaixo.

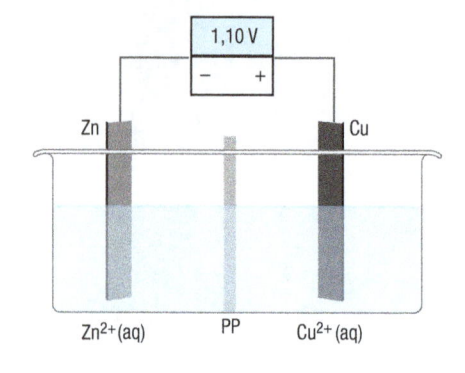

a) A ddp da pilha vale _____.

b) O polo negativo é _____.

c) O polo positivo é _____.

d) O potencial de eletrodo de cobre é _____ que o do eletrodo de zinco, pois é o polo positivo da pilha.

---

3. Com base em uma pilha cobre-alumínio, complete a tabela a seguir com os dados pedidos.

$Cu^{2+} + 2e^- \longrightarrow Cu$ $E^0 = +0,34$ V

$Al^{3+} + 3e^- \longrightarrow Al$ $E^0 = -1,66$ V

	ELETRODO DE COBRE	ELETRODO DE ALUMÍNIO
Polo (+ ou −)		
Catodo ou anodo?		
Semirreação		
Cálculo de ΔE^0		
Reação global		

SÉRIE PRATA

1. (UEPB) Na montagem de uma pilha foram utilizados um eletrodo de níquel e outro de prata.

a) Escreva a equação global da pilha.
b) Calcule a sua diferença de potencial.

DADOS: $Ni^{2+} + 2e^- \longrightarrow Ni \quad E^0 = -0,25 \text{ V}$

$Ag^+ + e^- \longrightarrow Ag \quad E^0 = +0,80 \text{ V}$

2. Calcule a ddp da pilha: $Al \mid Al^{3+} \parallel Fe^{2+} \mid Fe$.

DADOS: $Al^{3+} + 3e^- \longrightarrow Al \quad -1,66 \text{ V}$

$Fe^{2+} + 2e^- \longrightarrow Fe \quad -0,44 \text{ V}$

3. (PUC – SP) Para realizar um experimento, será necessário montar uma pilha que forneça uma diferença de potencial igual a 2 V.

a) Escolha o par de eletrodos para fornecer exatamente essa ddp.
b) Equacione o processo global da pilha.
c) Qual é o polo negativo e qual é o polo positivo da pilha escolhida?

DADOS:
$Mg^{2+} + 2e^- \rightleftharpoons Mg \quad -2,38 \text{ V}$
$Al^{3+} + 3e^- \rightleftharpoons Al \quad -1,66 \text{ V}$
$Zn^{2+} + 2e^- \rightleftharpoons Zn \quad -0,76 \text{ V}$
$2H^+ + 2e^- \rightleftharpoons H_2 \quad 0,0 \text{ V}$
$Cu^{2+} + 2e^- \rightleftharpoons Cu \quad +0,34 \text{ V}$

4. (CEETEPS – SP) Dois metais diferentes são colocados, cada qual numa solução aquosa de um de seus sais, e conectados a um voltímetro, conforme ilustrado a seguir.

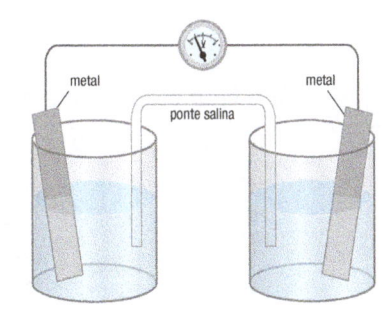

O voltímetro registra a diferença de potencial no sistema.

Considere os seguintes metais e os respectivos potenciais de redução:

METAL	SEMIRREAÇÃO	E^0 (V) (REDUÇÃO)
prata	$Ag^+ + e^- \longrightarrow Ag$	+0,8
cobre	$Cu^{2+} + 2e^- \longrightarrow Cu$	+0,3
chumbo	$Pb^{2+} + 2e^- \longrightarrow Pb$	−0,1
zinco	$Zn^{2+} + 2e^- \longrightarrow Zn$	−0,8

A maior diferença de potencial no sistema será registrada quando os metais utilizados forem:

a) prata e cobre.
b) prata e zinco.
c) cobre e zinco.
d) cobre e chumbo.
e) chumbo e zinco.

5. (UFRJ) Considere uma pilha de prata/magnésio e as semirreações representadas a seguir, com seus respectivos potenciais de redução.

$Mg^{2+} + 2e^- \longrightarrow Mg \qquad E^0 = -2,37\ V$

$Ag^+ + e^- \longrightarrow Ag \qquad E^0 = +0,80\ V$

O oxidante, o redutor e a diferença de potencial da pilha estão indicados, respectivamente, em

a) Mg, Ag^+, +3,17.
b) Mg, Ag^+, +3,97.
c) Ag^+, Mg, +1,57.
d) Mg^{+2}, Ag, −3,17.
e) Ag^+, Mg, +3,17.

6. (UFTM – MG) A figura representa a pilha formada entre as placas de Pb e Zn.

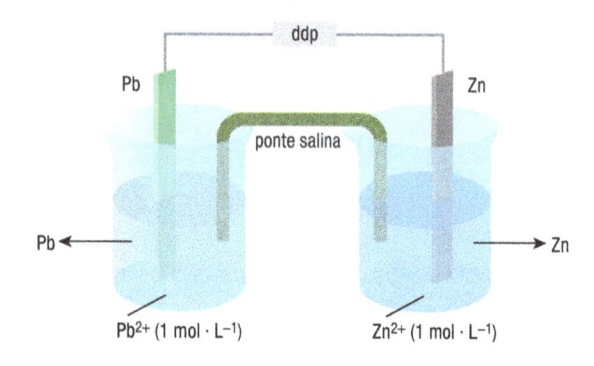

$Pb^{2+}(aq) + 2e^- \longrightarrow Pb(s) \qquad E^0 = -0,13\ V$

$Zn^{2+}(aq) + 2e^- \longrightarrow Zn(s) \qquad E^0 = -0,76\ V$

A partir da análise da figura, é correto afirmar que essa pilha tem ddp igual a:

a) 0,89 V e a placa de chumbo como catodo.
b) 0,63 V e a placa de chumbo como anodo.
c) 0,63 V e a placa de zinco como catodo.
d) 0,63 V e a placa de zinco como anodo.
e) 0,89 V e a placa de zinco como anodo.

7. (PUC – RJ) Considere a célula eletroquímica a seguir e os potenciais das semirreações:

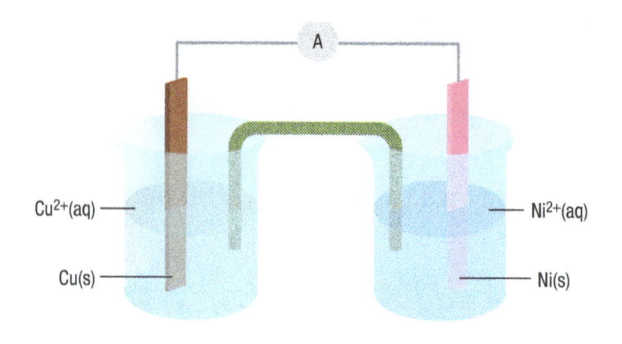

$Cu^{2+}(aq) + 2e^- \longrightarrow Cu(s) \qquad \Delta E^0 = +0,34\ V$

$Ni^{2+}(aq) + 2e^- \longrightarrow Ni(s) \qquad \Delta E^0 = +0,25\ V$

Sobre o funcionamento da pilha, e fazendo uso dos potenciais dados, é INCORRETO afirmar que:

a) os elétrons caminham espontaneamente, pelo fio metálico, do eletrodo de níquel para o de cobre.
b) a ponte salina é fonte de íons para as meia-pilhas.
c) no anodo ocorre a semirreação

$Ni(s) \longrightarrow Ni^{2+}(aq) + 2e^-$

d) no catodo ocorre a semirreação

$Cu^{2+}(aq) + 2e^- \longrightarrow Cu(s)$

e) a reação espontânea que ocorre na pilha é:

$Cu(s) + Ni^{2+}(aq) \longrightarrow Cu^{2+}(aq) + Ni(s)$

SÉRIE OURO

1. (UEMG) Pilhas são dispositivos que produzem corrente elétrica, explorando as diferentes capacidades das espécies de perderem ou de ganharem elétrons. A figura ao lado mostra a montagem de uma dessas pilhas.

A seguir, estão representadas algumas semirreações e seus respectivos potenciais de redução:

$Al^{3+}(aq) + 3e^- \longrightarrow Al(s)$ $E^0 = -1,66$ V
$Ni^{2+}(aq) + 2e^- \longrightarrow Ni(s)$ $E^0 = -0,25$ V
$Mg^{2+}(aq) + 2e^- \longrightarrow Mg(s)$ $E^0 = -2,37$ V
$Fe^{2+}(aq) + 2e^- \longrightarrow Fe(s)$ $E^0 = -0,44$ V

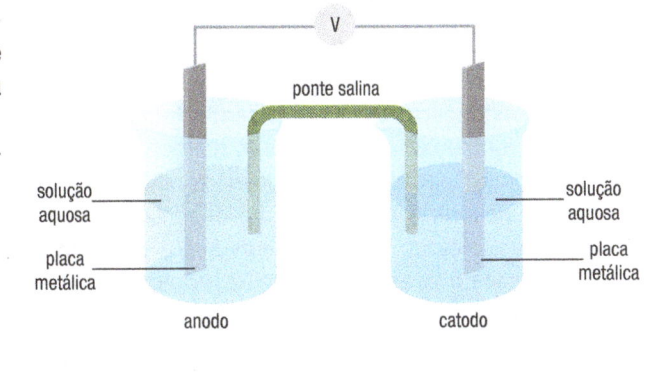

A pilha de maior diferença de potencial pode ser constituída no anodo e no catodo, respectivamente, pelos eletrodos de

a) alumínio e magnésio.
b) magnésio e níquel.
c) alumínio e ferro.
d) ferro e níquel.

2. (UNIFESP) A figura representa uma pilha formada com os metais Cd e Ag, mergulhados nas soluções de $Cd(NO_3)_2(aq)$ e $AgNO_3(aq)$, respectivamente. A ponte salina contém solução de $KNO_3(aq)$.

a) Sabendo que a diferença de potencial da pilha, nas condições padrão, é igual a +1,20 V e que o potencial-padrão de redução do cádmio é igual a −0,40 V, calcule o potencial-padrão de redução da prata. Apresente seus cálculos.

b) Para qual recipiente ocorre migração dos íons K^+ e NO_3^- da ponte salina? Justifique sua resposta.

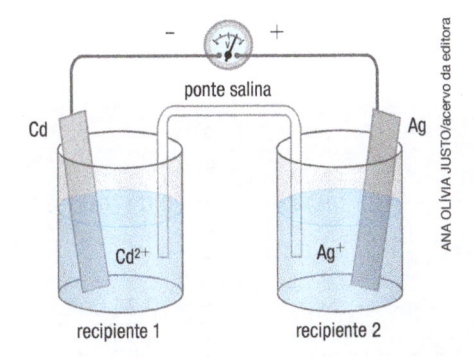

3. (PUC) **DADOS:** Potenciais de redução

$Pt^{2+}(aq) + 2e^- \longrightarrow Pt(s) \quad E^0 = +1,20\ V$

$Cu^{2+}(aq) + 2e^- \longrightarrow Cu(s) \quad E^0 = +0,34\ V$

$Zn^{2+}(aq) + 2e^- \longrightarrow Zn(s) \quad E^0 = -0,76\ V$

Uma pilha é um dispositivo que se baseia em uma reação de oxirredução espontânea cujas semirreações de redução e oxidação ocorrem em semicélulas independentes. Para o funcionamento adequado da montagem é necessário que seja permitido fluxo de elétrons entre os eletrodos e fluxo de íons entre as soluções envolvidas, mantendo-se o circuito elétrico fechado. Além disso, é fundamental evitar o contato direto das espécies redutora e oxidante.

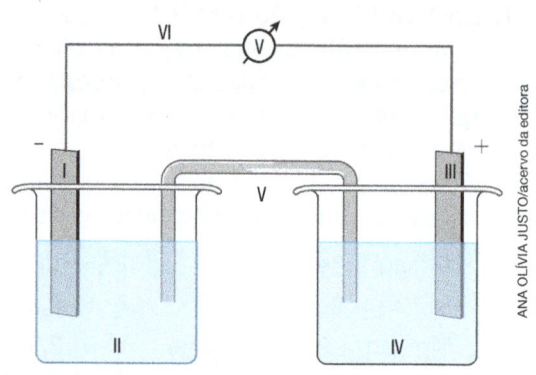

Considere o esquema ao lado.

Considere que as soluções aquosas empregadas são todas de concentração 1,0 mol/L nas espécies indicadas. Haverá passagem de corrente elétrica na aparelhagem com ddp medida pelo voltímetro de 1,10 V, somente se cada componente do esquema corresponder a:

	I	II	III	IV	V	VI
a)	Zn(s)	$Zn^{2+}(aq)$	Cu(s)	$Cu^{2+}(aq)$	$KNO_3(aq)$	fio de cobre
b)	Zn(s)	$Cu^{2+}(aq)$	Cu(s)	$Zn^{2+}(aq)$	$KNO_3(aq)$	fio de prata
c)	Cu(s)	$Cu^{2+}(aq)$	Zn(s)	$Zn^{2+}(aq)$	$C_2H_5OH(aq)$	fio de cobre
d)	Cu(s)	$Zn^{2+}(aq)$	Zn(s)	$Cu^{2+}(aq)$	$C_2H_5OH(aq)$	fio de prata
e)	Pt(s)	$Zn^{2+}(aq)$	Pt(s)	$Cu^{2+}(aq)$	$KNO_3(aq)$	fio de cobre

4. (UEL – PR) Potenciais-padrão de redução:

$H^+, \frac{1}{2} H_2$ .... $E = 0$

Cu^{2+}, Cu .... $E = +0,34$ volt

Fe^{2+}, Fe .... $E = -0,44$ volt

Se em vez do par $H^+, \frac{1}{2} H_2$, escolhido como tendo potencial-padrão de redução igual a zero, fosse escolhido o par Fe^{2+}, Fe como padrão, fixando-se a este o valor zero, nessa nova escala os potenciais-padrão de redução dos pares Cu^{2+}, Cu e $H^+, \frac{1}{2} H_2$, seriam, respectivamente, em volt:

a) +0,10 e +0,34.   b) −0,10 e −0,34.   c) −0,78 e −0,44.   d) −0,78 e +0,44.   e) +0,78 e +0,44.

5. (UNESP) Atualmente, a indústria produz uma grande variedade de pilhas e baterias, muitas delas impossíveis de serem produzidas sem as pesquisas realizadas pelos eletroquímicos nas últimas décadas. Para todas as reações que ocorrem nestas pilhas e baterias, utiliza-se o valor de E^0 do eletrodo-padrão de hidrogênio, que convencionalmente foi adotado como sendo 0 V. Com base nesse referencial, foram determinados os valores de E^0 a 25 °C para as semicelas ao lado.

SEMIRREAÇÃO	E^0 = (V)
$2\ H^+(aq) + 2e^- \rightleftarrows H_2(g)$	0,00*
$Cu^{2+}(aq) + 2e^- \rightleftarrows Cu^0(s)$	+0,34**
$Zn^{2+}(aq) + 2e^- \rightleftarrows Zn^0(s)$	–0,76**
$Ag^+(aq) + e^- \rightleftarrows Ag^0(s)$	+0,80**

*eletrodo padrão **em relação ao eletrodo-padrão

Caso o valor de E^0 da semirreação de redução da prata tivesse sido adotado como padrão, seria correto afirmar que
a) a produção de pilhas e baterias pela indústria seria inviabilizada.
b) a pilha de Daniell ($Zn(s) \mid Zn^{2+}(aq) \parallel Cu^{2+}(aq) \mid Cu(s)$) seria de 1,9 V.
c) todas as pilhas poderiam ter 0,80 V a mais do que têm hoje.
d) apenas algumas pilhas poderiam não funcionar como funcionam hoje.
e) nenhuma mudança na ddp de pilhas e baterias seria notada.

6. (FMABC – SP) **DADOS:** Potencial de redução padrão em solução aquosa (E^0_{red}):

$Ag^+(aq) + e^- \longrightarrow Ag(s)$ $E^0_{red} = 0{,}80$ V

$Cu^{2+}(aq) + 2e^- \longrightarrow Cu(s)$ $E^0_{red} = 0{,}34$ V

$Pb^{2+}(aq) + 2e^- \longrightarrow Pb(s)$ $E^0_{red} = -0{,}13$ V

$Ni^{2+}(aq) + 2e^- \longrightarrow Ni(s)$ $E^0_{red} = -0{,}25$ V

$Fe^{2+}(aq) + 2e^- \longrightarrow Fe(s)$ $E^0_{red} = -0{,}44$ V

$Zn^{2+}(aq) + 2e^- \longrightarrow Zn(s)$ $E^0_{red} = -0{,}76$ V

É comum em laboratórios didáticos a construção de pilhas utilizando-se de duas semicélulas eletroquímicas, cada uma contendo uma lâmina de um metal imersa em uma solução de concentração 1,0 mol · L^{-1} de cátions do próprio metal. Essas duas semicélulas são conectadas com um fio condutor (em geral de cobre) unindo as lâminas metálicas e uma ponte salina (em geral contendo solução aquosa de nitrato de potássio) que permite a passagem de íons entre as soluções.

Em um laboratório foram encontradas as seguintes semicélulas eletroquímicas: Ag^+/Ag, Cu^{2+}/Cu, Pb^{2+}/Pb, Ni^{2+}/Ni, Fe^{2+}/Fe, Zn^{2+}/Zn, possibilitando a montagem de diversas pilhas.

A pilha que apresenta a menor ddp entre essas opções tem

a) o metal Pb no polo negativo e o metal Cu no polo positivo.
b) o metal Ag no polo negativo e o metal Zn no polo positivo.
c) o metal Ni no polo negativo e o metal Pb no polo positivo.
d) o metal Cu no polo negativo e o metal Ag no polo positivo.

7. (UFRJ) Duas pilhas são apresentadas esquematicamente a seguir; os metais X e Y são desconhecidos.

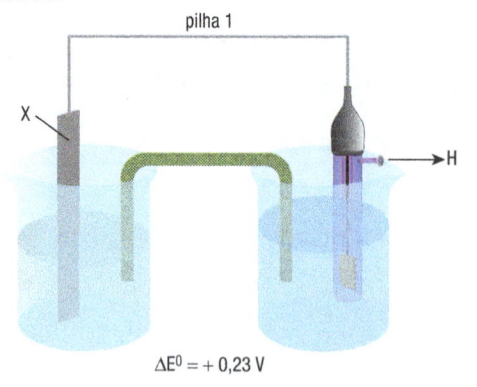

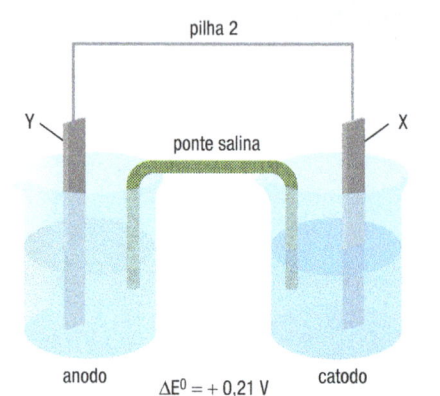

pilha 1

$\Delta E^0 = +0,23$ V

pilha 2

anodo $\Delta E^0 = +0,21$ V   catodo

A tabela a seguir apresenta alguns potenciais-padrão de redução:

SEMIRREAÇÃO	ΔE^0 (V)
$Zn^{2+} + 2e^- \longrightarrow Zn$	$-0,76$ V
$Fe^{2+} + 2e^- \longrightarrow Fe$	$-0,44$ V
$Ni^{2+} + 2e^- \longrightarrow Ni$	$-0,23$ V
$Cu^{2+} + 2e^- \longrightarrow Cu$	$+0,34$ V
$Pb^{2+} + 2e^- \longrightarrow Pb$	$-0,13$ V
$Ag^+ + e^- \longrightarrow Ag$	$+0,80$ V

a) Utilizando as informações da tabela, identifique o metal Y da pilha 2. Justifique sua resposta.

b) Considere a seguinte reação espontânea:

$$Zn + CuCl_2 \longrightarrow ZnCl_2 + Cu$$

Indique o agente oxidante dessa reação. Justifique sua resposta.

8. (PUC – SP) **DADO:** todas as soluções aquosas citadas apresentam concentração 1 mol/L do respectivo cátion metálico.

A figura a seguir apresenta esquema da pilha de Daniell.

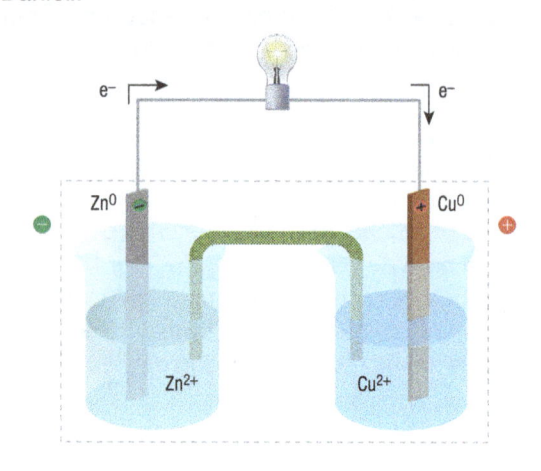

Nessa representação, o par Zn/Zn^{2+} é o anodo da pilha, enquanto o par Cu^{2+}/Cu é o catodo. A reação global é representada por:

$$Zn(s) + Cu^{2+}(aq) \longrightarrow Zn^{2+}(aq) + Cu(s)$$

$$\Delta E = 1,10 \text{ V}$$

Ao substituirmos a célula contendo o par Zn/Zn^{2+} por Al/Al^{3+}, teremos a equação

$$2 Al(s) + 3 Cu^{2+}(aq) \longrightarrow 2 Al^{3+}(aq) + 3 Cu(s)$$

$$\Delta E = 2,00 \text{ V}$$

Uma pilha utilizando as células Al/Al^{3+} e Zn/Zn^{2+} é mais bem descrita por

	anodo	catodo	ΔE (V)
a)	Zn/Zn^{2+}	Al^{3+}/Al	3,10
b)	Zn/Zn^{2+}	Al^+/Al	0,90
c)	Al/Al^{3+}	Zn^{2+}/Zn	3,10
d)	Al/Al^{3+}	Zn^{2+}/Zn	1,55
e)	Al/Al^{3+}	Zn^{2+}/Zn	0,90

9. (UNESP) Pode-se montar um circuito elétrico com um limão, uma fita de magnésio, um pedaço de fio de cobre e um relógio digital, como mostrado na figura.

O suco ácido do limão faz o contato entre a fita de magnésio e o fio de cobre, e a corrente elétrica produzida é capaz de acionar o relógio.

DADOS: $Mg^{2+} + 2e^- \longrightarrow Mg(s)$ $\quad E^0 = -2,36$ V
$\quad\quad\quad\;\;$ $2 H^+ + 2e^- \longrightarrow H_2(g)$ $\quad E^0 = 0,00$ V
$\quad\quad\quad\;\;$ $Cu^{2+} + 2e^- \longrightarrow Cu(s)$ $\quad E^0 = 0,34$ V

Com respeito a esse circuito, pode-se afirmar que:

a) se o fio de cobre for substituído por um eletrodo condutor de grafite, o relógio não funcionará.
b) no eletrodo de magnésio ocorre a semirreação:

$$Mg(s) \longrightarrow Mg^{2+} + 2e^-$$

c) no eletrodo de cobre ocorre a semirreação:

$$Cu^{2+} + 2e^- \longrightarrow Cu(s)$$

d) o fluxo de elétrons pelo circuito é proveniente do eletrodo de cobre.
e) a reação global que ocorreu na pilha é:

$$Cu^{2+} + Mg(s) \longrightarrow Cu(s) + Mg^{2+}$$

10. (UFPR) Considere a seguinte célula galvânica.

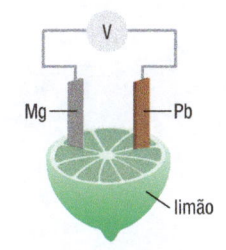

DADOS: $Mg^{2+} + 2e^- \longrightarrow Mg(s)$ $\quad E^0 = -2,36$ V
$\quad\quad\quad\;\;$ $Pb^{2+} + 2e^- \longrightarrow Pb(s)$ $\quad E^0 = -0,13$ V
$\quad\quad\quad\;\;$ $2 H^+(aq) + 2e^- \longrightarrow H_2(g)$ $\quad E^0 = 0,00$ V

Sobre essa célula, assinale a alternativa INCORRETA.

a) A placa de magnésio é o polo positivo.
b) O suco de limão é a solução eletrolítica.
c) Os elétrons fluem da placa de magnésio para a placa de chumbo através do circuito externo.
d) A barra de chumbo é o catodo.
e) No anodo ocorre uma semirreação de oxidação.

11. (ENEM) Em 1938, o arqueólogo alemão Wilhelm König, diretor do Museu Nacional do Iraque, encontrou um objeto estranho na coleção da instituição, que poderia ter sido usado como uma pilha, similar às utilizadas em nossos dias. A suposta pilha, datada de cerca de 200 a.C., é constituída de um pequeno vaso de barro (argila) no qual foram instalados um tubo de cobre, uma barra de ferro (aparentemente corroída por ácido) e uma tampa de betume (asfalto), conforme ilustrado.

Considere os potenciais-padrão de redução:

$$E^0_{red}\,(Fe^{2+}\,|\,Fe) = -0,44\text{ V};$$
$$E^0_{red}\,(H^+\,|\,H_2) = 0,00\text{ V};$$
$$E^0_{red}\,(Cu^{2+}\,|\,Cu) = +0,34\text{ V}$$

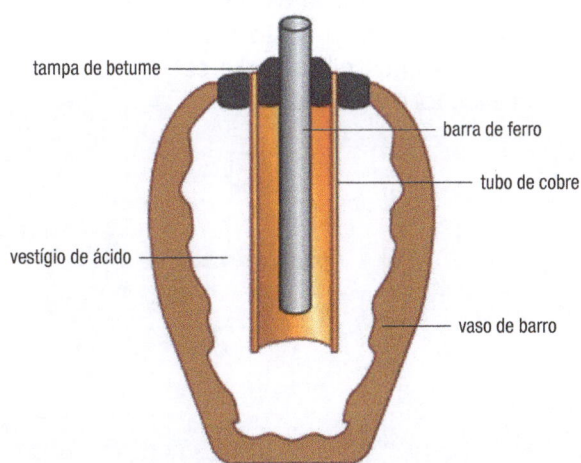

As pilhas de Bagdá e a acupuntura.
Disponível em: <http://jornalggn.com.br>.
Acesso em: 14 dez. 2014. Adaptado.

Nessa suposta pilha, qual dos componentes atuaria como catodo?

a) A tampa de betume.   d) O tubo de cobre.
b) O vestígio de ácido.   e) O vaso de barro.
c) A barra de ferro.

12. (FGV) Certas pilhas em formato de moeda ou botão, que são usadas em relógios de pulso e em pequenos aparelhos eletrônicos, empregam os metais zinco e prata em seu interior. Uma delas é representada no esquema da figura a seguir, e os potenciais-padrão de redução são fornecidos para reações envolvendo os seus componentes.

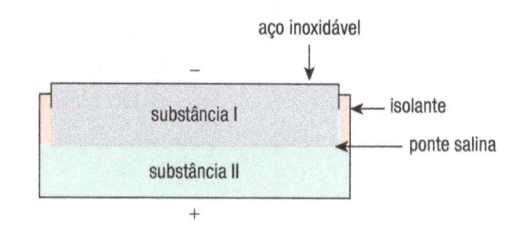

$Zn^{2+}(aq) + 2e^- \longrightarrow Zn(s)$ $E^0 = -0{,}76$ V

$Ag_2O(s) + H_2O(l) + 2e^- \longrightarrow 2\,Ag(s) + 2\,OH^-(aq)$ $E^0 = +0{,}80$V

Considerando-se a pilha representada no esquema, a substância I, o potencial-padrão teórico e os produtos da reação global são, respectivamente:

a) zinco metálico; +0,04 V; prata metálica e hidróxido de zinco.
b) zinco metálico; +1,56 V; prata metálica e hidróxido de zinco.
c) zinco metálico; +1,56 V; óxido de prata e hidróxido de zinco.
d) prata metálica; +0,04 V; óxido de prata e zinco metálico.
e) prata metálica; +1,56 V; óxido de prata e zinco metálico.

SÉRIE PLATINA

1. (FUVEST – SP) Na montagem a seguir, dependendo do metal (junto com seus íons) tem-se as seguintes pilhas, cujo catodo (onde ocorre redução) é o cobre:

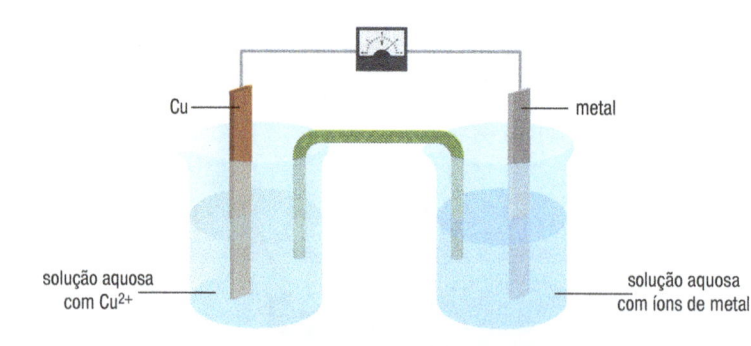

PILHA	ΔE^o (V)
cobre-alumínio	2,00
cobre-chumbo	0,47
cobre-magnésio	2,71
cobre-níquel	0,59

Nas condições-padrão e montagem análoga, a associação que representa uma pilha em que os eletrodos estão indicados corretamente é

a) níquel (catodo) / chumbo (anodo).
b) magnésio (catodo) / chumbo (anodo).
c) magnésio (catodo) / alumínio (anodo).
d) alumínio (catodo) / níquel (anodo).
e) chumbo (catodo) / alumínio (anodo).

2. (FUVEST – SP – adaptada) Um estudante realizou um experimento para avaliar a reatividade dos metais Pb, Zn e Fe. Para isso, mergulhou, em separado, uma pequena placa de cada um desses metais em cada uma das soluções aquosas dos nitratos de chumbo, de zinco e de ferro. Com suas observações, elaborou a tabela ao lado, em que (sim) significa formação de sólido sobre a placa e (não) significa nenhuma evidência dessa formação.

SOLUÇÃO	METAL		
	Pb	Zn	Fe
$Pb(NO_3)_2(aq)$	(não)	(sim)	(sim)
$Zn(NO_3)_2(aq)$	(não)	(não)	(não)
$Fe(NO_3)_2(aq)$	(não)	(sim)	(não)

a) Com base nos resultados experimentais apresentados acima, coloque os cátions Pb^{2+}, Zn^{2+} e Fe^{2+} em ordem crescente de potencial de redução.

Dica: Quanto menor o E^0_{red} maior a reatividade do metal.

Ordem crescente de potencial de redução: _____

A seguir, o estudante montou três diferentes pilhas galvânicas, conforme esquematizado.

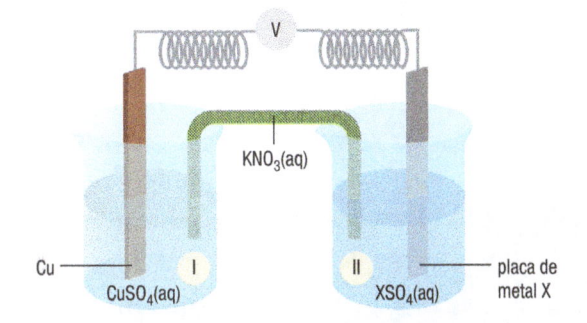

Nessas três montagens, o conteúdo do béquer I era uma solução aquosa de $CuSO_4$ de mesma concentração, e essa solução era renovada na construção de cada pilha. O eletrodo onde ocorria a redução (ganho de elétrons) era o formado pela placa de cobre mergulhada em $CuSO_4(aq)$. Em cada uma das três pilhas, o estudante utilizou, no béquer II, uma placa de um dos metais X (Pb, Zn, ou Fe) mergulhada na solução aquosa de seu respectivo nitrato.

O estudante mediu a força eletromotriz das pilhas montadas, obtendo os valores de 0,44 V, 0,75 V e 1,07 V, não necessariamente na ordem dos metais apresentada anteriormente.

b) Associe os eletrodos (de Pb, de Zn ou de Fe) com os valores de 0,44 V, 0,75 V e 1,07 V. Justifique sua resposta com base na ordem de potencial de redução no item (a).

0,44 V: _____ / 0,75 V: _____ / 1,07 V: _____.

c) Nas pilhas montadas, o estudante substituiu o voltímetro por um amperímetro e utilizou uma ponte salina preenchida com solução aquosa de KNO_3. Indique a função da ponte salina e para qual béquer (I ou II) cada íon presente originalmente na ponte migra com o funcionamento da pilha.

Béquer I: _____ / Béquer II: _____

Capítulo 11

Pilhas Comerciais e Células Combustíveis

Nos capítulos anteriores desta unidade, apresentamos e estudamos as **células voltaicas**, em especial a pilha de Daniell, proposta na primeira metade do século XIX.

Agora, pense nos equipamentos que você conhece que utilizam pilhas ou até mesmo nos carros elétricos.

Você consegue imaginar uma "pilha de Daniell" sendo utilizada para fornecer energia para esses equipamentos?

Claro que não! As pilhas que utilizamos hoje em dia evoluíram muito desde a criação da pilha de Volta em 1800 e o objetivo deste capítulo é justamente acompanhar parte dessa evolução e apresentar os principais tipos de pilhas e baterias propostos e utilizados nos últimos quase 200 anos!

Cada equipamento eletroeletrônico demanda uma voltagem específica, o que significa que, atualmente, temos praticamente uma infinidade de pilhas e baterias diferentes, com tamanhos e características distintas!

11.1 Pilha seca

A principal deficiência da pilha de Daniell era justamente a sua portabilidade, uma vez que dependia de solução aquosa para compor o eletrólito das meias-células.

Uma das primeiras pilhas que substituiu os eletrólitos líquidos por uma pasta úmida foi a proposta pelo francês George **Leclanché** (1839-1882) por volta de 1865. A pilha de Leclanché ficou conhecida como "pilha seca" justamente pelo fato de ter substituído as soluções aquosas por uma pasta úmida, que continha os íons dissolvidos.

Observe, ao lado, o corte de uma pilha seca.

Elementos indicados no esquema:
- tampa de aço
- piche
- papelão
- blindagem de aço
- fundo de aço
- elementos essenciais:
  - barra de grafita (polo positivo)
  - recipiente de zinco (polo negativo)
- pasta úmida ($MnO_2 + H_2O + ZnCl_2 + NH_4Cl$ + carvão + amido)

O recipiente de zinco é o local onde ocorre oxidação (anodo). No meio da pilha temos uma barra de grafita que vai receber os elétrons provenientes da oxidação do zinco e que percorreram o circuito externo.

A pasta úmida contém MnO_2 (sofre redução na barra de grafita), NH_4Cl (cátion NH_4^+ participa na semirreação de redução), $ZnCl_2$ (retira NH_3 formado ao redor da barra de grafita), H_2O (aumenta a mobilidade dos íons), carvão em pó (aumenta a condutividade elétrica) e amido (aglutinante).

As semirreações que ocorrem na pilha seca podem ser representadas por:

Anodo (oxidação): $Zn \longrightarrow Zn^{2+} + 2e^-$

Catodo (redução): $2\,MnO_2 + 2\,NH_4^+ + 2e^- \longrightarrow Mn_2O_3 + H_2O + 2\,NH_3$

Equação global: $Zn + 2\,MnO_2 + 2\,NH_4^+ \longrightarrow Zn^{2+} + Mn_2O_3 + H_2O + 2\,NH_3$

Com uso dessa pilha, o NH_3 (amônia, uma substância volátil que evapora com facilidade) formado ao redor da barra de grafita forma uma camada isolante, o que acarreta uma drástica redução da ddp. É por isso que se adiciona à pasta úmida o $ZnCl_2$ que tem a função de manter o NH_3 dissolvido:

$$Zn^{2+} + 6\,NH_3 \longrightarrow [Zn(NH_3)_6]^{2+}$$
hexaminzinco

A presença de NH_4Cl e $ZnCl_2$ tornam a pasta ácida, devido à hidrólise do NH_4^+ e do Zn^{2+}, razão pela qual essa pilha também é conhecida como pilha seca ácida. Em virtude desse caráter do eletrólito, se a pasta ácida corroer o recipiente de zinco e vazar para o equipamento, ela pode danificar o aparelho em que a pilha está sendo usada. Esse é um dos motivos por trás da recomendação de que as pilhas devem ser removidas dos aparelhos quando estes não estão sendo utilizados durante períodos prolongados.

Você sabia?

Talvez alguns de vocês tenham ouvido falar da dica de colocar a pilha no congelador ou no *freezer* para prolongar a sua vida útil.

A explicação que fundamenta esse conselho é a seguinte: abaixar a temperatura dificultaria a evaporação da amônia e, portanto, a camada isolante seria formada com maior dificuldade.

Infelizmente, esse conselho tem dois problemas! Primeiro, a temperatura de liquefação da amônia gasosa, a 1 atm, é de −33 °C. Então, apesar de a temperatura menor favorecer menos a evaporação da amônia, apenas uma parcela pequena da amônia gasosa condensará em congeladores convencionais. Segundo, uma vez retirada a pilha do congelador para colocarmos no aparelho, a temperatura voltará a aumentar e o "ganho" de vida útil será perdido novamente.

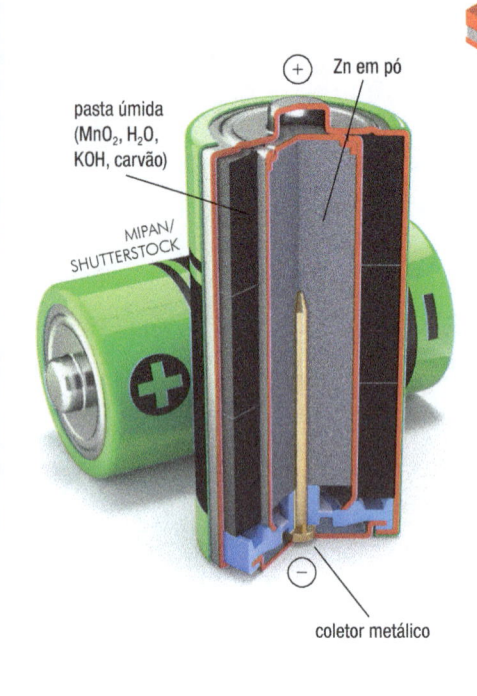

11.2 Pilha alcalina

A **pilha alcalina**, proposta em meados do século XX, é um aprimoramento da pilha seca de Leclanché, na qual a pasta de NH_4Cl e de $ZnCl_2$ é substituída por uma pasta de KOH – daí o nome alcalina.

Observe ao lado um corte de uma pilha alcalina.

O anodo também é constituído por zinco, porém diferentemente da pilha seca, na pilha alcalina o zinco encontra-se em formato de um pó metálico e utiliza-se um coletor metálico (de latão, por exemplo) por onde o fluxo de elétrons passa para o circuito externo.

Já o catodo corresponde a uma pasta úmida que contém MnO_2 (sofre redução), KOH (OH^- participa da semirreação de redução), H_2O (aumenta a mobilidade dos íons) e carvão em pó (aumenta a condutividade elétrica).

As semirreações que ocorrem na pilha alcalina podem ser representadas por:

Anodo (oxidação): $Zn \longrightarrow Zn^{2+} + 2e^-$

Catodo (redução): $2\,MnO_2 + H_2O + 2e^- \longrightarrow Mn_2O_3 + 2\,OH^-$

Equação global: $Zn + 2\,MnO_2 + H_2O \longrightarrow Zn^{2+} + Mn_2O_3 + H_2O + 2\,OH^-$

Em relação à pilha seca de Leclanché, a pilha alcalina apresenta uma vida útil de 5 a 8 vezes maior, porque o zinco não fica exposto diretamente ao meio ácido da pasta nem ocorre a formação de uma camada isolante de amônia. Por outro lado, trata-se de uma pilha mais cara que a pilha seca.

11.3 Bateria chumbo-ácido

As pilhas seca e alcalina apresentadas anteriormente são pilhas que apresentam uma única descarga, ou seja, quando os reagentes são consumidos, essas pilhas esgotam-se completamente, sendo necessária substituí-las.

Em 1859, o francês Gaston **Planté** (1834-1889) inventou a primeira pilha recarregável, a **bateria de chumbo-ácido**, que pode ser recarregada por meio da passagem de corrente elétrica no sentido inverso.

O nome bateria indica um conjunto de pilhas ligadas em série e as baterias de chumbo-ácido são bastante conhecidas pela sua utilização em automóveis, sendo responsáveis pelo fornecimento de energia para diversos componentes elétricos do carro, como faróis, rádio, ar-condicionado e, também, a partida.

Quando falamos em baterias chumbo-ácido, pensamos imediatamente nos automóveis, porém elas apresentam inúmeras aplicações! São utilizados **bancos de baterias chumbo-ácido** como *backup* em empresas de telecomunicações em caso de falta de energia. Você já reparou que mesmo sem luz nossos celulares continuam funcionando? Graças a essas baterias!

No caso dos carros convencionais, são utilizadas baterias de 12 V, que podem ser representadas pelo esquema ao lado.

Trata-se de uma pilha constituída por um **anodo de Pb** e um **catodo de PbO_2**, ambos mergulhados em uma solução aquosa de H_2SO_4 30% em massa, o que é equivalente a uma solução com densidade de 1,28 g/cm³.

As baterias chumbo-ácido são constituídas por placas alternadas de Pb e PbO_2, imersas em um eletrólito de H_2SO_4 concentrado.

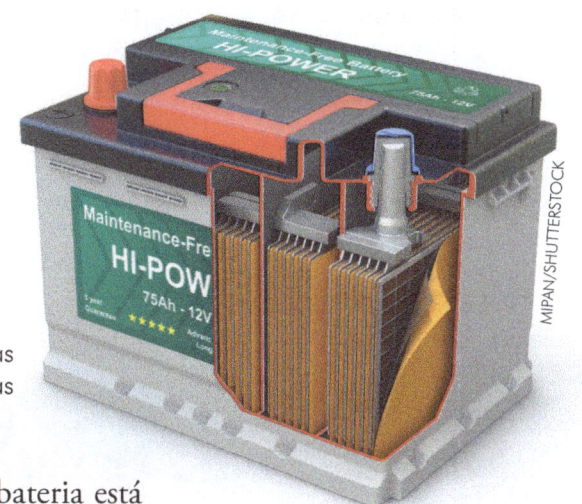

Durante a descarga da bateria, isto é, quando a bateria está fornecendo energia para os demais componentes elétricos, as semirreações que ocorrem podem ser representadas por:

Anodo (oxidação): $Pb + SO_4^{2-} \longrightarrow PbSO_4 + 2e^-$ $E^0 = +0,35$ V

Catodo (redução): $PbO_2 + 4\ H^+ + SO_4^{2-} + 2e^- \longrightarrow PbSO_4 + 2\ H_2O$ $E^0 = +1,69$ V

Equação global: $Pb + PbO_2 + 4\ H^+ + 2\ SO_4^{2-} \longrightarrow 2\ PbSO_4 + 2\ H_2O$ $\Delta E^0 = 2,04$ V

Portanto, para uma bateria de 12 V, temos, na realidade, 6 células ligadas em série. Outra observação importante em relação ao processo de descarga dessa bateria é que, em virtude do consumo de H_2SO_4, ocorre diminuição da densidade da bateria ao longo do seu funcionamento. Isso possibilita que a densidade seja utilizada para verificar se a bateria ainda tem carga suficiente: valores inferiores a 1,20 g/cm³ indicam que bateria não apresenta carga suficiente para funcionamento.

Nos veículos, a recarga da bateria é realizada a partir do **alternador**, um gerador elétrico conectado ao motor do veículo e que transforma a energia cinética do motor em corrente alternada, que é convertida em corrente contínua por um retificador – esta, sim, utilizada para "carregar a bateria".

O fato de em ambos os eletrodos (anodo e catodo) ocorrer a formação de $PbSO_4$, um sólido que fica aderido às placas de Pb e PbO_2, respectivamente, permite que essa bateria seja recarregada pela passagem de uma corrente elétrica no sentido inverso. À medida que uma fonte externa força o fluxo de elétrons no sentido contrário daquele que ocorre na descarga, o $PbSO_4$ é convertido em Pb em um eletrodo e em PbO_2 em outro eletrodo. A equação global do processo de recarga será inversa da de descarga:

$$2\ PbSO_4 + 2\ H_2O \longrightarrow Pb + PbO_2 + 2\ H_2SO_4$$

11.4 Pilha de lítio

E qual é a pilha que utilizamos nos nossos celulares? As pilhas ou baterias utilizadas nos celulares devem atender a duas características principais: duração e leveza. As pilhas que venceram essa corrida tecnológica foram as **pilhas de lítio**, propostas entre as décadas de 1970 e 1980.

Não só os celulares, mas também os carros elétricos se baseiam na utilização de baterias de lítio para fornecimento de energia, como o Tesla Model S, que contém mais de 7.000 células de pilhas de íon-lítio, que são posicionadas sobre o chassi do veículo e possibilitam atingir 249 km/h e ter autonomia de 629 km.

Capítulo 11 – Pilhas Comerciais e Células Combustíveis **243**

As baterias de íon-lítio são utilizadas nos celulares, pois possuem alta capacidade de armazenar carga e podem ser recarregadas milhares de vezes.

Atualmente, há muitos modelos distintos para as pilhas de lítio, cada um apresentando componentes e funcionamentos distintos. Um desses modelos é aquele baseado no fluxo de íons de lítio (Li^+) entre um eletrodo formado por um óxido metálico e outro eletrodo formado por grafita.

O lítio, na sua forma metálica, é muito reativo, razão pela qual essas pilhas utilizam o lítio na forma iônica, tipicamente na forma de um óxido de metal-lítio, por exemplo o $LiCoO_2$ (óxido de lítio e cobalto).

Durante a descarga dessa pilha, as semirreações que ocorrem podem ser representadas por:

Anodo (oxidação): $Li_xC \longrightarrow x\,Li^+ + xe^- + C$

Catodo (redução): $Li_{1-x}CoO_2 + x\,Li^+ + xe^- \longrightarrow LiCoO_2$

Equação global: $Li_xC + Li_{1-x}CoO_2 \longrightarrow C + LiCoO_2$

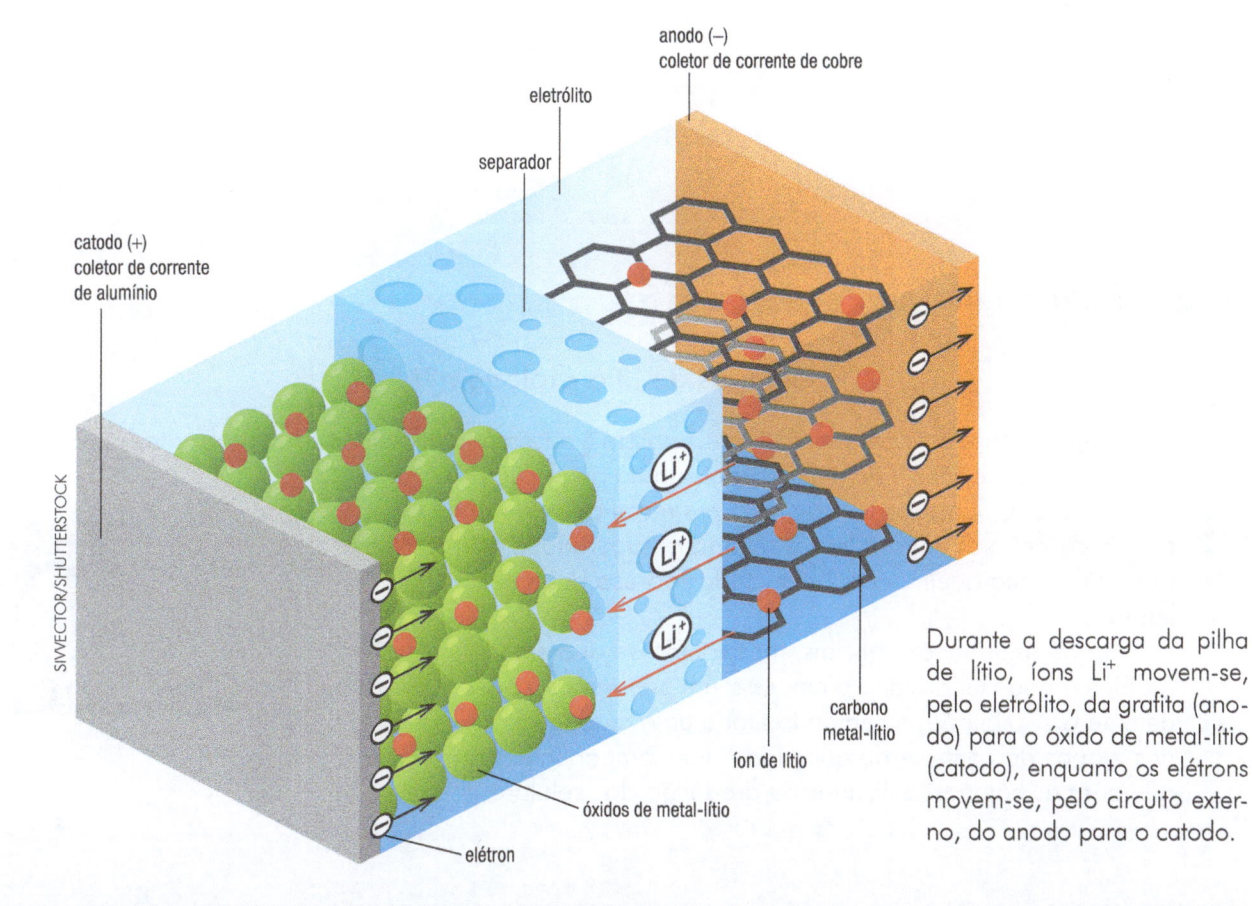

Durante a descarga da pilha de lítio, íons Li^+ movem-se, pelo eletrólito, da grafita (anodo) para o óxido de metal-lítio (catodo), enquanto os elétrons movem-se, pelo circuito externo, do anodo para o catodo.

> **Lembre-se!**
>
> Na pilha de lítio que estudamos, **não é** o íon Li⁺ que sofre oxidação ou redução! Durante a descarga e a carga dessa pilha, o Li⁺ mantém-se no mesmo estado de oxidação (cátion monovalente). Portanto, a espécie que sofre oxidação (perda de elétrons) durante a descarga no anodo é a própria grafita, enquanto é o cátion de cobalto (presente no óxido metálico) que sofre redução (recebimento de elétrons).

Já durante a carga dessa pilha, a utilização de uma fonte de corrente elétrica contínua externa é responsável por inverter o fluxo dos íons de Li⁺ pelo eletrólito e de elétrons pelo circuito externo. A equação global que representa a carga da pilha de lítio pode ser representada por:

$$C + LiCoO_2 \longrightarrow Li_xC + Li_{1-x}CoO_2$$

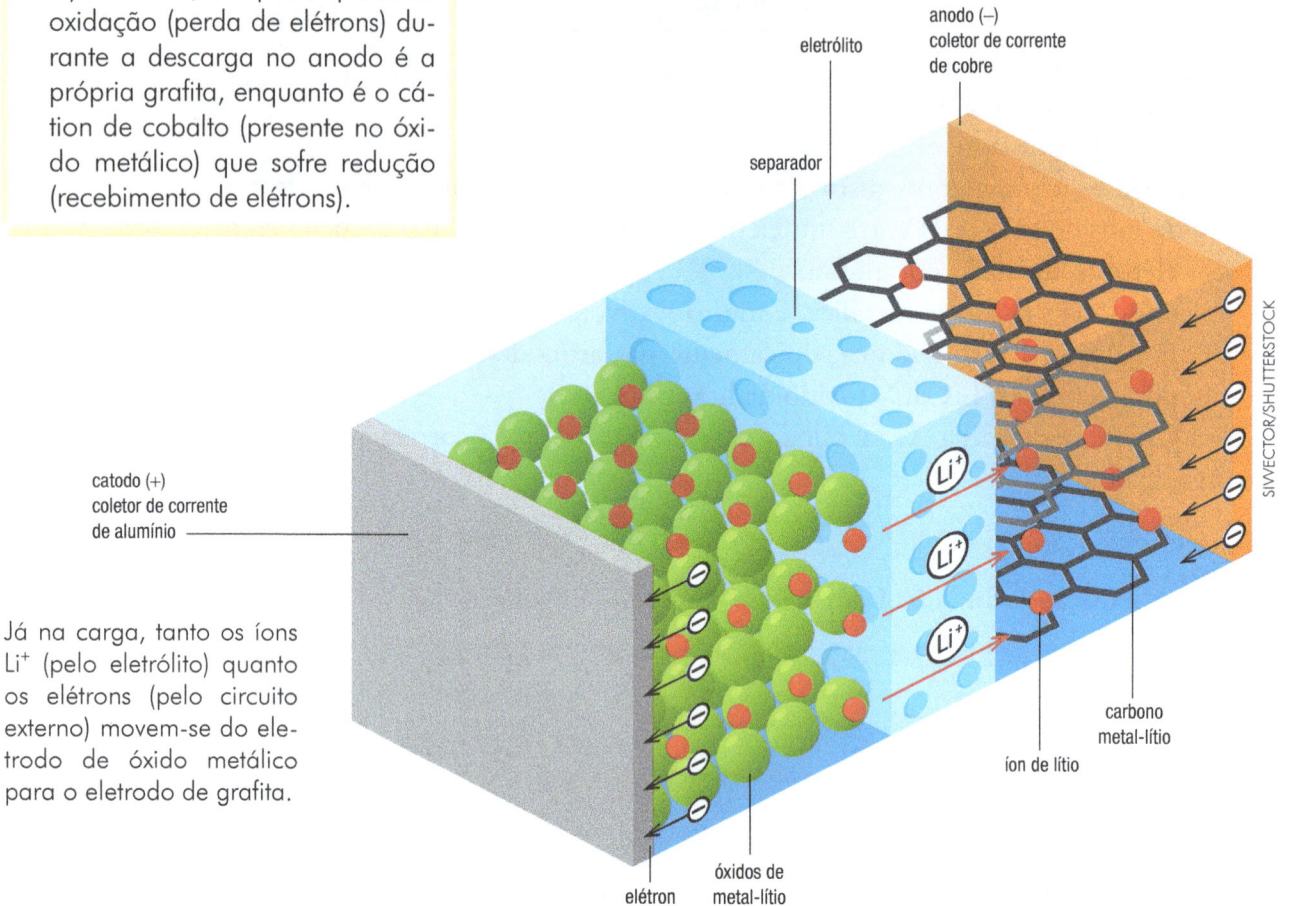

Já na carga, tanto os íons Li⁺ (pelo eletrólito) quanto os elétrons (pelo circuito externo) movem-se do eletrodo de óxido metálico para o eletrodo de grafita.

> **Fique ligado!**
>
> ### Baterias de lítio explodem?!
>
> A resposta para essa pergunta é "sim!", porém é necessário ressaltar que os problemas ocorrem em decorrência de algum problema na produção dessas baterias!
>
> Em 2016, a Samsung teve de fazer um *recall* do celular Note 7 depois de diversos consumidores relatarem superaquecimento e até mesmo queimaduras associadas ao uso desse telefone.
>
> Não há informações oficiais, mas estima-se que esse problema pode ter custado à empresa um prejuízo da ordem de US$ 5 bilhões e demandou toda uma readequação das etapas de controle de qualidade dos componentes (com destaque para as baterias) utilizados na produção dos celulares.

Capítulo 11 – Pilhas Comerciais e Células Combustíveis **245**

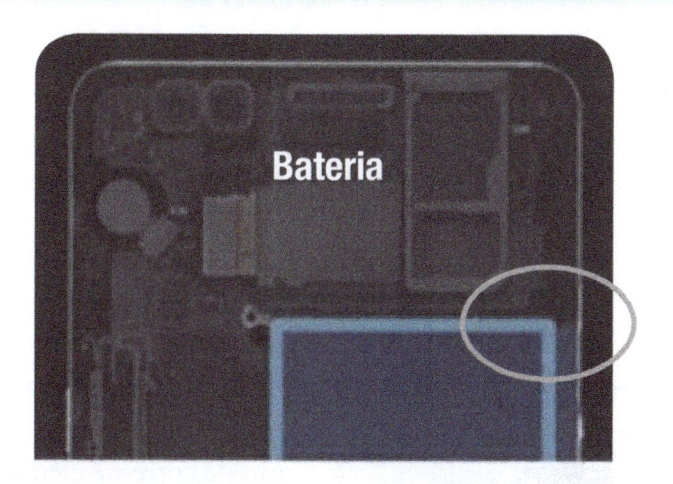

Bateria

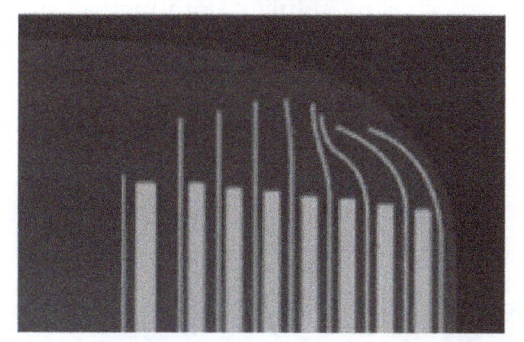

Com defeito | **Normal**

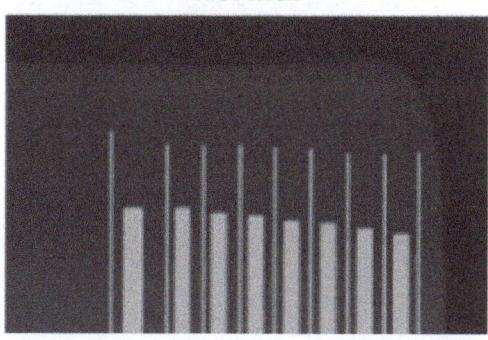

Disponível em: <https://tecnoblog.net/206208/galaxy-note-7-explicacao-samsung/>. Acesso em: 29 jan. 2021.

Após testarem 200.000 telefones e 30.000 baterias, técnicos da Samsung identificaram que a causa do problema estava relacionada com deficiências na fabricação dessas baterias. Em um dos lotes utilizados, foi identificada uma compactação excessiva da bateria, em decorrência de uma deflexão do eletrodo negativo no canto superior direito da bateria, o que favorecia a ocorrência de curto-circuito.

Essa não foi a primeira vez que baterias de lítio causaram prejuízos gigantescos! Em 2013, um princípio de incêndio em uma das células de uma bateria de lítio em um avião Boeing 787 da All Nippon Airways (ANA) forçou essa aeronave a fazer um pouco de emergência no Japão e levou essa companhia a manter no chão todos os aviões desse modelo até que o problema fosse identificado e resolvido. Estima-se que essa parada custou à ANA cerca de US$ 1,1 bilhão por dia.

JORDAN TAN/SHUTTESTOCK

11.5 Células a combustível

As células voltaicas que estudamos até o momento apresentam quantidade fixa de reagentes, sendo que algumas delas podem ser recarregadas e outras não. Entretanto, temos ainda as **células a combustível**, que são células que produzem energia elétrica a partir da energia química armazenada em um combustível (geralmente gás hidrogênio) e um comburente (geralmente gás oxigênio).

As células a combustível diferem-se da maioria das outras pilhas e baterias pela necessidade de **fornecimento contínuo** dos reagentes (combustível e comburente) para manter a geração de corrente elétrica.

Observe a seguir o esquema de funcionamento de uma célula a combustível que utiliza gás hidrogênio (H_2) e gás oxigênio (O_2) em meio ácido.

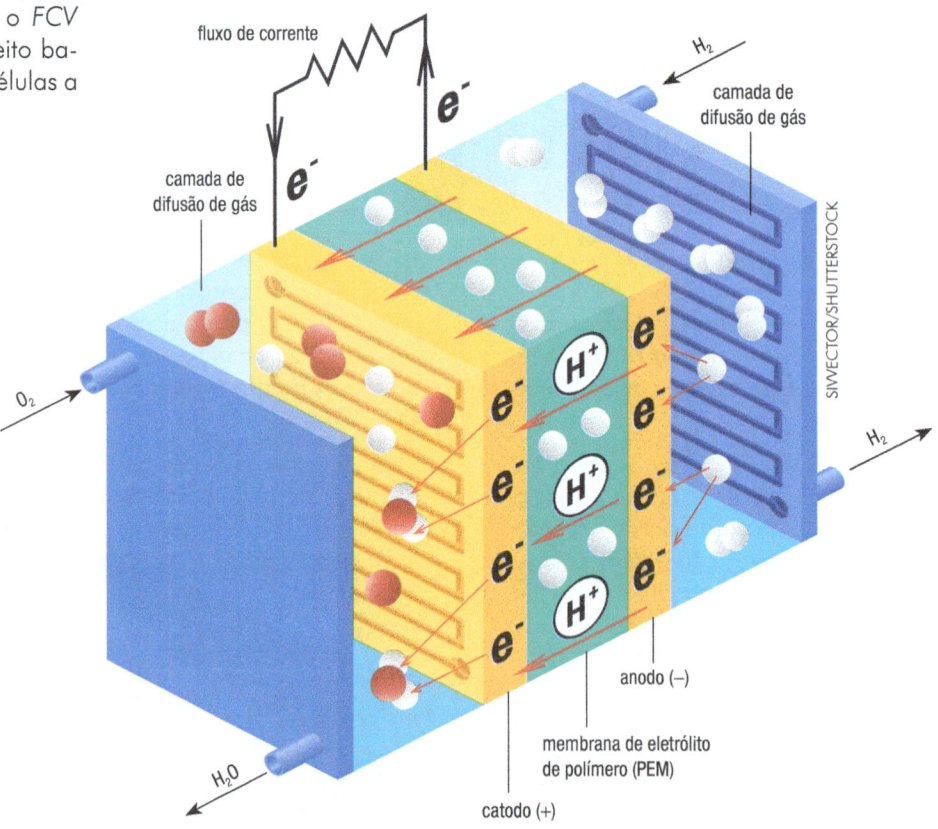

Em 2015, a montadora japonesa Honda apresentou o *FCV Concept*, um carro conceito baseado na tecnologia de células a combustíveis.

Durante o funcionamento dessa célula a combustível, as semirreações que ocorrem podem ser representadas por:

Anodo (oxidação): $H_2 \longrightarrow 2\,H^+ + 2e^-$ $E^0 = +0,00\ V$

Catodo (redução): $\dfrac{1}{2} O_2 + 2\,H^+ + 2e^- \longrightarrow H_2O$ $E^0 = +1,23\ V$

Equação global: $H_2 + \dfrac{1}{2} O_2 \longrightarrow H_2O$ $\Delta E^0 = 1,23\ V$

Fique ligado!

Balanceamento pelo método íon-elétron

Outros combustíveis podem ser utilizados nas células a combustível, como metanol e etanol. Se fosse utilizado metanol (CH_3OH), em meio ácido, quais seriam as semirreações que ocorreriam nessa célula a combustível?

No caso do metanol, sabemos que a equação global dessa célula a combustível pode ser representada por:

$$2\ CH_3OH + 3\ O_2 \longrightarrow 2\ CO_2 + 4\ H_2O$$

Agora, para escrever essas semirreações balanceadas, podemos utilizar o **método íon elétron** ou **método da semirreação**, que corresponde a uma sequência de etapas utilizadas para balancear reações de oxirredução.

1. Separar as duas equações simplificadas (não balanceadas) das semirreações de oxidação e de redução.

   Na equação global, é possível identificar que o agente oxidante é o O_2 (cujo Nox do oxigênio varia de 0 no O_2 para –2 no H_2O) e o agente redutor é o CH_3OH (cujo Nox do carbono varia de –2 no CH_3OH para +4 no CO_2).

   Semirreação de oxidação
   $CH_3OH \longrightarrow CO_2$

   Semirreação de redução
   $O_2 \longrightarrow H_2O$

2. Balancear (em caso de necessidade) os átomos diferentes de oxigênio e hidrogênio.

   Nesse caso, não há necessidade, pois o carbono na semirreação de oxidação já está balanceado: um carbono no CH_3OH para cada carbono no CO_2.

3. Balancear (em caso de necessidade) os átomos de oxigênio usando **H_2O**.

   Semirreação de oxidação
   $CH_3OH + \mathbf{H_2O} \longrightarrow CO_2$

   Semirreação de redução
   $O_2 \longrightarrow H_2O + \mathbf{H_2O}$

4. Balancear (em caso de necessidade) os átomos de hidrogênio usando H^+.

   Semirreação de oxidação
   $CH_3OH + H_2O \longrightarrow CO_2 + \mathbf{6\ H^+}$

   Semirreação de redução
   $O_2 + \mathbf{4\ H^+} \longrightarrow 2\ H_2O$

5. Balancear as cargas elétricas adicionando **elétrons (e^-)**.

   Na semirreação de oxidação, os elétrons são adicionados nos produtos. Já na semirreação de redução, os elétrons são adicionados nos reagentes.

   Semirreação de oxidação
   $CH_3OH + H_2O \longrightarrow CO_2 + 6\ H^+ + \mathbf{6e^-}$

   Semirreação de redução
   $O_2 + 4\ H^+ + \mathbf{4e^-} \longrightarrow 2\ H_2O$

6. Igualar os elétrons e somar as semirreações para obter a equação global.

   Nesse caso, já sabemos a equação global, porém esse método de balanceamento também permite determinar a equação global balanceada. Para igualarmos os elétrons, precisamos multiplicar a semirreação de oxidação por 2 e a de redução por 3.

   Semirreação de oxidação: $2\ CH_3OH + 2\ H_2O \longrightarrow 2\ CO_2 + 12\ H^+ + 12e^-$

   Semirreação de redução: $3\ O_2 + 12\ H^+ + 12e^- \longrightarrow 6\ H_2O$

   Equação global: $2\ CH_3OH + 3\ O_2 \longrightarrow 2\ CO_2 + 4\ H_2O$

Você sabia?

Século XXI: o século do hidrogênio?!

Ao longo de sua história, a humanidade utilizou-se de diversas fontes de energia. A civilização iniciou-se com a descoberta do fogo, por meio da lenha; passou pela domesticação de animais; descobriu as vantagens do carvão; aproveitou a força da água; queimou óleo animal, natural e gás; usou o vapor como alicerce para a revolução industrial; refinou o petróleo; descobriu a energia elétrica e a atômica; e, por fim, (re)descobriu o hidrogênio como fonte primária, infinita e limpa.

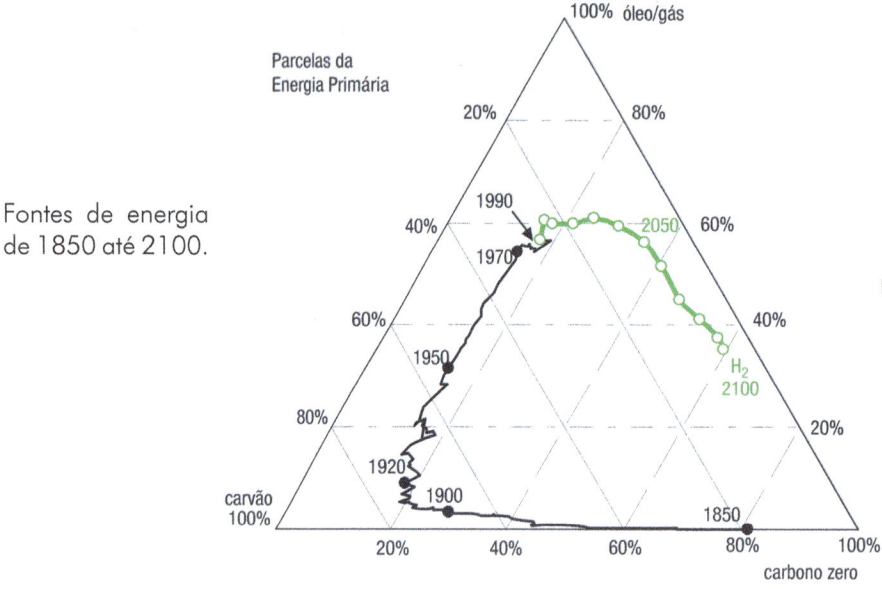

Fontes de energia de 1850 até 2100.

BARRETO, L.; MAKIHIRA, A.; RIAHI, K. The Hydrogen Economy in the 21st Century: a sustainable development scenario. *Disponível em:* <http://www.iiasa.ac.at/Research/ECS/docs/h2short.pdf>. Acesso em: 29 Jan. 2021.

O efeito estufa e o fato de as fontes atuais de energia basearem-se em combustíveis fósseis, como o petróleo, impulsionaram, nos últimos anos, a procura por fontes alternativas de energia. Nessa procura, retomou-se o estudo das células a combustível, propostas, no século XIX, pelo britânico Sir William Robert **Grove** (1811-1896) e produzidas, pela primeira vez, na década de 1930.

Como vimos neste capítulo, a célula combustível pode ser definida como um dispositivo que converte a energia química em energia elétrica a partir de uma reação de oxirredução.

Atualmente, a indústria automobilística tem a projeção de que essa tecnologia pode contribuir para reduzir as emissões de CO_2, uma vez que, durante a operação de um veículo movido a hidrogênio (por uma célula a combustível), há produção apenas de H_2O:

$$H_2 + \frac{1}{2} O_2 \longrightarrow H_2O$$

Entretanto, ainda há entraves relacionados à produção industrial de H_2. Atualmente, gás hidrogênio é produzido a partir da reforma de combustíveis fósseis, como CH_4, que pode ser equacionada por:

$$CH_4 + H_2O \longrightarrow 3\,H_2 + CO$$

O gás CO, monóxido de carbono, é considerado um gás tóxico, sendo usualmente convertido em CO_2. Assim, apesar de não ocorrer emissão de CO_2 durante o movimento do veículo, a cadeia total de produção de H_2 também contribui com a emissão de gases de efeito estufa.

Dessa forma, desenvolver novas tecnologias de produção de H_2 e aumentar a eficiência das tecnologias já existentes são apenas alguns dos pré-requisitos para a humanidade efetivamente se aproximar cada vez mais de uma matriz energética limpa e sustentável.

SÉRIE BRONZE

1. Complete as frases a seguir com as informações corretas sobre a evolução histórica das pilhas e baterias

▶▶ Na pilha de Leclanché, inventada por volta de 1865, o eletrólito é uma a. _____ contendo os íons dissolvidos.

▶▶ Um dos problemas da pilha de Leclanché é que, com seu uso, o eletrólito adquire caráter b. _____, devido à c. _____ dos íons NH_4^+ e Zn^{2+}, o que pode acarretar vazamentos e danificar o equipamento em que a pilha está sendo usada.

▶▶ Para corrigir esse e outros problemas da pilha de Leclanché, foi proposta a pilha alcalina, na qual o eletrólito apresenta caráter d. _____.

▶▶ As baterias de chumbo-ácido foram uma das primeiras pilhas e. _____ produzidas pelo ser humano. A f. _____ da bateria pode ser representada pela equação $Pb + PbO_2 + 2\ H_2SO_4 \longrightarrow 2\ PbSO_4 + 2\ H_2O$.

O consumo de H_2SO_4 durante a g. _____ evidencia que ocorre h. _____ da densidade da bateria durante esse processo.

▶▶ Atualmente, os equipamentos eletrônicos mais modernos utilizam baterias recarregáveis à base de i. _____, que apresentam j. _____ densidade de carga e k. _____ velocidade de recarga.

2. Em relação a uma célula a combustível de hidrogênio em meio ácido, complete corretamente com as informações pedidas.

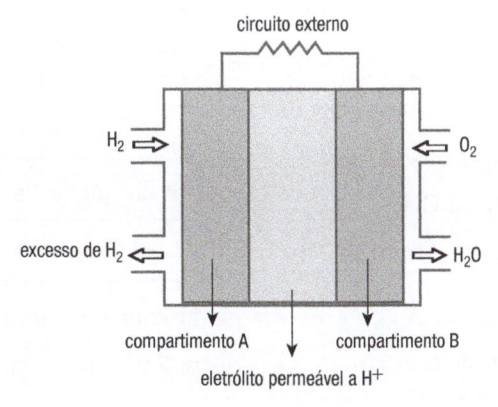

▶▶ No anodo (compartimento a. _____) ocorre a semirreação de b. _____, que pode ser equacionada por c. _____.

▶▶ No catodo (compartimento d. _____) ocorre a semirreação de e. _____, que pode ser equacionada por f. _____.

▶▶ A equação global é dada por g. _____.

▶▶ Durante o funcionamento da célula combustível, os elétrons migram do compartimento h. _____ para o compartimento i. _____ pelo j. _____. Já os íons H^+ migram do compartimento k. _____ para o compartimento l. _____ pelo m. _____.

3. Utilizando o método íon-elétron, escreva as semirreações de oxidação e de redução balanceadas para equações a seguir, que ocorrem em meio ácido.

a) $CH_4 + 2\ O_2 \longrightarrow CO_2 + 2\ H_2O$

b) $2\ CH_3OH + 3\ O_2 \longrightarrow 2\ CO_2 + 4\ H_2O$

c) $CH_3CH_2OH + 3\ O_2 \longrightarrow 2\ CO_2 + 3\ H_2O$

SÉRIE PRATA

1. (PUC – MG) As pilhas de mercúrio são muito utilizadas em relógios, câmaras fotográficas, calculadoras e aparelhos de audição. As reações que ocorrem durante o funcionamento da pilha são:

$$Zn + 2\ OH^- \longrightarrow ZnO + H_2O + 2e^-$$
$$HgO + H_2O + 2e^- \longrightarrow Hg + 2\ OH^-$$

Sobre essa pilha, identifique a afirmativa INCORRETA.

a) O HgO funciona como o anodo da pilha.
b) O zinco metálico é o agente redutor.
c) A reação se realiza em meio alcalino.
d) O zinco sofre um aumento de seu número de oxidação.
e) O oxigênio não varia seu número de oxidação.

2. (UFJF – MG) A pilha de mercúrio é popularmente conhecida como pilha em forma de "botão" ou "moeda", muito utilizada em calculadoras, controles remotos e relógios. Nessa pilha existe um amálgama de zinco (zinco dissolvido em mercúrio), óxido de mercúrio (II), e o eletrólito é o hidróxido de potássio. A partir das semirreações de redução do zinco e do mercúrio e seus respectivos potenciais-padrão de redução, mostrados no quadro abaixo, assinale a alternativa que represente a pilha de mercúrio corretamente.

SEMIRREAÇÕES	E° (V)
$Zn^{2+}(aq) + 2e^- \rightleftharpoons Zn(s)$	–0,76
$Hg^{2+}(aq) + 2e^- \rightleftharpoons Hg(l)$	+0,85

a) $Zn(s)\ |\ Zn^{2+}(aq)\ ||\ Hg^{2+}(aq)\ |\ Hg(l)\ \ \Delta E^0 = +1,61\ V$
b) $Zn^{2+}(aq)\ |\ Zn(s)\ ||\ Hg(l)\ |\ Hg^{2+}(aq)\ \ \Delta E^0 = -1,61\ V$
c) $Hg^{2+}(aq)\ |\ Hg(l)\ ||\ Zn(s)\ |\ Zn^{2+}(aq)\ \ \Delta E^0 = +1,61\ V$
d) $Hg^{2+}(aq)\ |\ Hg(l)\ ||\ Zn^{2+}(aq)\ |\ Zn(s)\ \ \Delta E^0 = -1,61\ V$
e) $Zn^{2+}(aq)\ |\ Hg^{2+}(aq)\ ||\ Zn(s)\ |\ Hg(l)\ \ \Delta E^0 = +0,99\ V$

3. (UDESC) As baterias classificadas como células secundárias são aquelas em que a reação química é reversível, possibilitando a recarga da bateria. Até pouco tempo atrás, a célula secundária mais comum era a bateria de chumbo/ácido, que ainda é empregada em carros e outros veículos. As semirreações padrões que ocorrem nesta bateria são descritas abaixo:

I. $PbSO_4(s) + 2e^- \longrightarrow Pb(s) + SO_4^{2-}(aq)$ $\quad -0,36$ v

II. $PbO_2(s) + 4 H^+(aq) + SO_4^{2-}(aq) + 2e^- \longrightarrow$
$\longrightarrow PbSO_4(s) + 2 H_2O(l) \quad +1,69$ V

Considerando a reação de célula espontânea, asssinale a alternativa que apresenta a direção da semirreação I e seu eletrodo; a direção da semirreação II e seu eletrodo; e o potencial-padrão da bateria, respectivamente,

a) Direção direta no anodo; direção inversa no catodo; +1,33 v.
b) Direção inversa no anodo; direção direta no catodo; +2,05 v.
c) Direção inversa no catodo; direção direta no anodo; +2,05 v.
d) Direção direta no anodo; direção inversa no catodo; +2,05 v.
e) Direção inversa no anodo; direção direta no catodo; +1,33 v.

4. (UPF – RS) Os drones são aeronaves não tripuladas e estão cada vez mais presentes em nosso cotidiano. Um dos desafios para a utilização de drones é o desenvolvimento de pilhas ou baterias que possibilitem maior autonomia de voo. Com relação às baterias, cuja representação da equação da reação química é

$PbO_2(s) + 2H_2SO_4(aq) + Pb(s) \longrightarrow$
$\longrightarrow 2 PbSO_4(s) + 2 H_2O(l)$

avalie as afirmações a seguir e marque **V** para **Verdadeiro** e **F** para **Falso**.

( ) O íon Pb^{4+} presente no $PbO_2(s)$, se comporta como catodo.
( ) O Pb(s) funciona como anodo.
( ) O $H_2SO_4(aq)$ é o polo negativo da bateria.
( ) Os elétrons fluem do anodo para o catodo.

A sequência **correta** de preenchimento dos parênteses, de cima para baixo, é:
a) V – F – F – F.
b) F – V – F – V.
c) V – F – V – F.
d) V – V – F – V.
e) F – F – F – V.

5. (UNIFESP) um substituto mais leve, porém mais caro, da bateria de chumbo é a bateria de prata-zinco. Nesta, a reação global que ocorre, em meio alcalino, durante a descarga é

$Ag_2O(s) + Zn(s) + H_2O(l) \longrightarrow Zn(OH)_2(s) + 2 Ag(s)$

O eletrólito é uma solução de KOH a 40% e o eletrodo de prata/óxido de prata está separado do zinco/hidróxido de zinco por uma folha de plástico permeável ao íon hidróxido. A melhor representação para a semirreação que ocorre no anodo é:

a) $Ag_2O + H_2O + 2e^- \longrightarrow Ag + 2 OH^-$
b) $Ag_2O + 2 OH^- + 2e^- \longrightarrow 2 Ag + O_2 + H_2O$
c) $2 Ag + 2 OH^- \longrightarrow Ag_2O + H_2O + 2e^-$
d) $Zn + 2 H_2O \longrightarrow Zn(OH)_2 + 2 H^+ + 2e^-$
e) $Zn + 2 OH^- \longrightarrow Zn(OH)_2 + 2e^-$

6. (UNIFESP) A bateria primária de lítio-iodo surgiu em 1967, nos Estados Unidos, revolucionando a história do marca-passo cardíaco. Ela pesa menos que 20 g e apresenta longa duração, cerca de cinco a oito anos, evitando que o paciente tenha que se submeter a frequentes cirurgias para trocar o marca-passo. O esquema dessa bateria é representado na figura.

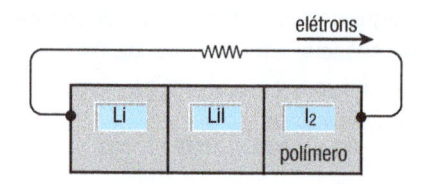

Para esta pilha, são dadas as semirreações de redução:

$Li^+ + e^- \longrightarrow Li \qquad E^0 = -3{,}05\ V$

$I_2 + 2e^- \longrightarrow 2\ I^- \qquad E^0 = +0{,}54\ V$

São feitas as seguintes afirmações sobre esta pilha:

I. No anodo ocorre a redução do íon Li^+.
II. A ddp da pilha é +2,51 V.
III. O catodo é o polímero/iodo.
IV. O agente oxidante é o I_2.

São corretas as afirmações contidas apenas em:

a) I, II, III.
b) I, II, IV.
c) I e III.
d) II e III.
e) III e IV.

7. (UNESP) O hidrogênio molecular obtido na reforma a vapor do etanol pode ser usado como fonte de energia limpa em uma célula de combustível, esquematizada a seguir.

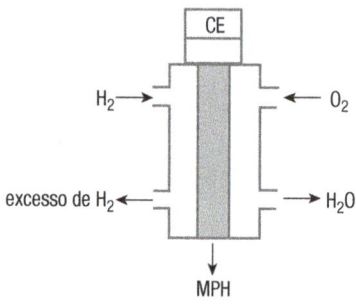

MPH: membrana permeável a H^+
CE: circuito elétrico externo

Neste tipo de dispositivo, ocorre a reação de hidrogênio com oxigênio do ar, formando água como único produto. Escreva a semirreação que acontece no compartimento onde ocorre a oxidação (anodo) da célula de combustível. Qual o sentido da corrente de elétrons pelo circuito elétrico externo?

8. FATEC – SP) Os motores de combustão são frequentemente responsabilizados por problemas ambientais, como a potencialização do efeito estufa e da chuva ácida, o que tem levado pesquisadores a buscar outras tecnologias.

Uma dessas possibilidades são as células de combustíveis de hidrogênio que, além de maior rendimento, não poluem.

Observe o esquema:

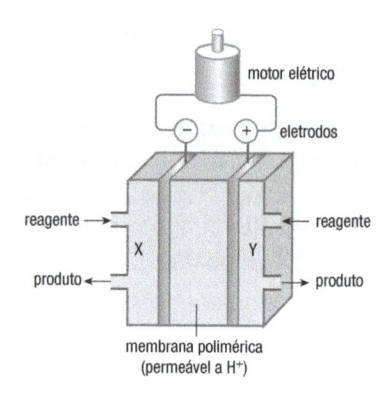

Semirreações do processo:

▶▶ anodo: $H_2 \longrightarrow 2\ H^+ + 2e^-$

▶▶ catodo: $O_2 + 4\ H^+ + 4e^- \longrightarrow 2\ H_2O$

Sobre a célula de hidrogênio esquematizada, é correto afirmar que:

a) ocorre eletrólise durante o processo.
b) ocorre consumo de energia no processo.
c) o anodo é o polo positivo da célula combustível.
d) a proporção entre os gases reagentes é $2\ H_2 : 1\ O_2$.
e) o reagente que deve ser adicionado em X é o oxigênio.

9. (FGV) Fontes alternativas de energia têm sido foco de interesse global como a solução viável para crescentes problemas do uso de combustíveis fósseis. Um exemplo é a célula a combustível microbiológica que emprega como combustível a urina. Em seu interior, compostos contidos na urina, como ureia e resíduos de proteínas, são transformados por microrganismos que constituem um biofilme no anodo de uma célula eletroquímica que produz corrente elétrica.

Disponível em: <http://www.rsc.org/chemistryworld/News/2011/October/31101103.asp. Adaptado.

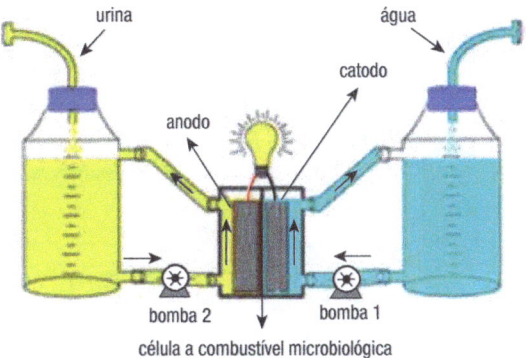

Sobre essa célula eletroquímica, é correto afirmar que, quando ela entra em operação com a geração de energia elétrica, o biofilme promove a

a) oxidação, os elétrons transitam do anodo para o catodo, e o catodo é o polo positivo da célula.
b) oxidação, os elétrons transitam do catodo para o anodo, e o catodo é o polo positivo da célula.
c) oxidação, os elétrons transitam do anodo para o catodo, e o catodo é o polo negativo da célula.
d) redução, os elétrons transitam do anodo para o catodo, e o catodo é o polo positivo da célula.
e) redução, os elétrons transitam do catodo para o anodo, e o catodo é o polo negativo da célula.

SÉRIE OURO

1. (UFSCAR – SP) A pilha seca, representada na figura, é uma célula galvânica com os reagentes selados dentro de um invólucro. Essa pilha apresenta um recipiente cilíndrico de zinco, com um bastão de carbono no eixo central. O eletrólito é uma mistura pastosa e úmida de cloreto de amônio, óxido de manganês (IV) e carvão finamente pulverizado.

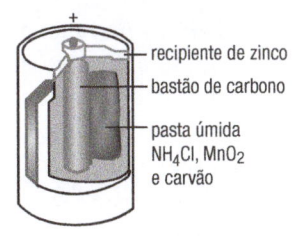

As equações das reações envolvidas na pilha são:

$2\ MnO_2(s) + 2\ NH_4^+(aq) + 2e^- \longrightarrow$
$\longrightarrow Mn_2O_3(s) + 2\ NH_3(aq) + H_2O(l)$

$Zn(s) \longrightarrow Zn^{2+}(aq) + 2e^-$

Considere as seguintes afirmações sobre a pilha seca:

I. O recipiente de zinco é o anodo.
II. Produz energia através de um processo espontâneo.
III. O NH_4^+ sofre redução.
IV. Os elétrons migram do anodo para catodo através do eletrólito.

Está correto apenas o que se afirma em:

a) I, II e III.   c) I e II.   e) II e III
b) II, III e IV.   d) I e IV.

2. (UFMG) A principal diferença entre as pilhas comuns e as alcalinas consiste na substituição, nestas últimas, do cloreto de amônio pelo hidróxido de potássio. Assim sendo, as semirreações que ocorrem podem ser representadas

▶▶ nos casos das pilhas comuns, por:

catodo: $2\ MnO_2(s) + 2\ NH_4^+(aq) + 2e^- \longrightarrow$
$\longrightarrow Mn_2O_3(s) + 2\ NH_3(aq) + H_2O(l)$

anodo: $Zn(s) \longrightarrow Zn^{2+}(aq) + 2e^-$

▶▶ no caso das pilhas alcalinas, por:

catodo: $2\ MnO_2(s) + H_2O(l) + 2e^- \longrightarrow$
$\longrightarrow Mn_2O_3(s) + 2\ OH^-(aq)$

anodo: $Zn(s) + 2\ OH^-(aq) \longrightarrow Zn(OH)_2(s) + 2e^-$

Considerando-se essas informações, é INCORRETO afirmar que

a) em ambas as pilhas, a espécie que perde elétrons é a mesma.
b) em ambas as pilhas, o Zn(s) é o agente redutor.
c) na pilha alcalina, a reação de oxirredução se dá em meio básico.
d) na pilha comum, o íon $NH_4^+(aq)$ é a espécie que recebe elétrons.

3. (Exercício resolvido) (UFRJ) Nas baterias de chumbo, usadas nos automóveis, os eletrodos são placas de chumbo (Pb e PbO_2) imersas em solução de ácido sulfúrico concentrado, com densidade da ordem de 1,280 g/cm³.

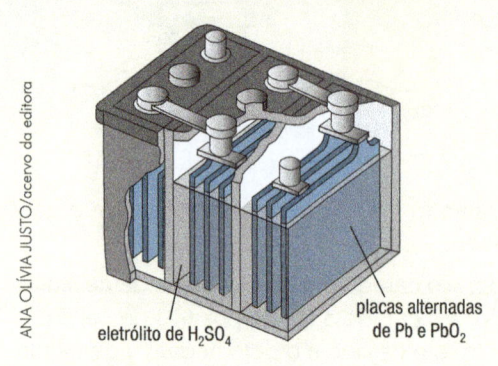

eletrólito de H_2SO_4
placas alternadas de Pb e PbO_2

As reações que ocorrem durante a descarga da bateria são as seguintes:

I. $Pb(s) + SO_4^{2-} \longrightarrow PbSO_4(s) + 2e^-$

II. $PbO_2(s) + 4 H^+ + SO_4^{2-} + 2e^- \longrightarrow$
    $\longrightarrow PbSO_4(s) + 2 H_2O(l)$

a) Qual das duas reações ocorre no polo negativo (anodo) da bateria? Justifique sua resposta.
b) Explique o que acontece com a densidade da solução da bateria durante sua descarga.

Resolução:

a) No anodo temos uma oxidação. Portanto, ocorre a reação representada pela equação I.
b) Durante a descarga, há consumo de H_2SO_4, o que provoca a redução da densidade da solução da bateria.

4. (UFBA – adaptada) A bateria chumbo/ácido utilizada na geração de energia elétrica para automóveis pode ser recarregada pelo próprio dínamo do veículo.

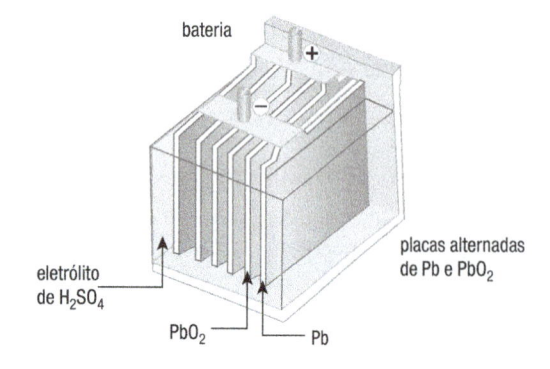

bateria
eletrólito de H_2SO_4
placas alternadas de Pb e PbO_2
PbO_2 — Pb

DADOS:

$PbO_2(s) + SO_4^{2-}(aq) + 4 H^+(aq) + 2e^- \rightleftarrows$
$\rightleftarrows PbSO_4(s) + 2 H_2O(l)$ $\quad E^0 = +1,69$ V

$PbSO_4(s) + 2e^- \rightleftarrows Pb(s) + SO_4^{2-}(aq)$ $\quad E^0 = -0,36$ V

Associando-se as informações da tabela e da figura, julgue as afirmativas a seguir em verdadeiro ou falso:

I. O eletrodo de óxido de chumbo é o anodo da bateria.
II. A diferença de potencial de 6 pilhas associadas em série é 12,30 V.
III. Uma semirreação que ocorre na bateria é:

$Pb(s) + SO_4^{2-}(aq) \longrightarrow PbSO_4(s) + 2e^-$

IV. No processo de recarga, a placa de chumbo é o anodo da bateria.
V. Quando ocorre descarga da bateria, a densidade da solução diminui, devido ao consumo de íons sulfato e à formação de água.
VI. Durante o processo de descarga da bateria, são envolvidos 4 elétrons/átomo de Pb.

5. (UNESP) As bateriais dos automóveis são cheias com solução aquosa de ácido sulfúrico. Sabendo-se que essa solução contém 38% de ácido sulfúrico em massa e densidade igual a 1,29 g/cm³, pergunta-se:

a) Qual é a concentração do ácido sulfúrico em mol por litro [massa molar do H_2SO_4 = 98 g/mol]?
b) Uma bateria é formada pela ligação em série de 6 pilhas eletroquímicas internas, onde ocorrem as semirreações representadas a seguir:

polo negativo (–):

$Pb + SO_4^{2-} \longrightarrow PbSO_4 + 2e^-$ $\quad E = +0,34$ V

polo positivo (+):

$PbSO_4 + 2 H_2O \longrightarrow PbSO_4 + SO_4^{2-} + 4 H^+ + 2e^-$
$\quad E = -1,66$ V

Qual é a diferença de potencial (voltagem) dessa bateria?

6. (VUNESP) Pilhas recarregáveis, também denominadas células secundárias, substituem, com vantagens para o meio ambiente, as pilhas comuns descartáveis. Um exemplo comercial são as pilhas de níquel-cádmio (nicad), nas quais, para a produção de energia elétrica, ocorrem os seguintes processos:

I. O cádmio metálico, imerso em uma pasta básica contendo íons $OH^-(aq)$, reage produzindo hidróxido de cádmio (II), um composto insolúvel.

II. O hidróxido de níquel (III) reage produzindo hidróxido de níquel (II), ambos insolúveis e imersos numa pasta básica contendo íons $OH^-(aq)$.

a) Escreva a semirreação que ocorre no anodo de uma pilha nicad.
b) Uma TV portátil funciona adequadamente quando as pilhas instaladas fornecem uma diferença de potencial entre 12,0 e 14,0 V. Sabendo-se que $E^0 (Cd^{2+}, Cd) = -0,81$ V e $E^0 (Ni^{3+}, Ni^{2+}) = +0,49$ V, nas condições de operação descritas, calcule a diferença de potencial em uma pilha de níquel-cádmio e a quantidade de pilhas, associadas em série, necessárias para que a TV funcione adequadamente.

7. (PUC) **DADOS:**

$Cd^{2+}(aq) + 2e^- \rightleftarrows Cd(s)$ $\quad E^0 = -0,40$ V

$Cd(OH)_2(s) + 2e^- \rightleftarrows Cd(s) + 2 OH^-(aq)$ $E^0 = -0,81$ V

$Ni^{2+}(aq) + 2e^- \rightleftarrows Ni(s)$ $\quad E^0 = -0,23$ V

$Ni(OH)_3(s) + e^- \rightleftarrows Ni(OH)_2(s) + OH^-(aq)$ $E^0 = +0,49$ V

As baterias de níquel-cádmio ("ni-cad") são leves e recarregáveis, sendo utilizadas em muitos aparelhos portáteis como telefones e câmaras de vídeo. Essas baterias têm como características o fato de os produtos formados durante a descarga serem insolúveis e ficarem aderidos nos eletrodos, permitindo a recarga quando ligada a uma fonte externa de energia elétrica. Com base no texto e nas semirreações de redução fornecidas, a equação que melhor representa o processo de **descarga** de uma bateria de níquel-cádmio é:

a) $Cd(s) + 2 Ni(OH)_3(s) \longrightarrow Cd(OH)_2(s) + 2 Ni(OH)_2(s)$
b) $Cd(s) + Ni(s) \longrightarrow Cd^{2+}(aq) + Ni^{2+}(aq)$
c) $Cd(OH)_2(s) + 2 Ni(OH)_2(s) \longrightarrow Cd(s) + 2 Ni(OH)_3(s)$
d) $Cd^{2+}(aq) + Ni^{2+}(aq) \longrightarrow Cd(s) + Ni(s)$
e) $Cd(s) + Ni(s) + 2 OH^-(aq) \longrightarrow Cd(OH)_2(s) + Ni^{2+}(aq)$

8. (UFES) Atualmente, os aparelhos celulares mais sofisticados, também conhecidos como *smartphones*, possuem uma autonomia de funcionamento que permite alcançar até 25 horas de uso intenso e ininterrupto. Grande parte dessa autonomia se deve ao emprego de baterias recarregáveis de íons de lítio, que armazenam três vezes mais que uma bateria de níquel cádmio, além de não apresentarem "efeito de memória". Para ajudar você a entender melhor o funcionamento de uma bateria de íons de lítio, são apresentadas as semirreações abaixo, que podem descrever o processo de carga desse tipo de bateria:

I. $LiCoO_2(s) \longrightarrow Li_{1-x}CoO_2(s) + x\, Li^+(solução) + x\, e^-$
II. $C(s) + x\, Li^+(solução) + x\, e^- \longrightarrow Li_xC(s)$

a) Determine o número de oxidação (Nox) do cobalto no composto $LiCoO_2$.
b) Escreva a equação global para o processo de descarga de uma bateria de íons de lítio, com base nas semirreações I e II apresentadas acima.
c) Sabendo que o eletrodo de $LiCoO_2$ é o anodo e que o eletrodo de carbono é o catodo, identifique qual desses dois eletrodos é o agente redutor durante o processo de carga das baterias de íons de lítio.

9. (FGV) Uma bateria de recarga ultrarrápida foi desenvolvida por pesquisadores da Universidade Stanford. Ela emprega eletrodos de alumínio e de grafite; e, como eletrólito, um sal orgânico que é líquido na temperatura ambiente, cloreto de 1-etil-3-metilimidazolio, representado pela fórmula [EMIm]Cl.

Durante as reações, o alumínio metálico forma espécies complexas com o ânion cloreto, $AlCl_4^-$ e $Al_2Cl_7^-$. Nos demais aspectos, a operação da bateria segue o comportamento usual de uma pilha.

Um esquema de sua operação é representado na figura.

Reação I: $Al + 7\ AlCl_4^- \longrightarrow 4\ Al_2Cl_7^- + 3e^-$
Reação II: $C_n[AlCl_4] + e^- \longrightarrow C_n + AlCl_4^-$

LIN, M. C. e col. An ultrafast rechargeable aluminium-ion battery. **Nature**, 520, 324-328. 16 April 2015. Adaptado.

Quando esta bateria está operando no sentido de fornecer corrente elétrica, o eletrodo de grafite é o polo _____. A reação I é a reação de _____, e, na reação global, o total de elétrons envolvidos para cada mol de alumínio metálico que participa do processo é _____.

As lacunas são preenchidas, correta e respectivamente, por:

a) negativo ... oxidação ... três
b) negativo ... oxidação ... quatro
c) positivo ... oxidação ... três
d) positivo ... redução ... três
e) positivo ... redução ... quatro

10. (ACAFE – SC) Recentemente, uma grande fabricante de produtos eletrônicos anunciou o *recall* de um de seus produtos, pois estes apresentavam problemas em suas baterias do tipo íons lítio. Considere a ilustração esquemática dos processos eletroquímicos que ocorrem nas baterias de íons lítio retirada do artigo "Pilhas e Baterias: Funcionamento e Impacto Ambiental", da revista **Química Nova na Escola**, n. 11, 2000, p. 8.

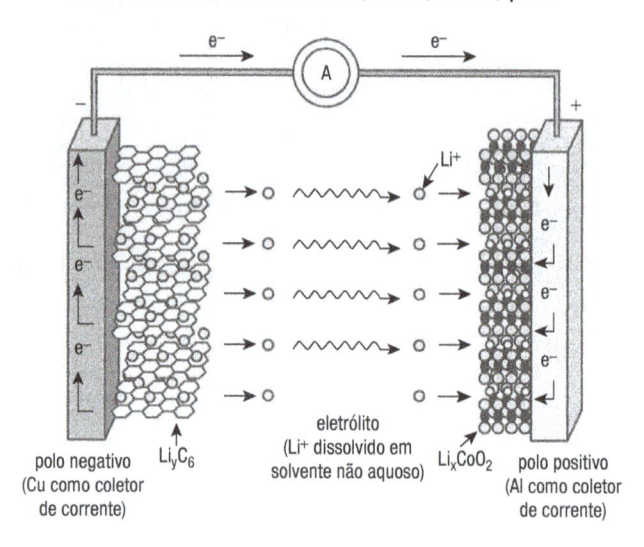

Semirreação anódica (descarga da bateria):
$$Li_yC_6(s) \longrightarrow C_6(s) + y\ Li^+(solv) + y\ e^-$$

Semirreação catódica (descarga da bateria):
$$Li_xCoO_2(s) + y\ Li^+(solv) + y\ e^- \longrightarrow Li_{x+y}CoO_2(s)$$

Analise as afirmações a seguir.

I. Durante a descarga da bateria, os íons lítio se movem no sentido do anodo para o catodo.
II. A reação global para a descarga da bateria pode ser representada por:
$$Li_xCoO_2(s) + Li_yC_6(s) \longrightarrow Li_{x+y}CoO_2(s) + C_6(s)$$
III. Durante a descarga da bateria, no catodo, o cobalto sofre oxidação na estrutura do óxido, provocando a entrada de íons lítio em sua estrutura.

Assinale a alternativa correta.

a) Todas as afirmações estão corretas.
b) Apenas I e II estão corretas.
c) Todas as afirmações estão incorretas.
d) Apenas a I está correta.

11. (UEL – PR) Como uma alternativa menos poluidora e, também, em substituição ao petróleo estão sendo desenvolvidas células a combustível de hidrogênio. Nessas células, a energia química se transforma em energia elétrica, sendo a água o principal produto. A imagem a seguir mostra um esquema de uma célula a combustível de hidrogênio, com as respectivas reações

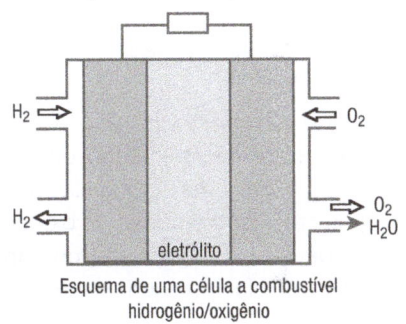

Esquema de uma célula a combustível hidrogênio/oxigênio

Semirreações:

$2 H^+ + 2e^- \rightleftarrows H_2(g)$ \qquad $E^0 = 0,00$ V

$O_2(g) + 4 H^+ + 4e^- \rightleftarrows 2 H_2O(l)$ \qquad $E^0 = -1,23$ V

Reação global

$H_2(g) + \frac{1}{2} O_2(g) \rightleftarrows H_2O(g)$

$\Delta H^0 = -246,6$ kJ/mol de H_2O

Com base na imagem, nas equações e nos conhecimentos sobre o tema, considere as afirmativas a seguir.

I. No eletrólito, o fluxo dos íons H^+ é do eletrodo alimentado com o gás hidrogênio para o eletrodo alimentado com o gás oxigênio.
II. Na célula a combustível de hidrogênio, a energia química é produzida por duas substâncias simples.
III. Durante operação da célula, são consumidos 2 mol de $O_2(g)$ para formação de 108 g de água.
IV. A quantidade de calor liberado na formação de 2 mol de água, no estado líquido, é maior que 246,6 kJ.

Estão corretas apenas as afirmativas:

a) I e II.
b) II e III.
c) III e IV.
d) I, II e IV.
e) I, III e IV.

DADO: massa molar H_2O = 18 g/mol.

12. (UNICAMP – SP) Há quem afirme que as grandes questões da humanidade simplesmente restringem-se às necessidades e à disponibilidade de energia. Temos de concordar que o aumento da demanda de energia é uma das principais preocupações atuais. O uso de motores de combustão possibilitou grandes mudanças, porém seus dias estão contados. Os problemas ambientais pelos quais esses motores podem ser responsabilizados, além de seu baixo rendimento, têm levado à busca de outras tecnologias.

Uma alternativa promissora para os motores de combustão são as celas de combustível que permitem, entre outras coisas, rendimentos de até 50% e operação em silêncio. Uma das mais promissoras celas de combustível é o hidrogênio, mostrada no esquema abaixo:

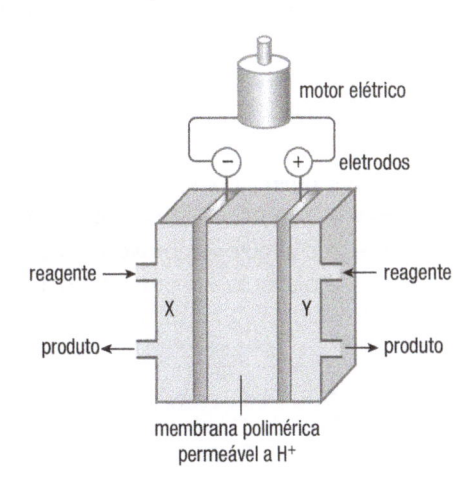

Nessa cela, um dos compartimentos é alimentado por hidrogênio gasoso e o outro, por oxigênio gasoso. As semirreações que ocorrem nos eletrodos são dadas pelas equações:

anodo: $H_2(g) = 2 H^+ + 2e^-$

catodo: $O_2(g) + 4 H^+ + 4e^- = 2 H_2O$

a) Por que se pode afirmar, do ponto de vista químico, que esta cela de combustível é "não poluente"?
b) Qual dos gases deve alimentar o compartimento X? Justifique.
c) Que proporção de massa entre os gases você usaria para alimentar a cela de combustível? Justifique.

DADO: H = 1, O = 16.

13. (UNICAMP – SP) Uma proposta para obter energia limpa é a utilização de dispositivos eletroquímicos que não gerem produtos poluentes, e que utilizem materiais disponíveis em grande quantidade ou renováveis. O esquema abaixo mostra, parcialmente, um dispositivo que pode ser utilizado com essa finalidade.

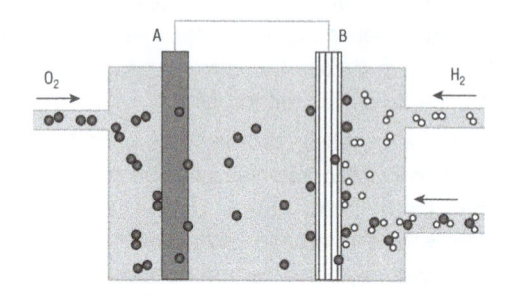

Nesse esquema, os círculos podem representar átomos, moléculas ou íons. De acordo com essas informações e o conhecimento de eletroquímica, pode-se afirmar que nesse dispositivo a corrente elétrica flui de:

a) A para B e o círculo • representa o íon O^{2-}.
b) B para A e o círculo • representa o íon O^{2+}.
c) B para A e o círculo • representa o íon O^{2-}.
d) A para B e o círculo • representa o íon O^{2+}.

14. (ENEM) Grupos de pesquisa em todo o mundo vêm buscando soluções inovadoras, visando a produção de dispositivos para a geração de energia elétrica. Dentre eles, pode-se destacar as baterias de zinco-ar, que combinam o oxigênio atmosférico e o metal zinco em um eletrólito aquoso de caráter alcalino. O esquema de funcionamento da bateria zinco-ar está apresentado na figura.

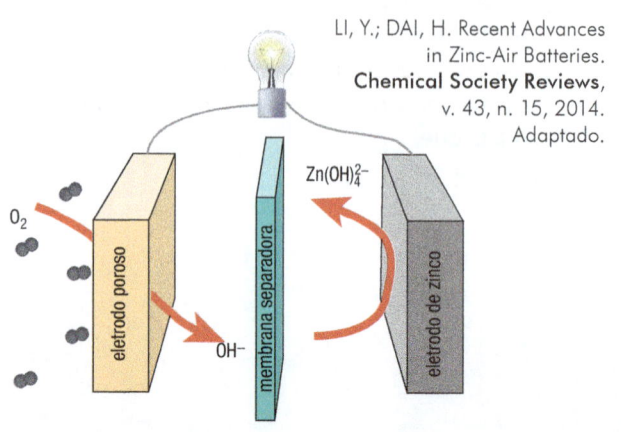

LI, Y.; DAI, H. Recent Advances in Zinc-Air Batteries. **Chemical Society Reviews**, v. 43, n. 15, 2014. Adaptado.

No funcionamento da bateria, a espécie química formada no anodo é:

a) $H_2(g)$.
b) $O_2(g)$.
c) $H_2O(l)$.
d) $OH^-(aq)$.
e) $Zn(OH)_4^{2-}(aq)$.

15. (ENEM) Texto I

Biocélulas combustíveis são uma alternativa tecnológica para substituição das baterias convencionais. Em uma biocélula microbiológica, bactérias catalisam reações de oxidação de substratos orgânicos. Liberam elétrons produzidos na respiração celular para um eletrodo, onde fluem por um circuito externo até o catodo do sistema, produzindo corrente elétrica. Uma reação típica que ocorre em biocélulas microbiológicas utiliza o acetato como substrato.

AQUINO NETO, S. **Preparação e Caracterização de Bioanodos para Biocélula e Combustível Etanol/O_2**. Disponível em: <www.teses.usp.br.> Acesso em: 23 jun. 2015. Adaptado.

Texto II

Em sistemas bioeletroquímicos, os potenciais-padrão (E^0) apresentam valores característicos. Para as biocélulas de acetato, considere as seguintes semirreações de redução e seus respectivos potenciais:

$2 CO_2 + 7 H^+ + 8e^- \longrightarrow$
$\longrightarrow CH_3COO^- + 2 H_2O$ $\quad E^{0'} = -0,3$ V

$O_2 + 4H^+ + 4e^- \longrightarrow 2 H_2O$ $\quad E^{0'} = +0,8$ V

SCOTT, K.; YU, E. H. Microbial electrochemical and fuel cells: fundamentals and applications. **Woodhead Publishing Series in Energy**, n. 88, 2016. Adaptado.

Nessas condições, qual é o número mínimo de biocélulas de acetato, ligadas em série, necessárias para se obter uma diferença de potencial de 4,4 V?

a) 3   b) 4   c) 6   d) 9   e) 15

SÉRIE PLATINA

1. (FUVEST – SP) O lítio foi identificado no século XIX a partir das observações do naturalista e estadista brasileiro José Bonifácio de Andrada e Silva. Em 2019, esse elemento ganhou destaque devido ao Prêmio Nobel de Química, entregue aos pesquisadores John Goodenough, Stanley Whittingham e Akira Yoshino pelas pesquisas que resultaram na bateria recarregável de íon lítio. Durante o desenvolvimento dessa bateria, foi utilizado um eletrodo de $CoO_2(s)$ (semirreação I) em conjunto com um eletrodo de lítio metálico intercalado em grafita ($LiC_6(s)$) (semirreação II) ou um eletrodo de lítio metálico (Li(s)) (semirreação III).

(I) $CoO_2(s) + Li^+(aq) + 1e^- \longrightarrow LiCoO_2(s)$ $E° = +1,00$ V

(II) $Li^+(aq) + C_6(s) + 1e^- \longrightarrow LiC_6(s)$ $E° = -2,84$ V

(III) $Li^+(aq) + 1e^- \longrightarrow Li(s)$ $E° = -3,04$ V

Considerando essas semirreações:

a) Escreva a reação global da bateria que utiliza o lítio metálico como um dos eletrodos.

b) Indique qual dos dois materiais, lítio metálico ou lítio metálico intercalado em grafita, será um agente redutor mais forte. Justifique com os valores de potencial de redução padrão.

Em 1800, José Bonifácio descobriu o mineral petalita, de fórmula $XAlSi_4O_{10}$ (na qual X é um metal alcalino). Em 1817, ao assumir que X = Na, o químico sueco Johan Arfwedson observou que a petalita apresentaria uma porcentagem de metal alcalino superior ao determinado experimentalmente. Ao não encontrar outros substitutos conhecidos que explicassem essa incongruência, ele percebeu que estava diante de um novo elemento químico, o Lítio (Li).

c) Explique, mostrando os cálculos, como a observação feita por Arfwedson permitiu descobrir que o elemento novo era o Lítio.

NOTE E ADOTE:

▶▶ Massas molares (g · mol⁻¹): Li = 7; O = 16; Na = 23; Al = 27; Si = 28.

▶▶ % em massa de Al na petalita: 8,8%

2. (UNIFESP – adaptada) Uma tecnologia promissora para redução do uso de combustíveis fósseis como fonte de energia são as células combustíveis, nas quais os reagentes são convertidos em produtos por meio de processos eletroquímicos, com produção de energia elétrica, que pode ser armazenada ou utilizada diretamente. A figura apresenta o desenho esquemático de uma célula combustível formada por duas câmaras, dotadas de catalisadores adequados, onde ocorrem as semirreações envolvidas no processo.

O contato elétrico entre as duas câmaras será através de uma membrana permeável a íons H^+ e do circuito elétrico externo, por onde os elétrons fluem e acionam, no exemplo da figura, um motor elétrico. Apesar de os produtos da célula combustível acima e de um motor a combustão serem os mesmos, a eficiência da célula combustível é maior, além de operar em temperaturas mais baixas.

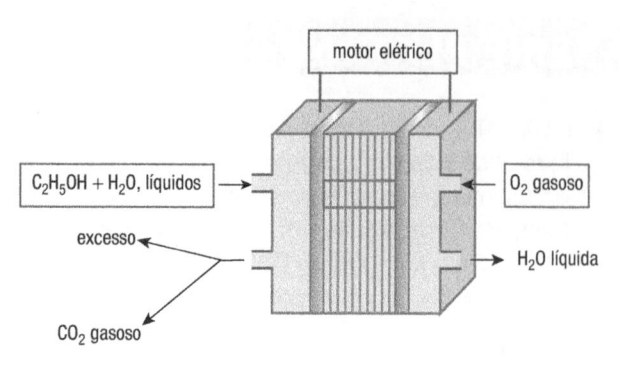

Acerca do funcionamento da célula combustível descrita e das semirreações que nela ocorrem, julgue, com base no método íon-elétron para balanceamento de reações de oxirredução, as afirmações a seguir.

I. Na câmara da direita, onde é adicionado o gás oxigênio, ocorre a semirreação de redução.
II. O sentido dos elétrons, no circuito externo, se dá, durante o funcionamento normal da célula, da câmara da esquerda para a câmara da direita.
III. Considerando a semirreação balanceada da qual faz parte o etanol, para cada mol de etanol consumido são transferidos 12 mol de elétrons.

É(são) correta(s):

a) apenas a afirmação I.
b) apenas a afirmação II.
c) apenas a afirmação III.
d) apenas as afirmações I e II.
e) as afirmações I, II e III.

Corrosão

capítulo 12

As pilhas e baterias que estudamos nos últimos capítulos correspondem a processos de oxirredução espontâneos **desejáveis**, uma vez que utilizamos essa espontaneidade para gerar uma corrente elétrica, que alimenta uma diversidade de dispositivos elétricos.

Entretanto, nem toda reação de oxirredução espontânea apresenta benefícios para o ser humano. Os processos de **corrosão de metais** também são baseados em reações de oxirredução que ocorrem na superfície dos metais em contato com o ambiente ao redor.

Tema deste capítulo, a corrosão de metais impacta diversas aplicações humanas, uma vez que apresenta custos diretos e indiretos que devem ser considerados a fim de evitar acidentes ou catástrofes maiores.

12.1 Corrosão do ferro

O ferro sofre corrosão na presença de O_2 e H_2O, sendo o produto formado chamado popularmente de **ferrugem**. Uma equação que representa esse processo pode ser descrita por:

$$2\,Fe(s) + O_2(g) + 2\,H_2O(l) \longrightarrow 2\,Fe(OH)_2(s)$$

A natureza eletroquímica da corrosão de metais foi evidenciada, pela primeira vez, em 1926, pelo inglês **Ulick Evans**, que estudou a corrosão de ferro em contato com uma gota de água e ar.

Entre todos os metais mais utilizados pelo ser humano, a corrosão do ferro (e do aço, liga metálica constituída majoritariamente por ferro) é a que mais impacta as atividades humanas, pois este é o metal mais utilizado por nós atualmente, com destaque na indústria automobilística e na indústria da construção civil.

Vamos considerar um pedaço de ferro em contato com O_2 e uma gota de água. No pedaço de ferro, teremos uma região onde ocorre a oxidação (região anódica) e outra região onde ocorre a redução (região catódica).

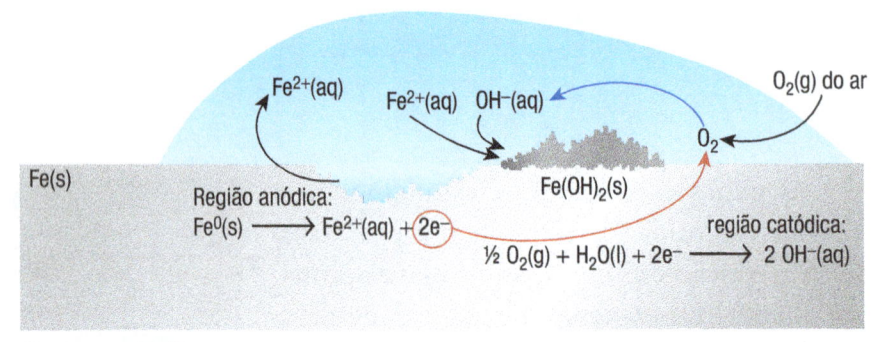

Corrosão do ferro em contato com a água.

Na região anódica, localizada na superfície do metal abaixo da gota, ocorre a oxidação do metal ferro, que resulta em pequenos buracos (defeitos) na superfície do metal e pode ser representada por:

$$Fe(s) \longrightarrow Fe^{2+}(aq) + 2\ e^-$$

Na região catódica, localizada próxima à borda da gota, onde a concentração de O_2 é maior, os elétrons cedidos pelo ferro reduzem o O_2 em presença de água, o que pode ser representado por:

$$\frac{1}{2} O_2(g) + H_2O(l) + 2\ e^- \longrightarrow 2\ OH^-(aq)$$

No interior da gota, os íons Fe^{2+} e OH^- se encontram, produzindo $Fe(OH)_2$, que precipita:

$$Fe^{2+}(aq) + 2\ OH^-(aq) \longrightarrow Fe(OH)_2(s)$$

A equação global que representa essas três etapas pode ser equacionada por:

$$2\ Fe(s) + O_2(g) + 2\ H_2O(l) \longrightarrow 2\ Fe(OH)_2$$

Caso O_2 esteja disponível, uma parte do $Fe(OH)_2$ pode ser oxidada a $Fe(OH)_3$:

$$2\ Fe(OH)_2(s) + \frac{1}{2} O_2(g) + H_2O(l) \longrightarrow 2\ Fe(OH)_3(s)$$

Assim, a ferrugem consiste na mistura de $Fe(OH)_2$ e $Fe(OH)_3$, que é formada na superfície do ferro. Trata-se de um sólido poroso e pouco compacto, que não fica aderido à superfície do ferro, deixando o metal exposto à corrosão.

Fique ligado!

Fatores que aceleram a corrosão

A presença, no ar, de CO_2, SO_2, SO_3 e outras substâncias ácidas acelera o processo de corrosão, pois os íons H^+ reagem com a os íons OH^- formados na reação catódica, deslocando essa reação para a direita e favorecendo a oxidação do ferro.

Outro fator que acelera a corrosão é a presença, na gota aquosa, de sais dissolvidos (com destaque para o cloreto de sódio). Os íons dissolvidos na gota (por exemplo, Na^+ e Cl^-) conferem maior mobilidade aos íons produzidos na oxidação (Fe^{2+}) e na redução (OH^-), acelerando a reação de corrosão. É por esse motivo que a corrosão é mais acentuada nas regiões litorâneas!

12.2 Proteção contra corrosão

Existem diversos mecanismos de proteção contra corrosão do ferro, que podem ser divididos em três grupos: barreira física, proteção catódica e proteção anódica.

Na **barreira física**, o objetivo é evitar que o ferro entre em contato com os reagentes responsáveis por sua corrosão (O_2 e H_2O). Uma das possibilidades é por meio da pintura. É por isso que é recomendado o conserto e a pintura de eventuais batidas na lataria do carro: se a parte metálica ficar exposta (sem tinta), ela pode ser oxidada e eventualmente ser necessária a troca da peça – procedimento quase sempre mais custoso do que o conserto inicial.

Em portões e peças de ferro é usual lixar o metal (para eliminar a ferrugem formada) e aplicar, em seguida, uma ou mais demãos de tinta à base de zarcão (Pb_3O_4), que impede que o ferro fique exposto ao ar e à água.

Outra possibilidade de barreira física é o recobrimento do metal por outro metal mais nobre (menos reativo) nas condições de utilização da peça. As latas comuns de alimentos em conserva, por exemplo, são protegidas por uma película de estanho (folha de Flandres), que impede o ferro de ficar exposto ao ar e à água. O estanho (mais nobre que o ferro) não reage nas condições utilizadas. Entretanto, se a lata estiver amassada, é possível que parte do revestimento se solte, expondo o ferro, que pode ser oxidado e sofrer corrosão.

Na **proteção catódica**, o metal a ser protegido deve atuar como **catodo** de um processo eletroquímico. Esse tipo de proteção é utilizado para retardar a corrosão do ferro (ou do aço) em canalizações de água, oleodutos, gasodutos, cascos de navios, tanques subterrâneos, entre outras estruturas.

Nesse caso, liga-se a estrutura a ser protegida a blocos de outro metal mais reativo que o ferro (E^0_{red} (Fe^{2+}/Fe) = $-$ 0,44 V), como magnésio (E^0_{red} (Mg^{2+}/Mg) = $-$ 2,36 V) e zinco (E^0_{red} (Zn^{2+}/Zn) = $-$ 0,76 V). Esses metais, que apresentam menor potencial de redução, oxidam-se preferencialmente ao ferro, "**sacrificando-se**" no seu lugar, razão pela qual esses metais são chamados de **metais de sacrifício** ou **anodo de sacrifício**.

Anodos de sacrifício de zinco, utilizados para proteção do casco de embarcações. De tempos em tempos, é necessário substituir os anodos, pois eles são corroídos preferencialmente ao aço do casco.

Enquanto os metais de sacrifício atuam como anodos (por exemplo, Zn $\longrightarrow$ Zn^{2+} + 2 e^- ou Mg $\longrightarrow$ Mg^{2+} + 2 e^-), o ferro atua como catodo, no qual o O_2 do ar é reduzido em presença de água $\left(\frac{1}{2} O_2 + H_2O + 2\ e^- \longrightarrow 2\ OH^-\right)$.

Por fim, na **proteção anódica**, o metal a ser protegido deve atuar como **anodo** de um processo eletroquímico, sendo o local da reação de oxidação. Isso pode parecer estranho em um primeiro momento, porém a proteção anódica somente pode ser aplicada em materiais que, ao oxidarem, formam uma película protetora, chamada de **camada passiva**, que protegerá o restante do material de continuar oxidando.

Esse é o tipo de proteção que ocorre, por exemplo, com peças de alumínio. O alumínio (E^0_{red} (Al^{3+}/Al) = $-$ 1,66 V) é um metal mais reativo que o ferro (E^0_{red} (Fe^{2+}/Fe) = $-$ 0,44 V), porém ele não sofre corrosão como o ferro. Isso ocorre porque, ao ser oxidado, o alumínio forma uma película protetora de Al_2O_3, que é bastante compacta e fica aderida à superfície do metal.

$$4\ Al(s) + 3\ O_2(g) \longrightarrow 2\ Al_2O_3(s)$$

Essa película protetora, com espessura da ordem de 10^{-5} mm, previne o contato do metal com agentes oxidantes que poderiam promover a sua corrosão.

Esse tipo de proteção anódica também atua na proteção do **aço inoxidável**, uma liga metálica composta por ferro, carbono e cromo. No aço inoxidável, substitui-se parte dos átomos de ferro por átomos de cromo.

O cromo (E^0_{red} (Cr^{3+}/Cr) = $-$ 0,74 V) é um elemento que oxida-se preferencialmente ao ferro (E^0_{red} (Fe^{2+}/Fe) = $-$ 0,44 V) e forma uma camada de óxido (Cr_2O_3) muito fina e compacta, que evita que o ferro tenha contato com potenciais agentes oxidantes presentes no ambiente.

Para um aço ser classificado como inoxidável, ele deve possuir no mínimo 10,5% de cromo em sua composição.

Você sabia?

Custos da corrosão para a sociedade

A corrosão é reconhecida como um dos problemas mais sérios da sociedade atual e resulta em perdas anuais de centenas de bilhões de dólares. Nos últimos anos, diversos estudos foram realizados em vários países, incluindo Estados Unidos, Reino Unido, Japão, Alemanha e China, para estimar os custos diretos e indiretos da corrosão. Esses estudos concluíram que os custos totais associados a processos de corrosão variam entre 1 e 5% do PIB (Produto Interno Bruto) de cada país.

Em 2002, um estudo coordenado pela NACE (organização criada em 1943 como *National Association of Corrosion Engineers*) e atualmente com escritórios em uma dezena de países (no Brasil, está estabelecida em São Paulo) estimou que os *custos diretos* da corrosão de metais nos Estados Unidos em US$ 276 bilhões, o que era equivalente a 3,1% do PIB norte-americano da época do estudo. Se fossem somados os *custos indiretos*, o relatório da NACE indicava que os custos totais deveriam corresponder a cerca de 6% do PIB nacional.

Os *custos diretos* estão relacionados à substituição de peças de equipamento e de estruturas, além de serviços de manutenção.

Já os *custos indiretos* são aqueles que incluem, por exemplo, atividades de manutenção ou substituição de emergência, isto é, que não estavam programadas, perda de produtividade devido a atrasos e falhas, pagamento de multas e taxas em virtude da corrosão, além de outros custos relacionados às atividades impactadas pelos processos corrosivos.

No Brasil, a estimativa é que os **custos totais** da corrosão, considerando todos os setores produtivos, sejam em torno de 3,5 a 4,0% do PIB, de acordo com um livro publicado pelo Cepel (Centro de Pesquisas de Energia Elétrica) em 2006.

SÉRIE BRONZE

1. Complete o diagrama a seguir com as informações corretas sobre o processo de corrosão de metais.

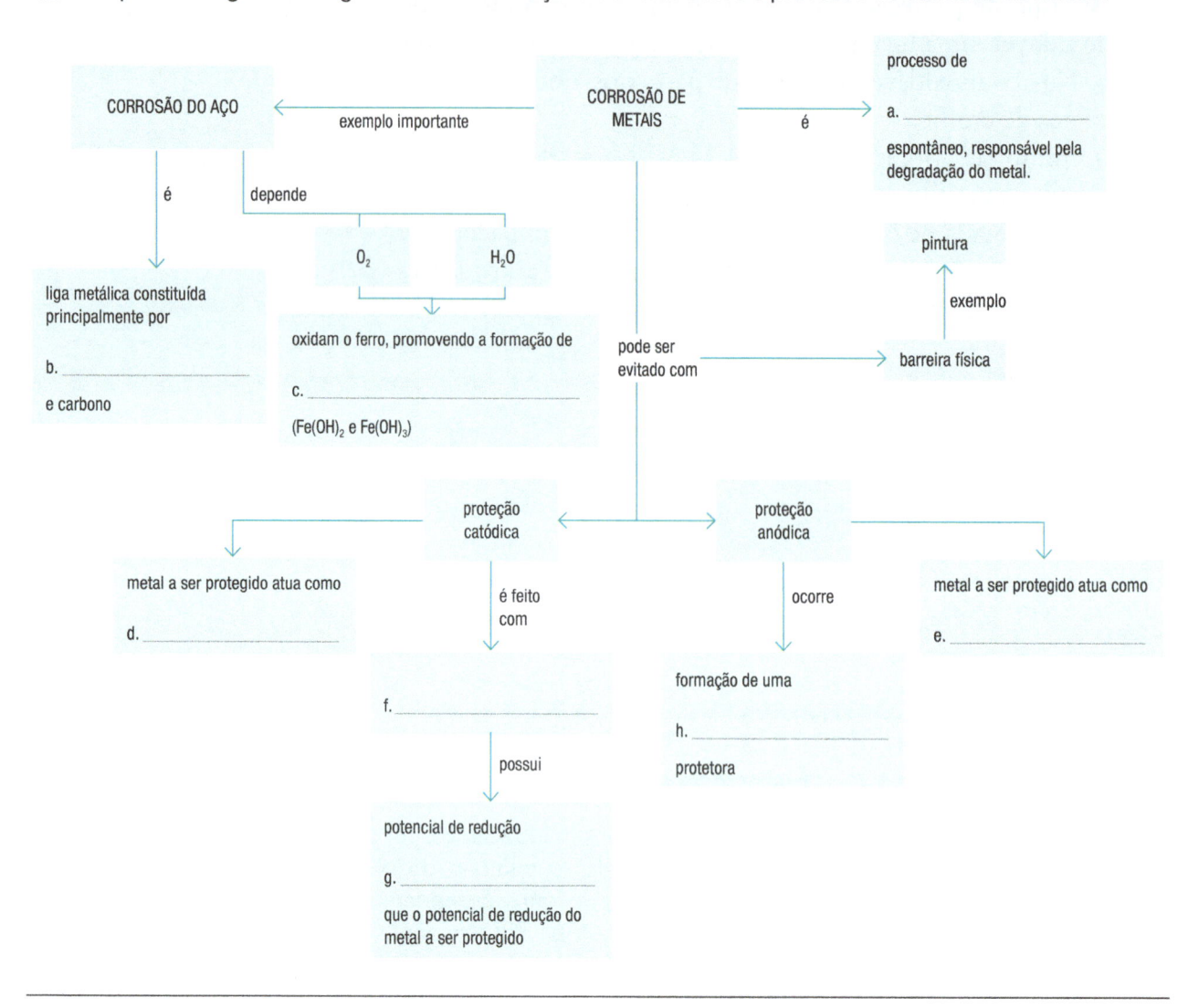

- CORROSÃO DE METAIS
  - exemplo importante → CORROSÃO DO AÇO
    - é → liga metálica constituída principalmente por
      b. _____ e carbono
    - depende → O_2 e H_2O → oxidam o ferro, promovendo a formação de
      c. _____ ($Fe(OH)_2$ e $Fe(OH)_3$)
  - é → processo de
    a. _____ espontâneo, responsável pela degradação do metal.
  - pode ser evitado com → barreira física
    - exemplo → pintura
  - proteção catódica
    - metal a ser protegido atua como
      d. _____
    - é feito com
      f. _____
      - possui potencial de redução
        g. _____ que o potencial de redução do metal a ser protegido
  - proteção anódica
    - ocorre → formação de uma
      h. _____ protetora
    - metal a ser protegido atua como
      e. _____

---

2. Complete com **anódica** e **catódica**.

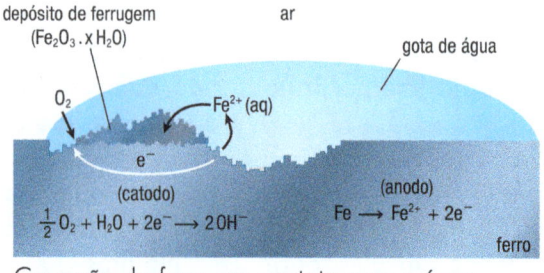

Corrosão do ferro em contato com a água.

No pedaço de ferro temos uma região _____ onde ocorre a oxidação do Fe a Fe^{2+}. Os elétrons produzidos migram pelo metal para outra região chamada de _____ , onde O_2 é reduzido. A região catódica geralmente contém impurezas que facilitam a transferência de elétrons. Os íons Fe^{2+} formados se dissolvem na gota.

3. Complete as equações do processo de corrosão do ferro.

a) oxidação do Fe

b) redução do O_2

c) formação de $Fe(OH)_2$

d) equação global

e) oxidação do $Fe(OH)_2$
A ferrugem é uma mistura contendo $Fe(OH)_2$ e $Fe(OH)_3$.

SÉRIE PRATA

1. (FUVEST-SP) Um pedaço de palha de aço foi suavemente comprimido no fundo de um tubo de ensaio e este foi cuidadosamente emborcado em um béquer contendo água à temperatura ambiente, conforme ilustrado ao lado. Decorridos alguns dias à temperatura ambiente, qual das figuras abaixo representa o que será observado?

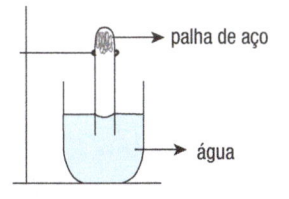

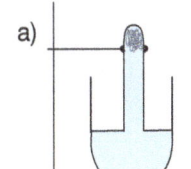

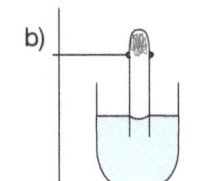

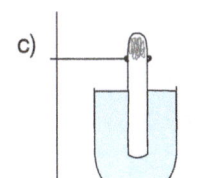

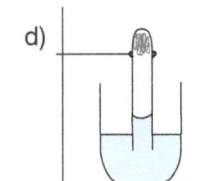

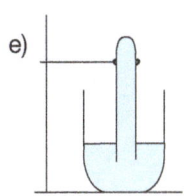

2. (MACKENZIE – SP) Para retardar a corrosão de um encanamento de ferro, pode-se ligá-lo a um outro metal, chamado de metal de sacrifício, que tem a finalidade de se oxidar antes do ferro. Conhecendo o potencial-padrão de redução, pode-se dizer que o melhor metal para atuar como metal de sacrifício é:

	E^0_{red}
$Ag^+ + e^- \rightleftarrows Ag^0$	+0,80 V
$Cu^{2+} + 2e^- \rightleftarrows Cu^0$	+0,34 V
$Fe^{2+} + 2e^- \rightleftarrows Fe^0$	–0,44 V
$Hg^{2+} + 2e^- \rightleftarrows Hg^0$	+0,85 V
$Au^{3+} + 3e^- \rightleftarrows Au^0$	+1,50 V
$Mg^{2+} + 2e^- \rightleftarrows Mg^0$	–2,37 V

a) Cu
b) Hg
c) Au
d) Ag
e) Mg

3. (CEETEPS – SP) Uma fita de um determinado metal (que pode ser cobre, chumbo, zinco ou alumínio) foi enrolada em torno de um prego de ferro, e ambos mergulhados numa solução de água salgada. Observou-se, após algum tempo, que o prego de ferro foi bastante corroído.

Dados os potenciais-padrão de redução:

$Cu^{2+}(aq) + 2e^- \longrightarrow Cu(s)$ $\quad E^0_{red} = +0,34$ V
$Pb^{2+}(aq) + 2e^- \longrightarrow Pb(s)$ $\quad E^0_{red} = -0,13$ V
$Fe^{2+}(aq) + 2e^- \longrightarrow Fe(s)$ $\quad E^0_{red} = -0,44$ V
$Zn^{2+}(aq) + 2e^- \longrightarrow Zn(s)$ $\quad E^0_{red} = -0,76$ V
$Al^{3+}(aq) + 3e^- \longrightarrow Al(s)$ $\quad E^0_{red} = -1,66$ V

conclui-se que o metal da fita deve ser:

a) Cu ou Pb.
b) Al ou Pb.
c) Al ou Cu.
d) Zn ou Al.
e) Zn ou Pb.

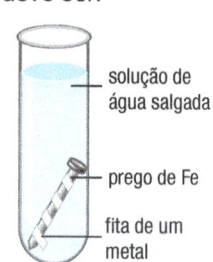

4. (MACKENZIE – SP) um método caseiro para limpar joias de prata, escurecidas devido ao contato com H_2S presente no ar, consiste em colocá-las em solução aquosa diluída de bicarbonato de sódio, embrulhadas em folha de alumínio.

Sabendo que a equação simplificada que representa essa reação é:

$$2\ Al(s) + 3\ Ag_2S(s) + 6\ H_2O(l) \longrightarrow$$
$$\longrightarrow 2\ Al(OH)_3(s) + 6\ Ag(s) + 3\ H_2S(g)$$

pode-se concluir que:

a) a prata é um redutor mais forte que o alumínio.
b) o cátion alumínio deve ter potencial de redução maior do que o do cátion da prata.
c) o alumínio é um redutor mais forte do que a prata.
d) íons prata são oxidados.
e) o alumínio é um oxidante mais forte do que a prata.

SÉRIE OURO

1. (FUVEST – SP) Para investigar o fenômeno de oxidação de ferro, fez-se o seguinte experimento: no fundo de cada um de dois tubos de ensaio, foi colocada uma amostra de fios de ferro, formando uma espécie de novelo. As duas amostras de ferro tinham a mesma massa. O primeiro tubo foi invertido e mergulhado, até certa altura, em um recipiente contendo água. Com o passar do tempo, observou-se que a água subiu dentro do tubo, atingindo seu nível máximo após vários dias. Nessa situação, mediu-se a diferença (x) entre os níveis de água no tubo e no recipiente. Além disso, observou-se a corrosão parcial dos fios de ferro. O segundo tubo foi mergulhado em um recipiente contendo óleo em lugar de água. Nesse caso, observou-se que não houve corrosão visível do ferro e o nível do óleo, dentro e fora do tubo, permaneceu o mesmo.

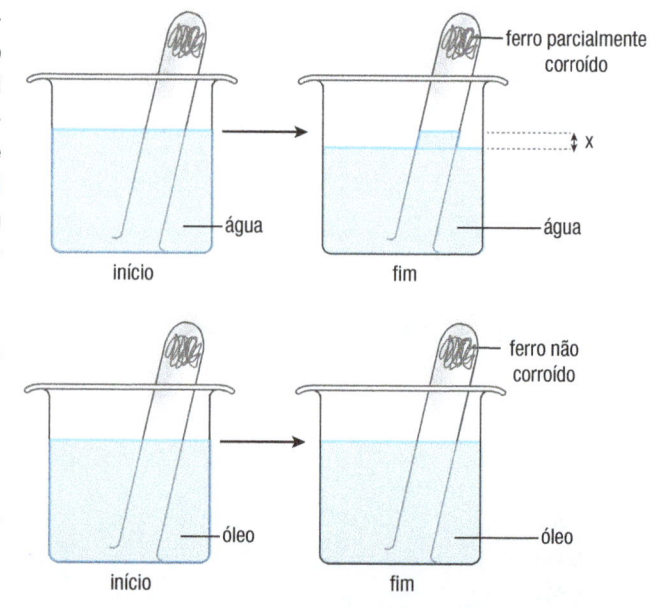

Sobre tal experimento, considere as seguintes afirmações:

I. Com base na variação (x) da altura da coluna de água dentro do primeiro tubo de ensaio, é possível estimar a porcentagem de oxigênio no ar.
II. Se o experimento for repetido com massa maior de fios de ferro, a diferença entre o nível da água no primeiro tubo e no recipiente será maior que x.
III. O segundo tubo foi mergulhado no recipiente com óleo a fim de avaliar a influência da água no processo de corrosão.

Está correto o que se afirma em:

a) I e II, apenas.　　b) I e III, apenas.　　c) II, apenas.　　d) III, apenas.　　e) I, II e III.

2. (UNIFOR – CE) O esquema ao lado refere-se à corrosão do ferro pela ação do oxigênio do ar, em presença de água.

O examinador de um vestibular deu à digitadora o esquema correto da corrosão do ferro. Entretanto, a digitadora cometeu vários erros e liberou o esquema ao lado, em que

I. trocou as palavras anodo e catodo;
II. escreveu errada uma das reações de oxirredução;
III. escreveu errado a fórmula do composto de ferro depositado na superfície.

Está correto o que se afirma em

a) I, somente.
b) II, somente.
c) III, somente.
d) I e II, somente.
e) I, II e III.

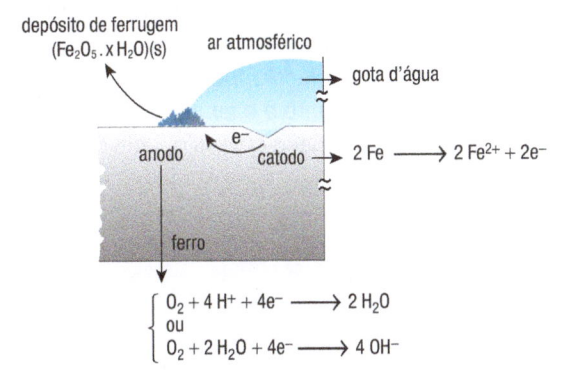

3. (ENEM) Utensílios de uso cotidiano e ferramentas que contêm ferro em sua liga metálica tendem a sofrer processo corrosivo e enferrujar. A corrosão é um processo eletroquímico e, no caso do ferro, ocorre a precipitação do óxido de ferro (III) hidratado, substância marrom pouco solúvel, conhecida como ferrugem. Esse processo corrosivo é, de maneira geral, representado pela equação química:

$$4\ Fe(s) + 3\ O_2(g) + 2\ H_2O(l) \longrightarrow 2\ \underline{Fe_2O_3 \cdot H_2O(s)}_{\text{ferrugem}}$$

Uma forma de impedir o processo corrosivo nesses utensílios é

a) renovar sua superfície, polindo-a semanalmente.
b) evitar o contato do utensílio com o calor, isolando-o termicamente.
c) impermeabilizar a superfície, isolando-a de seu contato com o ar úmido.
d) esterilizar frequentemente os utensílios, impedindo a proliferação de bactérias.
e) guardar os utensílios em embalagens, isolando-os do contato com outros objetos.

4. (ENEM) O boato de que os lacres das latas de alumínio teriam um alto valor comercial levou muitas pessoas a juntarem esse material na expectativa de ganhar dinheiro com sua venda. As empresas fabricantes de alumínio esclarecem que isso não passa de uma "lenda urbana", pois ao retirar o anel da lata, dificulta-se a reciclagem do alumínio. Como a liga do qual é feito o anel contém alto teor de magnésio, se ele não estiver junto com a lata, fica mais fácil ocorrer a oxidação do alumínio no forno. A tabela apresenta as semirreações e os valores de potencial-padrão de redução de alguns metais:

SEMIRREAÇÃO	POTENCIAL-PADRÃO DE REDUÇÃO (V)
$Li^+ + e^- \longrightarrow Li$	−3,05
$K^+ + e^- \longrightarrow K$	−2,93
$Mg^{2+} + e^- \longrightarrow Mg$	−2,36
$Al^{3+} + e^- \longrightarrow Al$	−1,66
$Zn^{2+} + e^- \longrightarrow Zn$	−0,76
$Cu^{2+} + e^- \longrightarrow Cu$	+0,34

Disponível em: <http://www.sucatas.com>.
Acesso em: 28 fev. 2012. Adaptado.

Com base no texto e na tabela, que metais poderiam entrar na composição do anel das latas com a mesma função do magnésio, ou seja, proteger o alumínio da oxidação nos fornos e não deixar diminuir o rendimento da sua reciclagem?

a) Somente o lítio, pois ele possui o menor potencial de redução.
b) Somente o cobre, pois ele possui o maior potencial de redução.
c) Somente o potássio, pois ele possui potencial de redução mais próximo do magnésio.
d) Somente o cobre e o zinco, pois eles sofrem oxidação mais facilmente que o alumínio.
e) Somente o lítio e o potássio, pois seus potenciais de redução são menores do que o do alumínio.

5. (MACKENZIE – SP) Em instalações industriais sujeitas à corrosão, é muito comum a utilização de um metal de sacrifício, o qual sofre oxidação mais facilmente do que o metal principal que compõe essa instalação, diminuindo portanto eventuais desgastes dessa estrutura. Quando o metal de sacrifício se encontra deteriorado, é providenciada sua troca, garantindo-se a eficácia do processo denominado proteção catódica.

METAL	EQUAÇÃO DA SEMIRREAÇÃO	POTENCIAIS-PADRÃO DE REDUÇÃO (E^0_{red})
magnésio	$Mg^{2+}(aq) + 2e^- \rightleftarrows Mg(s)$	−2,38 V
zinco	$Zn^{2+}(aq) + 2e^- \rightleftarrows Zn(s)$	−0,76 V
ferro	$Fe^{2+}(aq) + 2e^- \rightleftarrows Fe(s)$	−0,44 V
chumbo	$Pb^{2+}(aq) + 2e^- \rightleftarrows Pb(s)$	−0,13 V
cobre	$Cu^{2+}(aq) + 2e^- \rightleftarrows Cu(s)$	+0,34 V
prata	$Ag^+(aq) + e^- \rightleftarrows Ag(s)$	+0,80 V

Considerando uma estrutura formada predominantemente por ferro e analisando a tabela acima que indica os potenciais-padrão de redução (E^0_{red}) de alguns outros metais, ao ser eleito um metal de sacrifício, a melhor escolha seria

a) o magnésio.   b) o cobre.   c) o ferro.   d) o chumbo.   e) a prata.

6. (FATEC – SP) A facilidade com que partículas recebem elétrons é expressa pela grandeza denominada potencial de eletrodo. Considere os potenciais-padrão de redução.

SEMIRREAÇÕES	E^0_{red}
$Mg^{2+}(aq) + 2e^- \longrightarrow Mg(s)$	–2,37 V
$Zn^{2+}(aq) + 2e^- \longrightarrow Zn(s)$	–0,76 V
$Fe^{2+}(aq) + 2e^- \longrightarrow Fe(s)$	–0,44 V
$Sn^{2+}(aq) + 2e^- \longrightarrow Sn(s)$	–0,14 V
$Cu^{2+}(aq) + 2e^- \longrightarrow Cu(s)$	+0,36 V
$\frac{1}{2} O_2(g) + H_2O(l) + 2e^- \longrightarrow 2\,OH^-(aq)$	+0,41 V

Pregos de ferros limpos e polidos foram submetidos às seguintes condições:

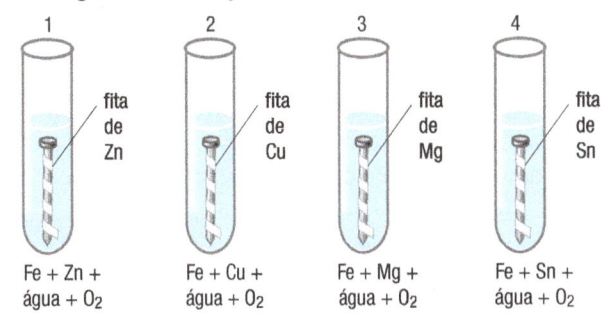

1 — fita de Zn — Fe + Zn + água + O_2
2 — fita de Cu — Fe + Cu + água + O_2
3 — fita de Mg — Fe + Mg + água + O_2
4 — fita de Sn — Fe + Sn + água + O_2

Analise as afirmações.

I. A tensão elétrica da pilha formada por cobre e oxigênio em meio aquoso é maior que a tensão elétrica da pilha formada por ferro e oxigênio em meio aquoso.
II. A corrosão do ferro é mais intensa quando o ferro está em contato com o cobre e estanho.
III. Metais como o zinco e o magnésio, em contato com ferro, podem retardar ou mesmo impedir a formação de ferrugem.

Está(ão) correta(s):

a) somente as afirmações I e II.
b) somente as afirmações I e III.
c) somente a afirmação II.
d) as afirmações I, II e III.
e) somente as afirmações II e III.

7. (PUC) **DADOS:**

$Fe^{3+}(aq) + e^- \longrightarrow Fe^{2+}(aq)$ $E^0 = +0,77\ V$
$Fe^{2+}(aq) + 2e^- \longrightarrow Fe(s)$ $E^0 = -0,44\ V$
$Cu^{2+}(aq) + 2e^- \longrightarrow Cu(s)$ $E^0 = +0,34\ V$

A formação da ferrugem é um processo natural e que ocasiona um grande prejuízo. Estima-se que cerca de 25% da produção anual de aço é utilizada para repor peças ou estruturas oxidadas.

Um estudante resolveu testar métodos para evitar a corrosão em um tipo de prego. Ele utilizou três pregos de ferro, um em cada tubo de ensaio. No tubo I, ele deixou o prego envolto por uma atmosfera contendo somente gás nitrogênio e fechou o tubo. No tubo II, ele enrolou um fio de cobre sobre o prego, cobrindo metade de sua superfície. No tubo III, ele cobriu todo o prego com uma tinta aderente.

Após um mês o estudante verificou formação de ferrugem

a) em nenhum dos pregos.
b) apenas no prego I.
c) apenas no prego II.
d) apenas no prego III.
e) apenas nos pregos I e II.

8. (ENEM) Alimentos em conserva são frequentemente armazenados em latas metálicas seladas, fabricadas com um material chamado folha de flandres, que consiste de uma chapa de aço revestida com uma fina camada de estanho, metal brilhante e de difícil oxidação. É comum que a superfície interna seja ainda revestida por uma camada de verniz à base de epóxi, embora também existam latas sem esse revestimento, apresentando uma camada de estanho mais espessa.

SANTANA, V. M. S. A leitura e a química das substâncias. **Cadernos PDE**. Ivaiporã Secretaria de Estado da Educação do Paraná (SEED); Universidade Estadual de Londrina, 2010. Adaptado.

Comprar uma lata de conserva amassada no supermercado é desaconselhável porque o amassado pode

a) alterar a pressão no interior da lata, promovendo a degradação acelerada do alimento.
b) romper a camada de estanho, permitindo a corrosão do ferro e alterações do alimento.
c) prejudicar o apelo visual da embalagem, apesar de não afetar as propriedades do alimento.
d) romper a camada de verniz, fazendo com que o metal tóxico estanho contamine o alimento.
e) desprender camadas de verniz, que se dissolverão no meio aquoso, contaminando o alimento.

9. (FUVEST – SP) A cúpula central da Basílica de Aparecida do Norte receberá novas chapas de cobre que serão envelhecidas artificialmente, pois, expostas ao ar, só adquiriram a cor verde das chapas atuais após 25 anos. Um dos compostos que conferem cor verde às chapas de cobre, no envelhecimento natural, é a malaquita $CuCO_3 \cdot Cu(OH)_2$. Dentre os constituintes do ar atmosférico, são necessários e suficientes para a formação da malaquita:

a) nitrogênio e oxigênio.
b) nitrogênio, dióxido de carbono e água.
c) dióxido de carbono e oxigênio.
d) dióxido de carbono, oxigênio e água.
e) nitrogênio, oxigênio e água.

10. (FUVEST – SP) Panelas de alumínio são muito utilizadas no cozimento de alimentos. os potenciais de redução (E^0) indicam ser possível a reação desse metal com água. A não ocorrência dessa reação é atribuída à presença de uma camada aderente e protetora de óxido de alumínio formada na reação do metal com o oxigênio do ar.

a) Escreva a equação balanceada que representa a formação da camada protetora.
b) Com os dados de E^0, explique como foi feita a previsão de que o alumínio pode reagir com água.

DADOS:

▶▶ $Al^{3+} + 3e^- \rightleftarrows Al$ $E^0 = -1,66$ V
▶▶ $2 H_2O + 2e^- \rightleftarrows H_2 + 2 OH^-$ $E^0 = -0,83$ V

SÉRIE PLATINA

1. (FUVEST – SP) Um método largamente aplicado para evitar a corrosão em estruturas de aço enterradas no solo, como tanques e dutos, é a proteção catódica com um metal de sacrifício. Esse método consiste em conectar a estrutura a ser protegida, por meio de um fio condutor, a uma barra de um metal diferente e mais facilmente oxidável, que, com o passar do tempo, vai sendo corroído até que seja necessária sua substituição.

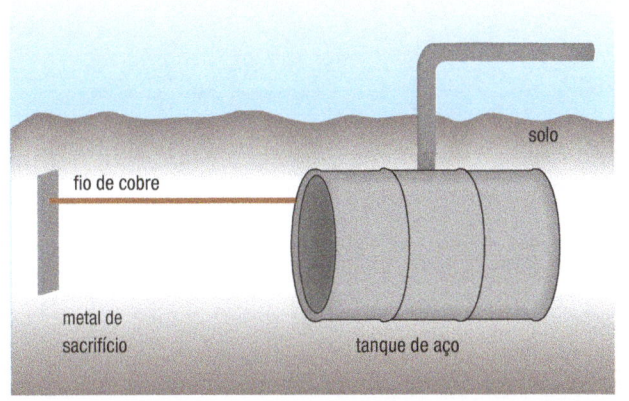

BURROWS, et al. **Chemistry**. Oxford, 2009. Adaptado.

Um experimento para identificar quais metais podem ser utilizados como metal de sacrifício consiste na adição de um pedaço de metal a diferentes soluções contendo sais de outros metais, conforme ilustrado, e cujos resultados são mostrados na tabela. O símbolo (+) indica que foi observada uma reação química e o (–) indica que não se observou qualquer reação química.

METAL X				
Soluções	Estanho	Alumínio	Ferro	Zinco
$SnCl_2$		+	+	+
$AlCl_3$	–	.	–	–
$FeCl_3$	–	+		+
$ZnCl_2$	–	+	–	

Da análise desses resultados, conclui-se que pode(m) ser utilizado(s) como metal(is) de sacrifício para tanques de aço:

a) Al e Zn.
b) somente Sn.
c) Al e Sn.
d) somente Al.
e) Sn e Zn.

NOTE E ADOTE:

▶▶ o aço é uma liga metálica majoritariamente formada pelo elemento ferro.

2. (ALBERT EINSTEIN – SP) **DADOS:** potencial de redução-padrão em solução aquosa (E^0_{red}):

$Ag^+(aq) + e^- \longrightarrow Ag(s)$	$E^0_{red} = 0,80$ V
$Cu^{2+}(aq) + 2e^- \longrightarrow Cu(s)$	$E^0_{red} = 0,34$ V
$Pb^{2+}(aq) + 2e^- \longrightarrow Pb(s)$	$E^0_{red} = -0,13$ V
$Ni^{2+}(aq) + 2e^- \longrightarrow Ni(s)$	$E^0_{red} = -0,25$ V
$Fe^{2+}(aq) + 2e^- \longrightarrow Fe(s)$	$E^0_{red} = -0,44$ V
$Zn^{2+}(aq) + 2e^- \longrightarrow Zn(s)$	$E^0_{red} = -0,76$ V
$Mg^{2+}(aq) + 2e^- \longrightarrow Mg(s)$	$E^0_{red} = -2,37$ V

Tubulações metálicas são largamente utilizadas para o transporte de líquidos e gases, principalmente água, combustíveis e esgoto. Esses encanamentos sofrem corrosão em contato com agentes oxidantes como o oxigênio e a água, causando vazamentos e elevados custos de manutenção.

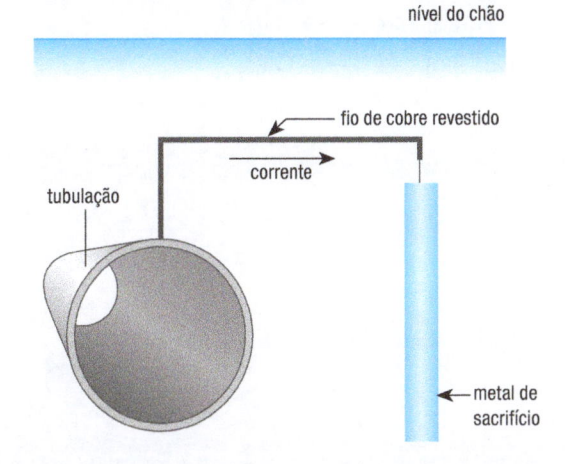

Uma das maneiras de prevenir a oxidação dos encanamentos é conectá-los a um metal de sacrifício, método conhecido como proteção catódica. Nesse caso, o metal de sacrifício sofre a corrosão, preservando a tubulação.

Considerando os metais relacionados na tabela de potencial de redução padrão, é possível estabelecer os metais apropriados para a proteção catódica de tubulações de aço (liga constituída principalmente por ferro) ou de chumbo.

Caso a tubulação fosse de aço, os metais adequados para atuarem como metais de sacrifício seriam X e, caso a tubulação fosse de chumbo, os metais adequados para atuarem como proteção seriam Y.

Assinale a alternativa que apresenta todos os metais correspondentes às condições X e Y.

	X	Y
a)	Ag e Cu	Ni e Fe
b)	Ag e Cu	Ni, Fe, Zn e Mg
c)	Zn e Mg	Ni, Fe, Zn e Mg
d)	Zn e Mg	Ag e Cu

3. (UFRJ) Em um laboratório de controle de qualidade de uma indústria, peças de ferro idênticas foram separadas em dois grupos e submetidas a processos de galvanização distintos: um grupo de peças foi recoberto com cobre e o outro grupo com níquel, de forma que a espessura da camada metálica de deposição fosse exatamente igual em todas as peças. Terminada a galvanização, notou-se que algumas peças tinham apresentado defeitos idênticos.

Em seguida, amostras de peças com defeitos (B e D) e sem defeitos (A e C), dos dois grupos, foram colocadas numa solução aquosa de ácido clorídrico, como mostra a figura ao lado.

Com base nos potenciais-padrão de redução a seguir, ordene as peças A, B, C e D em ordem decrescente em termos da durabilidade da peça de ferro. Justifique sua resposta.

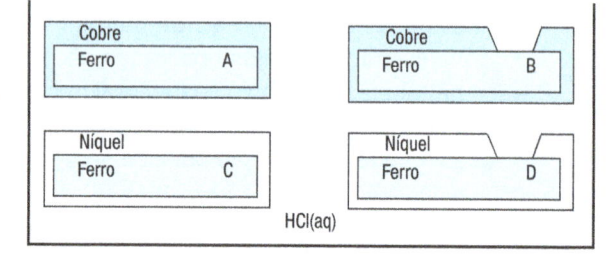

$Fe^{2+}(aq) + 2e^- \longrightarrow Fe(s)$ $\Delta E_{red} = -0,41$ Volt

$Ni^{2+}(aq) + 2e^- \longrightarrow Ni(s)$ $\Delta E_{red} = -0,24$ Volt

$2\,H^+(aq) + 2e^- \longrightarrow H_2(g)$ $\Delta E_{red} = 0,00$ Volt

$Cu^{2+}(aq) + 2e^- \longrightarrow Cu(s)$ $\Delta E_{red} = +0,34$ Volt

4. (ITA – SP) A tabela abaixo (corrosão do ferro em água aerada) mostra as observações feitas, sob as mesmas condições de pressão e temperatura, com pregos de ferro, limpos e polidos e submetidos a diferentes meios.

	CORROSÃO DO FERRO EM ÁGUA AERADA	
	Sistema inicial	Observações durante os experimentos
1.	Prego limpo e polido, imerso em água aerada.	Com o passar do tempo surgem sinais de aparecimento de ferrugem ao longo do prego (formação de um filme fino de uma substância sólida com coloração marrom-alaranjada).
2.	Prego limpo e polido, envolvido com graxa e imerso em água aerada.	Não há alteração perceptível com o passar do tempo.
3.	Prego limpo e polido, envolvido por uma tira de magnésio e imerso em água aerada.	Com o passar do tempo observa-se a precipitação de grande quantidade de uma substância branca, mas a superfície do prego continua aparentemente intacta.
4.	Prego limpo e polido, envolvido por uma tira de estanho e imerso em água aerada.	Com o passar do tempo surgem sinais de aparecimento de ferrugem ao longo do prego.

a) Escreva as equações químicas balanceadas para a(s) reação(ões) nos experimentos 1, 3 e 4, respectivamente.

b) Com base nas observações feitas, sugira duas maneiras diferentes de evitar a formação de ferrugem sobre o prego.

c) Ordene os metais empregados nos experimentos descritos na tabela acima segundo o seu poder redutor. Mostre como você raciocinou para chegar à ordenação proposta.

capítulo 13

Eletrólise

Durante nosso estudo de Eletroquímica, trabalhamos com as pilhas, nas quais reações de oxirredução espontâneas são utilizadas para gerar uma corrente elétrica.

Entretanto, além desse processo espontâneo, a Eletroquímica também é responsável pelo estudo de processos nos quais a energia elétrica (corrente elétrica) é utilizada para favorecer (isto é, forçar) a ocorrência de uma reação de oxirredução em um determinado sentido.

Esses processos, que serão o foco de estudo deste capítulo, são chamados de **eletrólise** e têm como principal objetivo a obtenção de novas substâncias.

```
    reação de oxirredução
       ↑         ↓
   pilha      eletrólise
(espontâneo) (não espontâneo)
       ↓         ↑
     energia elétrica
```

O alumínio, segundo metal mais utilizado no mundo, tem uma série de aplicações devido a sua baixa densidade e é produzido a partir do processo de **eletrólise da alumina**, que será estudado neste capítulo.

13.1 Mecanismo da eletrólise

Observe a seguir o esquema de um processo de eletrólise, alimentado por uma célula voltaica similar à que já estudamos.

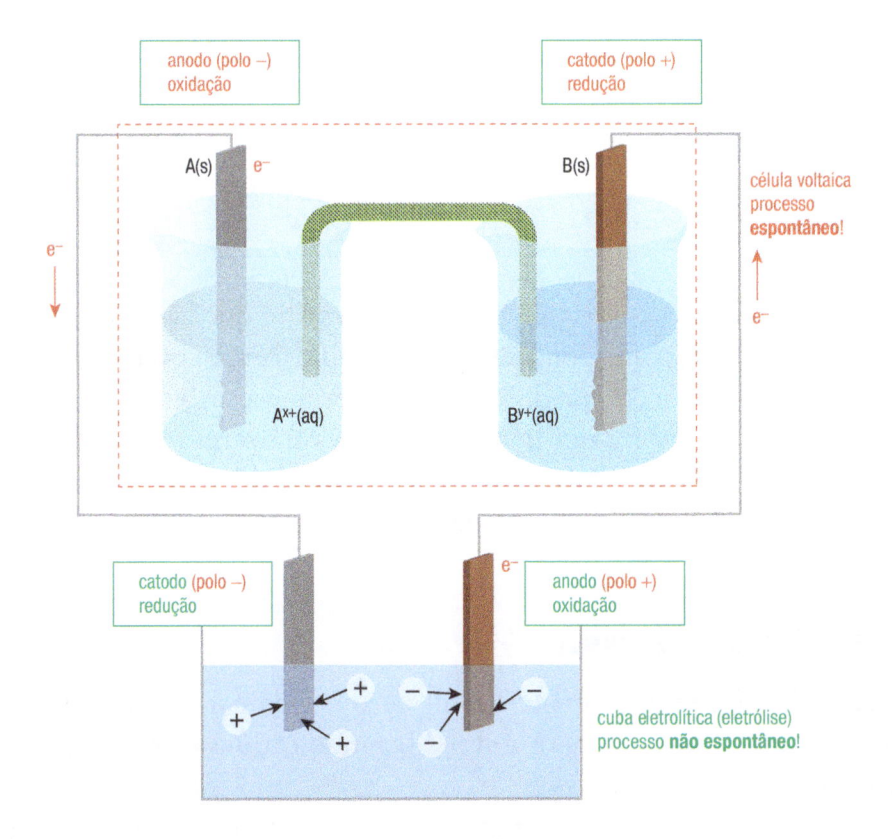

[Diagrama: célula voltaica (processo espontâneo) conectada a uma cuba eletrolítica (processo não espontâneo). Na célula voltaica: ânodo (polo −) oxidação com eletrodo A(s) em solução $A^{x+}(aq)$; catodo (polo +) redução com eletrodo B(s) em solução $B^{y+}(aq)$. Na cuba eletrolítica: catodo (polo −) redução; ânodo (polo +) oxidação.]

O recipiente em que é feita a eletrólise é chamado de **célula eletrolítica** ou **cuba eletrolítica**.

O anodo da célula voltaica (polo negativo) envia elétrons para o catodo da cuba (polo negativo, por ser considerado uma extensão do polo negativo da célula voltaica), que irá atrair os cátions presentes na cuba, ocorrendo uma redução.

O catodo da célula voltaica (polo positivo) retira elétrons do anodo da cuba (polo positivo, por ser considerado uma extensão do polo positivo da célula voltaica), que irá atrair os ânions da cuba, ocorrendo uma oxidação para repor os elétrons que migram para a célula voltaica.

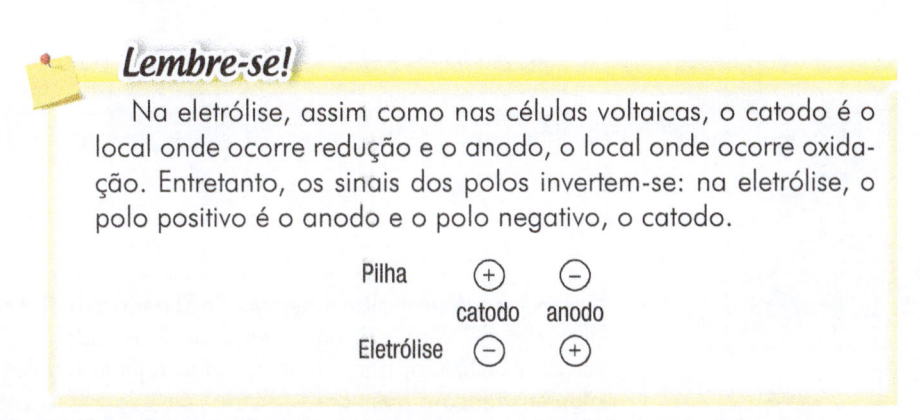

Lembre-se!

Na eletrólise, assim como nas células voltaicas, o catodo é o local onde ocorre redução e o anodo, o local onde ocorre oxidação. Entretanto, os sinais dos polos invertem-se: na eletrólise, o polo positivo é o anodo e o polo negativo, o catodo.

Pilha	⊕ catodo	⊖ anodo
Eletrólise	⊖	⊕

A célula voltaica utilizada no esquema abaixo é geralmente simbolizada por um traço maior indicando o polo positivo e um traço menor indicando o polo negativo:

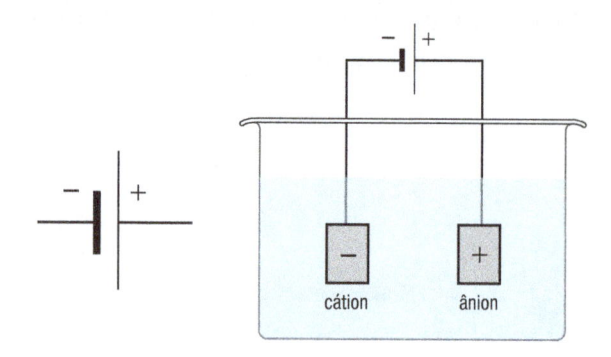

Para que o processo de eletrólise ocorra, é necessário que haja mobilidade de íons na cuba eletrolítica, o que pode ser gerada de duas formas: pela fusão da substância que será eletrolisada ou pela dissolução da substância em água. Em ambos os casos temos a liberação de íons que poderão participar das semirreações de redução e de oxidação. No primeiro caso, temos o que chamamos de **eletrólise ígnea**, enquanto, no segundo, temos a chamada **eletrólise aquosa**.

13.2 Eletrólise ígnea

Na **eletrólise ígnea**, a substância iônica é aquecida para obter a sua fusão, rompendo a ligação iônica entre os íons e liberando cátions e ânions do reticulado cristalino.

Uma das aplicações mais simples desse tipo de eletrólise é a **eletrólise ígnea do cloreto de sódio (NaCl)**. O cloreto de sódio (NaCl), ao fundir, libera os íons Na^+ e Cl^-, que participam, respectivamente, das semirreações de redução e de oxidação. Observe a seguir essas equações balanceadas.

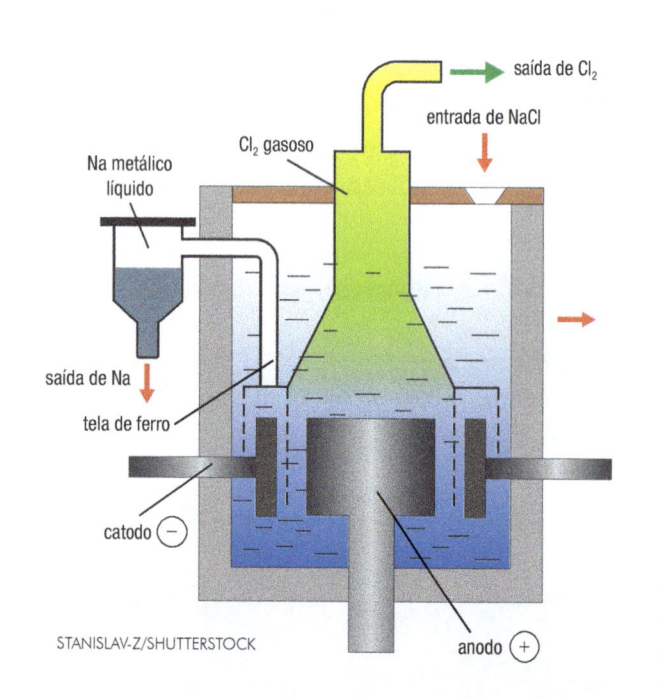

Fusão: $NaCl(s) \xrightarrow{\Delta} Na^+(l) + Cl^-(l)$

Catodo: $Na^+(l) + e^- \longrightarrow Na(l)$

Anodo: $Cl^-(l) \longrightarrow e^- + \frac{1}{2} Cl_2(l)$

Global: $NaCl(s) \xrightarrow{i} Na(l) + \frac{1}{2} Cl_2(g)$

O processo de eletrólise ígnea do NaCl permite a obtenção de sódio metálico, que não é encontrado isolado na natureza e é utilizado, por exemplo, como agente redutor em algumas reações químicas.

STANISLAV-Z/SHUTTERSTOCK

A reciclagem de alumínio é um processo economicamente favorável, pois demanda 20 vezes menos energia que a produção primária a partir da bauxita. O Brasil é conhecido por ser o país que mais recicla latinhas de alumínio: mais de 98%! Entretanto, infelizmente, esse índice é alcançado mais pelo fato de o desemprego e a baixa renda favorecerem a atuação de "catadores de lixo" do que pela consciência do povo brasileiro em reciclar seus próprios resíduos.

Além da eletrólise ígnea do NaCl, a principal aplicação desse tipo de eletrólise é, sem a menor dúvida, na produção industrial de alumínio.

O principal minério de alumínio é a bauxita, um óxido de alumínio hidratado que pode ser representado por $Al_2O_3 \cdot n\ H_2O$ (ou por $Al(OH)_3$). Na primeira etapa do processamento, chamada de **processo Bayer**, a bauxita é purificada e obtém-se alumina (óxido de alumínio: Al_2O_3).

Na sequência, a alumina é fundida e submetida à eletrólise ígnea, obtendo-se, então, o metal alumínio – esse processo é conhecido como **processo Hall-Héroult**. Como a alumina pura apresenta ponto de fusão de 2.072 °C, o Al_2O_3 é misturado a um fundente (criolita: Na_3AlF_6), reduzindo a temperatura necessária para fundir essa mistura para cerca de 1.000 °C.

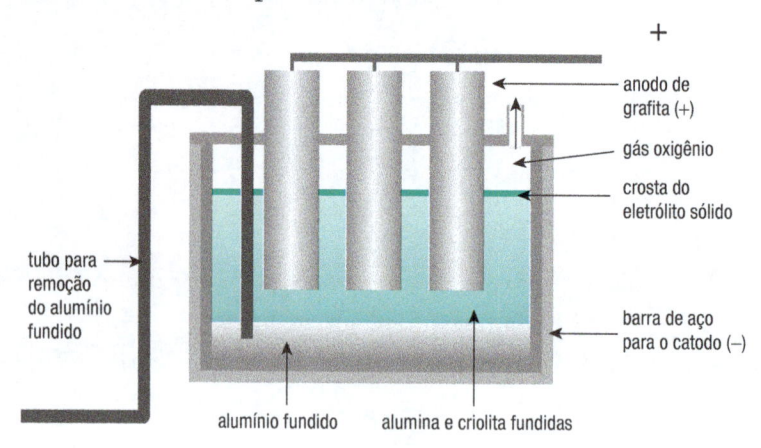

As equações químicas que representam o processo Hall-Héroult são:

Fusão: $Al_2O_3(s) \xrightarrow{\Delta} 2\,Al^{3+}(l) + 3\,O^{2-}(l)$

Catodo: $Al^{3+}(l) + 3e^- \longrightarrow Al(l)$

Anodo: $O^{2-}(l) \longrightarrow 2e^- + \frac{1}{2}O_2(l)$

Global: $Al_2O_3(s) \xrightarrow{i} 2\,Al(l) + \frac{3}{2}O_2(g)$

Como o anodo é constituído de grafita, o gás oxigênio (O_2) produzido na oxidação reage com o próprio anodo, favorecendo a formação de CO_2. Por esse motivo, os anodos devem ser periodicamente trocados.

$$C + O_2 \longrightarrow CO_2$$

13.3 Eletrólise aquosa

Na **eletrólise aquosa**, a substância iônica é dissolvida em água para liberação dos cátions e ânions. Nesse caso, entretanto, além dos íons provenientes da dissolução da substância iônica, também temos a presença, na cuba eletrolítica, dos íons provenientes da autoionização da água (H^+ e OH^-), que também podem participar das reações de oxidação e redução.

Assim, na eletrólise aquosa, precisamos saber qual íon terá maior **facilidade de descarga** no catodo e no anodo, isto é, qual íon receberá e doará elétrons com maior facilidade.

As filas de facilidade de descarga no catodo e no anodo não dependem apenas do potencial de E^0, mas também de outros fatores, sendo determinadas experimentalmente.

Para o catodo, ela pode ser resumida em:

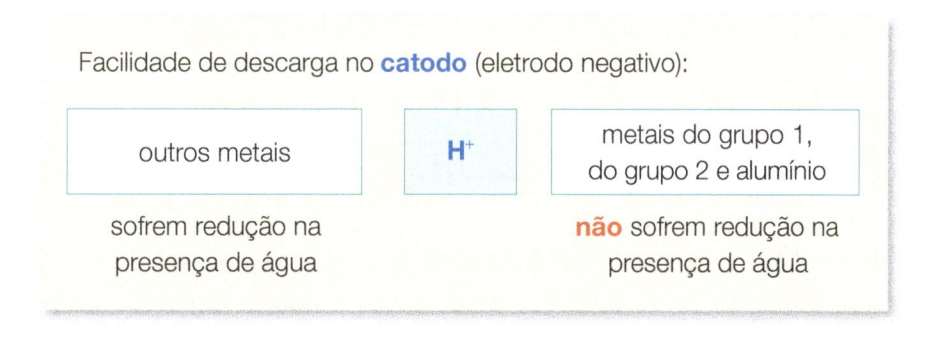

Facilidade de descarga no **catodo** (eletrodo negativo):

outros metais	H^+	metais do grupo 1, do grupo 2 e alumínio
sofrem redução na presença de água		**não** sofrem redução na presença de água

Já para o anodo, temos:

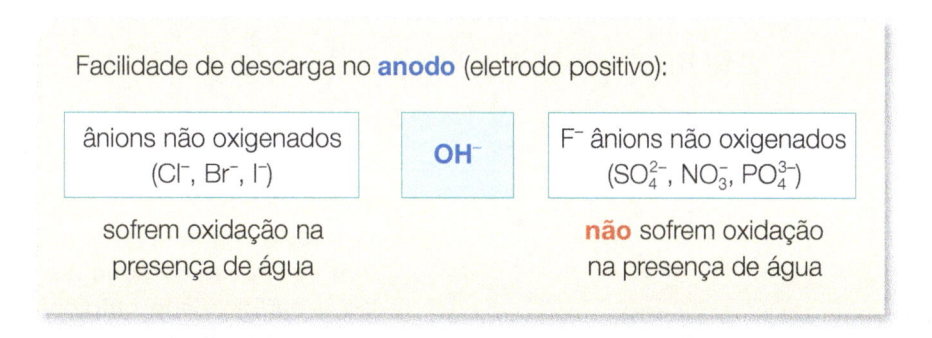

Facilidade de descarga no **anodo** (eletrodo positivo):

ânions não oxigenados (Cl^-, Br^-, I^-)	OH^-	F^- ânions não oxigenados (SO_4^{2-}, NO_3^-, PO_4^{3-})
sofrem oxidação na presença de água		**não** sofrem oxidação na presença de água

Vamos agora utilizar essas informações para escrever as equações que ocorrem na eletrólise aquosa de algumas substâncias.

Na eletrólise aquosa de NaCl, temos as seguintes equações:

Dissociação do NaCl: $NaCl(aq) \longrightarrow Na^+(aq) + Cl^-(aq)$

Autoionização do H_2O: $H_2O(l) \rightleftarrows H^+(aq) + OH^-(aq)$

Anodo (oxidação): $2\ Cl^-(aq) \longrightarrow Cl_2(g) + 2e^-$

(entre Cl^- e OH^-, o Cl^- tem maior facilidade de doar elétrons no anodo)

Catodo (redução): $2\ H^+(aq) + 2e^- \longrightarrow H_2(g)$

(entre Na^+ e H^+, o H^+ tem maior facilidade de receber elétrons no catodo)

Equação global: $2\ NaCl(aq) + 2\ H_2O(l) \longrightarrow H_2(g) + Cl_2(g) + 2\ Na^+(aq) + 2\ OH^-(aq)$

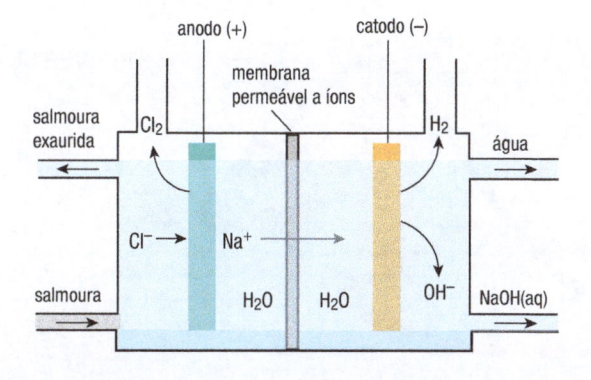

A eletrólise aquosa do NaCl (salmoura) permite a obtenção de uma série de produtos: H_2, Cl_2 e NaOH. Trata-se do principal processo utilizado na produção de NaOH, utilizado como matéria-prima na indústria petroquímica, na indústria de papel e celulose, na fabricação de sabões e detergentes. Se forem colocadas algumas gotas de fenolftaleína ao redor do catodo, a solução ficará avermelhada devido ao consumo de H^+, o que faz com que localmente $[OH^-] > [H^+]$.

E se fizéssemos a eletrólise aquosa do Na_2SO_4? Nesse caso, as equações seriam:

Dissociação do Na_2SO_4: $Na_2SO_4(aq) \longrightarrow 2\ Na^+(aq) + SO_4^{2-}(aq)$

Autoionização do H_2O: $H_2O(l) \rightleftarrows H^+(aq) + OH^-(aq)$

Anodo (oxidação): $2\ OH^-(aq) \longrightarrow \frac{1}{2} O_2(g) + H_2O(l) + 2e^-$

(entre SO_4^{2-} e OH^-, o OH^- tem maior facilidade de doar elétrons no anodo)

Catodo (redução): $2\ H^+(aq) + 2e^- \longrightarrow H_2(g)$

(entre Na^+ e H^+, o H^+ tem maior facilidade de receber elétrons no catodo)

Equação global: $H_2O(l) \longrightarrow H_2(g) + \frac{1}{2} O_2(g)$

Na eletrólise aquosa do Na_2SO_4, estamos realizando, na realidade, a eletrólise da água. Porém, é necessário adicionar um soluto eletrolítico para aumentar a condutividade elétrica da solução e possibilitar a eletrólise. Devido à estequiometria da equação global, $H_2O \longrightarrow H_2 + \frac{1}{2} O_2$, no tubo de ensaio que coleta o gás hidrogênio (ligado ao polo negativo – catodo), o volume de gás coletado é o dobro do volume coletado de gás oxigênio (polo positivo – anodo).

Lembre-se!

Neste capítulo, estamos representando a participação da água na eletrólise aquosa a partir da sua autoionização, seguida da redução do H^+ ou da oxidação do OH^-. Porém, também é frequente utilizarmos equações que representam diretamente a oxidação e a redução da água:

▶▶ oxidação da água:

$H_2O(l) \longrightarrow 2\ H^+(aq) + \frac{1}{2} O_2(g) + 2e^-$

▶▶ redução da água:

$H_2O(l) + e^- \longrightarrow OH^-(aq) + \frac{1}{2} H_2(g)$

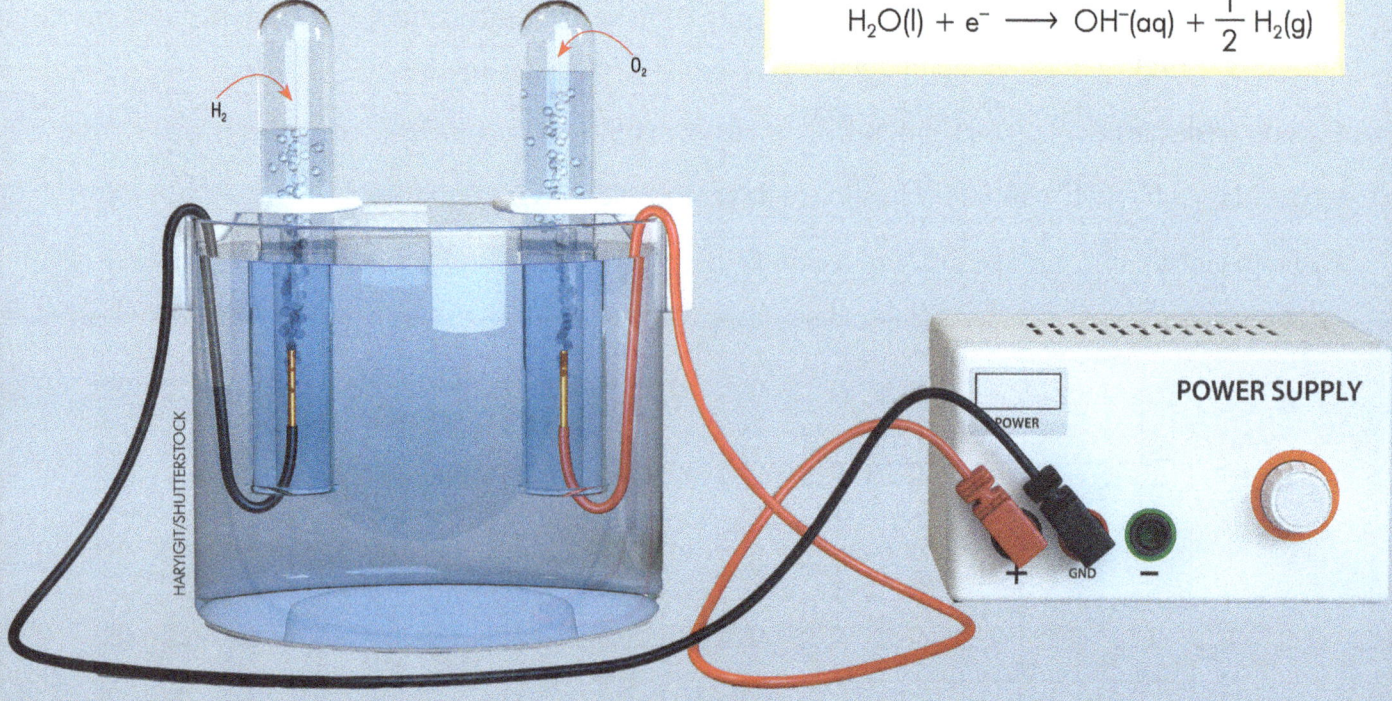

Fique ligado!

Eletrólise aquosa com eletrodo ativo

Nos exemplos anteriores de eletrólise aquosa, os eletrodos utilizados nos processos de eletrólise foram considerados sempre inertes, isto é, não participam ativamente da eletrólise, atuando como condutores de elétrons. Entretanto, em alguns casos de eletrólise, o próprio eletrodo metálico pode participar da semirreação de oxidação no anodo, fornecendo elétrons para o circuito. Quando isso ocorre, classificamos o eletrodo como *ativo*.

Um dos principais processos industriais que se baseia na eletrólise aquosa com eletrodos ativos é a *purificação eletrolítica do cobre*. O cobre é o terceiro metal mais utilizado pelo ser humano e é extraído de minérios como a calcopirita ($CuFeS_2$) e a calcosita (Cu_2S).

Na extração de cobre desses minerais, obtém-se cobre metálico com pureza de cerca de 90 a 95%. Apesar de relativamente alta, essa pureza é insuficiente para aplicações elétricas, pois mesmo teores pequenos de impurezas reduzem a condutividade elétrica do cobre.

Assim, é necessário realizar uma etapa de *refino eletrolítico do cobre*, para obtenção de cobre metálico com teores de pureza superiores a 99,9%. Utiliza-se como anodo uma peça de cobre impuro e como catodo, um fio de cobre puro. Observe os esquemas a seguir.

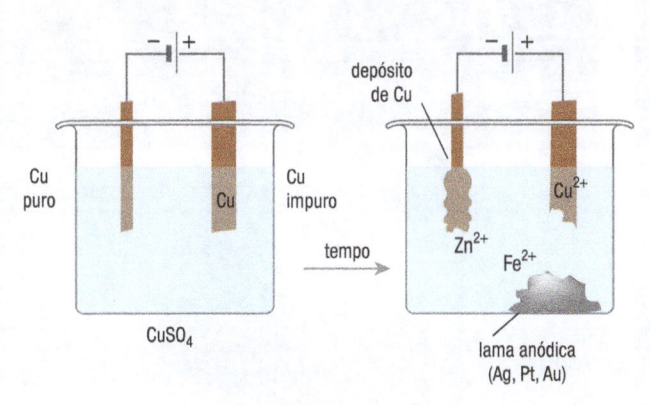

Nesse caso, não temos uma equação global, uma vez que o cobre do anodo é transferido para a solução na forma de Cu^{2+} e este deposita-se no catodo novamente sob a forma de cobre metálico (Cu).

As impurezas mais reativas do que o cobre também se oxidam no anodo, mas não são reduzidas no catodo, permanecendo em solução. É o caso de impurezas como ferro e zinco, que apresentam menor E^0_{red} que o cobre.

$Cu^{2+} + 2e^- \longrightarrow Cu \quad E^0_{red} = +0,34\ V$

$Fe^{2+} + 2e^- \longrightarrow Fe \quad E^0_{red} = -0,44\ V$

$Zn^{2+} + 2e^- \longrightarrow Zn \quad E^0_{red} = -0,76\ V$

Já as impurezas menos reativas que o cobre não se oxidam no anodo e acabam por se depositarem embaixo do anodo, formando uma lama anódica. É o caso de impurezas como ouro e prata, que apresentam maior E^0_{red} que o cobre.

$Cu^{2+} + 2e^- \longrightarrow Cu \quad E^0_{red} = +0,34\ V$

$Ag^+ + e^- \longrightarrow Ag \quad E^0_{red} = +0,80\ V$

$Au^{3+} + 3e^- \longrightarrow Au \quad E^0_{red} = +1,68\ V$

Ao final, essa lama anódica também é comercializada e contribui para tornar o processo de refino eletrolítico do cobre economicamente viável.

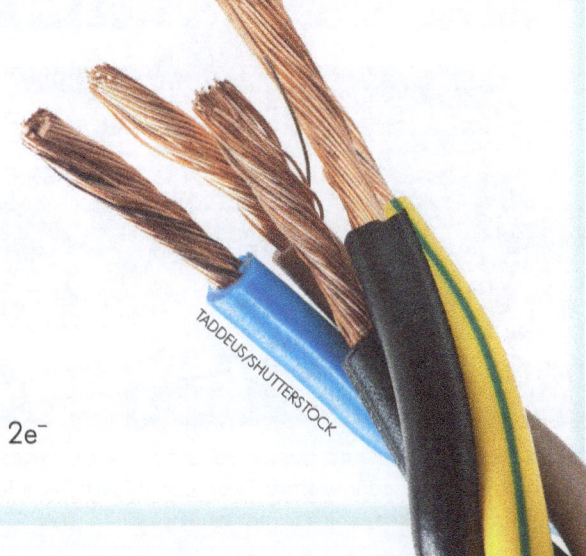

Considerando apenas o cobre, as equações que representam o processo de refino de cobre são:

anodo (oxidação): $Cu(s) \longrightarrow Cu^{2+}(aq) + 2e^-$

catodo (redução): $Cu^{2+}(aq) + 2e^- \longrightarrow Cu(s)$

13.4 Galvanoplastia

A galvanoplastia ou eletrodeposição (ou ainda deposição eletrolítica) é uma técnica utilizada para revestir peças com determinado metal por meio da eletrólise. Esse recobrimento pode ter tanto a função de proteger a peça contra corrosão, aumentando a sua durabilidade, quanto para efeito decorativo. Dependendo do metal utilizado nesse recobrimento, temos nomes específicos, por exemplo, cromação para o recobrimento por cromo, niquelação para o recobrimento por níquel ou prateação para o recobrimento por prata, entre outros.

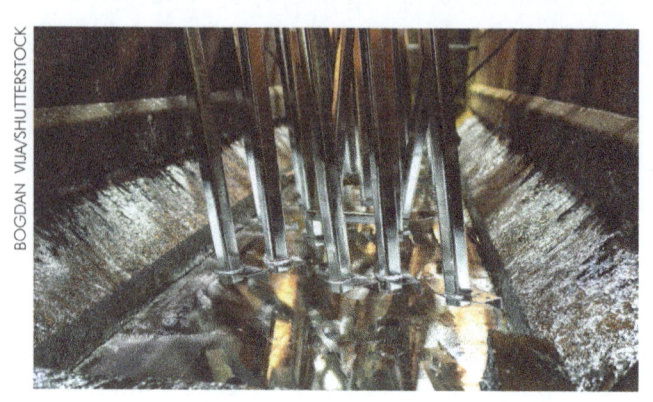

Por meio de galvanização, peças são recobertas com metais que lhes confere maior proteção contra a corrosão. As barras de metal (à direita) foram galvanizadas, processo que pode ocorrer por sua imersão em tanque (foto à esquerda) contendo zinco derretido, por exemplo.

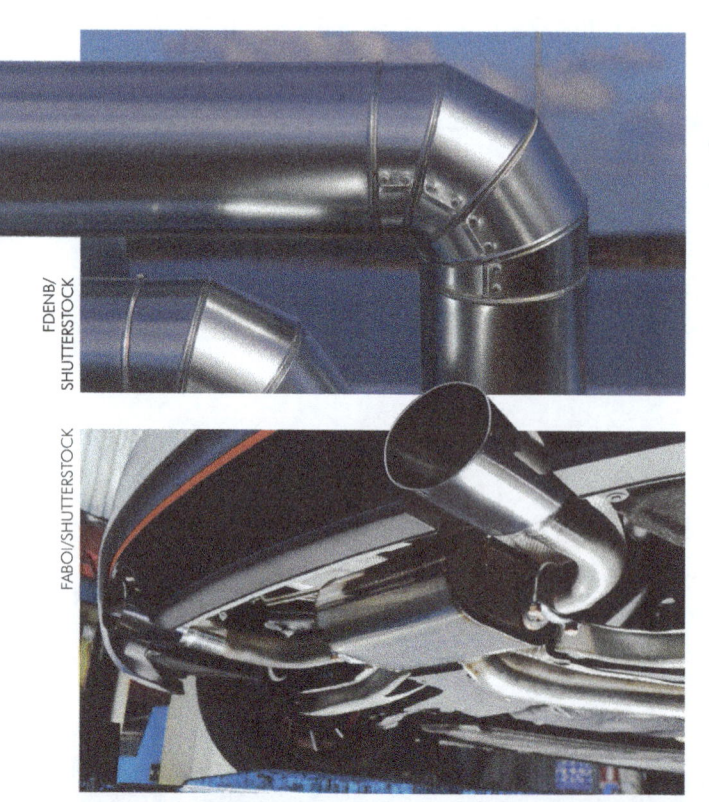

Muito mais frequente do que poderíamos supor, peças que sofreram galvanização fazem parte do nosso cotidiano, como calhas que conduzem a água das chuvas, tubulações, motor e escapamento tanto de motos como de carros, torneiras, parafusos, entre tantas outras aplicações.

Independentemente do metal que comporá o recobrimento, o objeto a ser recoberto é ligado ao polo negativo do gerador e atuará como catodo. Já o anodo geralmente é composto pelo metal que será utilizado no recobrimento (ou por eletrodo inerte, por exemplo, de platina), de modo a repor cátions consumidos no catodo. Por fim, a solução eletrolítica contém os cátions do metal que se quer como revestimento.

Tomando como exemplo o processo de prateação, as equações químicas que descrevem o processo de galvanização são:

anodo (oxidação): $Ag(s) \longrightarrow Ag^+(aq) + e^-$

catodo (redução): $Ag^+(aq) + e^- \longrightarrow Ag(s)$

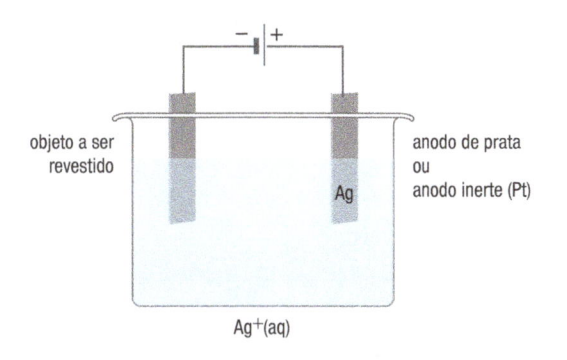

No processo de eletrodeposição, não há equação global, pois temos, na realidade, transferência de átomos do metal do anodo para o catodo. Se for utilizado um eletrodo inerte (Pt), a concentração de íons $Ag^+(aq)$ diminui ao longo do processo, sendo necessário repor esses íons de outra forma.

Você sabia?

As contribuições da eletrólise para a Química

Com a proposição da primeira célula voltaica por Alessandro Volta em 1800, os químicos passaram a se utilizar da corrente elétrica contínua por essas células para isolar uma série de novos elementos químicos.

Entre esses químicos, destacou-se o inglês Humphry **Davy** (1779-1848), que utilizou uma célula voltaica para avaliar os efeitos da corrente elétrica através de substâncias fundidas e de soluções aquosas de algumas substâncias.

Em 1807, foi Davy quem realizou a eletrólise ígnea de sais como carbonato de sódio (Na_2CO_3) e de carbonato de potássio (K_2CO_3) para isolar, respectivamente, os metais alcalinos sódio e potássio.

Além desses dois elementos, Davy também isolou pela primeira vez os metais alcalinoterrosos magnésio, cálcio, estrôncio e bário, todos a partir de processos eletrolíticos.

Humphry Davy. Gravura de G. R. Newton, sobre pintura de Thomas Lawrence, 1830.

SÉRIE BRONZE

1. Complete o diagrama a seguir com as informações corretas sobre o processo de eletrólise.

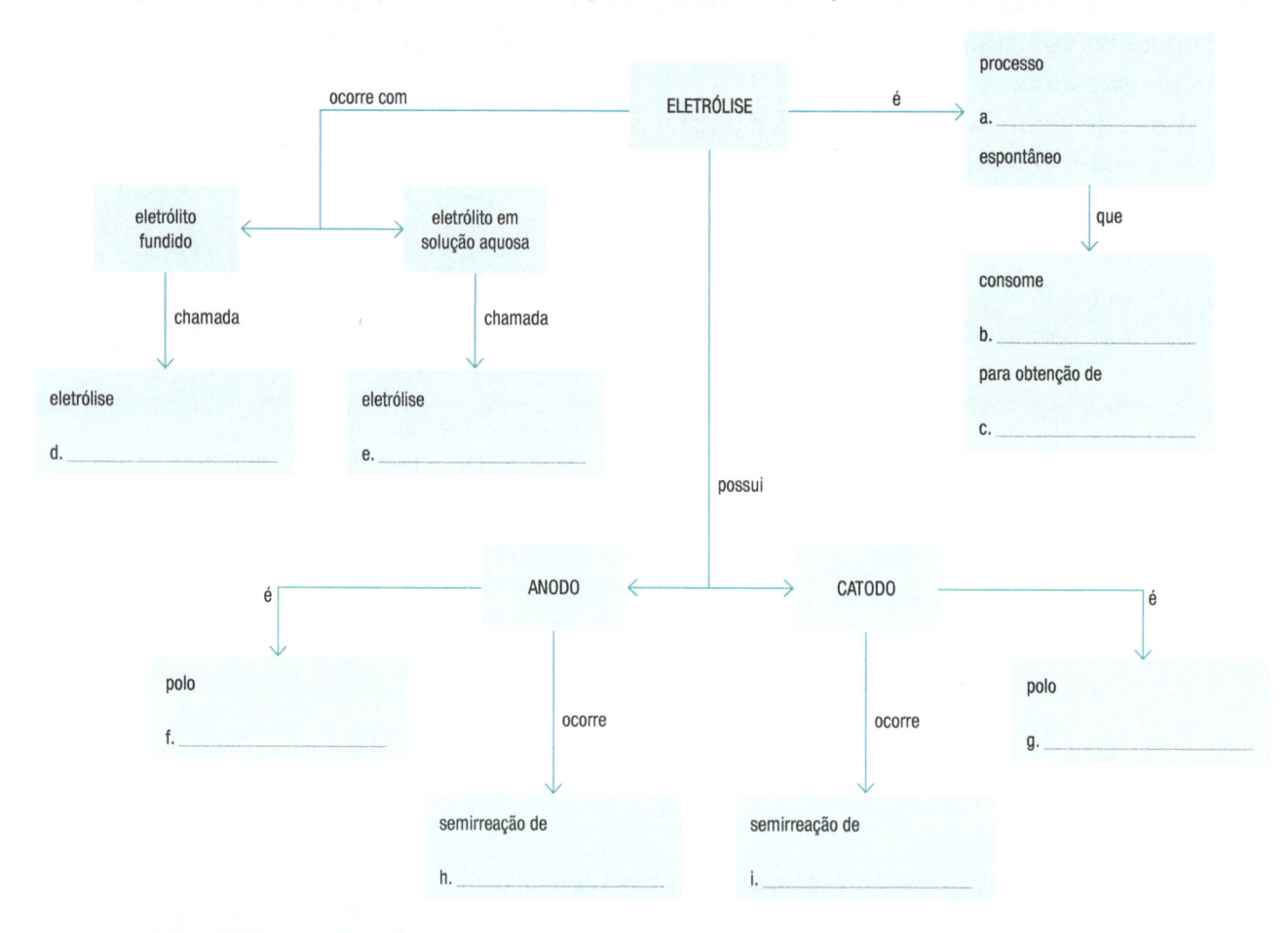

```
                        ocorre com         ELETRÓLISE         é        processo
                    ┌──────────────┬──────────────┐                    a. _____
                    ↓              ↓              │                    espontâneo
            eletrólito      eletrólito em         │                         │ que
             fundido       solução aquosa         │                         ↓
                │               │                 │                    consome
             chamada         chamada              │                    b. _____
                ↓               ↓                 │                    para obtenção de
            eletrólise      eletrólise            │                    c. _____
            d. _____      e. _____            │
                                              possui
                                    ┌─────────────┴─────────────┐
                          é        ANODO  ←──────────→  CATODO           é
                      ↓                                                      ↓
                    polo                                                  polo
                    f. _____                                            g. _____
                        │ ocorre                        │ ocorre
                        ↓                               ↓
                    semirreação de                  semirreação de
                    h. _____                      i. _____
```

SÉRIE PRATA

1. Complete as informações pedidas abaixo sobre eletrólise ígnea do cloreto de sódio (NaCl).

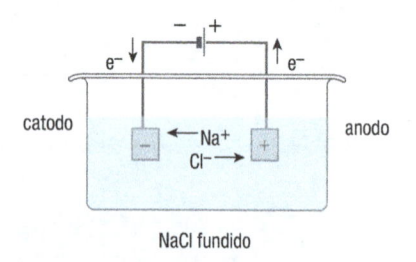

[Diagrama: cuba eletrolítica com catodo (−) à esquerda e anodo (+) à direita, com íons Na⁺ e Cl⁻, NaCl fundido]

a) Equação de dissociação do NaCl:

b) Semirreação catódica:

c) Semirreação anódica:

d) Equação global:

2. Complete as informações pedidas abaixo sobre eletrólise ígnea do cloreto de magnésio ($MgCl_2$).

a) Equação de dissociação do $MgCl_2$:

b) Semirreação catódica:

c) Semirreação anódica:

d) Equação global:

3. Complete as informações abaixo sobre a eletrólise ígnea da alumina (Al_2O_3), processo utilizado na produção de alumínio metálico a partir da bauxita (minério de alumínio).

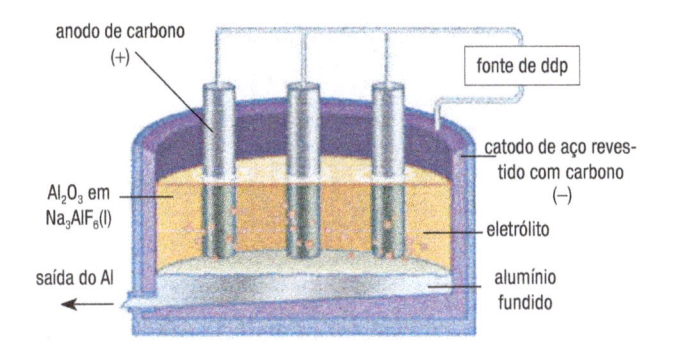

a) Equação de dissociação do Al_2O_3:

b) Semirreação catódica:

c) Semirreação anódica:

d) Equação global:

4. Complete as informações abaixo sobre a eletrólise aquosa do cloreto de sódio (NaCl), com eletrodos inertes.

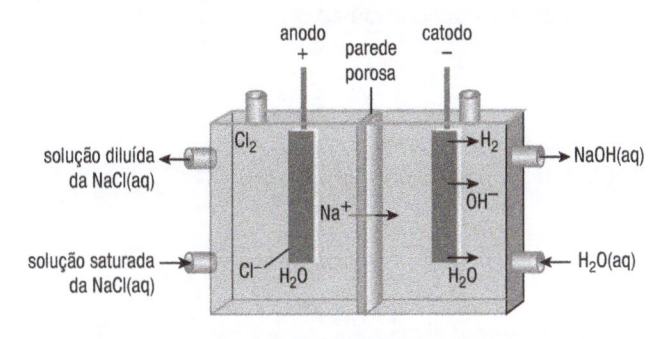

a) Equação de dissociação do NaCl:

b) Equação de autoionização da H_2O:

c) Semirreação catódica:

d) Semirreação anódica:

e) Equação global:

5. Complete as informações abaixo sobre a eletrólise aquosa do cloreto de níquel ($NiCl_2$), com eletrodos inertes.

a) Equação de dissociação do $NiCl_2$:

b) Equação de autoionização da H_2O:

c) Semirreação catódica:

d) Semirreação anódica:

e) Equação global:

6. Complete as informações pedidas abaixo sobre a eletrólise aquosa do sulfato de sódio (Na_2SO_4), com eletrodos inertes.

a) Equação de dissociação do Na_2SO_4:

b) Equação de autoionização da H_2O:

c) Semirreação catódica:

d) Semirreação anódica:

e) Equação global:

7. (MACKENZIE – SP) De acordo com os conceitos de eletroquímica, é correto afirmar que:

a) a ponte salina é a responsável pela condução de elétrons durante o funcionamento de uma pilha.
b) na pilha representada por $Zn \mid Zn^{2+} \mid\mid Cu^{2+} \mid Cu$, o metal zinco representa o catodo da pilha.
c) o resultado positivo da ddp de uma pilha, por exemplo, + 1,10 V, indica a sua não espontaneidade, pois essa pilha está absorvendo energia do meio.
d) na eletrólise, o anodo é o polo positivo, onde ocorre o processo de oxidação.
e) a eletrólise ígnea só ocorre quando os compostos iônicos estiverem em meio aquoso.

8. (FMABC – SP) Considere o seguinte sistema utilizado na purificação de cobre metálico.

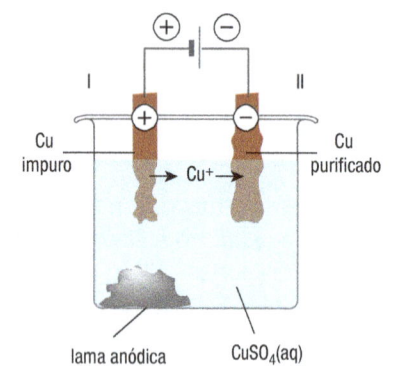

Neste processo
a) II representa o catodo onde ocorre a oxidação.
b) II representa o anodo onde ocorre a redução.
c) I representa o catodo onde ocorre a oxidação.
d) I representa o catodo onde ocorre a redução.
e) I representa o anodo onde ocorre a oxidação.

9. Complete as informações pedidas a seguir sobre a niquelação de uma peça metálica a partir da eletrólise aquosa do $NiSO_4$, com anodo de níquel.

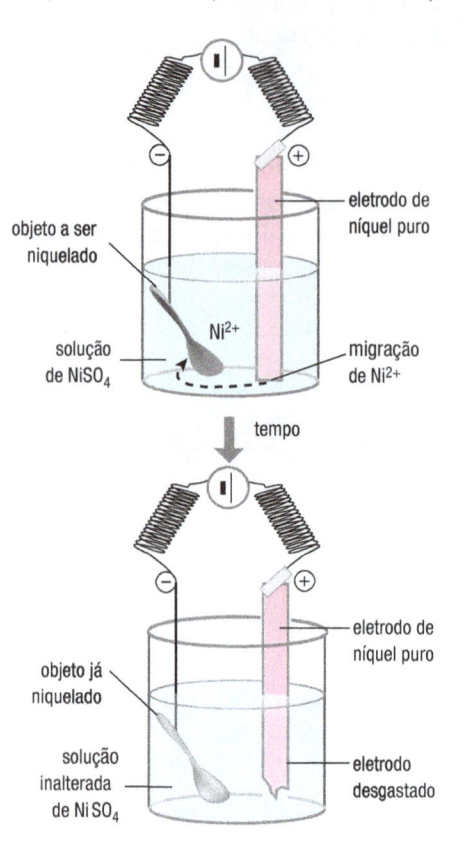

a) Equação de dissociação do $NiSO_4$:

b) Equação de autoionização da H_2O:

c) Semirreação catódica:

d) Semirreação anódica:

e) Equação global:

SÉRIE OURO

1. (FAMERP – SP) O magnésio é utilizado na confecção de ligas leves e em outros importantes compostos, como o leite de magnésia, $Mg(OH)_2$, um antiácido estomacal e laxante. A figura representa a obtenção do magnésio metálico, feita a partir da eletrólise ígnea do cloreto de magnésio.

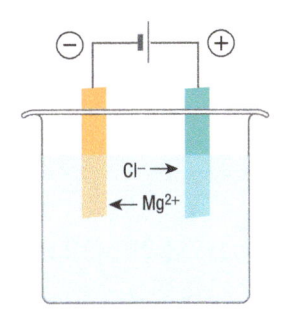

a) Escreva a equação que representa a redução do magnésio. Indique o nome do eletrodo em que essa redução ocorre.

b) Considerando que a concentração de HCl no estômago confere ao suco gástrico pH = 2, determine a concentração de íons H^+ presentes no suco gástrico. Calcule a quantidade, em mol, de $Mg(OH)_2$ necessária para neutralizar 100 mL de suco gástrico, conforme a equação a seguir:

$$2\ HCl + Mg(OH)_2 \longrightarrow MgCl_2 + 2\ H_2O$$

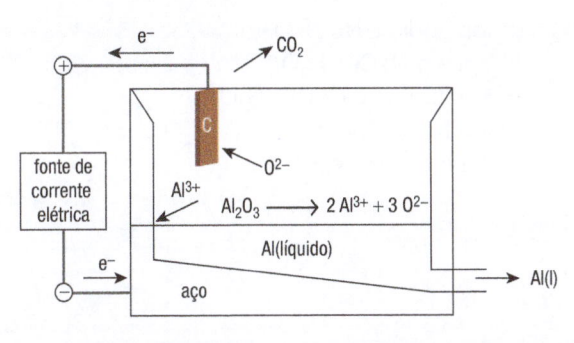

O processo ocorre em alta temperatura, de forma que o óxido se funde e seus íons se dissociam. O alumínio metálico é formado e escoado na forma líquida.

As semirreações que ocorrem na cuba eletrolítica são

▶▶ Polo positivo: $C + 2\ O^{2-} \longrightarrow CO_2 + 4e^-$
▶▶ Polo negativo: $Al^{3+} + 3e^- \longrightarrow Al$

A quantidade em mols de CO_2 que se forma para cada mol de Al e o polo negativo da cuba eletrolítica são, respectivamente,

a) 4/3 e anodo, onde ocorre a redução.
b) 3/4 e anodo, onde ocorre a oxidação.
c) 4/3 e catodo, onde ocorre a redução.
d) 3/4 e catodo, onde ocorre a redução.
e) 3/4 e catodo, onde ocorre a oxidação.

2. (FGV) O Brasil é o sexto principal país produtor de alumínio. Sua produção é feita a partir da bauxita, mineral que apresenta o óxido Al_2O_3. Após o processamento químico da bauxita, o óxido é transferido para uma cuba eletrolítica na qual o alumínio é obtido por processo de eletrólise ígnea. Os eletrodos da cuba eletrolítica são as suas paredes de aço, polo negativo, e barras de carbono, polo positivo.

3. (ENEM) A obtenção do alumínio dá-se a partir da bauxita ($Al_2O_3 \cdot 3\ H_2O$), que é purificada e eletrolisada numa temperatura de 1.000 °C. Na célula eletrolítica, o anodo é formado por barras de grafita ou carvão, que são consumidas no processo de eletrólise, com formação de gás carbônico, e o catodo é uma caixa de aço coberta de grafita.

A etapa de obtenção do alumínio ocorre no

a) anodo, com formação de gás carbônico.
b) catodo, com redução do carvão na caixa de aço.
c) catodo, com oxidação do alumínio na caixa de aço.
d) anodo, com depósito de alumínio nas barras de grafita.
e) catodo, com o fluxo de elétrons das barras de grafita para a caixa de aço.

4. (ENEM) Eu também podia decompor a água, se fosse salgada ou acidulada, usando a pilha de Daniell como fonte de força. Lembro o prazer extraordinário que sentia ao decompor um pouco de água em uma taça para ovos quentes, vendo-a separar-se em seus elementos, o oxigênio em um eletrodo, o hidrogênio no outro. A eletricidade de uma pilha de 1 volt parecia tão fraca, e no entanto podia ser suficiente para desfazer um composto químico, a água.

SACKS, O. **Tio Tungstênio**: memórias de uma infância química. São Paulo: Cia. das Letras, 2002.

O fragmento do romance de Oliver Sacks relata a separação dos elementos que compõem a água. O princípio do método apresentado é utilizado industrialmente na

a) obtenção de ouro a partir de pepitas.
b) obtenção de calcário a partir de rochas.
c) obtenção de alumínio a partir de bauxita.
d) obtenção de ferro a partir de seus óxidos.
e) obtenção de amônia a partir de hidrogênio e nitrogênio.

5. (ENEM) A eletrólise é um processo não espontâneo de grande importância para a indústria química. Uma de suas aplicações é a obtenção do gás cloro e do hidróxido de sódio, a partir de uma solução aquosa de cloreto de sódio. Nesse procedimento, utiliza-se uma célula eletroquímica, como ilustrado.

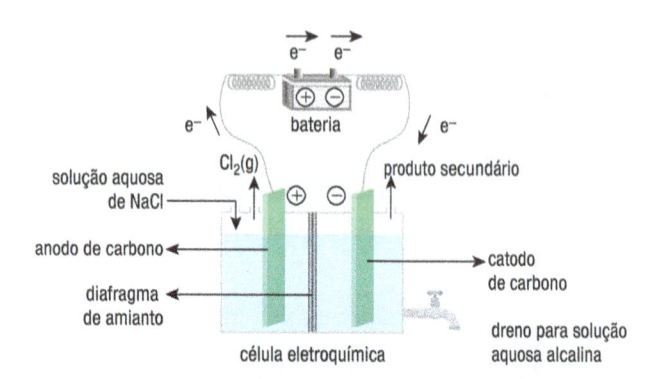

SHREVE, R. N.; BRINK Jr., J. A. **Indústrias de Processos Químicos**. Rio de Janeiro: Guanabara Koogan, 1997. Adaptado.

No processo eletrolítico ilustrado, o produto secundário obtido é o

a) vapor-d'água.
b) oxigênio molecular.
c) hipoclorito de sódio.
d) hidrogênio molecular.
e) cloreto de hidrogênio.

Utilize o texto para responder às questões de números **6 e 7**.

A soda cáustica, NaOH, é obtida industrialmente como subproduto da eletrólise da salmoura, NaCl em H_2O, que tem como objetivo principal a produção do gás cloro. Esse processo é feito em grande escala em uma cuba eletrolítica representada no esquema da figura:

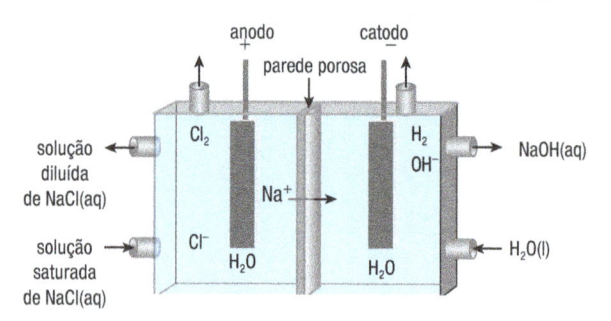

Do compartimento em que se forma o gás hidrogênio, a solução concentrada de hidróxido de sódio é coletada para que esse composto seja separado e, no estado sólido, seja embalado e comercializado.

6. (FGV) A separação da soda cáustica formada no processo de eletrólise é feita por

a) fusão.
b) sublimação.
c) condensação.
d) cristalização.
e) solubilização.

7. (FGV) Na produção do cloro por eletrólise da salmoura, a espécie que é oxidada e as substâncias que são os reagentes da reação global do processo são, correta e respectivamente,

a) íon sódio e $NaCl + H_2$.
b) água e $NaCl + H_2O$.
c) íon cloreto e $NaCl + H_2O$.
d) íon hidrogênio e $NaOH + H_2O$.
e) íon hidróxido e $NaCl + H_2$.

8. (FGV) Em um experimento em laboratório de Química, montou-se uma célula eletrolítica de acordo com o esquema:

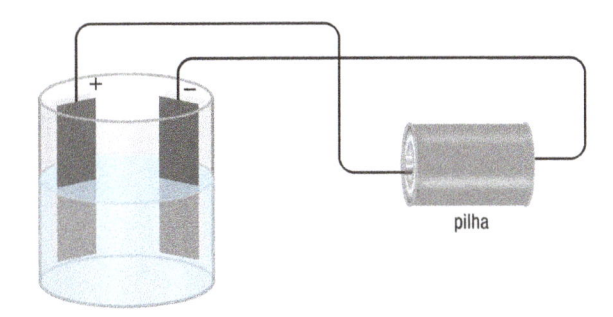

Usaram-se como eletrodo dois bastões de grafite, uma solução aquosa 1,0 mol · L^{-1} de CuSO$_4$ em meio ácido a 20 °C e uma pilha.

Alguns minutos após iniciado o experimento, observaram-se a formação de um sólido de coloração amarronzada sobre a superfície do eletrodo de polo negativo e a formação de bolhas na superfície do eletrodo de polo positivo.

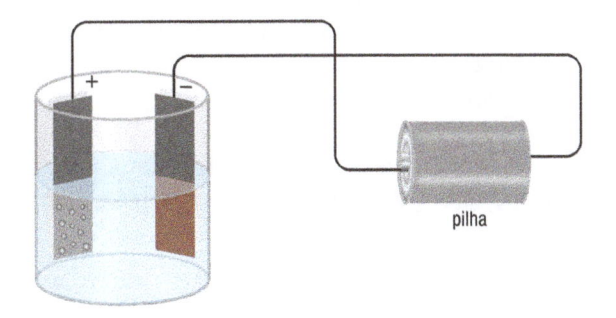

Com base nos potenciais de redução a 20 °C,

Cu^{2+}(aq) + 2e$^-$ ⟶ Cu(s)	+0,34 V
2 H$^+$(aq) + 2e$^-$ ⟶ H$_2$(g)	0,00 V
O$_2$(g) + 4 H$^+$(aq) + 4e$^-$ ⟶ 2 H$_2$O(l)	+1,23 V

É correto afirmar que se forma cobre no

a) catodo; no anodo, forma-se O$_2$.
b) catodo; no anodo, forma-se H$_2$O.
c) anodo; no catodo, forma-se H$_2$.
d) anodo; no catodo, forma-se O$_2$.
e) anodo; no catodo, forma-se H$_2$O.

9. (Exercício resolvido) (FUVEST – SP) Uma solução aquosa de iodeto de potássio (KI) foi eletrolisada, usando-se a aparelhagem esquematizada na figura. Após algum tempo de eletrólise, adicionam-se algumas gotas de solução de fenolftaleína na região do eletrodo A e algumas gotas de solução de amido na região do eletrodo B. Verificou-se o aparecimento da cor rosa na região de A e da cor azul (formação de iodo) na região de B.

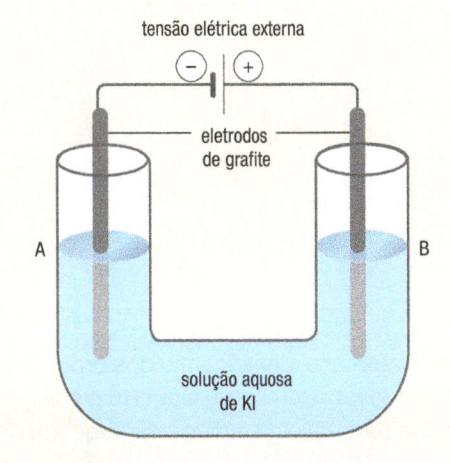

Nessa eletrólise:

I. no polo negativo, ocorre redução da água com formação de OH$^-$ e de H$_2$.
II. no polo positivo, o iodeto ganha elétrons e forma iodo.
III. a grafita atua como condutora de elétrons.

Dessas afirmações, apenas:

a) I é correta.
b) II é correta.
e) II e III são corretas.
c) III é correta.
d) I e III são corretas.

Resolução:

I. Correta: polo negativo (catodo): ocorre redução da água (ou do H$^+$).

$$2\,H_2O(l) + 2e^- \longrightarrow H_2(g) + 2\,OH^-(aq)$$

ou $2\,H^+(aq) + 2e^- \longrightarrow H_2(g)$

II. Incorreta: polo positivo (anodo): I$^-$ perde elétrons

$$2\,I^-(aq) \longrightarrow I_2(s) + 2e^-$$

III. Correta: a grafita atua como condutora de elétrons (eletrodo).

Resposta: alternativa d.

10. (PUC) O indicador fenolftaleína é incolor em pH < 8 e rosa em pH acima de 8. O amido é utilizado como indidicador da presença de iodo em solução, adquirindo uma intensa coloração azul devido ao complexo iodo-amido formado.

Um experimento consiste em passar corrente elétrica contínua em uma solução aquosa de iodeto de potássio (KI). O sistema está esquematizado a seguir.

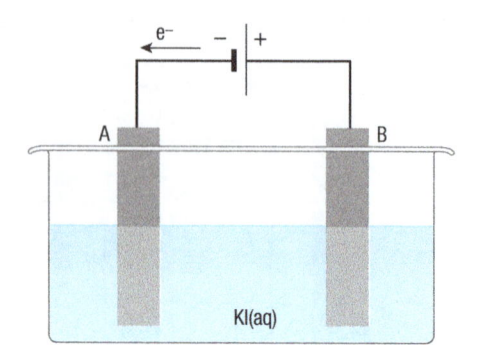

Para auxiliar a identificação dos produtos, são adicionados, próximo aos eletrodos, solução alcoólica de fenolftaleína e dispersão aquosa de amido.

Sobre o experimento é incorreto afirmar que:

a) haverá formação de gás no eletrodo B.
b) a solução ficará rosa próximo ao eletrodo A.
c) no eletrodo B ocorrerá o processo de oxidação.
d) o eletrodo A é o catodo do sistema eletrolítico.
e) a solução ficará azul próximo ao eletrodo B.

11. (UEPG – PR – adaptada) A figura abaixo representa a eletrólise da água.

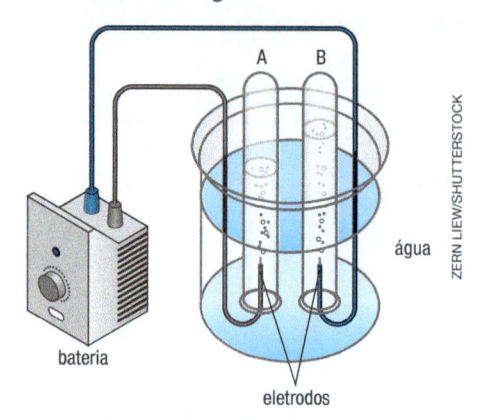

Sobre o sistema apresentado, assinale o que for incorreto, considerando que as semirreações que ocorrem nos eletrodos são:

Semirreações:

$$4\ OH^-(aq) \longrightarrow 2\ H_2O(l) + O_2(g) + 4e^-$$
$$4\ H^+(aq) + 4e^- \longrightarrow 2\ H_2(g)$$

a) O gás A é o hidrogênio.
b) O eletrodo que libera o gás A é o catodo da reação.
c) O eletrodo que libera o gás B é o polo positivo da eletrólise.
d) Na eletrólise, o processo químico não espontâneo ocorre devido a uma fonte de energia elétrica.
e) O gás B é água no estado gasoso.

12. (UNICAMP – SP) Observe o esquema a seguir, representativo da eletrólise da água:

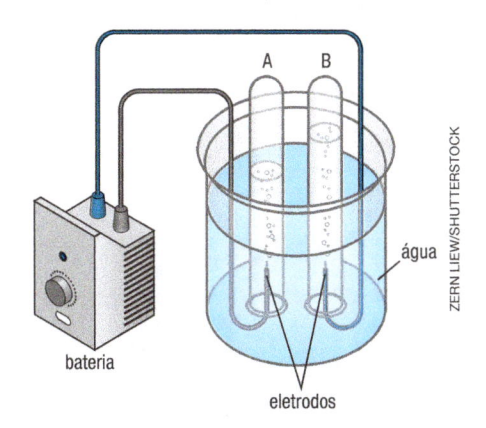

As semirreações que ocorrem no eletrodo são:

$2\ H_2O(l) + 2e^- \longrightarrow 2\ OH^-(aq) + H_2(g)$

$2\ H_2O(l) \longrightarrow 4\ H^+(aq) + O_2(g) + 4e^-$

A partir dessas informações:

a) Identifique os gases A e B.
b) Indique se, após um certo tempo de eletrólise, o meio estará ácido, básico ou neutro. Por quê?

13. (FUVEST – SP) Em uma aula de laboratório de Química, a professora propôs a realização da eletrólise da água.

Após a montagem de uma aparelhagem como a da figura abaixo, e antes de iniciar a eletrólise, a professora perguntou a seus alunos qual dos dois gases, gerados no processo, eles esperavam recolher em maior volume. Um dos alunos respondeu: "O gás oxigênio deve ocupar maior volume, pois seus átomos têm oito prótons e oito elétrons (além dos nêutrons) e, portanto, são maiores que os átomos de hidrogênio, que, em sua imensa maioria, têm apenas um próton e um elétron".

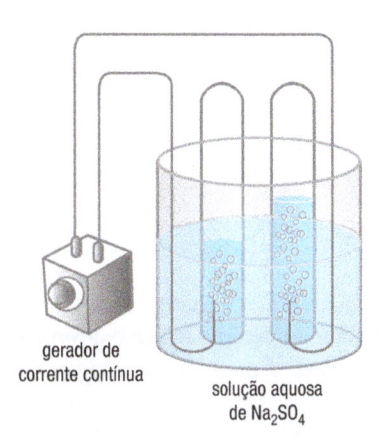

Observou-se, porém, que, decorridos alguns minutos, o volume de hidrogênio recolhido era o dobro do volume de oxigênio (e essa proporção se manteve no decorrer da eletrólise), de acordo com a seguinte equação química:

$2\ H_2O(l) \longrightarrow 2\ H_2(g) + O_2(g)$

   2 vols.   1 vol.

a) Considerando que a observação experimental não corresponde à expectativa do aluno, explique por que a resposta dada por ele está incorreta.

Posteriormente, o aluno perguntou à professora se a eletrólise da água ocorreria caso a solução aquosa de Na_2SO_4 fosse substituída por outra. Em vez de responder diretamente, a professora sugeriu que o estudante repetisse o experimento, porém substituindo a solução aquosa de Na_2SO_4 por uma solução aquosa de sacarose ($C_{12}H_{22}O_{11}$).

b) O que o aluno observaria ao realizar o novo experimento sugerido pela professora? Explique.

14. (FUVEST – SP) Água contendo Na₂SO₄ apenas para tornar o meio condutor e o indicador fenolftaleína é eletrolisada com eletrodos inertes. Nesse processo, observa-se desprendimento de gás:
a) de ambos os eletrodos e aparecimento de cor vermelha somente ao redor do eletrodo negativo.
b) de ambos os eletrodos e aparecimento de cor vermelha somente ao redor do eletrodo positivo.
c) somente do eletrodo negativo e aparecimento de cor vermelha ao redor do eletrodo positivo.
d) somente do eletrodo positivo e aparecimento de cor vermelha ao redor do eletrodo negativo.
e) de ambos os eletrodos e aparecimento de cor vermelha ao redor de ambos os eletrodos.

15. (MACKENZIE – SP) Um dos modos de se produzirem gás hidrogênio e gás oxigênio em laboratório é promover a eletrólise (decomposição pela ação da corrente elétrica) da água, na presença de sulfato de sódio ou ácido sulfúrico. Nesse processo, usando para tal um recipiente fechado, migram para o catodo (polo negativo) e anodo (polo positivo), respectivamente, H_2 e O_2. Considerando-se que as quantidades de ambos os gases são totalmente recolhidas em recipientes adequados, sob mesmas condições de temperatura e pressão, é correto afirmar que

DADOS: massas molares (g · mol⁻¹): H = 1 e O = 16.
a) o volume de $H_2(g)$ formado, nesse processo, é maior do que o volume de $O_2(g)$.
b) serão formados 2 mol de gases para cada mol de água decomposto.
c) as massas de ambos os gases formados são iguais no final do processo.
d) o volume de $H_2(g)$ formado é o quádruplo do volume de $O_2(g)$ formado.
e) a massa de $O_2(g)$ formado é o quádruplo da massa de $H_2(g)$ formado.

16. (FUVEST – SP) As etapas finais de obtenção do cobre a partir da calcosita, Cu_2S, são, sequencialmente:
I. ustulação (aquecimento ao ar);
II. refinação eletrolítica (esquema abaixo).

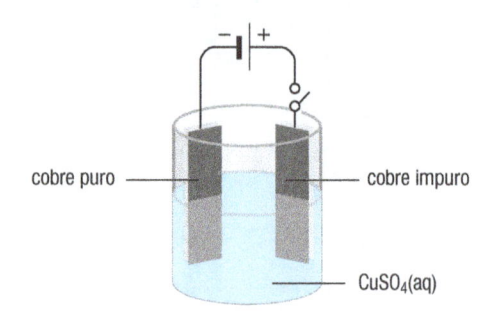

a) Escreva a equação da ustulação da calcosita.
b) Descreva o processo da refinação eletrolítica, mostrando o que ocorre em cada um dos polos ao se fechar o circuito.
c) Reproduza abaixo o esquema dado e indique nele o sentido do movimento dos elétrons no circuito e o sentido do movimento dos íons na solução, durante o processo de eletrólise.

17. (ENEM) Para que apresente condutividade elétrica adequada a muitas aplicações, o cobre bruto obtido por métodos térmicos é purificado eletroliticamente. Nesse processo, o cobre bruto impuro constitui o anodo da célula, que está imerso em uma solução de $CuSO_4$. À medida que o cobre impuro é oxidado no anodo, íons Cu^{2+} da solução são depositados na forma pura no catodo. Quanto às impurezas metálicas, algumas são oxidadas, passando à solução, enquanto outras simplesmente se desprendem do anodo e se sedimentam abaixo dele. As impurezas sedimentadas são posteriormente processadas, e sua comercialização gera receita que ajuda a cobrir os custos do processo. A série eletroquímica a seguir lista o cobre e alguns metais presentes como impurezas no cobre bruto de acordo com suas forças redutoras relativas.

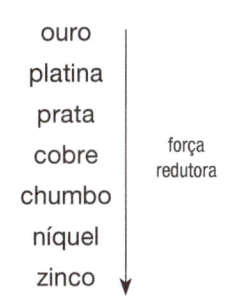

ouro
platina
prata
cobre   força redutora
chumbo
níquel
zinco

Entre as impurezas metálicas que constam na série apresentada, as que se sedimentam abaixo do anodo de cobre são

a) Au, Pt, Ag, Zn, Ni e Pb.
b) Au, Pt e Ag.
c) Zn, Ni e Pb.
d) Au e Zn.
e) Ag e Pb.

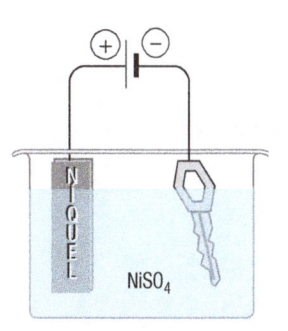

18. (FATEC – SP) Para a cromação de um anel de aço, um estudante montou o circuito eletrolítico representado na figura a seguir, utilizando uma fonte de corrente contínua.

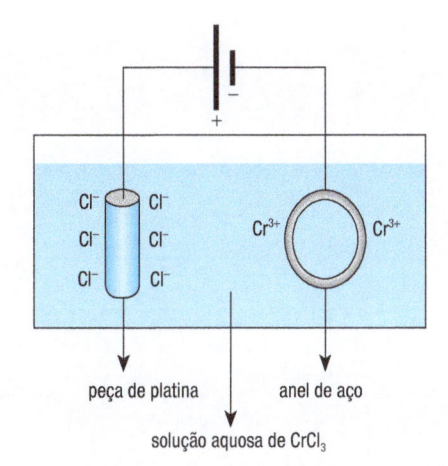

peça de platina   anel de aço
solução aquosa de $CrCl_3$

Durante o funcionamento do circuito, é correto afirmar que ocorre

a) liberação de gás cloro no anodo e depósito de cromo metálico no catodo.
b) liberação de gás cloro no catodo e depósito de cromo metálico no anodo.
c) liberação de gás oxigênio no anodo e depósito de platina metálica no catodo.
d) liberação de gás hidrogênio no anodo e corrosão da platina metálica no catodo.
e) liberação de gás hidrogênio no catodo e corrosão do aço metálico no anodo.

19. (UFV – MG) O processo de galvanização consiste no revestimento metálico de peças condutoras que são colocadas como eletrodos negativos em um circuito de eletrólise (observe o esquema abaixo).

$NiSO_4$

Considere as seguintes afirmativas:

I. Na chave, ocorre a reação $Ni^{2+} + 2e^- \longrightarrow Ni^0$.
II. No polo positivo, ocorre oxidação do níquel.
III. No polo positivo, ocorre a reação
$Ni^0 \longrightarrow Ni^{2+} + 2e^-$
IV. O eletrodo positivo sofre corrosão durante a eletrólise.
V. A chave é corroída durante o processo.

A alternativa que contém apenas as afirmativas corretas é:

a) I, II, III, IV e V.
b) I, II, III e IV.
c) I, II e III.
d) II e III.
e) I, II, III e V.

20. (FUVEST – SP) Para pratear eletroquimicamente um objeto de cobre e controlar a massa de prata depositada no objeto, foi montada a aparelhagem esquematizada na figura abaixo.

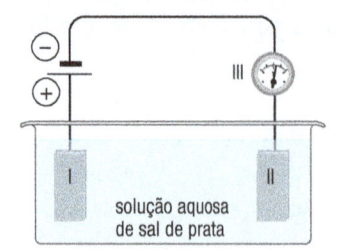

Nessa figura, I, II e III são, respectivamente:

a) o objeto de cobre, uma chapa de platina e um amperímetro.
b) uma chapa de prata, o objeto de cobre e um voltímetro.
c) o objeto de cobre, uma chapa de prata e um voltímetro.
d) o objeto de cobre, uma chapa de prata e um amperímetro.
e) uma chapa de prata, o objeto de cobre e um amperímetro.

21. (FUVEST – SP) Com a finalidade de niquelar uma peça de latão, foi montado um circuito, utilizando-se fonte de corrente contínua, como representado na figura.

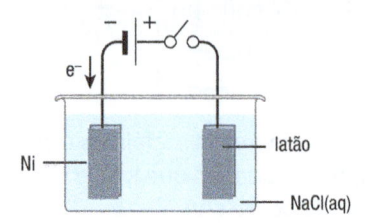

No entanto, devido a erros experimentais, ao fechar o circuito, não ocorreu a niquelação da peça. Para que essa ocorresse, foram sugeridas as alterações:

I. Inverter a polaridade da fonte de corrente contínua.
II. Substituir a solução aquosa de NaCl por solução aquosa de $NiSO_4$.
III. Substituir a fonte de corrente contínua por uma fonte de corrente alternada de alta frequência.

O êxito do experimento requereria apenas:

a) a alteração I.
b) a alteração II.
c) a alteração III.
d) as alterações I e II.
e) as alterações II e III.

SÉRIE PLATINA

1. (UNESP) Nas salinas, o cloreto de sódio é obtido pela evaporação da água do mar em uma série de tanques. No primeiro tanque, ocorre o aumento da concentração de sais na água, cristalizando-se sais de cálcio. Em outro tanque ocorre a cristalização de 90% do cloreto de sódio presente na água. O líquido sobrenadante desse tanque, conhecido como salmoura amarga, é drenado para outro tanque. É nessa salmoura que se encontra a maior concentração de íons Mg^{2+}(aq), razão pela qual ela é utilizada como ponto de partida para a produção de magnésio metálico.

Salina da região de Cabo Frio.
Disponível em: <www2.uol.com.br/Sciam>.

A obtenção de magnésio metálico a partir da salmoura amarga envolve uma série de etapas: os íons Mg^{2+} presentes nessa salmoura são precipitados sob a forma de hidróxido de magnésio por adição de íons OH^-.

Por aquecimento, esse hidróxido transforma-se em óxido de magnésio que, por sua vez, reage com ácido clorídrico, formando cloreto de magnésio que, após cristalizado e fundido, é submetido à eletrólise ígnea, produzindo magnésio metálico no catodo e cloro gasoso no anodo.

Dê o nome do processo de separação de misturas empregado para obter o cloreto de sódio nas salinas e informe qual é a propriedade específica dos materiais na qual se baseia esse processo. Escreva a equação da reação que ocorre na primeira etapa da obtenção de magnésio metálico a partir da salmoura amarga e a equação que representa a reação global que ocorre na última etapa, ou seja, na eletrólise ígnea do cloreto de magnésio.

2. (UNICAMP – SP – adaptada) Gás cloro (Cl_2) pode ser obtido a partir da eletrólise aquosa de cloreto de sódio. Um processo eletroquímico moderno e menos agressivo ao meio ambiente, em que se utiliza uma membrana semipermeável, evita que toneladas de mercúrio, utilizado no processo eletroquímico convencional, sejam dispensadas anualmente na natureza. Esse processo moderno está parcialmente esquematizado na figura abaixo.

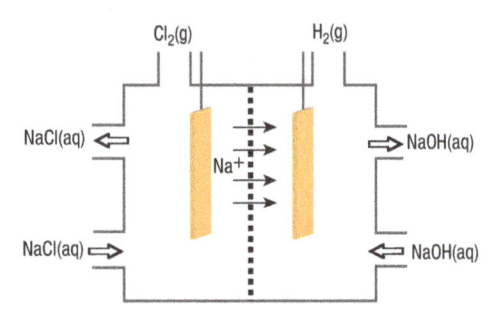

a) Na figura acima, falta representar uma fonte de corrente elétrica. Complete o desenho com essas informações, não se esquecendo de anotar os sinais da fonte, de indicar se ela é uma fonte de corrente alternada ou de corrente contínua e de indicar o sentido do fluxo de elétrons.

b) Escreva as equações balanceadas que representam as semirreações de oxidação e redução ocorridas no processo eletrolítico. Escreva também a equação global que representa o processo de eletrólise aquosa do cloreto de sódio.

c) A produção mundial de gás cloro é de 60 milhões de toneladas por ano. Se a produção anual de gás cloro fosse obtida apenas pelo processo esquematizado na figura acima, qual seria a produção de gás hidrogênio em milhões de toneladas?

DADOS: massas molares (g/mol): H = 1; Cl = 35,5.

Capítulo 14 — Eletroquímica Quantitativa

Nesta unidade, desenvolvemos o **estudo qualitativo** da Eletroquímica, dividindo-a em dois grandes blocos: em primeiro lugar, o estudo das **células voltaicas**, dispositivos que permitem a geração de uma corrente elétrica contínua a partir de uma reação de oxirredução espontânea. Em segundo lugar, o estudo da **eletrólise**, fenômeno no qual utilizamos uma corrente elétrica contínua com o objetivo de favorecer a obtenção de novas substâncias.

Em ambos os casos, nos preocupamos em analisar o que é consumido e o que é produzido, porém ainda não nos perguntamos qual é a **quantidade** de reagentes e de produtos envolvidos nesses processos. Esse é o foco do nosso último capítulo: estudar os **aspectos quantitativos** dos processos eletroquímicos! Vamos lá?

Culinária tem muito de Química! A correta proporção dos ingredientes que reagem é fundamental para se obter o melhor resultado. Pegue, por exemplo, o conhecido bolo "red velvet" (veludo vermelho), que tem esse nome em função da cor vermelha de sua massa. Essa coloração é obtida a partir da reação do cacau (não do chocolate!), que contém antocianina, em contato com o ácido do vinagre, outro ingrediente da receita. Cacau e vinagre devem estar presentes na massa desse bolo em proporção adequada a fim de que se tenha o melhor dos vermelhos! (*Dica*: acrescentar um pouco de suco de limão à massa ajuda a obter a cor vermelha.)

14.1 Proporções estequiométricas em semirreações

A proporção estequiométrica em uma equação química qualquer indica a proporção, **em mol**, entre reagentes e produtos. Por exemplo, a equação balanceada da combustão completa do metano

$$1\ CH_4(g) + 2\ O_2(g) \longrightarrow 1\ CO_2(g) + 2\ H_2O(g)$$

indica que 1 mol de metano (CH_4) reage com 2 mol de gás oxigênio (O_2) para formar 1 mol de dióxido de carbono (CO_2) e 2 mol de água (H_2O).

Em uma semirreação, seja ela de oxidação ou de redução, isso também ocorre. Por exemplo, na eletrólise aquosa de uma solução de $ZnSO_4$, no catodo temos a redução do Zn^{2+}, que pode ser equacionada por:

$$1\ Zn^{2+}(aq) + 2e^- \longrightarrow 1\ Zn(s)$$

Os coeficientes estequiométricos da semirreação acima indicam que 1 mol de $Zn^{2+}(aq)$ reage com 2 mol de elétrons para formar 1 mol de $Zn(s)$.

Outro exemplo que estudamos é a eletrólise da água, cujas semirreações são descritas por:

A deposição eletrolítica de uma camada de zinco sobre peças de aço é um processo chamado de **galvanização**, sendo utilizado para proteger as peças da corrosão.

Oxidação: $\quad 2\ OH^-(aq) \longrightarrow \dfrac{1}{2} O_2(g) + 1\ H_2O(l) + 2e^-$

Redução: $\quad 2\ H^+(aq) + 2e^- \longrightarrow 1\ H_2(g)$

Equação global: $1\ H_2O(l) \longrightarrow 1\ H_2(g) + \dfrac{1}{2} O_2(g)$

A semirreação de redução indica que para produzir 1 mol de H_2 é necessário que 2 mol de H^+ reajam com 2 mol de elétrons.

Na eletrólise da água, obtemos gás oxigênio no polo positivo (anodo) e gás hidrogênio no polo negativo (catodo) na proporção $1\ O_2 : 2\ H_2$. É por esse motivo que o volume de gás recolhido no tubo da direita é praticamente o dobro do volume de gás recolhido no tubo da esquerda.

14.2 Relação entre quantidade em mols de elétrons e carga elétrica

Quando estamos analisando os aspectos quantitativos em processos eletroquímicos, é comum relacionarmos a quantidade de elétrons a sua carga elétrica. No início do século XX, o físico estadunidense Robert **Millikan** (1868-1953) determinou o valor da carga elétrica de um elétron como sendo igual a $1,6 \cdot 10^{-19}$ C.

Entretanto, em Química, dificilmente trabalhamos com um único elétron nas proporções envolvidas nas semirreações, mas sim com mols de elétrons. Com base na constante de Avogadro ($6,02 \cdot 10^{23}$ mol^{-1}), podemos determinar a carga de um mol de elétrons, cujo valor é conhecido como constante de Faraday (F):

1 elétron ——————— $1,6 \cdot 10^{-19}$ C
1 mol de elétrons = $6,02 \cdot 10^{23}$ elétrons ——————— 1 F

de onde **1 F $\cong$ 96.500 C/mol**.

Voltando às semirreações destacadas anteriormente, podemos agora relacionar as quantidades em mols dos produtos e reagentes à carga dos elétrons envolvidos:

1 Zn²⁺(aq)	+	**2e⁻**	→	**1 Zn(s)**		**2 H⁺(aq)**	+	**2e⁻**	→	**1 H₂(g)**
1 mol		2 mol		1 mol		2 mol		2 mol		1 mol
1 mol		2 F		1 mol		2 mol		2 F		1 mol
1 mol		2 · 96.500 C		1 mol		2 mol		2 · 96.500 C		1 mol

Fique ligado!

Relação entre carga elétrica e intensidade de corrente

A carga elétrica (Q), em coulombs, que passa por um circuito elétrico pode ser calculada multiplicando-se a intensidade de corrente (i), em amperes, pelo intervalor de tempo (Δt), em segundos:

$$Q = i \cdot \Delta t$$

Cuidado com as unidades, principalmente do intervalo de tempo, que deve estar em segundos!

Você sabia?

A experiência de Millikan (1909)

Robert Millikan determinou experimentalmente a carga do elétron em um famoso experimento conhecido como o "experimento da gota de óleo".

Nesse experimento, Millikan analisou a queda de pequenas gotículas de óleo que foram carregadas eletricamente pela ação de uma radiação ionizante. Ele ajustava a diferença de potencial entre as placas positiva e negativa até que as gotículas caíssem com velocidade constante.

Essa situação significava que a força elétrica atuante sobre a gotícula se igualava à força peso:

$$F_{elétrica} = P$$
$$q \cdot E = m \cdot g \Rightarrow q = \frac{m \cdot g}{E}$$

onde q é a carga da gotícula, E é o módulo do campo elétrico entre as placas, m é a massa da gotícula e g é a aceleração da gravidade.

Ao repetir essa análise com diversas gotas, Millikan observou que as cargas calculadas eram múltiplas de um mesmo valor, a qual ele denominou de **carga elementar** e que hoje se sabe que é igual a e = $1,6 \cdot 10^{-19}$ C.

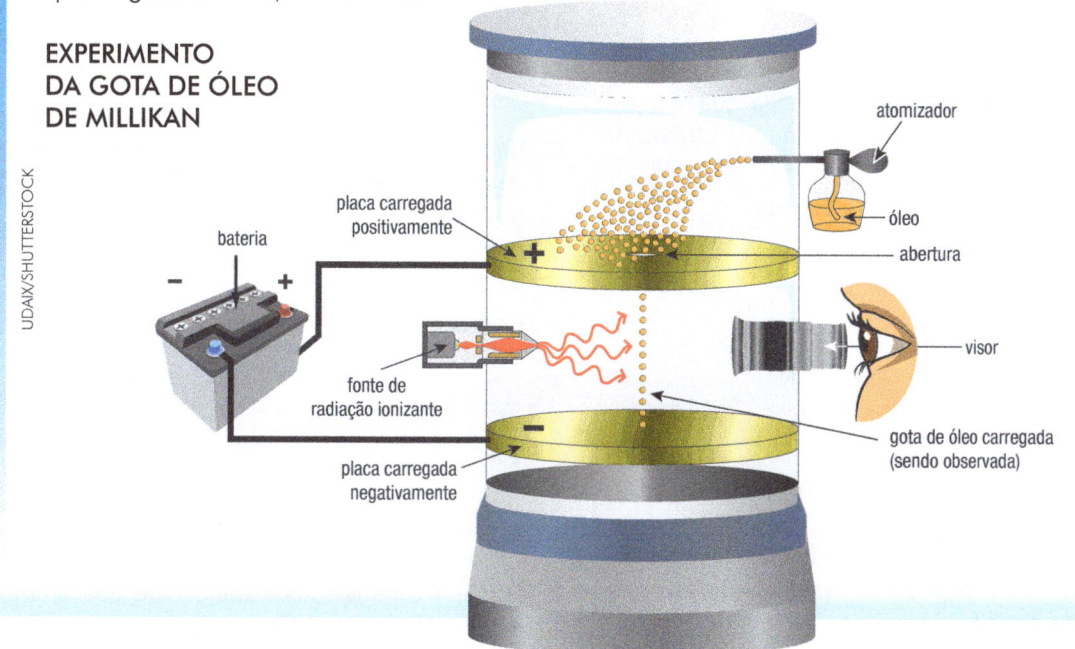

EXPERIMENTO DA GOTA DE ÓLEO DE MILLIKAN

SÉRIE BRONZE

1. Complete o diagrama a seguir com as informações corretas sobre os aspectos quantitativos da eletroquímica.

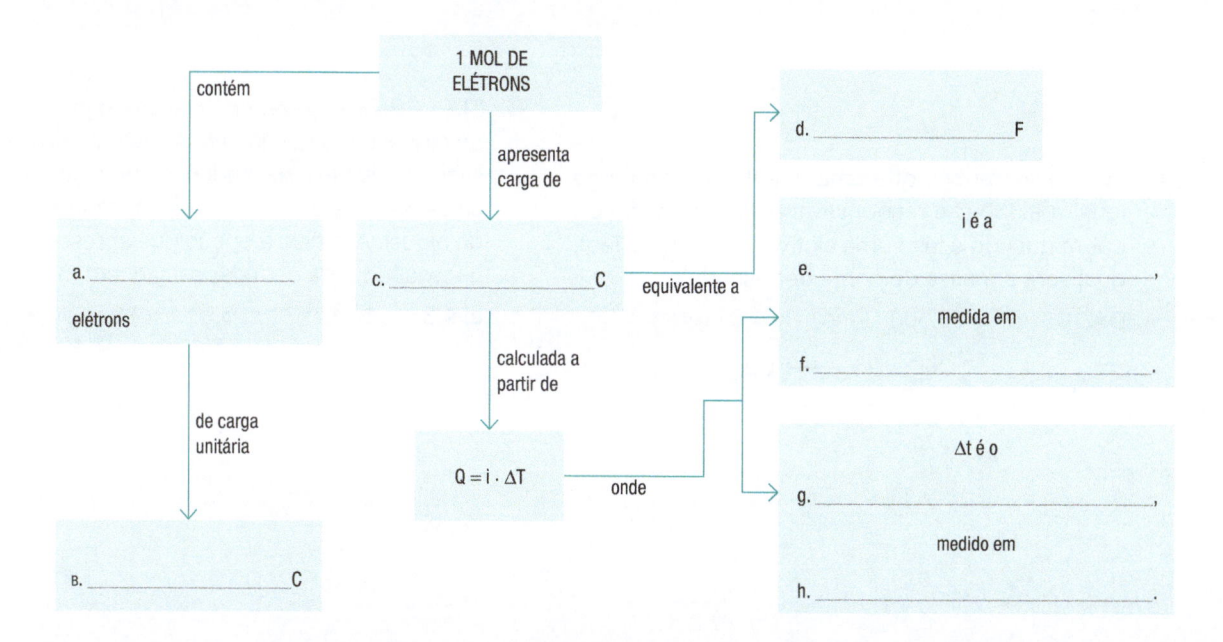

1 MOL DE ELÉTRONS

contém

apresenta carga de

a. _____ elétrons

c. _____ C

equivalente a

calculada a partir de

Q = i · Δt

onde

de carga unitária

B. _____ C

d. _____ F

i é a

e. _____,

medida em

f. _____.

Δt é o

g. _____,

medido em

h. _____.

SÉRIE PRATA

1. Qual é a quantidade em mols de elétrons que deve passar por um circuito eletrolítico a fim de depositar meio mol de prata metálica na eletrólise de $AgNO_3(aq)$?

$$Ag^+ + e^- \longrightarrow Ag$$

2. Calcule a massa de prata depositada quando temos 0,2 F de carga envolvida em uma eletrólise aquosa de $AgNO_3$.

DADO: massa molar (Ag) = 108 g/mol.

$$Ag^+ + e^- \longrightarrow Ag$$

3. Calcule o volume de O_2 liberado nas CNTP quando temos 0,01 F de carga envolvida em uma eletrólise aquosa de $AgNO_3$.

DADO: volume molar nas CNTP = 22,4 L/mol.

$$H_2O \longrightarrow 2e^- + \frac{1}{2} O_2 + 2 H^+$$

4. Se considerarmos que uma quantidade de carga igual a 9.650 C é responsável pela deposição do cobre quando é feita uma eletrólise de $CuSO_4(aq)$, qual será a massa de cobre depositada?

DADOS: 1 F = 96.500 C/mol; Cu = 64 g/mol.

$$Cu^{2+} + 2e^- \longrightarrow Cu$$

5. (UFS – SE) Numa célula eletrolítica contendo solução aquosa de $AgNO_3$ flui uma corrente elétrica de 5 A durante 9.650 s. Nessa experiência, quantos gramas de prata metálica são obtidos?

DADOS: 1 F = 96.500 C/mol; Ag = 108; Q = i Δt.

$$Ag^+ + e^- \longrightarrow Ag$$

6. Numa pilha, uma lata de zinco funciona como um dos eletrodos. Que massa de Zn é oxidada a Zn^{2+} durante a descarga desse tipo de pilha, por um período de 60 minutos, envolvendo uma corrente de $5,36 \cdot 10^{-1}$ A?

DADOS: 1 F = 96.500 C/mol; Zn = 65; Q = i Δt.

$$Zn \longrightarrow Zn^{2+} + 2e^-$$

7. Calcular o tempo necessário para que uma corrente de 19,3 A libere 4,32 g de prata no catodo.

DADOS: 1 F = 96.500 C/mol; Ag = 108; Q = i Δt.

$$Ag^+ + e^- \longrightarrow Ag$$

8. (ITA – SP) Deseja-se depositar uma camada de 0,85 g de níquel metálico no catodo de uma célula eletrolítica, mediante a passagem de uma corrente elétrica de 5 A através de uma solução aquosa de nitrato de níquel. Assinale a opção que apresenta o tempo necessário para esta deposição, em minutos.

a) 4,3 b) 4,7 c) 5,9 d) 9,3 e) 17,0

9. (FUVEST – SP) Qual á a massa de cobre depositada na eletrólise de uma solução de $CuSO_4$, sabendo-se que numa cela contendo $AgNO_3$ e ligada em série com a cela de $CuSO_4$, há um depósito de 1,08 g de Ag?

a) 0,32 g   c) 0,96 g   e) 6,4 g
b) 0,64 g   d) 3,2 g

DADOS: Ag = 108; Cu = 64.

10. (UEL – PR) Considere duas soluções aquosas, uma de nitrato de prata ($AgNO_3$) e outra de um sal de um metal X, cuja carga catiônica é desconhecida. Quando a mesma quantidade de eletricidade passa através das duas soluções, 1,08 g de prata e 0,657 g de X são depositados. Com base nessas informações, é correto afirmar que a carga iônica de X é:

a) –1.   b) +1.   c) +2.   d) +3.   e) +4.

DADOS: Ag = 108 g/mol; X = 197 g/mol.

SÉRIE OURO

1. (PUC – SP) O alumínio é um metal leve e muito resistente, tendo diversas aplicações industriais. Esse metal passou a ser explorado economicamente a partir de 1886, com a implementação do processo Héroult-Hall. O alumínio é encontrado geralmente na bauxita, minério que apresenta alto teor de alumina (Al_2O_3).

O processo Héroult-Hall consiste na redução do alumínio presente na alumina (Al_2O_3) para alumínio metálico, por meio de eletrólise. A semirredução é representada por

$$Al^{3+} + 3e^- \longrightarrow Al$$

Se uma cela eletrolítica opera durante uma hora, passando carga equivalente a 3.600 F, a massa de alumínio metálico produzida é:

a) 32,4 kg.
b) 97,2 kg.
c) 27,0 kg.
d) 96,5 kg.
e) 3,60 g.

DADO: massa molar do Al = 27 g/mol.

2. (UNESP) O alumínio metálico é produzido pela eletrólise do composto Al_2O_3, fundido, consumindo uma quantidade muito grande de energia. A reação química que ocorre pode ser representada pela equação:

$$4\,Al^{3+} + 6\,O^{2-} + 3\,C \longrightarrow 4\,Al + 3\,CO_2$$

Em um dia de trabalho, uma pessoa coletou 8,1 kg de alumínio nas ruas de uma cidade, encaminhado-os para reciclagem.

a) Calcule a quantidade de alumínio coletada, expressa em mols de átomos.
b) Quanto tempo é necessário para produzir uma quantidade de alumínio equivalente a 2 latinhas de refrigerante, a partir do Al_2O_3, sabendo-se que a célula eletrolítica opera com uma corrente de 1 A?

DADOS: 1 mol de elétrons = 96.500 C; 1 C = 1A · 1s; massa molar do alumínio = 27 g/mol; 2 latinhas de refrigerante = 27 g.

3. (UNICAMP – SP – adaptada) Na reciclagem de embalagens de alumínio, usam-se apenas 5% da energia despendida na sua fabricação a partir do minério de bauxita. No entanto, não se deve esquecer a enorme quantidade de energia envolvida nessa fabricação ($3,6 \cdot 10^6$ joules por latinha), além do fato de que a bauxita contém (em média) 55% de óxido de alumínio (alumina) e 45% de resíduos sólidos.

a) Escreva a semirreação catódica que ocorre na eletrólise ígnea do Al_2O_3.

b) Considerando que em 2010 o Brasil produziu $32 \cdot 10^6$ toneladas de alumínio metálico a partir da bauxita, calcule quantas toneladas de resíduos sólidos foram geradas nesse período por essa atividade.

DADOS: massas molares em g/mol: Al_2O_3 = 102; Al = 27.

c) Calcule o número de banhos que poderiam ser tomados com a energia necessária para produzir apenas uma latinha de alumínio, estimando em 10 minutos o tempo de duração do banho, em um chuveiro cuja potência é de 3.000 W.

DADO: $W = J \cdot s^{-1}$.

---

4. (Exercício resolvido) (MACKENZIE – SP) Uma indústria que obtém o alumínio por eletrólise ígnea do óxido de alumínio utiliza 150 cubas por onde circula uma corrente de 965 A em cada uma. Após 30 dias, funcionando ininterruptamente, a massa de alumínio obtida é de aproximadamente:

a) 35,0 toneladas.
b) 1,2 tonelada.
c) 14,0 toneladas.
d) 6,0 toneladas.
e) 25,0 toneladas.

DADOS: massa molar do Al = 27 g/mol; 1 F = = 96.500 C/mol.

Resolução:

Δt = 30 dias = $30 \cdot 24$ h = $30 \cdot 24 \cdot 3.600$ s

Δt = 2.592.000 s

Q = i Δt = $965 \cdot 2.592.000$ C

$Al^{3+} + 3e^- \longrightarrow Al$

3 mol   1 mol

    $3 \cdot 96.500$ C —————— 27 g

$965 \cdot 2.592.000$ C —————— m

m = 233.280

g $\cong$ 233 kg

Como temos 150 cubas,

m_{TOTAL} = $150 \cdot 233$ kg = 34.950 kg $\cong$ 35,0 t

Resposta: alternativa a.

---

5. (FUVEST – SP) O alumínio é produzido pela eletrólise de Al_2O_3 fundido. Uma usina opera com 300 cubas eletrolíticas e corrente de $1,1 \cdot 10^5$ amperes em cada uma delas. A massa de alumínio, em toneladas, produzida em um ano é de aproximadamente:

a) $1,0 \cdot 10^5$ b) $2,0 \cdot 10^5$ c) $3,0 \cdot 10^5$ d) $1,0 \cdot 10^8$ e) $2,0 \cdot 10^8$

DADOS: 1 ano = $3,2 \cdot 10^7$ segundos; massa molar do Al = 27 g/mol; carga elétrica necessária para neutralizar um mol de íons monovalentes = $9,6 \cdot 10^4$ coulombs/mol.

6. (UNESP) Em um experimento, um estudante realizou, nas Condições Ambiente de Temperatura e Pressão (CATP), a eletrólise de uma solução aquosa de ácido sulfúrico, utilizando uma fonte de corrente elétrica contínua de 0,200 A durante 965 s. Sabendo que a constante de Faraday é 96.500 C/mol e que o volume molar de gás nas CATP é 25.000 mL/mol, o volume de $H_2(g)$ desprendido durante essa eletrólise foi igual a

a) 30,0 mL.
b) 45,0 mL.
c) 10,0 mL.
d) 25,0 mL.
e) 50,0 mL.

7. (UNICAMP – SP) A galvanoplastia consiste em revestir um metal por outro a fim de protegê-lo contra a corrosão ou melhorar sua aparência. O estanho, por exemplo, é utilizado como revestimento do aço empregado em embalagens de alimentos. Na galvanoplastia, a espessura da camada pode ser controlada com a corrente elétrica e o tempo empregados. A figura abaixo é uma representação esquemática desse processo.

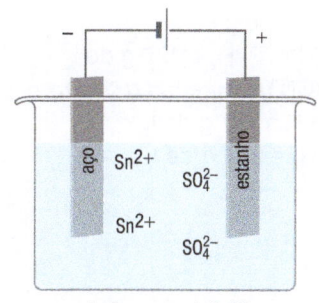

Considerando a aplicação de uma corrente constante com intensidade igual $9,65 \cdot 10^{-3}$ A, a massa depositada de estanho após 1 min 40 s será de aproximadamente

DADOS: 1 mol de elétrons corresponde a uma carga de 96.500 C; Sn: 119 g · mol⁻¹.

a) 0,6 mg e ocorre, no processo, a transformação de energia química em energia elétrica.
b) 0,6 mg e ocorre, no processo, a transformação de energia elétrica em energia química.
c) 1,2 mg e ocorre, no processo, a transformação de energia elétrica em energia química.
d) 1,2 mg e ocorre, no processo, a transformação de energia química em energia elétrica.

8. (MACKENZIE – SP) Pode-se niquelar (revestir com uma fina camada de níquel) uma peça de um determinado metal. Para esse fim, devemos submeter um sal de níquel (II), normalmente o cloreto, a um processo denominado eletrólise em meio aquoso. Com o passar do tempo, ocorre a deposição de níquel sobre a peça metálica a ser revestida, gastando-se certa quantidade de energia. Para que seja possível o depósito de 5,87 g de níquel sobre determinada peça metálica, o valor da corrente elétrica utilizada, para um processo de duração de 1.000 s, é de

a) 9,65 A.
b) 10,36 A.
c) 15,32 A.
d) 19,30 A.
e) 28,95 A.

DADOS: constante de Faraday = 96.500 C; massa molar em (g/mol) Ni = 58,7.

9. (MACKENZIE – SP) A cromagem é um tipo de tratamento superficial em que um metal de menor nobreza é recoberto com uma fina camada de cromo, sob condições eletrolíticas adequadas, com o propósito decorativo ou anticorrosivo. Uma empresa fez a cromagem de dez peças metálicas idênticas, utilizando uma solução de nitrato de cromo (III) em um processo de eletrólise em meio aquoso. Cada peça foi submetida a uma corrente elétrica de 3,86 A, durante 41 minutos e 40 segundos, assim a massa total de cromo consumida foi de, aproximadamente,

DADOS: constante de Faraday = 96.500 C; massa molar do cromo em (g · mol⁻¹) = 52.

a) 1,73 g.
b) 5,20 g.
c) 17,30 g.
d) 52,00 g.
e) 173,00 g.

10. (FGV) Soluções aquosas de NiSO$_4$, CuSO$_4$ e Fe$_2$(SO$_4$)$_3$, todas de concentração 1 mol/L, foram eletrolisadas no circuito esquematizado, empregando eletrodos inertes.

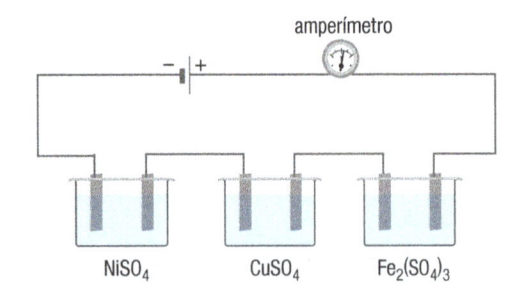

Após um período de funcionamento do circuito, observou-se a deposição de 29,35 g de níquel metálico a partir da solução de NiSO$_4$. São dadas as massas molares, expressas em g/mol: Cu = 63,50; Fe = 55,80; Ni = 58,70.

Supondo 100% de rendimento no processo, as quantidades de cobre e de ferro, em gramas, depositadas a partir de suas respectivas soluções são, respectivamente,

a) 21,17 e 18,60.
b) 21,17 e 29,35.
c) 31,75 e 18,60.
d) 31,75 e 27,90.
e) 63,50 e 88,80.

11. (ITA – SP) Em um experimento eletrolítico, uma corrente elétrica circula através de duas células durante 5 horas. Cada célula contém condutores eletrônicos de platina. A primeira célula contém solução aquosa de íons Au^{3+} enquanto, na segunda célula, está presente uma solução aquosa de íons Cu^{2+}.

Sabendo que 9,85 g de ouro puro foram depositados na primeira célula, assinale a opção que corresponde à massa de cobre, em gramas, depositada na segunda célula eletrolítica.

DADOS: massas molares (g/mol): Cu = 63,5; Au = 197.

a) 2,4   b) 3,6   c) 4,8   d) 6,0   e) 7,2

12. (FEI – SP) Duas cubas eletrolíticas dotadas de eletrodos inertes, ligadas em série, contêm, respectivamente, solução aquosa de AgNO$_3$ e solução aquosa de KI. Certa quantidade de eletricidade acarreta a deposição de 108 g de prata na primeira cuba. Em relação às quantidades e à natureza das substâncias liberadas, respectivamente, no catodo e no anodo da segunda cuba, pode-se dizer (massas atômicas (u): H = 1; O = 16; K = 39; Ag = 108; I = 127):

a) 39 g de K e 8 g de O$_2$
b) 11,2 L (CNTP) H$_2$ e 127 g de I$_2$
c) 11,2 L (CNTP) H$_2$ e 5,6 g de O$_2$
d) 39 g de K e 127 g de I$_2$
e) 1 g de H$_2$ e 254 g de I$_2$

13. (MACKENZIE – SP) Utilizando eletrodos inertes, foram submetidas a uma eletrólise aquosa em série duas soluções aquosas de nitrato, uma de níquel (II) e outra de um metal Z, cuja carga catiônica é desconhecida. Após 1 hora, 20 minutos e 25 segundos, utilizando uma corrente de 10 A, foram obtidos 14,500 g de níquel e 25,875 g do metal Z.

DADOS: massas molares (g/mol) Ni = 58 e Z = 207; 1 Faraday = 96.500 C.

De acordo com essas informações, é correto afirmar que a carga iônica do elemento químico Z é igual a

a) +1.   b) +2.   c) +3.   d) +4.   e) +5.

14. (FUVEST – SP) Células a combustível são opções viáveis para gerar energia elétrica para motores e outros dispositivos. O esquema representa uma dessas células e as transformações que nela ocorrem.

$$H_2(g) + \frac{1}{2} O_2(g) \longrightarrow H_2O(g) \quad \Delta H = -240 \text{ kJ/mol de } H_2$$

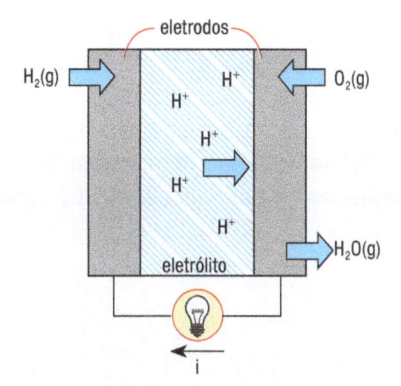

NOTE E ADOTE:

▶▶ carga de um mol de elétrons = 96.500 coulomb.

A corrente elétrica (i), em ampere (coulomb por segundo), gerada por uma célula a combustível que opera por 10 minutos e libera 4,80 kJ de energia durante esse período de tempo, é

a) 3,32.   c) 12,9.   e) 772.
b) 6,43.   d) 386.

15. (PUC – SP) A célula combustível é um exemplo interessante de dispositivo para a obtenção de energia elétrica para veículos automotores, com uma eficiência superior aos motores de combustão interna. Uma célula combustível que vem sendo desenvolvida utiliza o metanol como combustível. A reação ocorre na presença de água em meio ácido, contando com eletrodos de platina.

Para esse dispositivo, no eletrodo A ocorre a seguinte reação:

$CH_3OH(l) + H_2O(l) \longrightarrow$
$\longrightarrow CO_2 + 6 H^+(aq) + 6e^- \quad E^0 = -0,02$ V

Enquanto que no eletrodo B ocorre o processo:

$O_2(g) + 4 H^+(aq) + 4e^- \longrightarrow 2 H_2O(l) \quad E^0 = 1,23$ V

Para esse dispositivo, os polos dos eletrodos A e B, a ddp da pilha no estado padrão e a carga elétrica que percorre o circuito no consumo de 32 g de metanol são, respectivamente,

a) negativo, positivo, $\Delta E^0 = 1,21$ V, Q = 579.000 C.
b) negativo, positivo, $\Delta E^0 = 1,21$ V, Q = 386.000 C.
c) negativo, positivo, $\Delta E^0 = 1,25$ V, Q = 96.500 C.
d) positivo, negativo, $\Delta E^0 = 1,25$ V, Q = 579.000 C.
e) positivo, negativo, $\Delta E^0 = 1,87$ V, Q = 96.500 C.

DADOS: constante de Faraday (F) = 96.500 C; massa molar do CH_3OH = 32 g/mol.

SÉRIE PLATINA

1. (UNICAMP – SP) A cada quatro anos, durante os Jogos Olímpicos, bilhões de pessoas assistem à tentativa do Homem e da Ciência de superar limites. Podemos pensar no entretenimento, na geração de empregos, nos avanços da Ciência do Desporto e da tecnologia em geral. Como esses jogos podem ser analisados do ponto de vista da Química? Essa questão é um dos exemplos de como o conhecimento químico é ou pode ser usado nesse contexto.

Ao contrário do que muitos pensam, a medalha de ouro da Olimpíada de Beijing é feita de prata, sendo apenas recoberta com uma fina camada de ouro obtida por deposição eletrolítica. Na eletrólise, a medalha cunhada em prata atua como o eletrodo em que o ouro se deposita. A solução eletrolítica é constituída de um sal de ouro (III). A quantidade de ouro depositada em cada medalha é de 6,0 gramas.

a) Supondo que o processo de eletrólise tenha sido conduzido em uma solução aquosa de ouro (III) contendo excesso de íons cloreto em meio ácido, equacione a reação total do processo eletroquímico. Considere que no anodo forma-se o gás cloro.

b) Supondo que tenha sido utilizada uma corrente elétrica constante de 2,5 amperes no processo eletrolítico, quanto tempo (em minutos) foi gasto para se fazer a deposição do ouro em uma medalha? Mostre os cálculos.

DADOS: massa molar do ouro: 197 g/mol; constante de Faraday = 96.500 coulomb · mol^{-1}; 1 ampere = = 1 coulomb · s^{-1}; .

2. (FUVEST – SP) Em uma oficina de galvanoplastia, uma peça de aço foi colocada em um recipiente contendo solução de sulfato de cromo (III) [$Cr_2(SO_4)_3$], a fim de receber um revestimento de cromo metálico. A peça de aço foi conectada, por meio de um fio condutor, a uma barra feita de um metal X, que estava mergulhada em uma solução de um sal do metal X. As soluções salinas dos dois recipientes foram conectadas por meio de uma ponte salina. Após algum tempo, observou-se que uma camada de cromo metálico se depositou sobre a peça de aço e que a barra de metal X foi parcialmente corroída.

A tabela a seguir fornece as massas dos componentes metálicos envolvidos no procedimento:

	MASSA INICIAL (g)	MASSA FINAL (g)
Peça de aço	100,00	102,08
Barra de metal X	100,00	96,70

NOTE E ADOTE:

▶▶ massas molares (g/mol) Mg = 24, Cr = 52, Mn = 55, Zn = 65.

a) Escreva a equação química que representa a semirreação de redução que ocorreu nesse procedimento.

b) O responsável pela oficina não sabia qual era o metal X, mas sabia que podia ser magnésio (Mg), zinco (Zn) ou manganês (Mn), que formam íons divalentes em solução nas condições do experimento. Determine, mostrando os cálculos necessários, qual desses três metais é X.

3. (FUVEST – SP) A determinação do elétron pode ser feita por método eletroquímico, utilizando a aparelhagem representada na figura abaixo.

Duas placas de zinco são mergulhadas em uma solução aquosa de sulfato de zinco ($ZnSO_4$). Uma das placas é conectada ao polo positivo de uma bateria. A corrente que flui pelo circuito é medida por um amperímetro inserido entre a outra placa de Zn e o polo negativo da bateria.

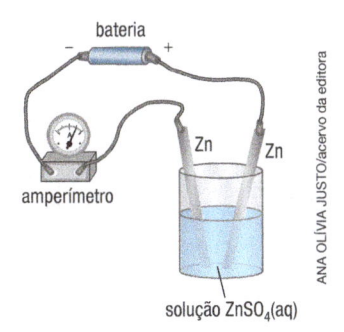

A massa das placas é medida antes e depois da passagem de corrente elétrica por determinado tempo. Em um experimento, utilizando essa aparelhagem, observou-se que a massa da placa, conectada ao polo positivo da bateria, diminuiu de 0,0327 g. Este foi, também, o aumento de massa da placa conectada ao polo negativo.

a) Descreva o que aconteceu na placa em que houve perda de massa e também o que aconteceu na placa em que houve ganho de massa.
b) Calcule a quantidade de matéria de elétrons (em mol) envolvida na variação de massa que ocorreu em uma das placas do experimento descrito.
c) Nesse experimento, fluiu pelo circuito uma corrente de 0,050 A durante 1.920 s. Utilizando esses resultados experimentais, calcule a carga de um elétron.
DADOS: massa molar do Zn = 65,4 g · mol^{-1}; constante de Avogadro = 6,0 · 10^{23} mol^{-1}.

4. (UNESP) O valor da constante de Avogadro é determinado experimentalmente, sendo que os melhores valores resultam da medição de difração de raios X de distâncias reticulares em metais e em sais. O valor obtido mais recentemente e recomendado é 6,02214 × 10^{23} mol^{-1}.

Um modo alternativo de se determinar a constante de Avogadro é utilizar experimentos de eletrólise. Essa determinação se baseia no princípio enunciado por Michael Faraday (1791-1867), segundo o qual a quantidade de produto formado (ou reagente consumido) pela eletrólise é diretamente proporcional à carga que flui pela célula eletrolítica.

Observe o esquema que representa uma célula eletrolítica composta de dois eletrodos de zinco metálico imersos em uma solução 0,10 mol · L^{-1} de sulfato de zinco ($ZnSO_4$). Os eletrodos de zinco estão conectados a um circuito alimentado por uma fonte de energia, com corrente contínua (CC), em série com um amperímetro (amp) e com um resistor (R) com resistência ôhmica variável.

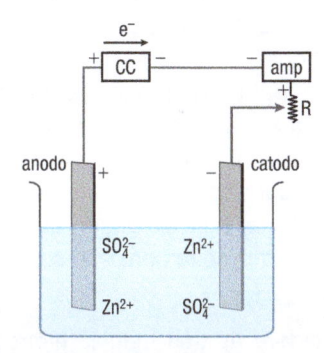

Após a realização da eletrólise aquosa, o eletrodo de zinco que atuou como catodo no experimento foi levado para secagem em uma estufa e, posteriormente, pesado em uma balança analítica. Os resultados dos parâmetros medidos estão apresentados na tabela.

PARÂMETRO	MEDIDA
carga	168 C
massa do eletrodo de Zn inicial (antes da realização da eletrólise)	2,5000 g
massa do eletrodo de Zn final (após a realização da eletrólise)	2,5550 g

Escreva a equação química balanceada da semirreação que ocorre no catodo e calcule, utilizando os dados experimentais contidos na tabela, o valor da constante de Avogadro obtida.

DADOS: massa molar, em g · mol⁻¹: Zn = 65,4; carga do elétron, em C · elétron⁻¹: $1,6 \times 10^{-19}$.

5. (FUVEST – SP) Um estudante realizou um experimento para verificar a influência do arranjo de células eletroquímicas em um circuito elétrico. Para isso, preparou 3 células idênticas, cada uma contendo solução de sulfato de cobre (II) e dois eletrodos de cobre, de modo que houvesse corrosão em um eletrodo e deposição de cobre em outro. Em seguida, montou, sucessivamente, dois circuitos diferentes, conforme os Arranjos 1 e 2 ilustrados. O estudante utilizou uma fonte de tensão (F) e um amperímetro (A), o qual mediu uma corrente constante de 60 mA em ambos os casos.

a) Considere que a fonte foi mantida ligada, nos arranjos 1 e 2, por um mesmo período de tempo. Em qual dos arranjos o estudante observará maior massa nos eletrodos em que ocorre deposição? Justifique.

b) Em um outro experimento, o estudante utilizou apenas uma célula eletroquímica, contendo 2 eletrodos cilíndricos de cobre, de 12,7 g cada um, e uma corrente constante de 60 mA. Considerando que os eletrodos estão 50% submersos, por quanto tempo o estudante pode deixar a célula ligada antes que toda a parte submersa do eletrodo que sofre corrosão seja consumida?

NOTE E ADOTE:

▶▶ Considere as três células eletroquímicas como resistores com resistências iguais.

▶▶ Massa molar do cobre: 63,5 g/mol.

▶▶ 1 A = 1 C/s

▶▶ Carga elétrica de 1 mol de elétrons: 96.500 C.

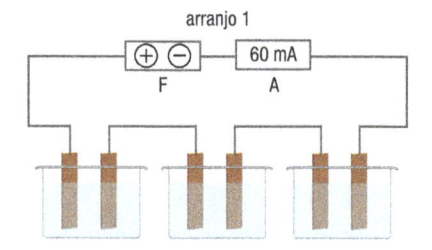

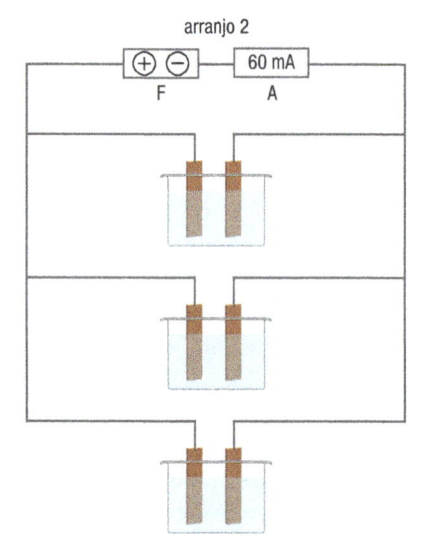

6. (UERJ – adaptada) Em um experimento, a energia elétrica gerada por uma pilha de Daniell foi utilizada para a eletrólise de 500 mL de uma solução aquosa de $AgNO_3$, na concentração de 0,01 mol · L^{-1}. Observe o esquema:

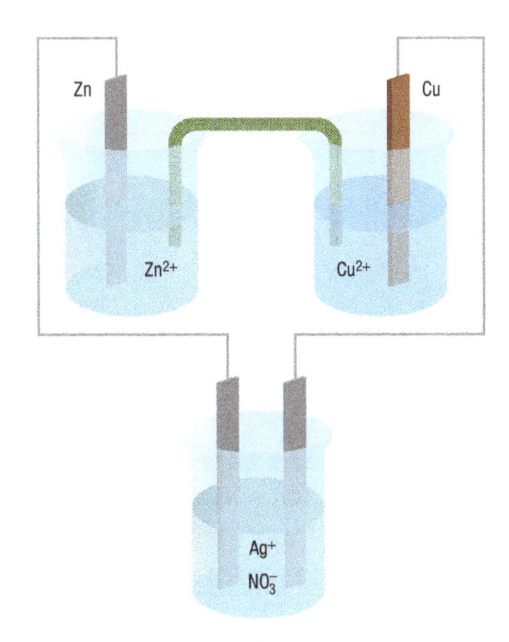

A pilha empregou eletrodos de zinco e de cobre, cujas semirreações de redução são:

$Zn^{2+}(aq) + 2e^- \longrightarrow Zn(s)$ $\quad\quad\quad\quad\quad\quad\quad$ $E^0 = -0,76$ V

$Cu^{2+}(aq) + 2e^- \longrightarrow Cu(s)$ $\quad\quad\quad\quad\quad\quad\quad$ $E^0 = +0,34$ V

Sabendo que a eletrólise empregou eletrodos inertes e houve deposição de todos os íons prata contidos na solução de $AgNO_3$,

a) Calcule a diferença de potencial, em volts, gerada pela pilha de Daniell. Apresente os cálculos.
b) Escreva as equações das semirreações de oxidação e redução que ocorrem na cuba eletrolítica.
c) Calcule a massa, em gramas, de prata depositada na cuba eletrolítica.
d) Calcule a massa, em gramas, do anodo consumido na pilha de Daniell para depositar toda a massa de prata determinada no item (c).

DADOS: massas molares (g/mol): Cu = 64; Zn = 65; Ag = 108.

7. (UNESP – adaptada) A pilha esquematizada, de resistência desprezível, foi construída usando-se, como eletrodos, uma lâmina de cobre mergulhada em solução aquosa, contendo íons Cu^{2+} (1 mol/L) e uma lâmina de zinco mergulhada em solução aquosa contendo íons Zn^{2+} (1 mol/L). Além da pilha, o circuito é constituído por uma lâmpada pequena e uma chave interruptora Ch.

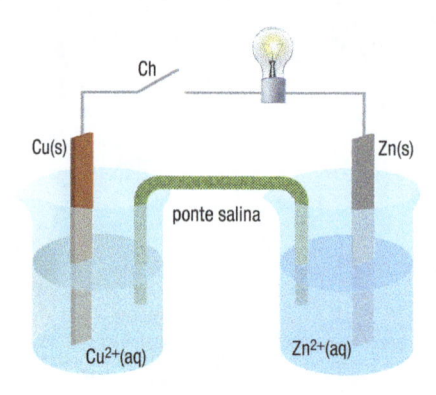

a) Escreva as equações balanceadas que representam as semirreações que ocorrem no catodo e no anodo e calcule a diferença de potencial, em volts, fornecida pela pilha.

DADOS: potencial-padrão de redução:

$$E^0_{red}(Cu^{2+}/Cu) = +0,34 \text{ V}; \quad E^0_{red}(Zn^{2+}/Zn) = -0,76 \text{ V}.$$

Com a chave fechada, o catodo teve um incremento de massa de 63,5 mg após 193 s.

b) Calcule a quantidade de carga, em coulomb, transferida durante o funcionamento da pilha.

DADOS: massas molares (g/mol): Zn = 65,4; Cu = 63,5; constante de Faraday = 96.500 C/mol.

c) Considerando que a corrente elétrica se manteve constante durante o intervalo de funcionamento da pilha, calcule a intensidade de corrente, em ampere, e potência elétrica, em watt, dissipada pela lâmpada nesse período.

DADOS: $P = U \cdot i$.